普通高等院校应用型人才培养“十四五”系列教材

C语言程序设计案例教程（基于数据处理）

羊四清◎主　编
刘　浩　刘泽平◎副主编

中国铁道出版社有限公司
CHINA RAILWAY PUBLISHING HOUSE CO., LTD.

内 容 简 介

本书是面向普通高等院校“C 语言程序设计”课程而编写的教材，主要包括 C 语言概述及程序设计基础、简单的数值运算程序设计、逻辑运算与选择结构程序设计、重复运算与循环结构程序设计、数组与批量数据处理、指针与字符串数据处理、函数与程序结构优化、结构体与复杂数据处理、链表与非连续存储数据处理、文件与大批量数据处理等内容。

本书每章均配有学习目标、小结与习题，以方便读者掌握重点和难点，并以计算机解决计算问题为核心，精心挑选程序用例，努力打造算法多样化与图解化表示，尽量做到结构清晰、逻辑性强、图文并茂，将复杂问题处理流程化，做到深入浅出，让读者能够深刻体会程序设计的乐趣。

本书适合作为普通高等院校理工科各专业 C 语言程序设计课程教材，尤其适合应用型本科计算机专业学生使用，也可作为高职院校计算机相关专业学生和 C 语言自学者的参考书。

图书在版编目（CIP）数据

C语言程序设计案例教程 : 基于数据处理 / 羊四清
主编. -- 北京 : 中国铁道出版社有限公司, 2024. 8.
(普通高等院校应用型人才培养“十四五”系列教材).
ISBN 978-7-113-31310-4

Ⅰ. TP312.8

中国国家版本馆CIP数据核字第20249JR341号

书　　名： C 语言程序设计案例教程（基于数据处理）
作　　者： 羊四清

策　　划： 曹莉群　　　　　　**编辑部电话：**（010）63549501
责任编辑： 曹莉群　贾　星　徐盼欣
封面设计： 刘　颖
责任校对： 刘　畅
责任印制： 樊启鹏

出版发行： 中国铁道出版社有限公司（100054，北京市西城区右安门西街 8 号）
网　　址： https://www.tdpress.com/51eds/
印　　刷： 天津嘉恒印务有限公司
版　　次： 2024 年 8 月第 1 版　2024 年 8 月第 1 次印刷
开　　本： 787 mm×1 092 mm 1/16　**印张：** 20.25　**字数：** 558 千
书　　号： ISBN 978-7-113-31310-4
定　　价： 59.80 元

前言

C语言从诞生到现在，虽然已经经历了半个多世纪，但是依然被软件工程师公认为计算机编程的首选入门语言，受到软件开发者的广泛青睐，并且在TIOBE编程语言榜上一直居于前三位置。目前常用的Python、PHP、C++、C#等都是在C语言的基础上进行开发的。

C语言具有简洁紧凑、运算能力强、结构化、目标程序质量高、可移植性好、使用灵活方便等特点，能够有效地用于编制各种系统软件和应用软件；C语言的控制结构简明清晰，非常适合结构化程序设计的程序编写。目前国内大多数高等院校都将C语言作为计算机及相关专业的一门程序设计语言课程来开设。

从学习的角度来看，学好C语言并非容易之事，主要原因是语法规则太多、灵活性太强，把过多的篇幅放在对语法规则的讲解上，容易让学生认为C语言程序设计难学，从而产生畏难情绪。本书力求讲清C语言的基本概念与基本要求，把C语言的各种功能深度融合在各类计算问题中，如讲解循环结构时结合重复运算，讲解数组时融入批量数据处理，讲解链表时融入非连续存储的数据处理，讲解结构体时融入复杂数据类型的数据处理，讲解文件时融入大数据的处理等。这样做的目的：其一，利用C语言这一有力的工具去编写或开发有意义的程序，从而解决现实中的具体问题，而不只是简单地学习了一门计算机语言；其二，通过各类典型计算问题的实例分析及广泛运用多种算法分析方法编写出结构清晰的程序，让学生体会程序设计的乐趣，提高学生学习计算机程序设计的兴趣。

在内容组织上，本书以程序设计所应达成的目标——利用计算机解决计算问题为核心，安排C语言的知识结构。全书共分10章，包括C语言概述及程序设计基础、简单的数值运算程序设计、逻辑运算与选择结构程序设计、重复运算与循环结构程序设计、数组与批量数据处理、指针与字符串数据处理、函数与程序结构优化、结构体与复杂数据处理、链表与非连续存储数据处理、文件与大批量数据处理。

本书内容新颖、结构合理、概念清晰、图文并茂、深入浅出、逻辑性强，融入了编者30余年的计算机教学与编程经验，提出了独到的见解。本书不求全面但求有用、实用，让读者养成良好的编程风格。编者通过精心挑选程序用例、用心打造算法多样化与图解化表示，尽量做到复杂问题处理流程化、直观化，让学生能够深刻体会程序设计的乐趣。本书所有程序均在 Visual Studio 2019 开发环境中进行了严格的测试。每章均配备学习目标、小结和习题，以方便读者掌握重点和难点。本书所配电子教案及相关教学资源可以到中国铁道出版社有限公司教育资源数字化平台（https://www.tdpress.com/51eds/）下载。

本书由湖南人文科技学院立项资助，由羊四清担任主编，刘浩、刘泽平担任副主编，阙清贤、肖敏雷、袁辉勇参与编写。具体编写分工如下：羊四清负责统筹规划，并编写第6、7、9章，刘泽平编写第1～3章，阙清贤编写第4章，刘浩编写第5章，肖敏雷编写第8章，袁辉勇编写第10章。韶关学院戴经国、易叶青对本书的编写提出了宝贵的意见，在此一并表示感谢。

由于编者水平有限，本书不妥及疏漏之处在所难免，请广大读者不吝指正。

编　者

2024年4月

目 录

第1章 C语言概述及程序设计基础

本章学习目标

◎ 了解C语言的发展和基本特点，掌握C语言程序的基本结构。

◎ 掌握C程序编译预处理的宏定义、条件编译，掌握文件包含的使用方法。

◎ 掌握程序设计算法的基本概念和算法描述的基本工具，学会运用流程图描述一个具体的算法。

◎ 熟悉C语言编程环境，掌握程序的书写风格。

1.1 C语言的发展及特点

1.1.1 C语言的发展

C语言是国际上流行的计算机高级程序设计语言。与其他高级语言相比，C语言的硬件控制能力和运算表达能力强，可移植性好，效率高。所以，C语言是当今最流行、最受欢迎的计算机语言之一，应用面非常广，许多大型软件都使用C语言编写。

C语言起源于一种面向问题的高级语言——ALGOL60语言，ALGOL60采用结构化程序设计和模块，并提出函数、递归、巴克斯范式、结构体等现代程序设计思想，因此可以称之为程序设计语言发展史上的一个里程碑。1963年，英国剑桥大学推出CPL（combined programming language）语言，此语言在ALGOL语言的基础上增加了硬件处理能力。1967年，剑桥大学的马丁·理查德（Matin Richards）以CPL为基础，发明了BCPL编程语言。1970年，美国贝尔实验室的肯尼斯·蓝·汤普森（Kenneth Lane Thompson）在BCPL的基础上，提出了功能更强的B语言（取BCPL的第一个字母），并用B语言开发出UNIX操作系统的早期版本。BCPL语言和B语言都属于“无数据类型”的程序设计语言，即所有的数据都是以“字”（word）为单位出现在内存中，由程序员来区分数据的类型。

1972年，贝尔实验室的丹尼斯·里奇（Dennis Ritchie）在BCPL语言和B语言的基础上，增加了数据类型及其他一些功能，开发了C语言（取BCPL的第二个字母），并在DEC PDP-11计算机上实现。

1973年，C语言基本上已经完备，从语言和编译器层面已经足够让肯尼斯·蓝·汤普森和丹尼斯·里奇使用C语言重写UNIX内核。后来，UNIX在一些研究机构、大学、政府机关开始慢慢流行起来，进而带动了C语言的发展。（注：肯尼斯·蓝·汤普森和丹尼斯·里奇同为1983年图灵奖得主，1999年又同时获得美国国家技术奖。）

1978年，丹尼斯·里奇和布莱恩·科尔尼汗（Brian W. Kernighan）共同编写的*The C Programming Language*出版，进一步推动了C语言的普及，此时C语言的标准被开发者称为K&R标准。

20世纪70—80年代，C语言被广泛应用，也衍生了C语言很多不同的版本。为了统一C语言版本，使C语言健康地发展下去，1982年，很多有识之士和美国国家标准协会（American National Standards Institute，ANSI）决定成立C标准委员会，建立C语言的标准。C标准委员会由硬件厂商、编译器及其他软件工具生产商、软件设计师、顾问、学术界人士、C语言作者和应用程序员组成。1983年，ANSI开始制定C语言标准，该标准于1989年12月完成，在1990年春发布，称为ANSIC标准，也称C89标准。后来ANSI把C89标准提交到国际化标准组织（International Organization for Standardization，ISO），1990年被ISO采纳为国际标准，称为ISOC标准。又因为这个版本是1990年发布的，因此也称C90标准。ANSIC（C89）和ISOC（C90）内容基本相同，主要区别在于标准组织不一样。

在C89标准确立后，C语言的规范在很长一段时间内都没有大的变动。1995年，C语言标准委员会对C语言进行了一些修改，1999年正式发布了ISO/IEC 9899:1999标准，简称C99标准。

2007年，C语言标准委员会重新修订C语言，并于在2011年12月8日正式发布了ISO/IEC 9899:2011标准，简称C11标准。

C语言的诞生与发展的时间图如图1.1所示。

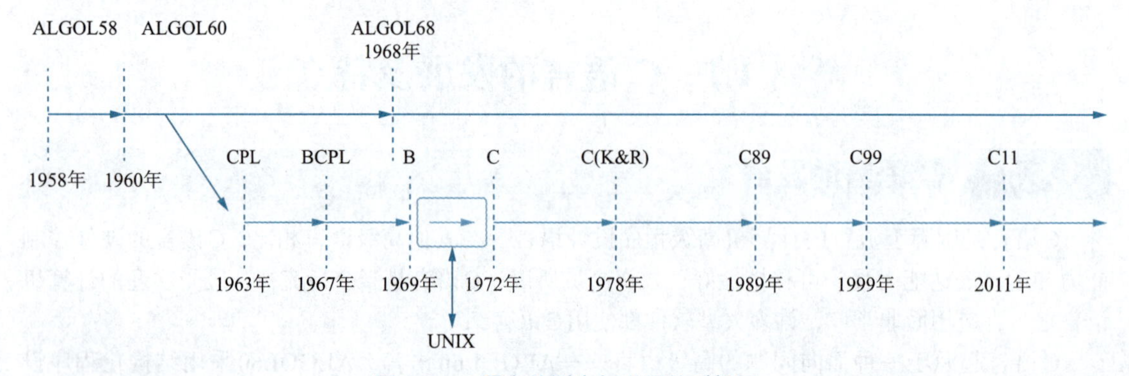

图1.1　C语言的诞生与发展的时间图

本书以Visual Studio 2019（以下简称VS 2019）为开发平台进行编程练习，所有程序均在此开发平台上运行测试。

1.1.2 C语言的特点

C语言具有以下基本特点：

（1）C语言是一种结构化语言，层次清晰，便于模块化方式组织程序，易于调试和维护。

（2）C语言功能强大，程序运行效率高。计算机操作系统一般都由C语言编写而成，如UNIX操作系统、Windows操作系统、Linux操作系统等。

（3）C语言数据结构丰富，能实现各种复杂的数据类型的运算，可以直接操作硬件，把高级语言的基本结构和语句与低级语言的实用性结合起来。

（4）C语言运算符丰富，从而使得C的表达式类型多样化，灵活使用各种运算符可以实现在其他高级语言中难以实现的运算。

（5）C语言简洁、紧凑，使用方便、灵活。C语言一共只有32个关键字、9种控制语句。

（6）C语法限制不太严格、程序设计自由度大。一般的高级语言语法检查比较严，能够检查出几乎所有的语法错误，而C语言允许程序编写者有较大的自由度。

（7）C语言程序生成代码质量高，程序执行效率高。C语言程序生成可执行代码一般只比汇编程序生成的目标代码效率低10%～20%。

（8）C语言可移植性强。它适合于多种操作系统编程，如Windows、DOS、UNIX、Linux等，在一种系统中编写的C程序稍做修改或不做修改就能在其他系统运行。

（9）C语言允许直接访问物理地址，能进行位（bit）操作，可以实现汇编语言的大部分功能，特别适合于编写嵌入式程序和控制硬件的程序。

C语言也存在一些不足之处，如运算符及其优先级过多、语法定义不严格等，对于初学者来说有一定的困难。

作为一门最早被开发出来的编程语言之一，C语言在计算机科学领域的发展历史已经超过50年。尽管有许多新的编程语言出现，但是C语言仍然是许多工程师和科学家所青睐的编程语言。C语言在一些特定领域有着广泛的应用，如嵌入式系统、系统编程、计算机图形学、游戏开发等。在人工智能方面，C语言可以用于开发一些计算密集型的数学运算，这些运算在数据科学和机器学习中至关重要。

C语言从诞生到现在，已经经历了半个多世纪，依然受到开发者的青睐，并被广大工程师公认为计算机编程的首选入门语言，并且在TIOBE编程语言榜上一直居于前三位置，见表1.1（大多数时候排行第一）。目前常用的Python、PHP、C++、C#都是在C语言的基础上进行开发的。

表 1.1　TIOBE 公司 2023 年 10 月编程语言排行榜

2023 年 10 月	2022 年 10 月	排名变化	编程语言	市场占比	同期比
1	1	—	Python	14.82%	-2.25%
2	2	—	C	12.08%	-3.13%
3	4	∧	C++	10.67%	+0.74%
4	3	∨	Java	8.92%	-3.92%
5	5	—	C#	7.71%	+3.29%
6	7	∧	JavaScript	2.91%	+0.17%
7	6	∨	Visual Basic	2.13%	-1.82%
8	9	∧	PHP	1.90%	-0.14%
9	10	∧	SQL	1.78%	+0.00%
10	8	∨	Assembly language	1.64%	-0.75%

1.2　C 语言程序的基本结构

1.2.1　C 语言程序的书写基本结构

先通过两个简单的例子来了解一下C语言程序。（ex1_1.cpp）

例 1.1　一个简单的C语言程序示例。

程序代码：

```
#include <stdio.h>                                  //预处理，文件包含
void main()                                         //主函数
{
    printf("这是我的第一个C语言程序！\n");           //调用输出函数
}
```

在VS 2019中程序运行结果如图1.2所示。

Microsoft Visual Studio 调试控制台
这是我的第一个C语言程序！

图 1.2　例 1.1 程序运行结果

例1.1的程序由两部分构成：第一部分为编译预处理，其含义是将标准输入/输出头文件stdio.h（见附录D）导入本程序中，以便后面可以使用printf()函数输出有关信息；第二部分为函数部分，函数名为main()，它是一个C语言程序开始运行的主函数。

例 1.2　已知圆的半径，求圆的周长和面积。（ex1_2.cpp）

程序代码：

```
#include <stdio.h>                                  //预处理，文件包含
#define PI 3.14159                                  //预处理，宏定义
float area(int radius)                              //计算半径为radius的圆面积函数
{
    return PI * radius * radius;                    //返回圆面积
}
void main()
{
    int radius;                                     //声明圆半径radius为整型变量
    float circumferencel, circle_area;              //声明周长circumferencel、面积
                                                      circle_area为单精度浮点型变量
    scanf("%d", &radius);                           //从键盘输入半径
    circumferencel = 2 * PI * radius;               //计算周长circumferencel的值
    circle_area = area(radius);                     //计算面积circle_area的值
    printf("半径=%d,周长=%5.2f,面积=%5.2f\n", radius, circumferencel, circle_area);
                                                    //输出圆的半径、周长和面积
}
```

在VS 2019中程序运行结果如图1.3所示。

Microsoft Visual Studio 调试控制台
5
半径=5, 周长=31.42, 面积=78.54

图 1.3　例 1.2 程序运行结果

注意： 图1.3中，第一行的5是在程序运行后从键盘输入的，输入5之后回车（按【Enter】键）；第二行是程序运行后得到的结果。

例1.2的程序由三部分构成，第一部分仍然为编译预处理部分；第二部分为用户自定义函数area()，它的作用是根据圆的半径计算圆的面积：area(radius)=PI*radius*radius；第三部分为主函数main()，其作用是用户从键盘任意输入一个圆的半径值，计算出圆的周长与圆的面积，并以用户希望的格式输出计算后的结果。

从以上两个例子中可以看到，一个C语言程序的基本结构分为两个部分：

1. 编译预处理部分

编译预处理部分以“#”开头，通常又包括文件包含、宏定义与条件编译三种情况。其中文件包含“#include <头文件>”与宏定义“#define 宏名 字符串”通常放在程序的最前面，而条件编译通常放在程序中。文件包含的作用是可以非常灵活地将系统中的“库文件”或用户自己开发

的函数库直接纳入程序中使用，以提高编程效率；宏定义则可以使用宏名来替代字符串，方便用户修改所需替代的符号串。

2. 函数部分

函数是C语言程序的基本组成单位，C语言又可称为函数型语言。函数用于描述程序所完成的功能模块。一个C程序可以包含任意多个函数，但有且只有一个主函数main()。C语言规定必须用main()作为主函数名，函数名后的一对圆括号不能省略，圆括号中内容（参数）可以为空。

函数由函数首部和函数体两部分构成：

（1）函数首部：包括函数返回值类型、函数名、(形式参数列表)三部分信息；

（2）函数体：用一对花括号{}括起来，{}内部就是函数的主体，简称函数体。

函数的表示方式如下：

```
函数返回值类型 函数名(形式参数列表)
{
    函数体
}
```

其中，函数返回值类型可以是一个具体的数据类型，如例1.2函数area()中的float，表示该函数计算结果是一个实数类型；也可以是void，表示是空类型，它表明一个函数不需要解出一个具体的值，如例1.1中函数main()。

函数体中包含多条语句，函数中{}内的每一行均为一条语句（一行内也可以写多条语句，一条语句也可以写在多行）。语句是程序的基本执行单位，程序的执行就是通过这些语句向计算机系统发出指令从而实现其功能目标的。

综上所述，一个C语言程序的书写顺序结构框图如图1.4所示。

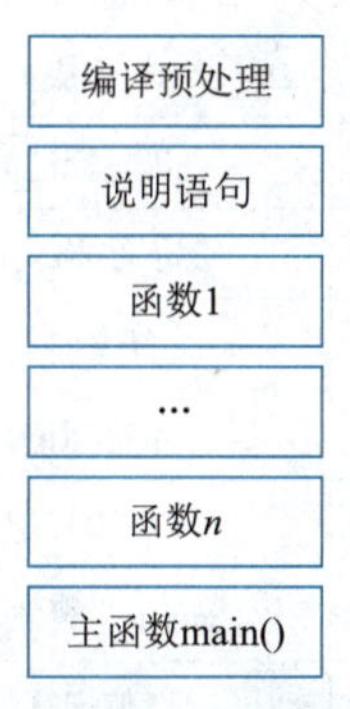

图 1.4　C 语言程序的书写顺序结构框图

1.2.2　C 语言程序的逻辑结构

一个C程序可由若干个源程序文件组成，它可以通过“#include <文件名>”以文件包含的形式放入一个主程序文件中；而一个源程序文件由预编译命令、说明语句和若干个函数组成；一个函数由函数首部和函数体构成，而函数体则由说明语句部分和执行语句组成。其逻辑结构如图1.5所示。

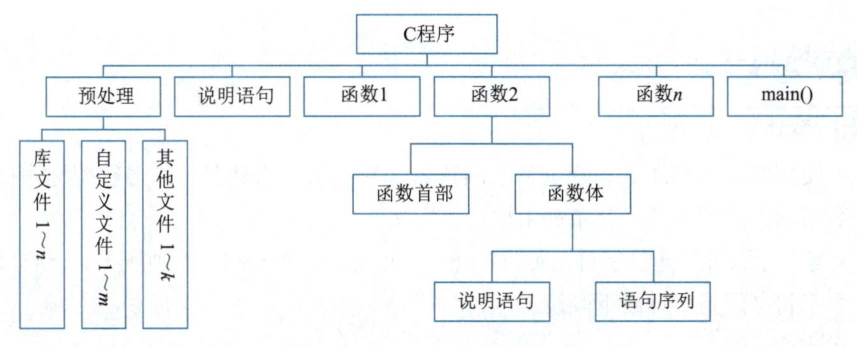

图 1.5　C 语言程序的逻辑结构

C语言程序的逻辑结构与书写基本结构是相对应的，在书写结构中，通常以一个方框代替一个函数，而在函数之间用户还可适当添加一些说明语句，以说明一些函数或变量等。

1.2.3 字符集

字符是组成语言的最基本的元素。C语言字符集由字母、数字、空格、标点和特殊字符组成。在字符常量、字符串常量和注释中，还可以使用汉字或其他符号。

（1）字母：小写字母a～z，大写字母A～Z，共52个。

（2）数字：0～9，共10个。

（3）下画线：_。

（4）键盘其他可显示符号：C语言中对这些符号均给出了特定的含义，其作用见表1.2，后面章节将会对它们进行具体的介绍。

表1.2 键盘其他可显示符号及其在C语言中的作用

<table>
<tr><th>符号</th><th>作用</th><th>符号</th><th>作用</th><th>符号</th><th>作用</th></tr>
<tr><td>,</td><td>逗号运算符</td><td rowspan="2">()</td><td rowspan="2">表达式</td><td>+</td><td>加号</td></tr>
<tr><td>.</td><td>结构体成员</td><td>-</td><td>减号</td></tr>
<tr><td>;</td><td>语句标记</td><td rowspan="2">[]</td><td rowspan="2">数组下标标记</td><td>*</td><td>乘号</td></tr>
<tr><td>#</td><td>宏定义\格式符</td><td>/</td><td>除法</td></tr>
<tr><td>\</td><td>转义符</td><td rowspan="2">{}</td><td rowspan="2">复合语句</td><td>%</td><td>取余数</td></tr>
<tr><td>'</td><td>字符标记</td><td>&</td><td>按位与</td></tr>
<tr><td>"</td><td>字符串标记</td><td rowspan="2"><></td><td rowspan="2">文件包含标记</td><td>|</td><td>按位或</td></tr>
<tr><td>!</td><td>not（逻辑非）</td><td>~</td><td>按位取反</td></tr>
<tr><td>=</td><td>赋值运算</td><td>?:</td><td>条件运算符</td><td>^</td><td>按位异或</td></tr>
<tr><td>`</td><td>未给出</td><td>@</td><td>未给出</td><td>$</td><td>未给出</td></tr>
</table>

（5）空白符：空格符（按【Space】键）、制表符（按【Tab】键）、换行符（按【Enter】键）等统称为空白符。空格符一般用于分隔各种标识符，换行符一般用于程序代码换行书写；空格符和制表符出现在字符常量和字符串中时有实际作用，影响字符串的长度和输出结果的表示。

（6）特殊符号：不在字符集中的符号如汉字或其他可表示的图形符号，可出现在注释和输出字符串中。

1.2.4 标识符

1. 标识符概述

在程序中使用的语句功能名、变量名、函数名、数组名、指针名、标号等统称为标识符。除库函数的函数名由系统定义外，其余都由用户自定义。

C语言规定，标识符只能是字母（A～Z，a～z）、数字（0～9）、下画线（_）组成的字符串，并且其第一个字符必须是字母或下画线。

正确的标识符示例：

x1a _y abc_def max_of_group xyz Ax3 While iF IF

不正确的标识符示例：

```
if        //它是系统关键字，不能用作标识符
5x        //以数字开头
s*T       //出现非法字符 *
-3x       //以减号开头
boy@1     //出现非法字符 @
```

在使用标识符时还必须注意以下几点：

（1）标准C语言各版本均不限制标识符的长度；在标识符中严格区分大小写字母，只要大小写不一致均认为是不同的标识符。例如，BOOK、book、Book为不同的标识符。

（2）尽量不要使用与关键字相同但大小写字母不同的标识符。如While、iF、IF虽然是正确的标识符，但建议最好不用，以免产生歧义。

2. 标识符的分类

1）关键字

关键字也称保留字，C语言中的关键字具有特定的含义与用途，用户不能定义与关键字同名的标识符，也不能把关键字用作一般标识符。

2）预定义标识符

预定义标识符是C语言中系统预先定义的标识符，如系统类库名、系统常量名、系统函数名。预定义标识符具有“见字明义”的特点，如printf（格式输出）、scanf（格式输入）、sin、sqrt（square root的缩写）等。

3）用户标识符

用户标识符是指由用户根据需要定义的标识符，一般用于给变量、数组、结构体、函数、或文件等命名。

用户标识符的定义除了要遵循标识符的规则外，还应做到“见名知意”，**变量的命名尽量能表达这个变量本身所代表的含义**，以便程序的阅读理解。用户标识符与C语言的关键字重名时，系统将报错；若与预定义标识符如系统标准库函数重名时，系统不报错，预定义标识符将失去原来的含义，代之以用户新定义的含义，可能会引起运行错误。

3. C 语言的关键字

由ANSI标准定义的C语言关键字共32个：

auto	break	case	char	const	continue	default	do
double	else	enum	extern	float	for	goto	if
int	long	register	return	short	signed	static	sizeof
struct	switch	typedef	union	unsigned	void	volatile	while

所有的关键字都有固定的意义，不能用作其他用途，它在VS 2019版本中显示为蓝色。

所有的关键字都必须小写，如else与ELSE代表不同的含义：else是关键字；而ELSE不是关键字，可以作为用户定义的标识符。

根据关键字的作用，可分为数据类型关键字、控制语句关键字、存储类型关键字和其他关键字四类。

1）数据类型关键字（12个）

char：声明字符型变量或函数。

double：声明双精度变量或函数。

enum：声明枚举类型。

float：声明浮点型变量或函数。

int：声明整型变量或函数。

long：声明长整型变量或函数。

short：声明短整型变量或函数。

signed：声明有符号类型变量或函数。

struct：声明结构体变量或函数。

union：声明联合数据类型。

unsigned：声明无符号类型变量或函数。

void：声明函数无返回值或无参数，声明无类型指针。

2）控制语句关键字（12个）

（1）循环语句：

for：一种循环语句。

do：循环语句的循环体。

while：循环语句的循环条件。

break：结束本层循环。

continue：结束本次循环，开始下一次循环。

（2）条件语句：

if：条件语句。

else：条件语句否定分支（与if连用）。

goto：无条件跳转语句（结构化程序设计建议不使用）。

switch：用于多分支语句。

case：多分支语句分支。

default：多分支语句中的其他分支。

（3）函数返回语句：

return：用于返回函数计算结果。

3）存储类型关键字（4个）

auto：在VC 6.0系统中声明自动变量，变量定义时如不加存储类型关键字，等同于auto，所以一般情况均省略不用。在VS 2010及以后系统中具有另外的用途。

extern：用作“外部变量声明”，表明变量是在其他文件或同一文件的其他地方已定义，起到扩展外部变量作用域的作用。

register：声明寄存器变量，表明将变量分配到CPU寄存器中，以提高运算速度。

static：声明静态变量，说明变量的存储类别为整个程序的生存周期。

4）其他关键字（4个）

const：声明只读变量。

sizeof：计算数据类型长度。

typedef：定义一个数据类型名。

volatile：说明变量在程序执行中可被隐含地改变，volatile可以保证对特殊地址的稳定访问而不会出错。

1.2.5　C 语言语句

1. C 语言语句的定义

计算机通过指令来控制CPU的运行，从而实现解决具体问题；在高级语言中，向计算机发出的这些指令就是语句。语句是C程序的基本执行单位，程序的功能由执行语句来实现。

为了区分每一条语句，C语言规定：在每一条语句末尾用分号“;”结束。

2. 语句的分类

C语言的语句分为说明语句和执行语句两大类。其具体分类如图1.6所示。

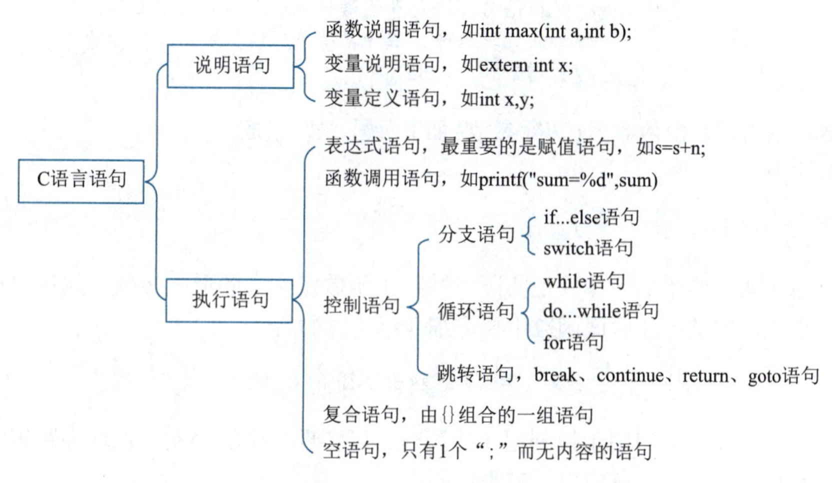

图 1.6　C 语言语句分类

3. 语句的表示与功能介绍

1）说明语句

说明语句分为函数说明、变量说明与变量定义三种情况。

（1）函数说明：

格式：函数返回值类型 函数名(形式参数列表);

用函数定义的第一行后面加“;”表示，其作用为声明一个函数，以便实现函数的任意位置摆放而不出现函数未定义的编译错误。

（2）变量定义：

格式：数据类型关键字 变量名标识符;

例如：

```
int x,y;
float radius,area;
```

作用：定义一个或多个变量。

（3）变量说明：

格式：对已经定义了的变量用关键字extern进行外部变量声明，起到扩展外部变量作用域的作用。

例如：

```
extern int x;
```

此语句不是定义一个整型变量，而是表示变量x已在其他地方定义为int类型，在此处说明表示在此以后的代码中可以使用那个变量x，起到了扩展外部变量x的作用域的作用。

2）执行语句

（1）表达式语句：表达式语句由表达式加上分号“;”组成。

其一般形式为：

```
表达式;
```

执行表达式语句就是计算表达式的值。例如：

```
x=y+z;                    //赋值语句，这是表达语句中最常用且最重要的语句
y+z;                      //加法运算语句，但计算结果不能保留，无实际意义
i++;                      //自增1语句，i值增1
```

（2）函数调用语句：由函数名(实际参数)加上分号“;”组成。

其一般形式为：

```
函数名(实际参数表);
```

执行函数语句就是调用函数体并把实际参数赋予函数定义中的形式参数，然后执行被调函数体中的语句，求取函数值（在后面函数中再详细介绍）。例如：

```
printf("C Program! "); //调用库函数，输出字符串"C Program"!
```

（3）控制语句：控制语句用于控制程序的流程，以实现程序的分支、循环和跳转等功能。C语言提供了九种控制语句，并分成以下三类：

① 分支句：if语句、switch语句；

② 循环语句：do... while语句、while语句、for语句；

③ 跳转语句：break语句、continue语句、return语句、goto语句。

（4）复合语句：把多条语句用“{}”括起来组成的一个语句块称为复合语句。例如：

```
{
    x=y+z;
    a=b+c;
    printf("%d%d",x,a);
}
```

就是一条复合语句。

在C语言程序中通常将复合语句理解为一个语句块来使用，而不是多条语句，它就像一条基本语句一样，只不过其语句功能更加强大。

复合语句内的各条语句都必须以“;”结尾，在括号“}”外均不加分号“;”。

（5）空语句：只有分号“;”组成的语句称为空语句。空语句的执行内容为空，所以在功能上是什么也不执行。尽管空语句本身并不执行任何任务，但有时还是有用，它所使用的场合就是语法要求出现一条完整的语句，但并不需要它执行任务。

例如，用空语句作循环体：

```
while(getchar()!='\n');
```

本语句的功能是，只要从键盘输入的字符不是回车符则重新输入，直到输入回车符则结束循

环，它可以起到清空字符缓冲区的作用。

4. 语句的分析模型

例1.3 系统登录：密码输入正确则提示“恭喜！登录成功！”；如果出错只允许两次密码输入出错，第三次密码还是错误便强制退出登录。（ex1_3.cpp）

问题分析： 密码设定为6位数（密码限制位数可以自己更改），在输入密码后程序进行密码正确性的判断：如果输入的位数不等于6位，则显示“密码长度不对，第X次输入错误”，重新输入；如果密码输入正确，则显示“恭喜！登录成功！”，结束运行；如果密码不正确则显示“密码错误，第X次输入错误”，如连续三次出错，则显示“连续3次输入的密码不正确，登录失败！”。

程序代码：

```
#include <stdio.h>
#include <string.h>     //使用了strlen()\strcmp()函数，需要添加此头文件
int main()
{
    char password[20] = { 0 };
    int i, j, count = 0;
    i = j = 0;
    for (i = 1; i <= 5; i++)
    {
        printf("请输入6位密码：");
        scanf("%s", password);
        j = strlen(password);
        if (j != 6)
        {   count++;
            printf("密码长度不对，第%d次输入错误！\n", count);
            if (count == 3)
            {   printf("连续3次输入的密码不正确，登录失败！\n");
                break;
            }
        }
        else
        {
            if (strcmp(password, "654321") == 0)
            {   printf("恭喜！登录成功！\n");
                break;
            }
            else
            {   count++;
                printf("密码不对，第%d次输入错误！\n", count);
                if (count == 3)
                {   printf("已经3次输入的密码不正确，结束程序！\n");
                    break;
                }
            }
        }
    }
    return 0;
}
```

程序运行结果如图1.7所示。

例1.3程序语句分析如图1.8所示。

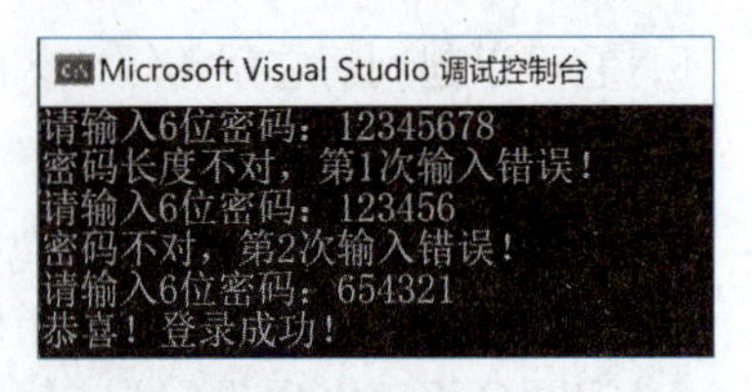

图 1.7　例 1.3 程序运行结果

从图1.8中可以看出，一条语句在书写行上可长可短。由基本语句构成复合语句，if语句、for语句内可以是基本语句、复合语句或语句的嵌套，这样语句之间形成层层嵌套的关系。从图1.8中可以体会到嵌套式程序书写的重要意义。

```
int main()                                                    程序
{                                                             复合语句
    char password[20] = { 0 };
    int i, j, count = 0;
    i = j = 0;
    for (i = 1; i <= 5; i++)
    {                                                         for语句
        printf("请输入6位密码：");
        scanf("%s", password);
        j = strlen(password);
        if (j != 6)
        {                                                     if...else语句
            count++;
            printf("密码长度不对，第%d次输入错误！\n", count);
            if (count == 3)                                   if语句
            {
                printf("连续3次输入的密码不正确，登录失败！\n");
                break;
            }                                                 复合语句
        }
        else
        {
          ...
        }
    }
    return 0;
}
```

图 1.8　例 1.3 程序语句分析

1.2.6　C 语言程序的书写约定

对初学者而言，C语言程序可以理解为由很多代码行组成，但要充分理解一个程序或者要自己编写C语言程序，则必须从代码行的基础上升到函数段的概念。为了尽快熟悉程序的基本结构，要写出高质量的程序，首先要掌握函数的构成。

C语言对语法的约束并不十分严格，这就为程序员提供了更多的发挥空间，同时也增加了调试或阅读的难度，为了真正成为一名优秀的程序员，通常应当遵守以下C语言程序的书写约定：

（1）选用更好的开发环境：如建议使用Visual Studio 2010以后的各种版本，系统会以不同颜色标注程序中不同的信息内容，且自动使用嵌套式的缩进格式等。

（2）不要吝啬程序的长度：“{”和“}”均单独占一行，一行一般只写一条语句，建议各函数之间均增加一个空行，目的是以显式方式分隔函数。

（3）主函数main()的位置：在程序中主函数的位置是任意的，但根据习惯，主函数要么放在最前面，要么放在最后面，一般不建议放到程序的中间（原因是这样用户不容易快速找到主函数）；从程序的执行上讲，一个C语言程序总是从主函数main()开始执行，最后在main()结束。其他函数的执行总是通过函数调用来执行，其中主函数可以调用其他任何函数，任何非主函数之间也可以相互调用，但是均不能调用主函数。

（4）关于标识符号：使用完整的英文单词或英文缩写来表达程序中的各种标识符号，如例1.2中的radius、circumferencel、circle_area，能够做到“见名识义”。

（5）保留像Visual Studio 2020等版本的自动嵌套式的缩进格式，不要随意更改。

（6）适当添加必要的注释：注释是不被执行的，但是可以帮助用户阅读和理解程序，是多人合作开发的基本要求。注释内容可以是英文，也可以是中文，通常用于说明变量的含义、程序段的功能、函数的功能等。注释部分可以放在程序中任意合适的位置。C程序中的注释有如下两种：

①“/*……*/”表示注释一个程序块，注释内容可以是一行或多行。“/*”和“*/”必须成对出现，且“/”和“*”之间不能有空格。

②“//”用于注释一行，在一行中“//”后面的内容将都被注释。

（7）本书中程序文件的命名采用以下格式：ex1_1.cpp、ex1_2.cpp等，其中下画线前面的数字表示章序号，下画线后面的数字表示该示例在章中的顺序号。本书的程序在相关网站提供下载，以方便读者使用该程序。

1.3　编译预处理

C语言由源代码生成可执行程序的过程如下：

C源程序：编译预处理→编译→优化程序→汇编程序→连接程序→可执行文件。

其中，编译预处理阶段读取C源程序，对其中的预处理指令（以“#”开头的指令）和特殊符号进行处理，并对源代码进行转换。预处理过程还会删除程序中的注释和多余的空白字符，产生新的源代码提供给编译器。

1.3.1　预处理命令

在C语言的程序中包括各种以符号“#”开头的编译指令，这些指令称为预处理指令。预处理指令属于C语言编译器，而不是C语言的组成部分，通过预处理命令可扩展C语言程序设计的环境。合理地使用预处理功能编写的程序便于阅读、修改、移植和调试，也有利于模块化程序设计。

预处理指令是以“#”号开头的代码行，“#”号必须是该行除了任何空白字符外的第一个字符。

“#”后是指令关键字，在关键字和“#”号之间允许存在任意个数的空白字符，整行语句构成了一条预处理指令，该指令将在编译器进行编译之前对源代码做某些转换。

预处理指令主要有以下三种：

（1）文件包含：将源文件中以“#include”格式包含的文件复制到编译的源文件中，可以是头文件，也可以是其他程序文件。

（2）宏定义指令：“#define”指令定义一个宏，“#undef”指令删除一个宏定义。

（3）条件编译：根据“#ifdef”和“#ifndef”后面的条件决定需要编译的代码。

1.3.2　文件包含

在前面的程序中可以发现一个共同特点，即每个程序的第1行均为“#include <stdio.h>”，其原因是在程序中用到了一条语句printf()；它是一个函数，而这个函数又不是用户自己书写的，程序要求指明函数的来源，这就是文件包含的作用。

为了方便用户灵活运用C语言程序设计编写出高质量的程序，以解决具体计算与数据处理问题，C语言编译系统自带了庞大的函数库，其中包含了大量的常用函数，用户只需要调用相应的函数就可以实现其功能；此外，程序员还可以建立起自己专属的函数库，只要分享出去后其他程序员也可以使用，给程序设计带来极大的方便，这也是C语言深受程序员喜欢且经久不衰的原因之一。

1. 文件包含的格式

```
#include <文件名>
```

或

```
#include "文件名"
```

例如：

```
#include "stdio.h"
#include <math.h>
```

上述两种形式是有区别的：使用尖括号“<>”表示在包含文件目录中去查找（包含目录是由用户在配置运行环境时设置的），而不在源文件目录去查找；使用双引号""则表示首先在当前的源文件目录中查找，若未找到才到包含目录中去查找。

2. 文件包含的功能

文件包含命令是在编译预处理时把指定的文件插入该命令行位置取代该命令行，从而把指定的文件和当前的源程序文件连成一个源文件。

其具体作用体现在以下几个方面：

1）包含系统提供的库文件

在C语言中常用的库文件扩展名为“.h”，又称头文件（head），常用的头文件有：

```
#include <assert.h>              //设定插入点
#include <ctype.h>               //字符处理
#include <errno.h>               //定义错误码
#include <float.h>               //浮点数处理
#include <fstream.h>             //文件输入/输出
#include <iomanip.h>             //参数化输入/输出
#include <iostream.h>            //数据流输入/输出
#include <limits.h>              //定义各种数据类型最值常量
#include <locale.h>              //定义本地化函数
#include <math.h>                //定义数学函数
#include <stdio.h>               //定义输入/输出函数
#include <stdlib.h>              //定义杂项函数及内存分配函数
#include <string.h>              //字符串处理
#include <strstrea.h>            //基于数组的输入/输出
#include <time.h>                //定义关于时间的函数
#include <wchar.h>               //宽字符处理及输入/输出
#include <wctype.h>              //宽字符分类
```

2）包含用户自定义的文件

一个大的程序可以分为多个模块，由多个程序员分别编程完成。有些公用的符号常量或宏定义等可单独组成一个文件，在其他文件的开头用包含命令包含该文件即可使用，以避免在每个文件开头都去书写那些公用量，从而节省时间，并减少出错。

程序员自己编写的函数也可以写入自己的函数库中，通过文件包含的方式即可直接调用其中的相关函数，这对减少代码的重复编写与丰富程序功能具有十分重要的作用。

3. 多个文件的包含

一个include命令只能指定一个被包含文件，若有多个文件要包含，则需用多个include命令。

4. 文件包含的嵌套

文件包含允许嵌套，即在一个被包含的文件中又可以包含另一个文件。

1.3.3 宏定义

在C语言源程序中允许用一个标识符来表示一个字符串，称为“宏”。被定义为“宏”的标识符称为“宏名”。在编译预处理时，对程序中所有出现的“宏名”，都用宏定义中的字符串去代换，称为“宏代换”或“宏展开”。

宏定义是由源程序中的宏定义指令完成的。宏代换是由预处理程序自动完成的。

在C语言中，“宏”分为无参数和有参数两种。

1. 无参宏定义

无参宏的宏名后不带参数。其定义的一般形式为：

```
#define  标识符  字符串
```

C语言规定凡是以“#”开头的均为预处理命令，define为宏定义指令，标识符为所定义的宏名，字符串可以是常数、表达式以及任何字符构成的符号串。

例1.4 无参宏定义示例程序。(ex1_4.cpp)

程序代码：

```
#include <stdio.h>
#define PI 3.1415926
#define AREA  PI*r*r
#define M  (x*x+2*x+1)
void main()
{
    int r, x;
    r = 3;
    x = 5;
    printf("%f\n", AREA);
    printf("%d\n", M*2);
}
```

程序运行结果如图1.9所示。

```
Microsoft Visual Studio 调试控制台
28.274333
72
```

图1.9 例1.4程序运行结果

例1.4的程序中定义了三个无参数宏，其名字分别为PI、AREA、M，经过编译预处理后，两条printf()语句分别替换为：

```
printf("%f\n", 3.1415926*r*r);
printf("%d\n", (x*x+2*x+1)*2);
```

值得注意的是，如果用下行代替程序中宏M的定义：

```
#define M x*x+2*x+1
```

则编译预处理后语句printf("%d\n", M*2);将替换为下列语句：

```
printf("%d\n",x*x+2*x+1*2);
```

此语句结果为37，显然与原用户希望得到$2(x^2+2x+1)$的计算结果不符。因此在作宏定义时必须十分注意。

为正确使用宏定义，需要注意以下几点：

（1）宏定义是用宏名来表示一个字符串，在编译预处理进行宏替换时严格按照“宏名替换为字符串”的原则，预处理程序对它不作任何语法检查。如果不符合C语言的语法规则，则在编译时系统会提示错误信息。

（2）宏名可以是除关键字外的任意大小写字母，但习惯上宏名一般全部用大写字母表示，以便于与变量名相区别。

（3）宏定义不是一个语句，在行末不必加“;”，如加上“;”则“;”也参与替换。例如：

```
#define PI 3.1415926;
```

在main()中有下面的语句：

```
area=PI*r*r;
```

则上面语句经编译预处理后替换为：

```
area=3.1415926;*r*r;
```

替换后，不仅得不到想要的结果，而且会有语法错误，所以用宏定义一个常量时一定不要加分号。

（4）宏定义必须写在函数之外，其作用域为宏定义命令起到源程序结束。如要终止其作用域可使用#undef命令。例如：

```
#define M (y*y+2*y)
int main()
{
    …
}
#undef M
f1()
{
    …
}
```

表示M只在main()函数中有效，在f1()函数中无效。

（5）程序中如果双引号""中出现宏名，则预处理程序不会对其作宏代换，因为""中的所有符号串C语言有特别的规定，它表示一个字符串。

例1.5 字符串中出现宏名的示例程序。（ex1_5.cpp）

程序代码：

```
#include <stdio.h>
#define N 1+2
```

```
int main()
{
    printf("abNcd\n");
    return 0;
}
```

例1.5的程序中尽管printf语句中出现了宏名N，但N在一个字符串中，所以不会进行宏替换，因此程序的运行结果为abNcd。

（6）宏定义允许嵌套，在宏定义的字符串中可以使用已经定义的宏名。在宏展开时由预处理程序层层替换，见例1.4。

（7）宏定义也可以用来定义程序中多次使用的符号串或格式符，以减少输入代码的数量。

例 1.6 字符串中出现宏名的示例程序。（ex1_6.cpp）

程序代码：

```
#include <stdio.h>
#define P printf
#define D "%d  "                    //%d输出整型变量的格式符
#define F "%f\n"                    //&f输出浮点数型变量的格式符
void main()
{
    int a = 5, c = 8, e = 11;
    float b = 3.8, d = 9.7, f = 21.08;
    P(D F, a, b);
    P(D F, c, d);
    P(D F, e, f);
}
```

程序运行结果如图1.10所示。

```
Microsoft Visual Studio 调试控制台
5   3.800000
8   9.700000
11  21.080000
```

图 1.10　例 1.6 程序运行结果

2. 有参宏定义

C语言允许宏带有参数。在宏定义中的参数称为形式参数，在宏调用中的参数称为实际参数。对带参数的宏，在调用中不仅要宏展开，而且要用实参去替换形参。

有参宏定义的一般形式为：

```
#define  宏名(形参表)  字符串
```

上面格式中：形参表如有多个参数，则用逗号分隔；字符串中一般应包含形参表中出现的所有形参名。

带参宏调用的一般形式为：

```
宏名(实参表);
```

例如：

```
#define M(y)  y*y+2*y              //宏定义
……
k=M(5);                            //宏调用
s=M(a+b);                          //宏调用
……
```

经编译预处理后上述两条语句分别替换为：

```
k=5*5+2*5;
s=a+b*a+b+2*a+b;
```

从上面两条语句的宏替换法则可以得到这样结果：带参数的宏要慎用。

例1.7 带参数宏定义示例程序。（ex1_7.cpp）

程序代码：

```
#include <stdio.h>
#define  SQUARE(a,b)  a*b
void main()
{
    printf("正方形1的面积：%d\n", SQUARE(2, 3));
    printf("正方形2的面积：%d\n", SQUARE(2 + 3, 3 + 4));
}
```

程序运行结果如图1.11所示。

从例1.7程序运行结果上看，显然正方形1的面积是正确的，但正方形2的面积是错误的。其根源在于编译预处理宏替换的理解，因为宏替换只做“机械”的替换，不会进行运算处理，所以上面两条语句分别替换为下列语句：

```
Microsoft Visual Studio 调试控制台
正方形1的面积：6
正方形2的面积：15
```

图1.11 例1.7程序运行结果

```
printf("正方形1的面积：%d\n", 2*3);
printf("正方形2的面积：%d\n", 2 + 3* 3 + 4);
```

这样就可以很容易理解上述结果出现的原因了。注意不是C语言出现了错误，而是用户对C语言宏定义的理解上存在一定的偏差。

解决上面问题的方法只需要将宏定义改成如下格式即可得到想要的正确结果：

```
#define  SQUARE(a,b)  (a)*(b)
```

基于宏定义的特征，建议如下：

（1）一般用宏定义一个常量，其他情况尽量少用或不用宏定义；

（2）基于带参数的宏容易出现结果错误的现象，建议少用或不用；

（3）学了函数以后，用函数可以代替带参数的宏，所以可以不用带参数的宏。

1.3.4 条件编译

预处理程序提供了条件编译的功能。可以按不同的条件去编译不同的程序部分，从而产生不同的目标代码文件。这对于程序的移植和调试是很有用的。

条件编译有三种形式：

1. 根据标识符已定义的情况进行编译

```
#ifdef  标识符
    程序段1
#else
    程序段2
#endif
```

它的功能是：如果标识符已被#define命令定义过则对程序段1进行编译；否则对程序段2进行编译。如果没有程序段2（它为空），那么本格式中的#else可以没有，即可以写为：

```
#ifdef  标识符
    程序段
#endif
```

例1.8　条件编译#ifdef命令的使用示例程序。（ex1_8.cpp）

程序代码：

```
#include <stdio.h>
#define DEBUG                    //无参宏定义
int main()
{
    #ifdef DEBUG                 //条件编译
        printf("Debugging...\n");
    #else
        printf("Running...\n");
    #endif
    return 0;
}
```

由于在例1.8的程序中插入了条件编译预处理命令，因此要根据DEBUG是否被定义过来决定编译哪一个printf语句。而在程序的第一行已对DEBUG作过宏定义，因此应对第一个printf语句作编译，跳过第二个printf语句，故运行结果是：Debugging...。

2. 根据标识符未定义的情况进行编译

```
#ifndef  标识符
    程序段1
#else
    程序段2
#endif
```

它的功能是：如果标识符未被#define命令定义过则对“程序段1”进行编译，否则对“程序段2”进行编译。这与第一种形式的功能正好相反。

3. 根据常量表达式的值进行编译

```
#if  常量表达式
    程序段1
#else
    程序段2
#endif
```

它的功能是：如果常量表达式的值为真（非0），则对“程序段1”进行编译，否则对“程序段2”进行编译。因此可以使程序在不同条件下完成不同的功能。

例1.9　根据常量表达式的值选择条件编译计算圆面积或矩形面积。（ex1_9.cpp）

程序代码：

```
#include <stdio.h>
#define PI 3.14159
#define R 1                      //常量定义，用于条件编译
```

```
void main()
{
    float c, area, square;     //定义输入变量C，圆的面积area，矩形面积square
    printf("input a number:  ");
    scanf("%f", &c);
    #if R                      //根据R的值决定对if后面的程序段进行编译
        area = PI * c * c;
        printf("圆面积是: %f\n", area);
    #else
        square = c * c;
        printf("矩形面积是: %f\n", square);
    #endif
}
```

程序运行结果如图1.12所示。

在例1.9的程序中宏定义R为1，在条件编译时常量表达式的值为真，所以计算并输出圆面积。

```
Microsoft Visual Studio 调试控制台
input a number:  3.2
圆面积是: 32.169884
```

图1.12 例1.9程序运行结果

如果将R的值定义为0，即第3行改成：

```
#define R 0
```

那么程序运行结果如图1.13所示。

上面介绍的条件编译当然也可以用条件语句来实现。但是，用条件语句将会对整个源程序进行编译，生成的目标代码程序很长，而采用条件编译，则根据条件只编译其中的“程序段1”或“程序段2”，生成的目标程序较短。

```
Microsoft Visual Studio 调试控制台
input a number:  3.2
矩形面积是: 10.240001
```

图1.13 修改后程序运行结果

条件编译通常在以下情况使用：

（1）在内存空间有限的情况下，尽量缩短目标程序的代码时可以考虑使用。

（2）在不同的操作系统环境下编写具有更好移植的程序可以考虑使用。

（3）用于程序调试过程，需要对中间结果进行观察，以便用户更好地分析和掌握程序运行过程时，可以适当增加printf()语句来观察变量的赋值变化来实现；而程序运行正确后，又不希望出现中间不必要的临时数据时，可以使用条件编译。

例1.10 计算s=1+2+3+…+6。（ex1_10.cpp）

程序代码：

```
#include <stdio.h>
#define R 1               //常量定义，用于条件编译
void main()
{
    int i, sum;
    i = sum = 0;
    while (i < 6)
    {
        i = i + 1;
        sum = sum + i;
        #if R             //条件编译
            printf("i=%d  sum=%d\n", i, sum);
        #endif
    }
```

```
    printf("sum = %d", sum);
}
```

程序运行结果如图 1.14 所示。

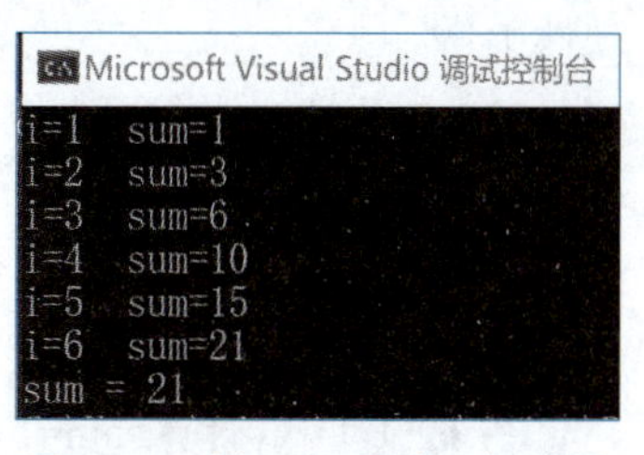

图 1.14　例 1.10 程序运行结果

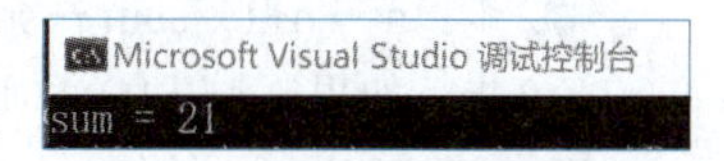

图 1.15　修改后程序运行结果

如将例 1.10 程序中的 #define R 1 改成 #define R 0，由于 #if R 条件不成立，则 printf("i=%d sum=%d\n", i, sum); 不参与编译，从而屏蔽掉了该语句，使上述程序中每个中间计算的结果不再显示。

程序运行结果如图 1.15 所示。

条件编译的替代方案：

条件编译的核心思想是减少目标代码的长度，这在 50 年以前是非常了不起的一项技术创新，因为当时的计算机的内存是非常有限的（如 8 KB 内存、64 KB 内存等），所以程序设计者通常需要花费很大的精力去不断地优化程序，使程序能够在小内存空间下保证程序的运行。随着计算机技术的不断发展，尤其是多核 CPU 和大容量存储芯片的发展，计算机的存储与运算能力已经不再是制约程序运行的重要因素了，现代编程技术和编程思想也发生了改变，程序员更关注的是程序结构清晰、可读性强和能够充分实现用户所需的功能等。

基于上述情况，目前在实际编程过程中，完全可以使用 if 语句去替代条件编译，但作为当时的一项适用的技术，程序员对此还是应该有一定的了解。

1.4　程序设计基础

在计算机程序界有一个非常著名的公式：“数据结构 + 算法 = 程序”，这个公式是瑞士计算机科学家尼克劳斯 • 沃思（Niklaus Wirth）在 1976 年出版的《算法 + 数据结构：程序》一书中提出的。尼克劳斯 • 沃思是 Pascal 编程语言的发明人，因在 1973 年出版的《系统程序设计导论》一书中提出了“结构化程序设计”这一概念而获得了 1984 年的图灵奖。

要编写好一个程序必须掌握数据的结构和算法，为此本节对这两部分内容进行简单介绍，更系统地学习与研究可以参考专门的著作，如《数据结构》。

1.4.1　算法基本概念

1. 算法的定义

算法（algorithm）是对特定问题求解的步骤的一种具体描述，是指令的有限序列，其中每一条指令表示一个或多个操作，用于解决某个实际问题，所以算法也是指解决问题的方法和步骤。

程序是让计算机解决实际问题的指令集合，它是算法在某种计算机语言中的实现。要正确编写一个计算机程序必须具备两个基本条件：一是掌握一门计算机高级语言的规则；二是要掌握计算机解题的方法和步骤即算法。而在计算实际问题时，必须要考虑数据的存储、数据之间的关系等问题，才能有效地进行编程，即必须掌握好数据结构。

2. 算法的特征

（1）有穷性。一个算法必须总是（对任何合法的输入值）在执行有穷步之后结束，且每一步都可在有穷时间内完成；简单理解就是用有限个步骤解决某个特定的问题。

（2）确定性。算法中每一条指令必须有确切的含义，使用者理解时不存在二义性。并且，在任何条件下，算法只有唯一的一条执行路径，即对于相同的输入只能得出相同的输出（可再现性）。

（3）可行性。一个算法是可行的，即算法描述的操作都是可以通过已经实现的基本运算执行有限次来实现的。

（4）输入。一个算法有零个或多个输入，这些输入取自某个特定的对象集合。

（5）输出。一个算法有一个或多个输出，这些输出是同输入有着某些特定关系的量。

例1.11　计算sum=1+2+3+…+100的算法。（ex1_11.cpp）

第1步：令n等于0，sum=0；

第2步：n←n+1，sum←sum+n；

第3步：如果n小于100，则转第2步；否则转第4步；

第4步：输出sum的值；

第5步：结束。

例1.12　一个失败的算法示例。（ex1_12.cpp）

第1步：令n等于100，sum=0；

第2步：n←n-1，sum←sum+n；

第3步：如果n小于等于100，则转第2步；否则转第4步；

第4步：输出sum的值；

第5步：结束。

例1.12的算法违反了算法的有穷性原则，因为n的起始值为100，以后n每次递减1，n将越来越小，所以n小于等于100永远成立，程序将在第2步和第3步之间重复运行，而无法停止，这种情况称为“死循环”，在程序设计时一定要避免这一现象。

实质上，算法反映的是解决问题的思路。许多问题，只要仔细分析对象数据，就容易找到处理方法。

3. 算法的设计要点

通常一个好的算法有以下要求：

（1）正确性。算法应该能够正确地解决求解问题。

（2）可读性。算法主要是为了让人阅读和交流，其次才是机器执行。可读性好的算法有助于程序员对算法的理解；晦涩难懂的程序易于隐藏较多的错误，难以调试和修改。

（3）健壮性。当输入非法时，算法也能适当地做出反应或进行处理，而不会产生莫名其妙的输出结果。

（4）高效率需求。效率指的是算法执行的时间，对于同一个问题如果有多个算法可以解决，执行时间短的算法效率高。

（5）低存储量需求。存储量需求指算法执行过程中所需要的最大存储空间。高效率与低存储量需求这两者都与问题的规模有关，追求两者的完美结合涉及数据结构、算法质量等诸多因素。

4. 算法效率的度量

算法执行的时间需要通过依据该算法编制的程序在计算机上运行时所消耗的时间来度量。

1）程序执行时间的度量方法

度量一个程序的执行时间通常有两种方法：

（1）事后统计法。因为很多计算机内部都有计时功能，有的甚至可精确到毫秒级、微秒级，不同算法的程序可通过一组或若干组相同的统计数据以分辨优劣，但这种方法有两个缺陷：一是必须先运行依据算法编制的程序；二是所得时间的统计量依赖计算机的硬件、软件等环境因素，有时容易掩盖算法本身的优劣。

（2）事前分析估算法。一个用高级程序语言编写的程序在计算机上运行时所消耗的时间取决于下列因素：

① 依据的算法选用何种策略；

② 问题的规模；

③ 书写程序的语言，对于同一个算法，实现语言的级别越高，执行效率就越低；

④ 编译程序所产生的机器代码的质量；

⑤ 机器执行指令的速度。

所以说，同一个算法用不同的语言实现，或者用不同的编译程序进行编译，或者在不同计算机上运行时，效率均不相同。

2）算法复杂度的表示方式

表示算法的复杂度通常有两种方式：

（1）时间复杂度。一个算法是由控制结构（顺序、分支和循环三种）和原操作（指固有的数据类型的操作）构成的，则算法时间取决于两者的综合效果。为了便于比较同一问题的不同算法，通常做法是，从算法中选取一种对于研究的问题（或是算法类型）来说是基本操作的原操作，以该基本操作重复执行的次数作为算法的时间量度。

一般情况下，算法中基本操作重复执行的次数是问题规模 n 的某个函数 $f(n)$，算法的时间度量记作：

$$T(n) = O(f(n))$$

其中，$T(n)$ 表示代码执行的时间；n 表示数据规模的大小；$f(n)$ 表示每段代码执行的次数总和；O 表示代码的执行时间 $T(n)$ 与 $f(n)$ 表达式成正比。

省略一些没有必要的参数，只保留那些重要项的参数，则称为大 O 复杂度算法。大 O 时间复杂度实际上并不是代码真正的执行时间，而是代码执行时间随数据规模增长的变化趋势，也称渐进时间复杂度，简称时间复杂度。

在大 O 复杂度算法中，如果当 n 很大时，可以将其想象成 1 000 或者 10 000，而且公式中的低阶、常量、系数三部分并不左右增长趋势，其在一定的公式计算中可以忽略，这时只需要记录一个最大量级就可以了，即找到其中关于在公式中最大量级单位。

根据输入数据的特点，时间复杂度具有最差、平均、最佳三种情况，一般考虑的时间复杂度都是最坏的情况，因为最坏时间复杂度更能体现出算法的复杂程度，也包含了最好和平均两种情况。

根据问题规模，常见的算法时间复杂度主要有以下标记方法（从小到大）：

$$O(1)<O(\log_2 n)<O(n)<O(n\log_2 n)<O(n^2)<O(n^3)<O(2^n)<O(n!)<O(n^n)$$

其变化曲线图如图 1.16 所示。

时间复杂度计算示例：

```
i=1;
while(i<=n)
{
    i=i*2;
}
```

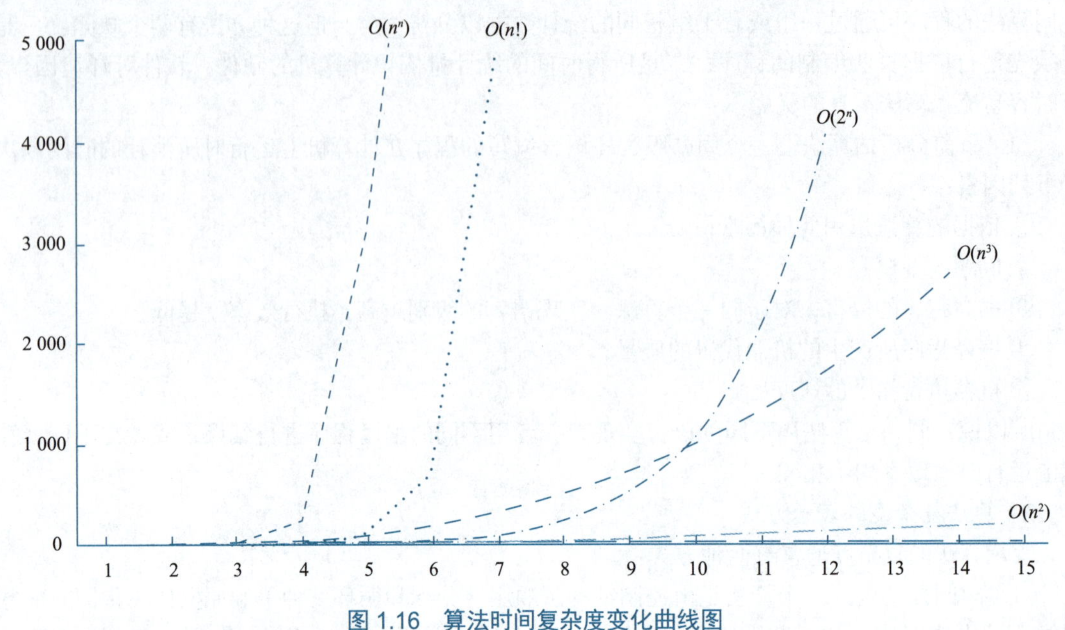

图 1.16 算法时间复杂度变化曲线图

从算法计算过程看，i的值依次为2^0，2^1，2^2，2^3，2^4，2^5，2^6，$\cdots 2^x=n$，可以求得$x=\log_2 n$,所以这段代码的时间复杂度就是$O(\log_2 n)$。

（2）空间复杂度。表示算法的存储空间与数据规模之间的增长关系，设n为问题的规模(或大小)，记作：

$$S(n)=O(f(n))$$

空间复杂度涉及的空间类型有：

① 输入空间：存储输入数据所需的空间大小；

② 暂存空间：算法运行过程中，存储所有中间变量和对象等数据所需的空间大小；

③ 输出空间：运行返回时，存储输出数据所需的空间大小。

常见的空间复杂度就是$O(1)$、$O(n)$、$O(n^2)$和$O(n^3)$，像$O(\log_2 n)$、$O(n\log_2 n)$这样的对数阶复杂度平时都用不到，而且空间复杂度分析比时间复杂度的分析要简单很多。

1.4.2 算法的表示

算法的表示方法有很多，主要有自然语言、伪代码、流程图、N-S图和计算机程序语言等。

1. 用自然语言表示

（1）优点：简单，便于阅读。

（2）缺点：无统一的标准，文字冗长，容易出现歧义。

例 1.13　用自然语言描述计算并输出x、y、z三个数中最大者的流程。

第1步：输入变量x、y、z；

第2步：比较x与y，将其较大的数存放到t中；

第3步：比较t与z，将其较大的数存放到max中；

第4步：输出max。

用自然语言表示算法虽通俗易懂，但文字冗长，易出现歧义。故除了简单问题外，一般不使用自然语言表示算法。

2. 用伪代码表示

伪代码是用介于自然语言与计算机语言之间的文字和符号来描述算法。它无固定的、严格的语法规则，书写格式自由，且易于修改，只要表达清楚意思即可。

例 1.14　用伪代码表示计算 t=5！的算法。

```
begin（算法开始）
t⇐1
i⇐2
while i≤5
{
    t⇐t*i
    i⇐i+1
}
printf t
end（算法结束）
```

3. 用流程图表示

用图形表示算法，直观形象，易于理解。流程图是用一些图框来表示各种操作。

ANSI 规定了一些常用的流程图符号，如图 1.17 所示。

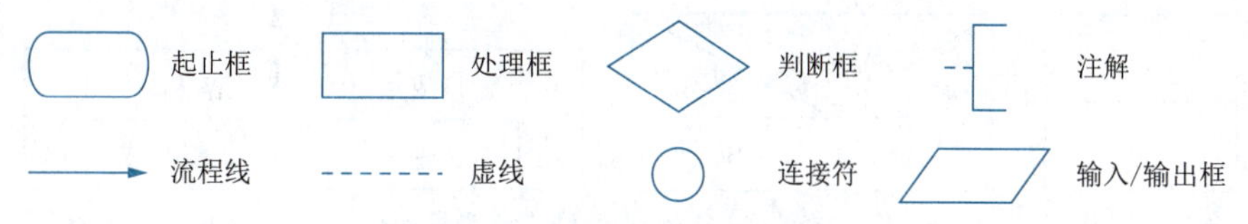

图 1.17　常用的流程图符号

用上面的基本图形符号可以构造任意复杂的算法结构，常用的算法结构有顺序结构、分支结构、循环结构，其表示方法如图 1.18 所示。

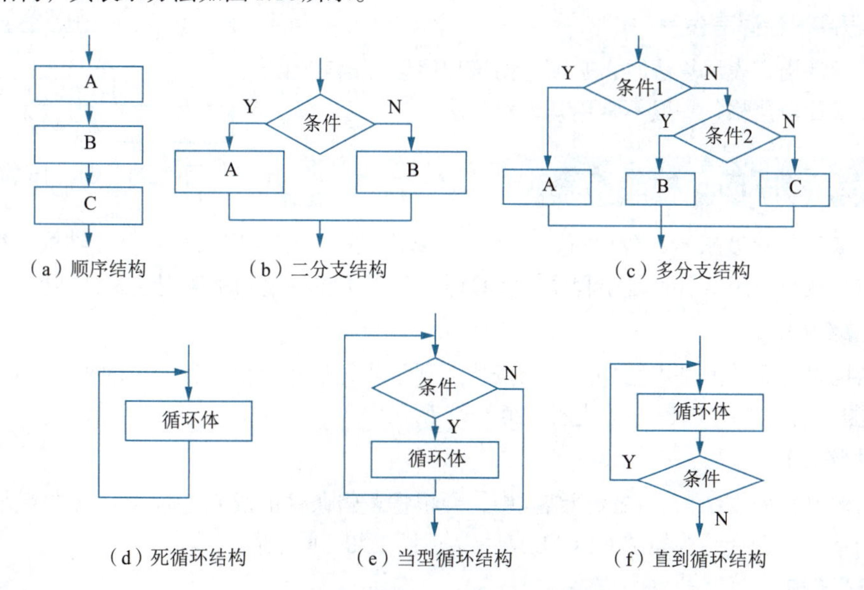

图 1.18　程序基本结构的流程图

菱形框两侧的 Y 和 N 分别表示“是”（Yes）和“否”（No）。

例 1.15　画出求 1+2+3+…+100 的流程图。

该算法流程图如图1.19所示。

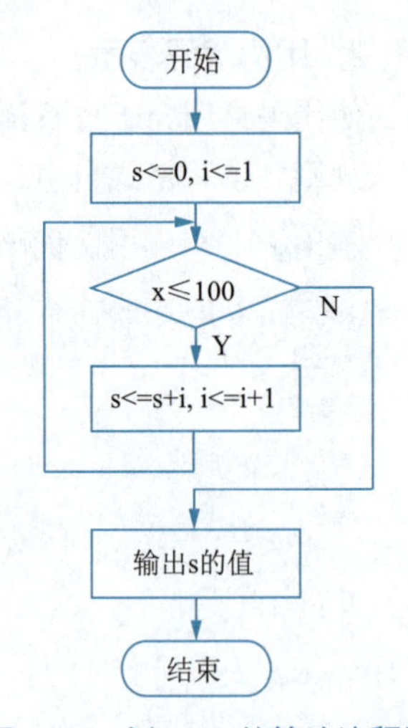

图1.19 例1.15的算法流程图

4. 用N-S图表示

1973年，美国学者艾克·纳西（Ike Nassi）和本·施耐德曼（Ben Shneiderman）提出：算法的每一步都用一个矩形框描述，按执行次序连接起来就是一个完整的算法描述，这种描述方法称为N-S图。在N-S图里，完全去掉了带箭头的流程线，全部算法写在一个矩形框内，在框内还可以包含其他从属于它的方框，即由一些基本的框组成一个大框。这种流程图适于结构化程序设计算法的描述。

程序基本结构的N-S图如图1.20所示。

① 顺序结构。用图1.20（a）表示，其中A和B两个框表示顺序结构。

② 选择结构。用图1.20（b）表示，当条件P成立时执行A操作，当条件P不成立时执行B操作。

③ 循环结构。循环结构分为当型循环和直到型循环，当型循环如图1.20（c）所示，当条件P成立时重复执行循环体操作，当条件P不成立时结束循环；直到型循环结构如图1.20（d）所示，重复执行循环体操作直到条件P成立，当P不成立时退出循环，循环体至少执行一次。

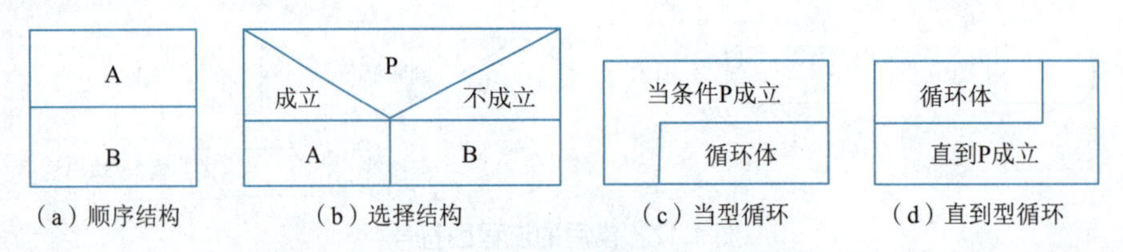

（a）顺序结构　（b）选择结构　（c）当型循环　（d）直到型循环

图1.20 程序基本结构的N-S图

用N-S图重新画例1.15的流程图，如图1.21所示。

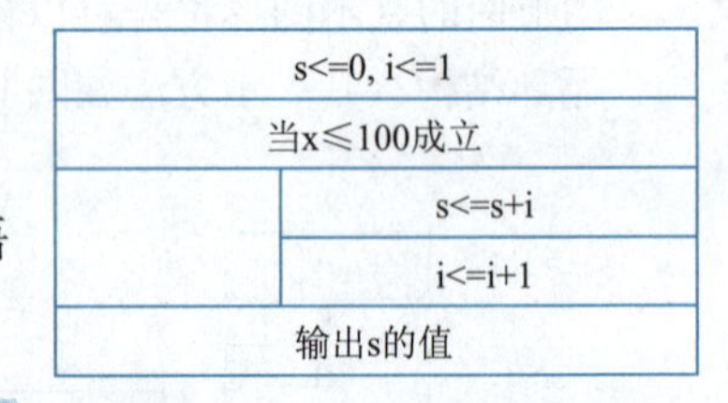

图1.21 例1.15的N-S图

5. 用程序设计语言表示

用程序设计语言表示算法时，必须遵循该程序设计语言的语法规则，要求比较严格，一般不常用其表示算法。

1.4.3 程序的三种基本结构

从程序流程的角度来看，程序可以分为三种基本结构，即顺序结构、分支结构、循环结构。这三种基本结构可以组成各种复杂程序，且C语言提供了多种语句来实现这三种结构。

1. 顺序结构

顺序结构是最简单的基本结构，要求按从上到下的先后顺序执行程序中的每一条语句（或结构单元）。顺序结构如图1.18（a）或图1.20（a）所示。

2. 选择结构

选择结构又称分支结构。在选择结构中，要根据逻辑条件的成立与否，分别选择执行不同的语句或结构单元。选择结构如图1.18（b）、（c）或图1.20（b）所示。

3. 循环结构

循环结构的执行方式是根据某项条件重复地执行一些语句若干次，直到某条件成立或不成立为止。循环结构分为以下两种形式：

（1）当型循环。在图1.18（e）或图1.20（c）所示当型循环结构中，当逻辑条件成立时，就反复执行循环体，直到逻辑条件不成立时结束。

（2）直到型循环。在图1.18（f）或图1.20（d）所示直到型循环结构中，反复执行循环体，直到逻辑条件不成立时结束。

如果对以上三种程序的结构图在其外面加上一个大的虚线框，就可以发现三种基本结构的共同特点：即它们均只有“一个入口”和“一个出口”，这一结构与流程图中的处理框的“一入口一出口”的特征相符，因此它们可以嵌套使用，以表达复杂的算法功能。

程序的结构仅由三种基本结构组合、嵌套而成，且满足：每个程序模块只有一个入口和一个出口；没有死语句（永远执行不到的语句）；没有死循环（永远执行不完的无终止的循环）。

1.5　Visual Studio 2019 使用方法

本节介绍在Windows环境下安装和使用VS 2019集成开发环境，来建立、编译、调试、运行C语言程序代码。

（1）到官网下载VS 2019版本，下载后双击可执行文件进行安装。

（2）打开安装好的VS 2019，单击“创建新项目”按钮，如图1.22所示，在打开的对话框中单击“空项目”，如图1.23所示，单击“下一步”按钮。

图 1.22　开始使用 VS 2019

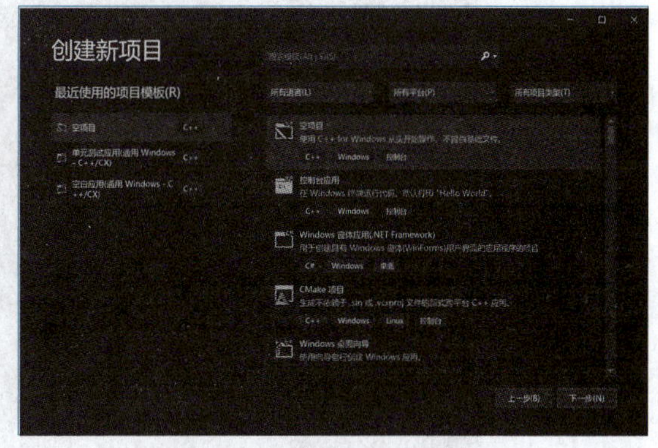

图 1.23　单击“空项目”

（3）在打开的“配置新项目”界面中设置“项目名称”，选择保存位置（见图1.24），单击“创建”按钮，即可进入VS 2019主界面，如图1.25所示。

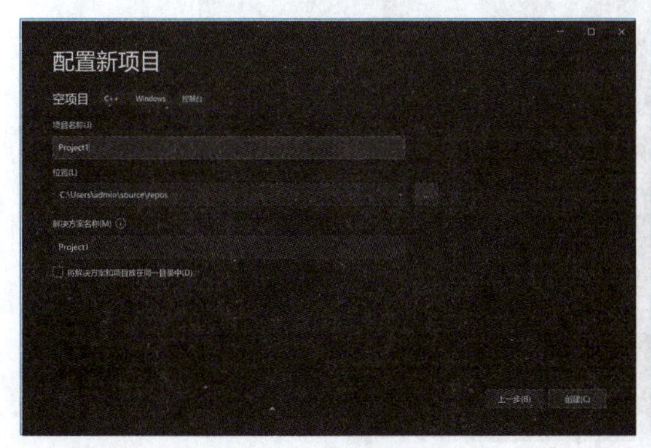

图 1.24　配置新项目

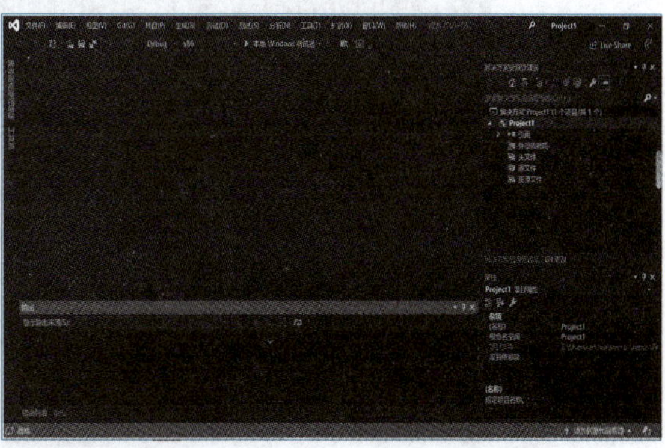

图 1.25　VS 2019 主界面

（4）右击“源文件”，在弹出的快捷菜单中选择“添加”→“新建项”命令，如图1.26所示，打开“添加新项”对话框，选择第一项“C++文件”，输入文件名称ex1-1.cpp，如图1.27所示，单击“添加”按钮，即可进行编程界面，录入源程序，如图1.28所示。

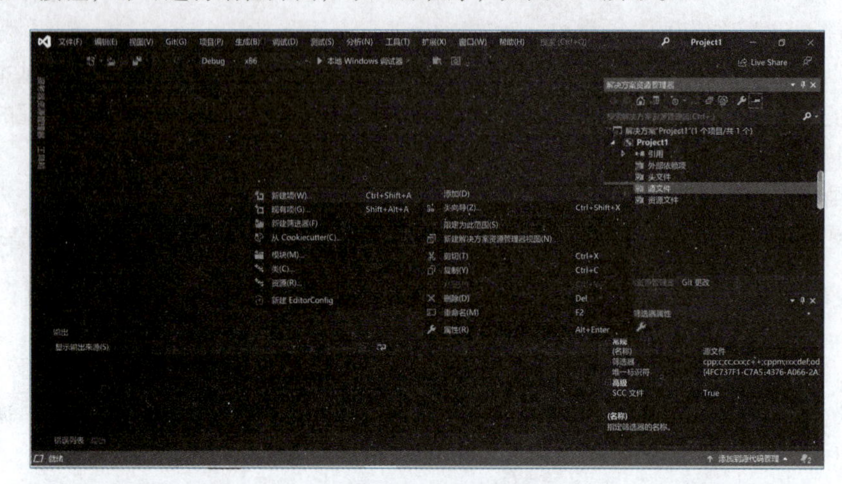

图 1.26　新建项

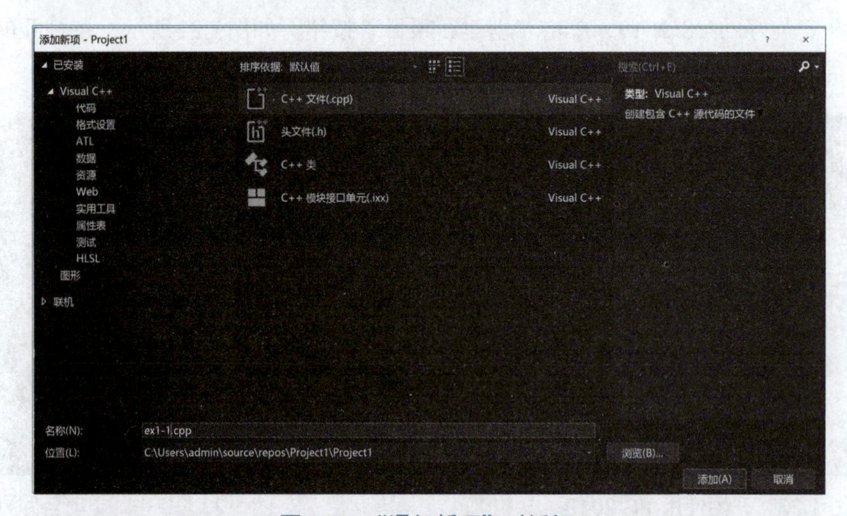

图 1.27　“添加新项”对话框

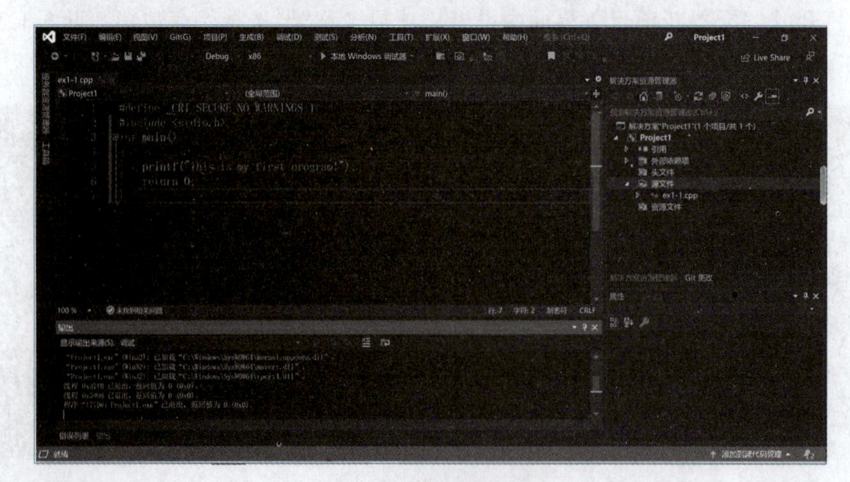

图 1.28　编程界面

（5）单击“本地Windows 调试器”按钮可以对程序进行编译、连接与运行，得到运行结果，如图1.29所示。

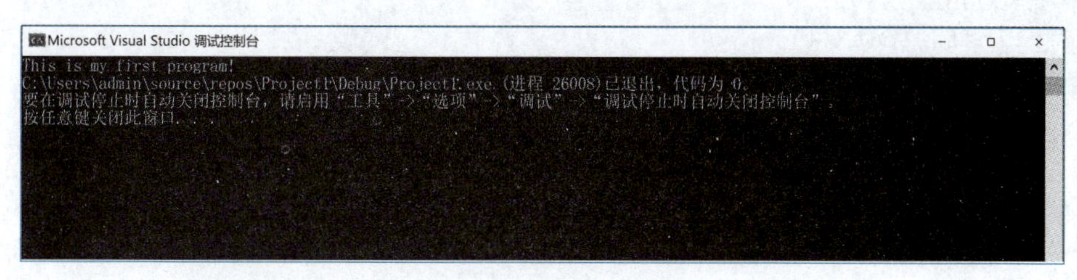

图1.29　程序运行结果

小　结

C语言是当今使用最为广泛的程序设计语言之一。C语言具有简洁、灵活、运算符和数据类型丰富等特点，可以编出高效执行的程序。

C语言又称函数型语言。一个C语言程序由一个主函数和若干个子函数组成，从主函数开始运行，最后在主函数结束。

标识符是C语言程序为了表示语句功能名、变量名、函数名、数组名、指针名、标号等各种名称的统称，分为关键字、预定义名称与用户自定义标识符三类。

语句是程序的基本执行功能，包含说明语句和执行语句两大类。

预处理功能是C语言特有的功能，它是在对源程序正式编译前由预处理程序完成的。程序员在程序中用预处理命令来调用这些功能，通常包括宏定义、文件包含、条件编译三种类型，根据实际需求合理使用。

算法是指解决问题的方法和步骤，是程序设计的精华和核心，一个算法具有有穷性、确定性、输入/输出和可行性等特征；算法描述工具很多，主要有传统流程图、N-S图、伪代码和计算机程序语言等。

C语言程序是依据结构化程序设计思想而设计的，它具有顺序、分支、循环三种基本结构，这三种基本结构又可以嵌套使用，以适应大型程序的编写。

习　题

1. 一个C程序是从______________函数开始执行的。
2. 一个C源程序中的基本单位是____________。
3. 一个C语言程序是由________________组成。
4. 结构化程序设计中的三种基本结构是__________、_________、_____________。
5. C语言的主要特点是什么？
6. 下列符号串中哪些是不正确的标识符表示？并说明理由。

_abc　12.e+2　E+2　break　FOR　abc$200　sum_square　stop　y_@_1

7. 下面程序的运行结果是__________。

```
#include <stdio.h>
#define    DOUBLE(r)   r*r
```

```
void main()
{   int x=1 ,y=2,t;
    t=DOUBLE(x+y);
    printf("%d\n",t);
}
```

8. 下面程序的运行结果是__________。

```
#include <stdio.h>
#define MUL(z)    (z)*(z)
void main()
{
    printf("%d\n",MUL(1+2)+3);
}
```

9. 下面程序的运行结果是__________。

```
#include <stdio.h>
#define SELECT(a,b)a<b?a:b
void main()
{
    int m=2,n= 4;
    printf("%d\n",SELECT(m,n));
}
```

10. 编写一个C程序，输出以下信息：

```
******************************
    This is my first c program.
******************************
```

11. 编写程序，从键盘输入三个整数a、b、c，计算表达式a+b*c的值，输出计算结果。
12. 用流程图画出判断一个数n（$n>0$）是否为素数的算法。
13. 用N-S图画出判断一个数n（$n>0$）是否为素数的算法。
14. 用流程图画出例1.3登录密码的判断算法。
15. 用N-S图画出例1.3登录密码的判断算法。

第2章 简单的数值运算程序设计

本章学习目标

◎ 了解C语言数据类型的组成与作用。

◎ 掌握C语言基本数值常量的表示方法，主要有整数、实数、字符的表示方法。

◎ 掌握C语言中的基本数据类型：整型、实型、字符型，并能正确使用它们定义变量。

◎ 掌握与基本数据类型变量相关的运算符号与表达式构成规则，能正确使用表达式和表达式语句。

◎ 掌握使用scanf()函数和printf()函数输入/输出各种变量或表达式的方式。

◎ 掌握简单的数值运算的编程方法。

 2.1 C语言数据类型

程序员应当明白这样一个道理：学习一种程序设计语言的目的是利用该语言编写程序以解决实际问题。而在各种实际问题中，最基础也是最重要的就是计算问题，要计算就离不开数据与数据的运算，因此，一个程序或一个函数至少应包括以下两方面内容：

（1）数据的描述：在程序中要指定数据的类型和数据的组织形式。更进一步理解和掌握上述概念需要掌握数据结构（data structure），数据结构包括三个内容：数据的逻辑结构、数据存储结构和数据的运算。数据的逻辑结构和存储结构是密不可分的两个方面，算法的设计取决于所选定的逻辑结构，而算法的实现依赖所采用的存储结构。逻辑结构是指数据之间的关系，存储结构指数据在计算机中的存储关系。

（2）对操作的描述：包括运算过程与操作步骤，即算法（algorithm）。

以上两点也能较好地诠释“数据结构+算法=程序”这一公式。

在计算机中，数据是信息的表现形式和载体，可以是符号、文字、数字、语音、图像、视频等。它们在C语言程序中通过不同的数据类型与不同的数据结构予以表示。

2.1.1 数据类型的分类

数据类型是程序设计中的重要概念，也是编程和数据结构的核心要素。数据类型定义了一个变量可以存储的数据大小，并定义了该数据可以表示的操作。

数据类型可按各种数据的性质、表示形式、占据存储空间的多少、构造特点来分类。在C语言中，数据类型可分为基本数据类型、构造数据类型、指针类型、空类型四大类，如图2.1所示。

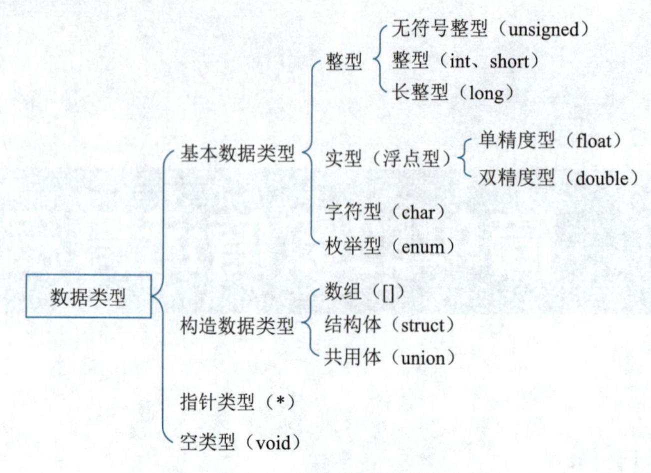

图2.1　C语言数据类型

（1）基本数据类型：基本数据类型最主要的特点是其值不可以再分解为其他类型。

（2）构造数据类型：构造数据类型是根据已定义的一个或多个数据类型用构造的方法来定义的。也就是说，一个构造数据类型的值可以分解成若干个“成员”或“元素”。每个“成员”都是一个基本数据类型或又是一个构造数据类型。

（3）指针类型：指针是一种既特殊又具有重要作用的数据类型。其值用来表示某个变量在内存储器中的地址。虽然指针变量的取值类似于整型量，但这是两个类型完全不同的量，因此不能混为一谈。

（4）空类型：调用后不需要向调用者返回函数值的函数，可以定义为“空类型”。其类型说明符为void。

2.1.2 数据类型的作用

在计算机中一切指令与数据的存储均采用二进制。为了区分指令，计算机给出了各种指令的格式；而对于数据由于全部采用的是二进制，这些数据又是如何被计算机识别的呢？对于一个用16位二进制数进行存储的数，如1100 1001 0110 1001（此数用十六进制数表示为0xC965），计算机不仅可以把它识别为一个正数，也可以把它识别为一个负数，这就取决于数据类型的定义，如果将它定义一个无符号数（unsigned）则它就代表一个正数（51557），否则它就代表一个负数（-13979）

例2.1　数据类型的表示示例。（ex2_1.cpp）

程序代码：

```
#include <stdio.h>
int main(void)
{
    unsigned  short i= 0xC965;
    short t= 0xC965;
    printf("i=%d\n", i);
    printf("t=%d\n", t);
    return 0;
}
```

程序运行结果如图2.2所示。

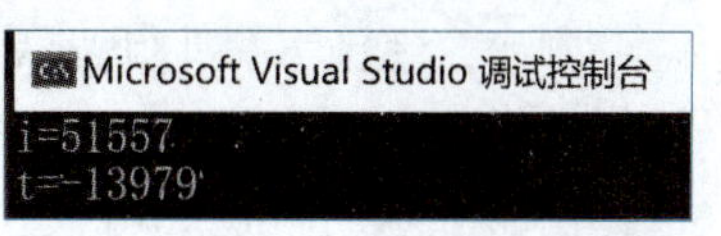

图 2.2　例 2.1 程序运行结果

通过例2.1可以发现变量数据类型的定义对于编程而言极其重要，用数据类型来定义一个变量是必不可少的。C语言中提供了非常丰富的数据类型，不仅有基本的数据类型，而且可以通过将基本的数据类型构造成丰富而适用的构造数据类型，以满足不同数据的运算。所以当定义一个变量的数据类型时，在C语言中同时定义了存储结构（大小）、取值范围和适用的运算等三个重要内容，在编程时要根据变量的可能取值范围（大小）与形式（整数或实数）去决定应该选用何种类型。

2.2　C语言常量

所谓常量是指在程序设计过程中一直保持不变的量，它是计算机运算时数据处理的基础数据。C语言中的常量与数据类型相关，每种数据类型均有相应的常量表示方法。

2.2.1 整型常量

整型常量就是通常意义上的整数。在C语言中，整数有八进制、十六进制和十进制三种表示方法。

1. 十进制整数

十进制整数的表示规则：除单独的数字0以外，第一位由1～9组成，后面各位均由0～9组成，且前面允许加上“+”“-”分别表示正数与负数，其中省略“+”为正整数。

正确的十进制整数示例：

0、5、1237、-5668、65535、-21627

不正确的十进制整数示例：

0123（不能有前导0）、23D、2_3（含有非十进制数码）。

2. 八进制整数

八进制整常数必须以0开头，即以0作为八进制数的前缀。其数码取值为0～7。其前面允许加上“+”“-”分别表示正数与负数，其中省略“+”为正整数。

正确的八进制数整数示例：

015（十进制为13）、-0101（十进制为-65）、0177777（十进制为65535）；

不正确的八进制数整数示例：

256（无前缀0）、03A2、0348（包含了非八进制数码）。

3. 十六进制整数

十六进制整常数的前缀为0X或0x。其数码取值为0～9、A ～F或a ～f。其前面允许加上“+”“-”分别表示正数与负数，其中省略“+”为正整数。

正确的十六进制整数示例：

0X2A（十进制为42）、-0X11（十进制为-17）、0XFFFF（十进制为65535）；

不正确的十六进制整数示例：

5A（无前缀0X）、0X3H（含有非十六进制数码）。

4. 后缀表示

（1）长整数后缀：在上述整数的表示方法的基础上可加上后缀“L”或“l”，用它来表示它是一个长整数。

例如，158L（十进制为158）、012L（十进制为10）、0X15L（十进制为21）。

（2）无符号数后缀：整型常数的无符号数的后缀为“U”或“u”。

例如，358U、0x38Au、235Lu均为无符号数。

特别提示：

（1）因C程序是根据前缀符号0、0x来区分一个整数的不同进制的，所以在书写整数时要特别注意前缀的应用，以免造成数值的不正确。

（2）后缀表示在实际应用中的用处不大，通常情况可以不使用。

2.2.2 实型常量

实型常量就是通常数学中的带小数点的数，也称实数，在计算机中又称浮点型。在C语言中实数只采用十进制表示，但它有两种表示方式：十进制带小数点表示和指数表示。

1. 十进制带小数点表示

十进制带小数点表示的实型常量由数码0~9和小数点组成，前面可以带“+”或“-”，分别表示正数与负数。

例如，0.0、25.0、5.789、0.13、5.、300.、-267.8230、.35、43.0等均为合法的实数。特别注意，在实数的表示中小数点是必需的，如果没有小数点，则C语言会识别为整数。

默认状态下，实型常量被识别为双精度double类型浮点数，可以使用后缀为“f”或“F”表示单精度float类型浮点数，后缀为“l”或“L”表示双精度double类型浮点数。比如34.12是double类型，34.12f是float类型。

2. 指数形式

指数形式的实型常量由十进制数加阶码标志“e”或“E”以及阶码（只能为整数，可以带符号）组成。

其一般形式为：

a E n（a为十进制数，n为十进制整数）

其值为 $a*10^n$。

正确的指数形式实型常量示例：

2E5（等于 2×10^5）	3.7E-2（等于 3.7×10^{-2}）
0．5E7（等于 0.5×10^7）	-2.8E-2（等于 -2.8×10^{-2}）

不正确的指数形式实型常量示例：

345（无小数点）	E7（阶码标志E之前无数字）
-5E（无阶码数值）	53.234-E3（负号位置不对）

2.2.3 字符常量

相对于整数与实数而言，字符常量是另外一类特殊的常量。之所以要有字符常量，是因为计算机中的数据概念已经不仅仅局限于整数和实数，一切可被计算机加工处理的信息均可称为数据，如文字、图像、视频、动画等，字符常量是文字处理的基本单元。

1. 字符常量的定义

C语言中用单引号（' '）括起来的一个字符，称为字符常量。

例如，'a'、'b'、'='、'+'、'?'、'0'、'3'、'9'、'A'都是合法字符常量。

在C语言中，字符常量有以下特点：

（1）字符常量只能用单引号括起来（英文状态下的单引号，不能是中文状态下的单引号），不能用双引号或其他括号。

（2）字符常量只能是单个字符，不能是字符串。

（3）字符常量中的字符从理论上说可以是字符集（详见附录A）中的所有字符，实际上C语言规定了是字符集中除单引号和反斜杠（\）以外所有可显示的单个字符。除掉单引号是因为单引号是字符的界限符，不属于字符常量中的一部分；除掉反斜杠（\）是因为C语言赋予了它特别的含义，以拓展字符的表示。

2. 字符常量的值

字符常量的值就是该字符对应的ASCII码值，对应的二进制用1字节表示。'0'的ASCII码值为48，'A'的ASCII码值为65，'a'的ASCII码值为97直接用小写字母字符-32即可得到其对应的大写字母。

3. 转义字符

转义字符是用于表示单引号不能表示的一些特殊的字符常量。转义字符以反斜杠开头，后跟一个或几个特定的字符。转义字符有特别的规定和含义，它不同于字符原有的意义，故称“转义”（详见表2.1）。

表 2.1　常用的转义字符及其含义

转义字符	含　义	ASCII 码
\n	换行，跳到下一行行首	10
\t	横向跳到下一制表位置（Tab）	9
\b	退格	8
\r	回车，跳到当前行行首	13
\f	走纸换页，跳到下一页开头	12
\\	反斜线	92
\'	单引号	39
\"	双引号	34
\a	鸣铃	7
\ddd	1～3位八进制数所代表的字符	
\xhh	hh为1～2位十六进制数所代表的字符	

使用方法：转义字符的使用方法同普通字符一样，如用单引号括起来，则表示一个特定的字符，但其表示的字符的意义不一样；转义字符也可以用于字符串中，其作用是显示特殊符号或控制输出格式。

广义地讲，C语言字符集中的任何一个字符均可用转义字符来表示。表2.1中的\ddd和\xhh正是为此而提出的。ddd和hh分别为八进制和十六进制的ASCII码。如'\101'表示字母'A'，'\102'表示字母'B'，'\134'表示反斜线，'\x0A'表示换行等。

例 2.2　转义字符的使用。（ex2_2.cpp）

程序代码：

```
#include <stdio.h>
int main()
{
```

```
    printf("  ab  c\tde\rf\n");
    printf("hijk\tL\bM\n");
    return 0;
}
```

程序运行结果如图2.3所示。

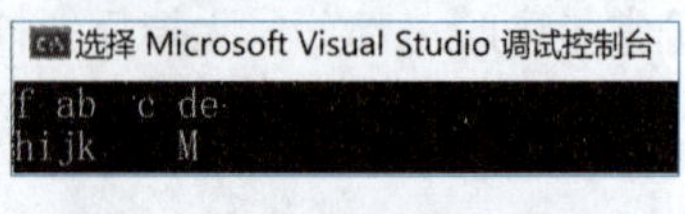

图2.3　例2.2程序运行结果

2.2.4 枚举常量

在实际问题中，有些变量的取值被限定在一个有限的范围内。例如，一个星期只有七天，一年只有12个月，等等。如果把这些变量说明为整型、字符型显然是不妥当的。为此，C语言提供了一种称为“枚举”的数据类型。通过“枚举”类型的定义列举出所有可能的取值，这些取值用标识符来表示，这些标识符就是枚举常量。被说明为“枚举”类型的变量其取值只能是枚举类型定义的标识符或与之相对应的0～n（n为取值总数-1）的整数。

1. 枚举类型的定义

对枚举类型进行定义的目的是规定该类型变量所有可能的取值；枚举类型是一种基本数据类型，而不是一种构造类型，因为它不能再分解为任何其他基本类型。

枚举类型定义的一般形式为：

```
enum 枚举类型名{标识符1,标识符2,...,标识符n};
```

上述定义中，{ }内的所有标识符即为枚举变量所有可能的取值，它们之间用逗号“,”进行分隔，这些值也称枚举成员。枚举成员不是字符常量也不是字符串常量，使用时不能加单引号或双引号。

常用枚举类型定义示例：

（1）星期的枚举定义：

```
enum week1{sun, mou, tue, wed, thu, fri, sat};
```

或

```
enum week2{sunday, monday, tuesday, wednesday, thursday, friday, saturday};
```

或

```
enum week3 {SUNDAY, MONDAY, TUESDAY, WEDNESDAY, THURSDAY, FRIDAY, SATURDAY};
```

（2）12个月的枚举定义：

```
enum month{January, February, March, April, May, June, July, August,
September, October, November, December};
```

2. 枚举常量的值

在以上枚举类型的定义中以三种方式定义了星期枚举类型，其类型名依次为enum week1、enum week2、enum week3。从上面三种定义中可以总结出枚举成员是程序员自己给出的，枚举成员定义以后变量的取值只能是这些枚举成员。

由于枚举成员需要程序员自己给出，一般只适合取值比较少的变量，而这少量的取值又可以当成是整数的一个子集，因此也可以用整数来指定其值。

每个enum类型的枚举成员都有一个整数值，如果不指定，则从0开始递增。例如，在上述enum week3类型中，SUNDAY的值为0，MONDAY的值为1，依此类推。也可以通过显式定义某个枚举成员的整数值而依次改变其后面所有成员的整数值。

例如：

```
enum week3 {SUNDAY=1, MONDAY, TUESDAY, WEDNESDAY, THURSDAY, FRIDAY, SATURDAY};
```

则SUNDAY的整数值为1，MONDAY的整数值为2，依此类推。

在给枚举变量赋值时，只允许使用枚举成员来给其对应的变量赋值，不允许使用其对应的整数值进行赋值。

例如：

```
enum week2{sunday, monday, tuesday, wednesday, thursday, friday, saturday};
    enum week2 a,b,c;
```

则

```
a=monday;           //正确
a=2;                //错误
```

 2.3 C语言变量

2.3.1 变量的概念

变量在程序设计中具有十分重要的作用，它是数据存储、交换、运算的基本单元。变量是指在程序运行过程中其值可以改变的量。对于变量，需要掌握以下几点：

（1）在程序运行时变量的值是不断变化的，但是在程序运行的任意时刻，每个变量均有一个确定的值，这对于程序员分析程序的执行过程具有十分重要的意义，程序员可以通过掌握变量的变化规律去理解程序的执行过程与分析算法的正确性。

（2）每一个变量都有一个名字，不同变量必须用不同的名字，其命名应当符合标识符的命名规定。在实际程序中建议使用有一定意义的标识符（如英文单词或其英文缩写）作为变量的名字，以起到“见名知义”的作用，尽量少用单个字母作为变量的标识符。

（3）任何变量都与数据类型相关联，并且通过数据类型（类型关键字）来定义一个变量。在C语言中一旦定义了一个变量，则同时规定了其占用存储空间（存储单元）的大小、取值范围与可参与的运算。这一特性要求程序员在编程之前先要预估这个变量的可能取值范围，再依据其取值范围选取不同的数据类型来定义它。

（4）C语言还规定了“先定义、后使用”变量的原则，即变量的定义必须放在变量使用之前。如果在程序中使用了未定义的变量，则系统在编译此程序时会出现“"标识符名"：未声明的标识符”的错误提示信息，更正此错误的方法是在使用此变量之前增加一条变量定义的语句。

（5）在程序运行时，变量还具有一定的作用范围（称为变量的作用域）以及是否分配及释放了其内存空间（称为变量的生存期）。

2.3.2 变量的定义

C语言中变量的定义有两种形式：

形式1：只定义变量。

```
类型关键字 标识符1 ,标识符2, …;
```

形式2：在定义变量时同时给变量赋初值。

```
类型关键字 标识符1=值1,标识符2=值2, …;
```

在上面两种形式中，类型关键字就是数据类型保留字，标识符即为变量的名字。如一次性定义多个具有同种类型的变量，它们之间用逗号“,”分隔，最后一个标识符后必须用分号“;”结束。

如果在定义的时候需要给予该变量初始值，那么可以通过形式2进行定义，其中的符号“=”称为赋值运算符，此处不要读为“等于”或“等号”。“=”后的值必须符合对应“类型关键字”的常量表示要求。

例如，变量定义语句：

```
char ch1,ch2;                           //定义ch1,ch2为字符变量，无初值
char ch3='a',ch4='\\',ch5='\108';       //定义ch3,ch4,ch5为字符变量，有初值
int a,b,c;                              //定义a,b,c为整型变量，无初值
long x=1,y=23,z;                        //定义x,y,z为长整型变量，其中x、y有初值
float f1,f2,f3;                         //定义 f1,f2,f3为单精度浮点变量，无初值
double d1=12.4,d2,d3=3.4e5; //定义d1,d2,d3为双精度浮点变量，其中d1,d3有初值
```

2.3.3 变量的存储

1. 变量占用的存储空间大小

变量占用的存储空间大小是由数据类型名称来确定的，在C语言中可以通过运算符sizeof(类型名)或sizeof(变量名)直接计算出该数据类型或变量所占的存储空间。

例2.3 基本数据类型所占存储空间的大小计算示例。(ex2_3.cpp)

程序代码：

```
#include <stdio.h>
int main(void)
{
    printf("字符型数据 char 占 %d 个字节\n", sizeof(char));
    printf("短整型数据 short 占 %d 个字节\n", sizeof(short));
    printf("整型数据 int 占 %d 个字节\n", sizeof(int));
    printf("长整型数据 long 占 %d 个字节\n", sizeof(long));
    printf("无符号短整型数据unsigned short 占 %d 个字节\n", sizeof(unsigned short));
    printf("无符号整型数据 unsigned int 占 %d 个字节\n", sizeof(unsigned int));
    printf("无符号长整型数据 unsigned long 占 %d 个字节\n", sizeof(unsigned long));
    printf("单精度浮点型数据 float 占 %d 个字节\n", sizeof(float));
    printf("双精度浮点型数据 double 占 %d 个字节\n", sizeof(double));
    return 0;
}
```

程序运行结果如图2.4所示。

```
Microsoft Visual Studio 调试控制台
字符型数据 char 占 1 个字节
短整型数据 short 占 2 个字节
整型数据 int 占 4 个字节
长整型数据 long 占 4 个字节
无符号短整型数据 unsigned short 占 2 个字节
无符号整型数据 unsigned int 占 4 个字节
无符号长整型数据 unsigned long 占 4 个字节
单精度浮点型数据 float 占 4 个字节
双精度浮点型数据 double 占 8 个字节
```

图2.4　例2.3程序运行结果

例2.4　基本数据类型变量所占存储空间的大小计算示例。（ex2_4.cpp）

程序代码：

```
#include <stdio.h>
int main(void)
{
    char ch;
    short int i1;
    int i2;
    long i3;
    unsigned short i4;
    unsigned int i5;
    unsigned long i6;
    float f1;
    double f2;
    printf("字符型变量 ch 占 %d 个字节\n", sizeof(ch));
    printf("短整型变量 i1 占 %d 个字节\n", sizeof(i1));
    printf("整型变量 i2 占 %d 个字节\n", sizeof(i2));
    printf("长整型变量 i3 占 %d 个字节\n", sizeof(i3));
    printf("无符号短整型变量 i4 占 %d 个字节\n", sizeof(i4));
    printf("无符号整型变量 i5 占 %d 个字节\n", sizeof(i5));
    printf("无符号长整型变量 i6 占 %d 个字节\n", sizeof(i6));
    printf("单精度浮点型变量 f1 占 %d 个字节\n", sizeof(f1));
    printf("双精度浮点型变量 f2 占 %d 个字节\n", sizeof(f2));
    return 0;
}
```

程序运行结果如图2.5所示。

图2.5　例2.4程序运行结果

从上面两个例子可以得出如下结论：变量所占的存储空间等于其定义的数据类型所占的存储空间。

2. 整型变量的存储

1）整数的补码表示

在计算机中所有数据均是以二进制进行存储的。为了解决实际应用中正负数的表示问题，在计算机中使用补码来表示整数。数的补码表示的优点主要有两个方面：第一，0的表示是唯一的，不像原码一样有+0和-0两种表示方法；第二，可以将十进制中的减法运算用二进制加法来实现，因此CPU中只需要有加法器即可。

补码是在原码、反码的基础上求得的。下面分别介绍原码、反码与补码的表示方法。

① 原码：将一个十进制整数转换为二进制后，在给定的存储位数内（如16位），规定其最高为0表示正整数，最高为1表示负整数，这就是一个整数的原码。

例如，374的原码表示：

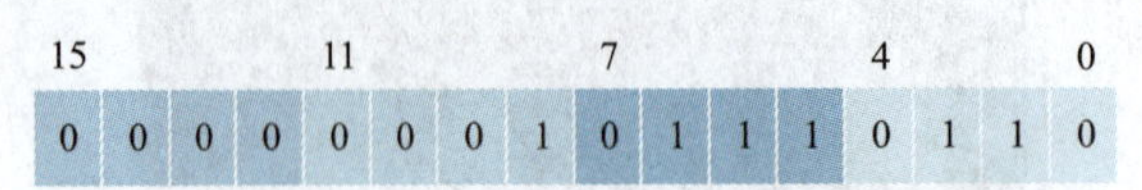

-374的原码表示：

根据此规定，+0的原码为0000 0000 0000 0000，-0的原码为1000 0000 0000 0000。

② 反码：正数的反码等于原码；负数的反码是在原码的基础上除符号位外各位求反。

例如，-374的反码表示：

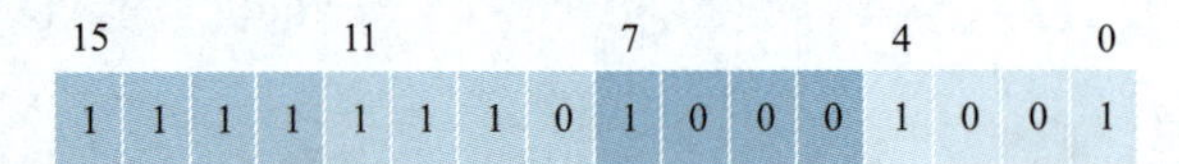

根据此规定，+0的反码为0000 0000 0000 0000，-0的反码为1111 1111 1111 1111。

③ 补码：正数的补码等于原码；负数的补码是在反码的基础上+1（按二进制加法进行运算，但最高位不参与运算）。

例如，-374的补码表示：

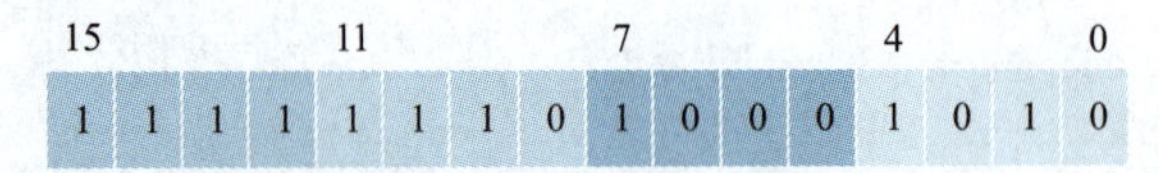

根据补码运算规则可以得到：-1的补码为1111 1111 1111 1111；-32 767的补码为1000 0000 0000 0001。

那么，补码表示中1000 0000 0000 0000对应的十进制值是多少？分析：因在补码中0是唯一的，所以它一定是一个负数（不是-0），而-1～-32 767均有对应的编码，所以将此值定为-32 768，即-2^{15}。

2）补码转十进制数

（1）正数的补码、原码、反码均相同；

（2）负数的补码-1（不影响符号位）后，除符号外各位求反得到原码，即可求得十进制数。

3）C语言整型类型的存储数据范围

在C语言中数据类型决定了变量的存储空间大小与取值范围。整型变量的定义时通常用到short、int、long、unsigned及其组合类型说明符，在VS 2019版本下，其组合类型、存储字节及其取值范围见表2.2。

表2.2 整型变量所占存储空间及其取值范围

整型组合数据类型说明符	存储空间/B	取值范围	
short int short	2	-32 768～32 767	-2^{15}～（$2^{15}-1$）

续表

整型组合数据类型说明符	存储空间/B	取值范围	
int long int long	4	−2 147 483 648～2 147 483 647	$-2^{31}\sim(2^{31}-1)$
unsigned short int unsigned short	2	0～65 535	$0\sim(2^{16}-1)$
unsigned int unsigned long int unsigned long	4	0～4 294 967 295	$0\sim(2^{32}-1)$

从表2.2可以看出，在VS 2019版本下，只需要short、int、unsigned short、unsigned int四种类型即可。

4）整型变量的局限性

整型变量的值只有在表2.2中的取值范围内的数值才能得到正确的结果，一旦超出了上述数值范围，则系统会自动舍弃多出的高位数据，而是依据其低16位（short型）或低32位（int、long型）的二进制补码给出数据的输出结果，这个结果显然与实际结果是不相符的。程序员在编程时一定认真考虑变量的范围，依据变量的取值范围去选择合适的数据类型定义相应的变量，才能得到正确的结果。

例2.5　整数的局限性示例。（ex2_5.cpp）

程序代码：

```
#include <stdio.h>
int main()
{
    short x,y,z;
    x = 32767;
    y = 1;
    z = x + y;
    printf("x=%d,y=%d,z=%d\n", x, y, z);
}
```

程序运行结果如图2.6所示。

结果分析：在上述程序中，z=32768，显然已经超出short短整型变量表示的最大值32767的范围，而32768的二进制形式为1000 0000 0000 0000，根据补码的表示规则，它是一个负数，其值为−32768。所以计算机得到了图2.6所示的输出结果。

Microsoft Visual Studio 调试控制台
x=32767, y=1, z=-32768

图2.6　例2.5程序运行结果

3. 实型变量的存储

1）实数的指数存储

在IEEE 754标准中，格式浮点数分为短浮点数float和长浮点数double两种，它们由三个部分组成，分别是符号位（S）、阶码（T）、尾数码（M），对应部分所占位数和存放形式如图2.7所示。

其中：

（1）S是浮点数的符号位，占1位，安排在最高位，S=0表示正数，S=1表示负数。

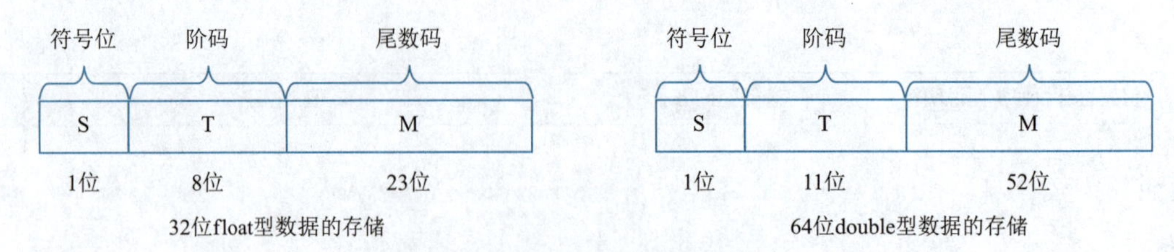

图 2.7 实型数据在内存中的存放形式

（2）阶码是用移码表示的，移码的定义：移码 = 真值 + 偏置值；

在 IEEE 754 标准中，n位移码的偏置值是$2^{(n-1)}-1$，所以8 位的移码的偏置值为$2^{(8-1)}-1 = 127 =$ 0111 1111B，11位的移码的偏置值为$2^{(11-1)}-1 = 1023 =$ 011 1111 1111B

（3）在IEEE 754浮点数标准中，尾数码部分采用原码表示，且尾数码隐含了最高位1，在计算时需要加上最高位1，即1.M。为保证尾数的唯一性，在计算过程中通过移动小数点位置，使小数点前面只有一个1（所有尾数小数点前为1，所以在存储时省略了这个1），这个过程称为尾数的格式化。如110.11B经格式化后为1.1011×2^2，则其尾数为1011；又如0.000101101B，经格式化后为1.01101×2^{-4}。

2）实型变量的存储

实型变量分为单精度（float型）、双精度（double型），它们分别占4字节和8字节，其取值范围见表2.3。

表 2.3 实型变量的取值范围

类型说明符	存储空间 /B	有 效 数 字	取值的范围
float	4	6～7（位）	正浮点数：$1.175\,5 \times 10^{-38}$ ～3.4×10^{38} 负浮点数：-3.4×10^{38} ～$-1.175\,5 \times 10^{-38}$
double	8	15～16（位）	正浮点数：$2.225\,1 \times 10^{-308}$ ～$1.797\,7 \times 10^{308}$ 负浮点数：$-1.797\,7 \times 10^{308}$ ～$-2.225\,1 \times 10^{-308}$

3）实型数据的舍入误差

由于计算机存储空间的限制，实型变量由有限的存储单元组成的，因此能提供的有效数字总是有限的。如果实型变量有效位数越多，与实际值就越接近，精确度越高。

例2.6 实型数据的舍入误差。（ex2_6.cpp）

程序代码：

```
#include <stdio.h>
int main()
{
    float a, b;
    a = 123456.789e5;
    b = a + 20;
    printf("a=%f\n", a);
    printf("a+20=%f\n", b);
    printf("1000.0/3=%.18lf\n", 1000.0f / 3);
    return 0;
}
```

程序运行结果如图2.8所示。

结果分析：从运行结果可以看出，a和a+20的结果都是12345678848.000000，产生误差的原因是float类型只能保证7位有效数字，给a赋值时使得7位以后是无效数字，把20加到无效数字上，是无意义的。这种现象发生的情况是，将一个很大的数和一个很小的数进行加减运算，使得“较小”的数丢失，应避免这种运算。

```
Microsoft Visual Studio 调试控制台
a=12345678848.000000
a+20=12345678848.000000
1000.0/3=333.333343505859375000
```

图2.8　例2.6程序运行结果

1000.0f/3运算的结果333.333343505859375000是单精度浮点型，有效位数只有7位。而整数已占3位，故小数4位以后的数字均为无效数字。

4. 字符变量的存储

字符变量是用char字符类型说明符来定义的，每个字符变量被分配一个字节的内存空间，其存储的值是该字符的ASCII值。例如：

```
char a='A',b='a';
```

此处定义了两个变量a和b，其中变量a的值为字母A的ASCII码值65，变量b的值为字母a的ASCII码值97；两个变量a、b的存储单元中的8位二进制数值如下：

字符变量a：

0	1	0	0	0	0	0	1

字符变量b：

0	1	1	0	0	0	0	1

从存储结构上看，字符变量的存储单元为一个字节，很显然可以将其当成是一个字节的整数来使用。

例2.7　字符运算的示例程序。（ex2_7.cpp）

程序代码：

```
#include <stdio.h>
int main()
{
    char a, b, c;
    int x;
    a = 'a';
    b = 0xA81;                          //将1个整数赋值给字符变量b
    c = a - 32;
    x = a + b + c;                      //将字符变量通过数值运算赋值给整型变量x
    printf("a=%d,b=%d,c=%d,x=%d\n", a, b, c, x); //以字符方式输出各变量
    printf("a=%c,b=%c,c=%c,x=%c\n", a, b, c, x); //以整型方式输出各变量
    return 0;
}
```

程序运行结果如图2.9所示。

```
Microsoft Visual Studio 调试控制台
a=97,b=-127,c=65,x=35
a=a,b=?c=A,x=#
```

图2.9　例2.7程序运行结果

例2.7的程序说明了字符与整型数据混合运用的情况，在执行b=0xA81;语句时，由于b为字符型变量，它只占1字节（8位），而0xA81为12位，则只将后8位0x81赋值给b，其二进制形式为1000 0001，它是数的补码表示，根据补码变原码的规律，它对应的原码为1111 1111，其对应的数值为-127，而-127在用%c字符格式输出时，由于没有合适的符号，在VS中均以“?”代替输出（此处的“?”不是键盘上可显示的问号）。对另一个整数变量x，它的值为a、b、c三个数的

ASCII码值之和，即97-127+65=35，通过查ASCII表得到其对应的字符为“#”，因此输出“#”。

结论：char类型与short类型在一定情况下是可以互用的。在编程时一定要注意数据类型的取值范围，只有在取值范围内的数的输出才是正确的，而一旦超出其范围，所得到的结果一定是错误的。

5. 枚举变量的存储

```
enum weekday { sun=3, mou=1, tue, wed, thu, fri, sat }; //定义枚举类型
enum weekday a, b, c;          //定义枚举变量
printf("%d", sizeof(a));       //输出枚举变量a占用存储单元的字节数，结果为4
```

从上述程序代码的输出结果可知，枚举变量占用的存储单元数为4字节。

2.4 表达式与语句

C语言中运算符非常丰富，其数量之多、应用之灵活性是其他高级语言不能相比的。正是由于其丰富的运算符，使得C语言的表达式功能十分强大，使用极其灵活。这也是C语言的主要特点之一。

2.4.1 运算符

C语言的运算符详见附录C，全部概括起来可分为12类，如图2.10所示。

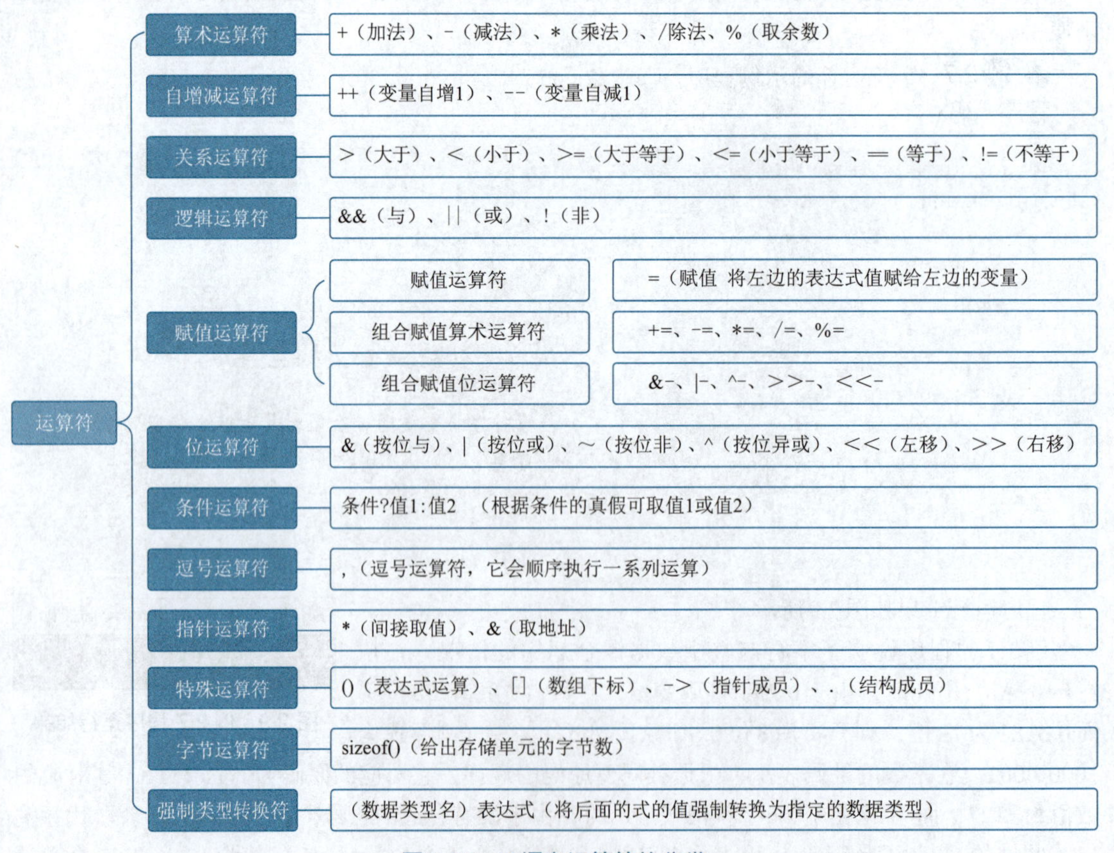

图2.10 C语言运算符的分类

C语言中，运算符的运算优先级共分为15级，1级最高，15级最低。在表达式中，优先级较高的先于优先级较低的进行运算。而在一个运算量两侧的运算符优先级相同时，则按运算符的结合性所规定的结合方向依次进行运算。

C语言中各运算符的结合性分为两种，即左结合性（自左至右）和右结合性（自右至左）。

（1）左结合性表示同级运算自左向右依次运算。如有表达式x-y+z-w，则依次计算x-y，再+z，再-w，最后得到的结果就是此表达式的结果。

（2）右结合性表示同级运算从右到左依次运算，每次计算的结果用于下一次计算的值，最后得到的结果就是该表达式的结果。最典型的右结合性运算符是赋值运算符。如x=y=z=5；由于“=”的右结合性，应先执行z=5，得到表达式的值5，再进行y=5（上一次得到的表达式的值），然后进行x=5的运算。C语言运算符中有不少为右结合性，应注意区别，以避免产生错误。

2.4.2 与数值运算相关的运算符

1. 基本算术运算符

① 加法运算符“+”：加法运算符为双目运算符，即应有两个量参与加法运算，具有左结合性，如a+b、4+8等。

② 减法运算符“-”：减法运算符为双目运算符，具有左结合性；但“-”也可作负值运算符，此时为单目运算，如-x、-5等，具有右结合性。

③ 乘法运算符“*”：双目运算，具有左结合性。

④ 除法运算符“/”：双目运算具有左结合性。参与运算量均为整型时，结果也为整型，舍去小数。如果运算量中有一个是实型，则结果为双精度实型。

⑤ 求余运算符（取模运算符）“%”：双目运算，具有左结合性。要求参与运算的量均为整型。求余运算的结果等于两数绝对值相除后的余数，并且其结果的符号位与第一个数（%前面）的符号位相同。

上面由基本运算符构成的式子称为基本的算术表达式，算术式的值就是运算的结果。例如，x+y、x-y、x*y、x/y、x%y均为基本算术表达式，其中x、y可以是常量、变量或基本算术表达式，如果再加入( )，则可以构成复杂的算术表达式，在表达式中( )的作用是用来改变运算的优先顺序。例如：

```
((a+2*b)-(a-b*b)*c)/(a-b+3*c)
```

例2.8 除法和求余运算符示例程序。（ex2_8.cpp）

程序代码：

```
#include <stdio.h>
int main()
{
    printf("%d,%d\n", 20 / 7, 6.6f);
    printf("求余数：%d  %d %d %d\n", 100 % 3,100%-3,-100%3,-100%-3);
    printf("%f,%f\n", 20.0 / 7, -20.0 / 7);
}
```

程序运行结果如图2.11所示。

结果分析：

（1）实数6.6f以整数输出时为什么是1610612736？

① 实数6.6用二进制可以表示为

110.10011001100110011001100110011001100110011001100 1100...

它是一个循环小数，末尾是1100的无限循环。

```
选择 Microsoft Visual Studio 调试控制台
2,1610612736
求余数：1  1 -1 -1
2.857143,-2.857143
```

图 2.11　例 2.8 程序运行结果

② 尾数格式化且保留小数点后23位变成1.1010 0110 0110 0110 0110 011。

③ 阶码真值为2（小数点向左移动2位），变成8位移码为2+127=129=10000001B。

④ 这个数为正数，符号位为0，所以6.6f的二进制存储结果为

1 1000 0001 1010 0110 0110 0110 0110 011

⑤ C语言编译器在向printf()传递float类型的参数时，会自动将它转换为double类型再传给printf()。

⑥ 由于double的尾数为52位，而float的尾数为23位，而补充29个0，同时其阶码调整到11位，所以6.6的双精度存储结果为二进制形式：

0 1000000 0001 1010 01100110 01100110 01100000 00000000 00000000 00000000

⑦ %d只输出低32位的数据，而传入的double类型的数据有64位，将其截断后剩下的低32位为01100000 00000000 0000000 000000000，其十进制形式为1610612736，与printf("%d\n",a)的输出结果完全吻合。

（2）取余数运算结果的符号位与第1个数（%前面）的符号位相同。

（3）需要尽量避免实数运算向整数运算转换，以防止出现结果错误。

2. 赋值运算符

1）简单赋值运算符

简单赋值运算符为“=”，该运算符为双目运算符，具有右结合性，其一般表示形式为：

```
变量=表达式
```

上述式子也称赋值表达式，它的功能是将表达式的值计算后再赋给左边的变量，整个表达式也具有一个值，其值就是表达式的值。

例如：

```
x=1                //表达式的值为1
a=b=c=3            //等价于a=(b=(c=3))，表达式的值为3，变量a、b、c的值均为3
y=(a+2*b)*c-x      //继上，表达式的值为26，变量y的值为26
w=sin(a)+sin(b)  //sin()为函数
```

本质上讲赋值表达式的结果就是一个值，因此在表达中可能出现值的地方就可以使用赋值表达式。例如：

```
x=(a=5)+(b=8)
```

该表达式实现了对三个不同的赋值功能，分别是把5赋给a，把8赋给b，再把5和8相加后赋值给x，故x等于13，表达式的值为13。

特别注意：“=”的左边只能是单个的变量名，不能是常量或表达式，如3x=52、a+b=64、(a+2*3)=x−y等均是错误的。

2）组合赋值运算符

在赋值符“=”之前加上其他双目运算符可构成复合赋值符，如+=、−=、*=、/=、%=、<<=、>>=、&=、^=、|=。

复合赋值表达式的一般形式为：

```
变量  双目运算符=表达式
```

它等价于

```
变量=变量 双目运算符 表达式
```

例如：

```
a+=5            //等价于a=a+5
b-=x-y          //等价于b=b-(x-y)
x*=y+7          //等价于x=x*(y+7)
r%=p            //等价于r=r%p
```

需要注意的是，在使用复合赋值运算时，其右边的表达式应看作一个整体。

初学者可能不习惯复合赋值符这种写法，但其十分有利于编译处理，能提高编译效率并产生质量较高的目标代码。

3. 自增、自减运算符

自增1运算符“++”，其功能是使变量的值自增1。

自减1运算符“--”，其功能是使变量值自减1。

++、--运算符均为单目运算，只能用于单个变量的前面或后面，不能用于常量或其他表达式的前面或后面。

根据运算符在操作数之前或之后，可分为前置运算和后置运算。

以变量i为例：

++i表示先将i自增1，然后再根据表达式的内容参与其他运算，简称“先增后用”。

i--表示先根据表达式的内容参与其他运算，再将i自减1，简称“先用后减”。

当它与赋值运算结合时，需要仔细理解上述概念，认真分析例2.9的程序及其运行结果，以达到灵活运用++、--与赋值运算“=”配合使用的效果。

例2.9　++、--运算符对变量的赋值影响示例。（ex2_9.cpp）

程序代码：

```
#include <stdio.h>
int main(void)
{
    int i, j;
    i = 10; j = ++i;
    printf("i=%d,j=%d\n", i, j);
    i = 10; j = --i;
    printf("i=%d,j=%d\n", i, j);
    i = 10; j = i++;
    printf("i=%d,j=%d\n", i, j);
    i = 10; j = i--;
    printf("i=%d,j=%d\n", i, j);
    return 0;
}
```

程序运行结果如图2.12所示。

建议：为了避免理解上出现差错，例2.9的代码可以更改成每个语句只对一个变量进行赋值，这样就不容易出错。如将j=++i;替换成++i; j=i;，将j=i++;替换成j=i;i++;。

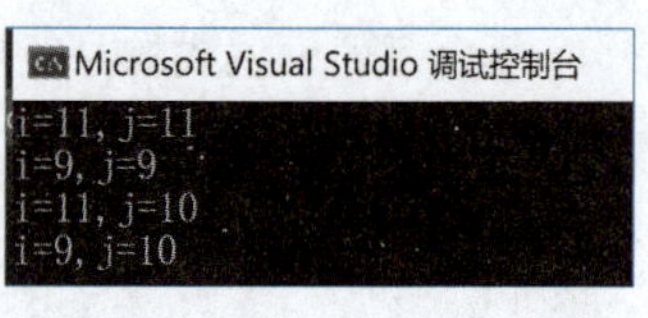

图 2.12　例 2.9 程序运行结果

4. 逗号运算符

在C语言中逗号“,”也是一种运算符，称为逗号运算符。其功能是把两个表达式连接起来组成一个表达式。

其一般形式为：

```
表达式1,表达式2,表达式3
```

其求值过程是从左到右依次计算每个表达式的值，并将最后“表达式3”的值作为整个逗号表达式的值。

例 2.10　逗号运算符的应用。（ex2_10.cpp）

程序代码：

```
#include <stdio.h>
int main()
{
    int a = 1, b = 2, c = 3, x, y;
    y = (x = a + b, x + c);
    printf("x=%d,y=%d\n", x, y);
}
```

程序运行结果为x=3,y=6。

逗号表达式的实质是希望通过一个表达式语句来实现对多个变量的赋值，以减少语句，从而达到减少程序代码量的目标，但对于计算机硬件十分发达的今天就显得没有太大的必要性，因为现代编程风格更加强调程序的可读性与可理解性，所以建议少用或不用。

2.4.3 表达式

1. 表达式的定义

表达式是由常量、变量、函数、表达式值等数据对象、运算符和( )组合而成的式子。

从表达式的定义可以得出，C语言中的表达式已经远远超出数学表达式的概念，上一节介绍的基本数值表达式、赋值表达式、逗号表达式等均可以作为表达式的组成部分，而运算符与( )引入，使得表达式可以变得非常复杂，这也充分体现了C语言程序书写的灵活性。

对表达式的书写应注意以下几点：

（1）数学中的乘法运算可以省略乘号或用“•”表示，但在C语言中乘号必须用“*”表示，且不能省略。例如，数学式x^2+2x+1对应的C语言表达式为x*x+2*x+1。

（2）数学表达式在转换成C语言表达式时，应保证计算顺序与数学式子的顺序一致，必要时可以通过增加( )来达到此目的，同时数学表达式中出现的()、[]、{}在C语言中一律用()代替。例如，数学式$3[(a+b)c-2d]/3a$的C语言表达式为3*((a+b)*c-2*d)/(3*a)。

（3）数学中出现的某些运算可以使用C语言中的数学函数库（见附录D中math.h）。例如，数学式$\frac{-b\pm\sqrt{b^2-4ac}}{2a}$的C语言表达式为(-b+sqrt(b*b-4*a*c))/(2*a)；数学式sin30° 的C语言表达式为sin(3.14159/6)（转换成弧度）。

（4）多种表达式可以混合成一个表达式，只要符合语法规则即可。例如，x=(y=a+b,z=ab,j=++i)*2

尽管上面的表达式是允许的，但是从程序的可读性而言，不建议这么书写，而强烈建议每一个语句尽量只对一个变量进行赋值，这样的程序不容易出现错误。

2. 表达式的运算

在C语言中，由于运算符的数量非常多，而且其优先级分级很细（共分为15级），加之表达式又允许嵌套定义，使用C语言的表达式变得十分灵活，因此必须熟练掌握表达式的运算规则，才能完全理解表达式的运算过程。

表达式的运算规则：

（1）优先级原则：先计算优先级较高的运算，再计算符优先级较低的运算。如“括号优先（因为()的优先级排在最前面），先乘除后加减”。

（2）结合律原则：在同级运算中，严格按照运算符结合性原则。如左结合表示从左到右依次计算，右结合表示从右到左依次计算。

（3）表达式的运算结果不仅与运算对象的值有关，而且与其对应的数据类型关系十分密切，当一个表达式中出现多种不同数据类型时，系统有约定的类型转换规则，按类型转换规则的要求进行。

2.4.4 表达式语句

根据语句的定义，任何一个表达均可以构成一个表达式语句，其构成方式为：

```
表达式;
```

例如：

```
a+b;                                    //一个表达式语句，在程序中不起任何作用
x=1;                                    //赋值语句，其作用将1赋给变量x，即x的值为1
a=b=c=3;                                //赋值语句，其作用将3赋给变量a、b、c
x=1,y=2,z=3;                            //逗号语句，其作用将1赋给变量x,2赋给变量y,3
                                          赋给变量z
delta=(-b+sqrt(b*b-4*a*c))/(2*a);       //赋值语句,计算判别式delta
j=i++;                                  //赋值语句,先使用i,将i的值赋给j,i再自增1
j=++i;                                  //赋值语句,先i再自增1,再将i的值赋给j
p=sin(x*PI/180);                        //赋值语句,计算x度的sin函数值
```

表达式语句是C语言中最基本的语句之一，它是实现程序运算的主要执行语句。

2.4.5 类型转换

数据类型转换就是将数据（变量、数值、表达式的结果等）从一种类型转换为另一种类型。不同类型的数据进行混合运算时，需要进行数据类型的转换。

C语言提供了自动转换和强制转换两种数据类型转换方式。无论是自动转换还是强制转换，都只是为了本次运算的需要而对数据存储值的数据长度进行的临时性转换，而不改变数据说明时对该变量定义的类型。

1. 自动类型转换

自动类型转换就是编译器隐式地进行的数据类型转换，这种转换不需要程序员干预，会自动发生。自动转换遵循以下规则：

（1）若参与运算量的类型不同，则先转换成同一类型，然后进行运算。

（2）转换按数据存储长度增加的方向进行，防止计算过程中数据被截断，以保证精度不降低。如int型和long型运算时，先把int型转成long型后再进行运算。

（3）所有的浮点运算都是以双精度进行的，即使仅含float单精度量运算的表达式，也要先转换成double型，再作运算。

（4）char型和short型参与运算时，必须先转换成int型。

自动类型转换规则可以用图2.13表示。

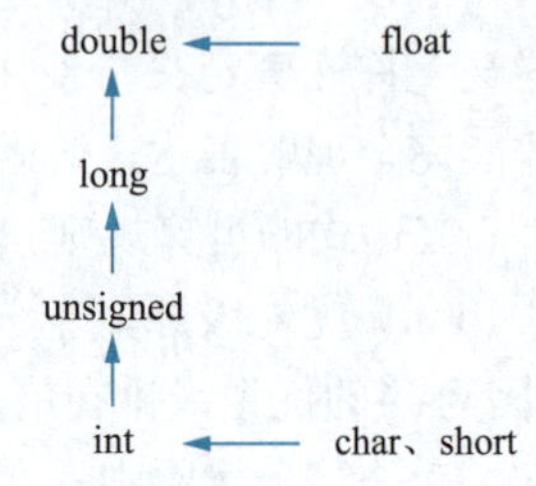

图 2.13　自动类型转换规则

（5）在赋值运算中，赋值号两边的数据类型不同时，需要把右边表达式的类型转换为左边变量的类型，这可能会导致数据失真，或者精度降低，所以说自动类型转换并不一定是安全的。对于不安全的类型转换，编译器一般会给出警告。

例 2.11　自动类型转换程序示例。（ex2_11.cpp）

程序代码：

```
#include <stdio.h>
int main()
{
    float PI = 3.14159;
    int s1, r = 5;
    double s2;
    s1 = r * r * PI;   //运算过程：r 和PI 都被转换成double类型，表达式的结果为
                         double 类型。但因s1为整型，所以赋值运算的结果为整型，舍去
                         了小数部分，导致数据失真
    s2 = r * r * PI;   //运算过程：r和PI都被转换成double类型
    printf("s1=%d, s2=%f\n", s1, s2);
    return 0;
}
```

程序运行结果为s1=78,s2=78.539749。

2. 强制类型转换

自动类型转换是编译器根据代码的上下文环境自行判断的结果，有时候并不是那么“智能”，从而不能满足所有的需求。如果需要，程序员也可以自己在代码中明确地提出要进行类型转换，这称为强制类型转换。

其一般形式为：

```
(类型说明符)表达式
```

强制类型转换是把表达式的运算结果强制转换成类型说明符所表示的类型。

例如：

```
(float) a;          //将变量 a 转换为 float 类型
(int)(x+y);                //把表达式 x+y 的结果转换为 int 整型
int x,y;(float) x/y;       //将x转换为 float 类型，/运算可以得到小数值，否则为整数除法
```

例 2.12　强制类型转换程序示例。（ex2_12.cpp）

程序代码：

```
#include <stdio.h>
```

```
    int main()
    {   long total = 418;                         //总价
        int count = 5;                            //数目
        double unitprice1, unitprice2,price;      //定义三个双精度浮点变量，用于计算单价
        unitprice1 = (float)total / count;        //强制单精度浮点转换
        unitprice2 = (double)total / count;       //强制双精度浮点转换
        price = total / count;                    //整数除法，自动类型转换为double
         printf(" unitprice1=%lf, unitprice2=%lf,   price=%lf\n", unitprice1,
unitprice2, price);
        return 0;
    }
```

程序运行结果如图2.14所示。

```
Microsoft Visual Studio 调试控制台
unitprice1=83.599998, unitprice2=83.600000,   price=83.000000
```

图 2.14　例 2.12 程序运行结果

例2.12的程序中，定义了total与count为整型变量，为了求得其单价程序使用三种不同的计算方式，得到了三种不同的结果，其中使用(double)强制类型转换得到的值最为精准；运行结果说明了double的精度比float的精度高，同时两个整数相除时，如果要得到精确的实数值需要进行强制类型转换。

2.5　格式化输出 / 输入

在算法的特征描述时讲到一个算法可以有零个或多个输入，但必须至少要有一个输出；程序的输入/输出是计算机与人进行交互（简称“人机交互”）的主要手段。人们将要解决的问题的初始数据通过键盘输入给计算机，计算机通过一定的算法加工处理以后把其中有用的信息通过显示屏显示出来的方式输出给人，这就是一种“人机交互”的过程。实际上，在工业生产过程中，“人机交互、机机交互”的方式有很多种，在这里主要讨论键盘输入与显示输出两种基本的交互方式，更多的交互方式可以参考其他资料。

C语言本身没有I/O语句，所有I/O都由函数来实现，C语言提供了stdio.h库文件，其中包含了大量的输入/输出函数，本节重点介绍printf()和scanf()函数的应用。

2.5.1　格式化输出

C库函数stdio.h提供了五个格式化输出函数，包括printf()、fprintf()、dprintf()、sprintf()、snprintf()，其函数定义如下所示。

```
#include <stdio.h>
int printf(const char *format, ...);
int fprintf(FILE *stream, const char *format, ...);
int dprintf(int fd, const char *format, ...);
int sprintf(char *buf, const char *format, ...);
int snprintf(char *buf, size_t size, const char *format, ...);
```

这五个函数都是可变参函数，它们都有一个共同的参数 format，它是一个字符串，称为格式控制字符串，用于指定后续的参数如何进行格式转换，所以才把这些函数称为格式化输出，因为

它们可以以程序员指定的格式进行转换输出。每个函数除了固定参数之外，还可携带若干个可变参数，即代表要输出的对象的列表。

1. printf() 函数

printf() 函数的功能是按用户指定的输出格式，把程序员希望输出的各种计算结果输出到显示屏上供用户使用与分析。

printf() 函数调用的一般形式为：

```
printf("格式控制字符串",输出列表);
```

其中，格式控制字符串用于指定输出格式，输出列表表示要输出的各个数据对象。

1）格式控制字符串

格式控制字符串由格式字符串和非格式字符串组成，其中格式字符串控制着输出数据的格式，非格式字符串照原样直接输出，它们需要有机配合，以准确表达输出的数值是什么。

格式字符串的一般形式为：

```
%[标志][输出最小宽度][.精度][长度]格式字符
```

其中，方括号[]中的项为可选项。

格式字符串各组成部分介绍如下：

（1）格式字符：用以表示输出数据的类型，可使用的格式字符及其含义见表2.4。

表 2.4 格式字符及其含义

格式字符	含义
d	以十进制形式输出带符号整数（正数不输出符号）
u	以十进制形式输出无符号整数
o	以八进制形式输出无符号整数（不输出前缀0）
x或X	以十六进制形式输出无符号整数（不输出前缀0x）
f	以小数形式输出单、双精度实数
e或E	以指数形式输出单、双精度实数
g或G	以%f或%e中较短的输出宽度输出单、双精度实数
c	输出单个字符
s	输出字符串

除格式说明符X、E、G外，其他格式说明符必须小写。

（2）标志：标志字符包括-、+、#、空格四种，其含义见表2.5。

表 2.5 标志字符及其含义

标志字符	含义
-	结果左对齐，右边填空格
+	输出符号（正号或负号）
空格	输出值为正时冠以空格，为负时冠以负号
#	对格式字符c、s、d、u无影响； 对格式字符o类，在输出时加前缀0；

续表

标志字符	含　义
#	对格式字符x类，在输出时加前缀0x； 对格式字符e、g、f类当结果有小数时才给出小数点

（3）输出最小宽度：指定数据显示在输出设备上所占的总宽度。若实际位数多于定义的宽度则按实际位数输出，若实际位数少于定义的宽度则补以空格或0。

（4）精度：精度格式符以“.”开头，后跟十进制整数。对于不同数据类型，精度的含义也不相同：① 在使用%d时，精度表示最少要显示的数字的个数，实际位数小于精度数值时，输出整数时左补0；② 在使用%f、%e、%E时，精度表示小数的位数；③ 在使用%s时，精度表示输出的字符串中字符的个数。若实际位数大于所定义的精度数，则截去超过的部分。

（5）长度：长度格式符为h、l两种，其用法和含义见表2.6。

表 2.6　长度格式符及含义

长度格式符	含　义
%ld	用于长整型数据的输出
%hd	用于短整型数据的输出
%lf	用于双精度型数据的输出

2）输出列表

输出列表是以“,”分隔的多个输出项，输出项可以是常量、变量或表达式。

要求：格式字符串和各输出项在数量和类型上要求一一对应，在实际输出时用输出列表的值替代对应的格式字符串。

格式字符串和各输出项数量不同时的处理方法：如果格式字符串数量多于输出项数量，则多余格式串对应位置输出系统给的值（随机值，没有意义）；如果输出项数量多于格式串数量，则输出时将忽略多余的输出项。

格式字符串和各输出项类型不同时的处理方法：按输出项的结果类型的存储方式向格式字符串的存储方式进行转换。这样可能会造成不正确的结果输出，如整型与实型之间如出现不对应的情况，那么其显示结果可能都是错误的，出现这种结果的原因是在计算机中整型与实型的存储方式完全不一样，因此应当尽量避免。

例 2.13　printf() 函数的应用程序。（ex2_13.cpp）

```
#include <stdio.h>
int main()
{
    int a = 65, b = 66;
    printf("%d %d\n", a, b);
    printf("%d,%d\n", a, b);
    printf("%c,%c\n", a, b);
    printf("a=%d,b=%d", a, b);
}
```

程序运行结果如图2.15所示。

例2.13的程序说明了格式控制字符串的格式符与非格式符的输出情况，非格式符照原样输出，格式符是用对应输出项的值进行替代。在实际程序编写时，应该自己规划好程序输出的格式，以决定选取什么格式控制字符串。

图 2.15　例 2.13 程序运行结果

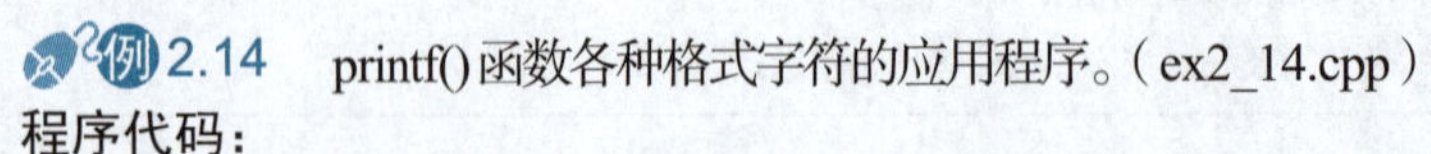

例2.14　printf()函数各种格式字符的应用程序。（ex2_14.cpp）

程序代码：

```
#include <stdio.h>
int main()
{
    int a = 15;
    float b = 12.1234567;
    double c = 12345678.1234567;
    char d = 'p';
     printf("a1=%d,a2=%+d,a3=%5d,a4=%-5d,a5=%o,a6=%x,a7=%#x\n", a, a, a,
a, a, a, a);
    printf("b1=%f,b2=%8.2f,b3=%e,b4=%g\n", b, b, b, b);
    printf("c1=%lf,c2=%f,c3=%8.4lf\n", c, c, c);
    printf("d1=%c,d2=%8c\n", d, d);
    printf("%6.4s\n", "program");
}
```

程序运行结果如图2.16所示。

```
Microsoft Visual Studio 调试控制台
a1=15, a2=+15, a3=   15, a4=15   , a5=17, a6=f, a7=0xf
b1=12.123457, b2=   12.12, b3=1.212346e+01, b4=12.1235
c1=12345678.123457, c2=12345678.123457, c3=12345678.1235
d1=p, d2=       p
  prog
```

图 2.16　例 2.14 程序运行结果

例2.14的程序说明，对同一个表达，可以以多种不同的输出方式进行输出，具体选择哪种格式根据问题的需要和表达的清晰程度而定。

例2.15　输出格式符与数据类型不一致示例。（ex2_15.cpp）

程序代码：

```
#include <stdio.h>
int main()
{
    int i = 468;
    float j = 1243.456;
    printf("i=%d,j=%lf\n", i ,j);
    printf("i=%lf,j=%d\n", i, j);
}
```

程序运行结果如图2.17所示。

```
Microsoft Visual Studio 调试控制台
i=468, j=1243.456055
i=0.000000, j=1083403731
```

图 2.17　例 2.15 程序运行结果

从程序运行结果来看，第一行数据i=468完全正确，j的结果存在误差；第二行结果完全与实际不符，其原因是整型与实数的存储表达方式的巨大差异。要更正上面的结果，可以对上面的程序进行适当修改，修改后的程序见例2.16。

例2.16　通过强制类型转换，确保输出的正确性。（ex2_16.cpp）

程序代码：

```
#include <stdio.h>
int main()
{
    int i = 468;
    double j = 1243.456;
    printf("i=%d,j=%lf\n", i ,j);
    printf("i=%f,j=%d\n", (float)i, (int)j);
}
```

程序运行结果如图2.18所示。

例2.16修改的策略是对输出列表进行强制转换，转换后的类型与格式符相一致，这样就可以得到想要的结果。

Microsoft Visual Studio 调试控制台

```
i=468, j=1243.456000
i=468.000000, j=1243
```

图 2.18 例 2.16 程序运行结果

例 2.17 字符格式符应用示例。(ex2_17.cpp)

程序代码：

```
#include <stdio.h>
int main()
{
    printf("\"Hello!\"\n");
    printf("Item\tUnit\tPutchase\r\tPrice\tDate\n");
    printf("Item\tUnit\tPutchase\n\tPrice\tDate\n");
    return 0;
}
```

程序运行结果如图2.19所示。

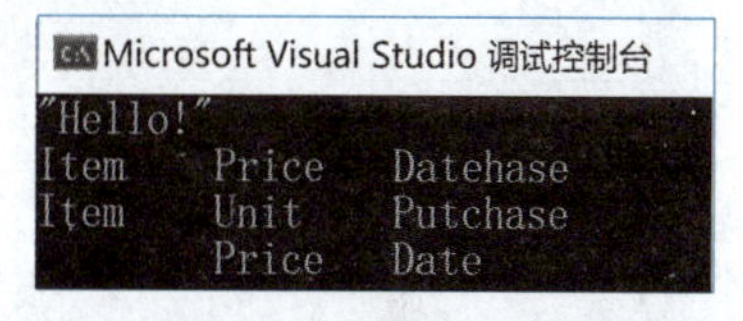

图 2.19 例 2.17 程序运行结果

在使用printf()函数时，可以只有格式控制字符串，没有输出列表。在格式控制字符串中可以使用转义字符。例2.17程序的第一条语句使用转义符号输出“"”；第二条语句，由于在中间使用了“\r”，则在输出“Item Unit Putchase”后，光标重新回到行首再次输出后面的内容，这样首先是“\t”光标定位到U的位置，输出Price时将覆盖Unit，再“\t”光标定位到U的位置，输出Date覆盖掉Putc，这样就出现了“Item Price Datehase”的结果；第三行由于中间使用了“\n,”则换行输出后面的内容，得到两行输出。

2. 其他格式化输出函数

dprintf()和fprintf()函数用于将格式化数据写入指定的文件中，两者不同之处在于fprintf()函数使用FILE指针指定对应的文件，而dprintf()函数则使用文件描述符fd指定对应的文件。

sprintf()和snprintf()函数可将格式化的数据存储在用户指定的缓冲区buf中。

2.5.2 格式化输入

C库函数提供了三个格式化输入函数，包括scanf()、fscanf()、sscanf()，其函数定义如下所示：

```
#include <stdio.h>
int scanf(const char *format, ...);
int fscanf(FILE *stream, const char *format, ...);
int sscanf(const char *str, const char *format, ...);
```

可以看到，这三个格式化输入函数也是可变参函数，它们都有一个共同的参数format，同样也称格式控制字符串，用于指定输入数据如何进行格式转换，与格式化输出函数中的format参数格式相似，但也有所不同。每个函数除了固定参数之外，还可携带若干个可变参数。

1. scanf() 函数

scanf()函数称为格式输入函数，即将用户输入（标准输入——键盘）的数据进行格式化转换并存储到相应的地址列表中，该函数也可视为给变量赋值的一种方式。

scanf函数的一般形式为：

```
scanf("格式控制字符串",地址列表);
```

执行过程分析：它从格式化控制字符串format参数的最左端第一个符号开始，如遇到非格式符，则将其与输入的字符一一比较，这个比较过程中只要输入有错，则整个输入内容就出现错误，如果没有，则继续进行；如遇到一个转换说明（如%d）便将其与下一个输入数据进行“匹配”，如果二者匹配则继续，否则结束对后面输入的处理。而每遇到一个转换说明，便按该转换说明所描述的格式对其后的输入数据进行转换，然后将转换得到的数据存储于与其对应的输入地址中。依此类推，直到对整个输入数据的处理结束为止。

从以上执行过程来看，“格式控制字符串”对输入的影响是巨大的，因此建议“格式控制字符串”写得越简单越好，建议除格式符外一般不包含其他符号，以免造成输入错误。

1）常用的格式字符（见表2.7）

表2.7 scanf() 函数中使用的格式字符及其意义

格式字符	意　义
%d	输入十进制整数
%u	输入无符号十进制整数
%f	输入实型数（用小数形式）
%c	输入单个字符
%s	输入字符串（遇到空格结束）

2）地址列表

地址列表用“&变量名1,&变量名2,&变量名3,...”表示。

示例1：

```
scanf("%c%c%c",&a,&b,&c);
```

若从键盘输入“def”，则把'd'赋给变量a，'e'赋给变量b，'f'赋给变量c。

若从键盘输入“d e f”，则把'd'赋给变量a，' '赋给变量b，'e'赋给变量c。

示例2：

```
scanf("%d%d%d",&a,&b,&c);
```

当从键盘输入“12 23 35”（输入以空格分隔1个整数值，回车键结束输入）时，则把12赋给变量a，23赋给变量b，35赋给变量c。

示例3：

```
scanf("a=%d,b=%d,c=%d",&a,&b,&c);
```

则应从键盘依次输入“a=5,b=6,c=7”（回车键结束输入），才能得到用户所希望的a=5,b=6,c=7的初始赋值，如直接输入“5 6 7”或“5，6，7”均得不到用户想要的输入结果。这种格式不建议在程序中使用，因为遇到输入时程序暂停执行，等待用户输入数据，而此时如果用户不知道程序的书写方式，就不会知道要输入什么及怎么输入。

如果不需要让用户知道需要输入什么内容，采用printf()与scanf()函数相结合的方式为佳，见例2.18。

例2.18　print()与scanf()函数配合使用的程序示例。(ex2_18.cpp)

程序代码：

```
#include <stdio.h>
int main()
{
    int a, b;
    double c;
    printf("input a integer a=");
    scanf("%d", &a);
    printf("input a integer b=");
    scanf("%d", &b);
    printf("input a float c=");
    scanf("%lf", &c);
    printf("a=%d  b=%d  c=%lf\n", a, b, c);
}
```

程序运行结果如图2.20所示。

```
Microsoft Visual Studio 调试控制台
input a integer a=34
input a integer b=678
input a float c=346.78
a=34  b=678  c=346.780000
```

图2.20　例2.18程序运行结果

提示： 当要处理一个实数时，尽量使用double类型来定义一个实数变量，以提高计算结果的精确度。在例2.18中，将“double c;”改成“float c;”，查看其输入与输出有何差别。

在实际应用中，格式字符与后面的变量的数据类型要求严格保持一致，否则极易造成输入数据的错误。很多时候用户在调试程序时检查不出错误，但是结果一直不正确，此时检查输入有没有问题是很有必要的，其方式为数据输入结束后增加一条输出语句。

2. 其他输入函数

fscanf()函数用于从FILE指针指定文件中读取数据，并将数据进行格式化转换。

sscanf()函数用于从参数str所指向的字符串中读取数据，并将数据进行格式化转换。

2.6　简单的数值运算程序设计示例

学习C语言的目的是编程，在介绍了数值运算的基本语句以及输入/输出的基础上，下面通过几个例子来介绍数值运算的程序设计。

例2.19　输入一个三角形的三边的长度，求三角形的面积。(ex2_19.cpp)

问题分析：

① 设三角形的三边分别为a、b、c；

② 输入a、b、c的长度值；

③ 利用海伦公式计算三角形的面积S：

$$p=\frac{a+b+c}{2}, S=\sqrt{p(p-a)(p-b)(p-c)}$$

④ 输出面积值S。

有了算法，在编程时必须考虑数值的可能取值范围，以决定使用何种数据类型。数据类型要切合实际要求，不能一味使用int型。本例中，三角形的三边肯定为实数类型，其面积因为需要开根号运算，所以也是实数类型。

在实数类型中，在float与double中进行选择，建议优先使用double，而不是float，原因是double的精度比float高，尽管float所占的字节数少一些，但现代计算机编程已经不需要过分注重存储单元的问题（如果存储量特别大时还是要综合考虑存储量的大小问题）。

程序代码：

```
#include <stdio.h>
#include <math.h>
int main()
{
    double a,b,c,area;
    double p;
    printf("input a triangle's three edge a,b,c:");
    scanf("%lf%lf%lf", &a,&b,&c);  //double 类型必须使用%lf格式输入
    p = (a + b + c) / 2;
    area = sqrt(p * (p - a) * (p - b) * (p - c));
    printf("three edge is a=%lf,b=%lf,c=%lf\n",a,b,c);
    printf("triangle area is %lf\n", area);
    return 0;
}
```

程序运行结果如图2.21所示。

```
Microsoft Visual Studio 调试控制台
input a triangle's three edge a,b,c:3.4 5.65 6.12
three edge is a=3.400000,b=5.650000,c=6.120000
triangle area is 9.486037
```

图 2.21　例 2.19 程序运行结果

程序分析：

① 本程序用到了开根号函数sqrt()，它包含在库文件<math.h>中，所以通过文件包含把<math.h>包含到本程序中。

② 为保证输入/输出的明确性，程序中适当增加了输出语句，以提示用户正确输入数据，输出语句的格式是根据输出结果的满意性而设置的，在实际编程中，需要先想好要以什么样的方式输出数据，才能让别人能更清楚地使用该程序，因为程序编制好以后不一定是自己来使用这个程序。

③ 由于暂时未学习分支语句，程序没有对输入的三条边能否构成一个三角形进行判断，所以为保证程序的正确性，请在输入数据时认真考虑一下。

例 2.20　输入一个三位数，将其各位数字倒过来重新构成一个新的三位数再输出。（ex2_20.cpp）

算法流程图如图2.22所示。

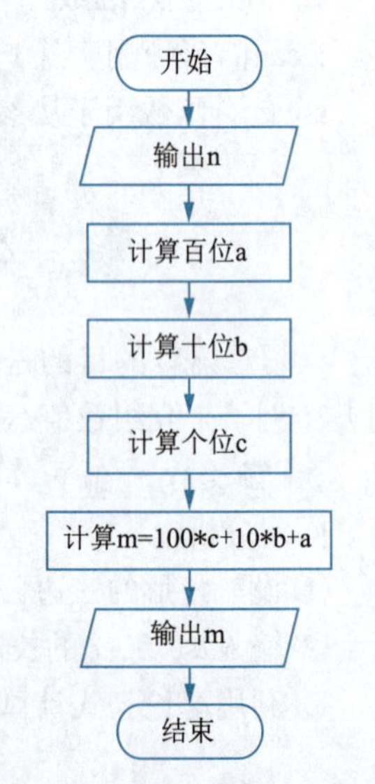

图 2.22　例 2.20 算法流程图

程序代码：

```
#include <stdio.h>
int main()
{
    int n, a, b, c, m;
    printf("input a int number:");
    scanf("%d", &n);
    a = n / 100;
    b = (n % 100) / 10;
    c = n % 10;
    m = 100 * c + 10 * b + a;
    printf("reverse:%d", m);
    return 0;
}
```

程序运行结果如图2.23所示。

Microsoft Visual Studio 调试控制台

```
input a int number:348
reverse:843
```

图2.23 例2.20程序运行结果

例2.21 交换两个整型变量的值。（ex2_21.cpp）

问题分析：

设两个整型变量为a、b，交换两个变量的值的最佳方式是增设第三个变量temp作为临时存储区，通过图2.24所示过程来实现交换。

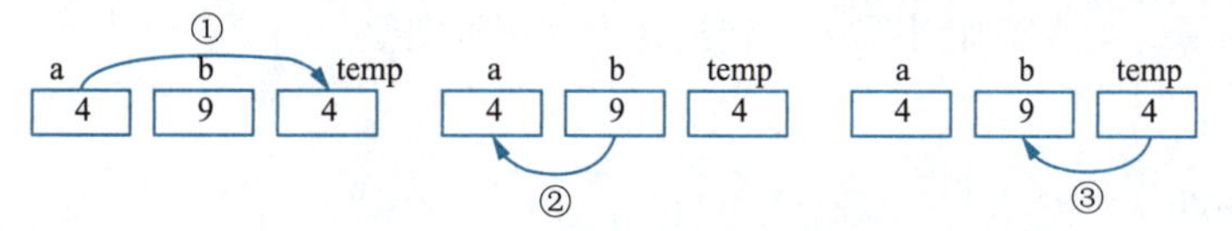

图2.24 交换两个变量的过程

程序代码：

```
#include <stdio.h>
int main()
{
    int a, b,temp;
    printf("input two int number a,b:");
    scanf("%d%d", &a,&b);
    printf("before swap a=%d,b=%d\n", a, b);
    temp = a;
    a = b;
    b = temp;
    printf("after swap a=%d,b=%d\n", a,b);
    return 0;
}
```

程序运行结果如图2.25所示。

Microsoft Visual Studio 调试控制台

```
input two int number a,b:456 8798
before swap a=456,b=8798
after swap a=8798,b=456
```

图2.25 例2.21程序运行结果

例2.22 输入三个数字字符，构成一个三位整数并输出。（ex2_22.cpp）

问题分析：

本例的核心问题是如何将一个数字字符转换成其对应的数值，如将'4'变成整数4、'9'变成整数9等；设变量c1表示数字字符，n1表示其对应的值，则用语句“n1=c1-'0';”即可实现。或者用“n1=c1-48;”（因为'0'的ASCII码值为48）。

程序代码：

```
#include <stdio.h>
int main()
{   char c1, c2, c3;
    int n, n1, n2, n3;
    printf("input three digit char:");
    scanf("%c%c%c", &c1, &c2, &c3);
    n1 = c1 - '0';                          //数字字符转换成对应的数值
    n2 = c2 - '0';
    n3 = c3 - '0';
    n = n1 * 100 + n2 * 10 + n3;            //构造一个三位数
    printf("n=%d\n", n);
  }
```

程序运行结果如图2.26所示。

```
Microsoft Visual Studio 调试控制台
input three digit char:345
n=345
```

图2.26　例2.22程序运行结果

例2.23　若输入一个小写英文字母，则将它转换成大写字母并输出；反之，若输入一个大写英文字母，则将它转换成小写英文字母并输出。（ex2_23.cpp）

问题分析：

根据字母的ASCII码表，大写字母与其对应的小写字母的ASCII码值相差32，所以大写字母转换为小写字母需要“+32”，而小写字母转换为大写字母则要“−32”。

程序代码：

```
#include <stdio.h>
int main()
{   char c1, c2, d1, d2;
    printf("input a capital letter:");
    scanf("%c", &c1);              //输入一个大写字母后回车
    getchar();                     //清除缓冲区的回车符
    c2 = c1 +32;                   //大写字符转换成对应的小写字符
    printf("Lowercase letters:%c\n", c2);
    printf("input a Lowercase letters:");
    scanf("%c", &d1);              //输入一个大写字母后回车
    getchar();                     //清除缓冲区的回车符
    d2 = d1 - 32;                  //小写字符转换成对应的大写字符
    printf("Capital letters:%c\n", d2);
}
```

程序运行结果如图2.27所示。

```
Microsoft Visual Studio 调试控制台
input a capital letter:R
Lowercase letters:r
input a Lowercase letters:k
Capital letters:K
```

图2.27　例2.23程序运行结果

例2.24　鸡兔同笼问题。设一个笼子有鸡和兔子共n只，它们共有m只脚。要求输入n和m，输出鸡和兔子的数量。（ex2_24.cpp）

问题分析：

设鸡有a只，兔有b只，则$a + b = n$，$2a + 4b = m$，解此二元一次方程可以得到：$a = (4n-m)/2$，$b = (m-2n)/2$。

程序代码：

```
#include <stdio.h>
```

```
int main()
{
    int a, b, n, m;             //a是鸡的数量,b是兔的数量,n是头的总数,m是脚的总数
    printf("input heads and feet:");
    scanf("%d %d",&n,&m);
    a = (4 * n - m) / 2;        //计算鸡的数量
    b = (m - 2*n) / 2;          //计算兔的数量
    printf("chicken=%d rabbit=%d\n", a, b);
    return 0;
}
```

程序运行结果如图2.28所示。

Microsoft Visual Studio 调试控制台
input heads and feet:20 47
chicken=16 rabbit=3

图 2.28 例 2.24 程序运行结果

结果分析：从上面两个运行结果可以看出，对于第二组输入数据程序出现了错误的结果，其原因是C语言中“/”为整数除法，其结果只能是整数，需要留到第3章解决这一问题。

例 2.25 求一元二次方程 $ax^2+bx+c=0$ 的根。（ex2_25.cpp）

问题分析：

一元二次方程 $ax^2+bx+c=0$ 求解过程为：

（1）输入三个系数 a（$a \neq 0$）、b、c，分别代表二次项系数、一次项系数、常数项；

（2）计算判别式：$\Delta=b^2-4ac$；

（3）计算方程的根：

$$x=\frac{-b \pm \sqrt{b^2-4ac}}{2a}$$

程序代码：

```
#include <stdio.h>
#include <math.h>                   //使用开根号 sqrt(d) 函数时，需要添加此头文件
int main()
{
    float a, b, c, d, x1, x2;
    printf("请依次输入三个系数: ");
    scanf("%f %f %f", &a, &b, &c);
    d = b * b - 4 * a * c;                      //计算判别式
    x1 = ((-b + sqrt(d)) / (2 * a));            //求第一个根公式
    x2 = ((-b - sqrt(d)) / (2 * a));            //求第二个根公式
    printf("x1 = %.2f;x2 = %.2f\n", x1, x2);
    return 0;
}
```

程序运行结果如图2.29所示。

Microsoft Visual Studio 调试控制台
请依次输入三个系数: 34 12 -8
x1 = 0.34;x2 = -0.69

Microsoft Visual Studio 调试控制台
请依次输入三个系数: 22 8 56
x1 = -nan(ind);x2 = -nan(ind)

图 2.29 例 2.25 程序运行结果

结果分析：

上述运行结果中，显然第二个结果是错误的，原因是$\Delta=b^2-4ac<0$，而对于负数是不能开根号的。如果要解决上述问题得到所有正确的解，则需留到第3章。

小　结

本章围绕顺序结构程序设计的要求，介绍了在C语言编程环境下的基本内容，主要包括以下几方面：

（1）数据类型。它是程序员首先要弄清楚的一个知识点，用什么样的数据类型取决于需要解决的问题。通常情况下有两种类别：一种是数值类（考虑是整数？还是带小数的数？它的取值范围可能有多大？精确要求有多高？），把这些问题弄清楚了就可以确定某个变量需要用什么样的数据类型来进行定义了；另一种是字符类型，它相对比较简单，需要把信息内容以ASCII字符方式来显示的单个字符信息就是字符类型。

（2）常量与变量。常量通常用于给变量赋初始值、以及在运算表达中可能用于参与运算的量，它与数据类型形成对应关系，要按照C语言的规定掌握各种常量的表示方法；变量是通过类型说明符定义的一个符号变量，它的值是可以不断改变的，通常用来保存计算问题的输入、输出量与运算过程中的中间结果，它的实现一般由赋值表达式来实现。

（3）运算符与表达式。运算符是构成表达式的重要符号，C语言的运算符非常多，各种运算符的优先级、结合律、运算量等均不同，使用时一定要注意其优先级与结合律。将数学表达转化成C语言表达式时要注意适当增加()，以保证运算顺序与原数学表达式要求一致。

（4）格式化输入/输出语句。对于格式字符%c、%d、%f、%lf，它们分别对应char、int(long)、float、double，原则上应当保证格式字符与表达式（或变量）的类型一致，否则容易出错。输入时只能使用变量，且必须加“&”运算符，即使用“&变量名”的格式。

（5）顺序程序设计的三部曲。顺序程序设计通常遵循以下三个步骤：首先是为变量提供初始值（可以是赋值常量，也可以是从键盘输入的值）；其次是运算过程，也就是通过赋值语句来给要计算的变量进行赋值；最后是输出结果，在输出的时候首先要想好输出的格式，然后再去写printf()语句。

习　题

1. 下面用户标识符中不合法的是____________________。

int ,fat , b-a , _123 , p_o , hao , temp , long , _A,A@123

2. 下面整型常数中不合法的是______________________。

160 , -01 , 0668 , 011 , 0x , 01a , -0xfffa , 3.4E2

3. 下面浮点数中不合法的是______________________。

160. , e3 , 123 , 2e4.5 , .e5 , 2e3

4. 下面字符常量中合法的是____________________。

"c" , '\\' , 'W' , '\011' , '\xab'

5. 下面八进制数或十六进制数中不正确的是______________。

016 , 0abc , o10 , 0a123 , 0xa123

6. 在C语言中要求操作对象必须是整型的运算符是__________。

7. 若有代数式 $3ae/bc$，则用C语言表达式表示为________________。

8. 若

```
int  a, b ;
unsigned  int  w=5;
```

则执行“w+=-2;”语句后w值为______。执行“a+=a-=(b=4)*(a=3);”语句后a=______，b=_____。

9. 若

```
int a=1, b=4, k;
double  x=14.42, y=5.2;
```

则执行“a-=a*=a+3;”语句后a=_____。执行“k=(int)x%3;”语句后k=_____。执行“y*=(float) b ;”语句后y=_____。

10. 若

```
int  a=7;
float  x=2.5,y=4.7;
double t;
```

则执行“t=x+a%3*(int)(x+y)%2/4.0;”语句后t=_____。

11. 以下语句的输出结果为_____。

```
char  a=65;
printf("%d, %o, %x,%u\n",a,a,a,a);
```

12. 假设m是一个三位数，从左到右用a、b、c表示各位的数字，用C语言表达式表示为a=_____，b=_____，c=_____。

13. 编写程序计算半径为r的球的体积V（$V=\frac{4}{3}\pi r^3$），要求从键盘输入半径值，π的值定义为符号常量#define PI 3.14159，输出结果保留两位小数，输入/输出前都要给出明确的提示信息。

14. 编程：输入一个四位数，将其各位数字倒过来重新构成一个新的四位数再输出。

15. 求二元一次方程$\begin{cases}3x+4y=m\\2x-5y=n\end{cases}$的解，其中$m$、$n$从键盘输入。

16. 已知梯形的上底边长为a，下底边长为b，高为h，编程求梯形的面积。

第3章 逻辑运算与选择结构程序设计

本章学习目标

◎ 掌握基本的关系运算与关系表达式。

◎ 掌握基本的逻辑运算与逻辑表达式。

◎ 正确运用关系表达式与逻辑表达式的值。

◎ 理解选择结构程序设计的基本方法。

◎ 掌握C语言中if语句，switch语句的语法结构及执行过程。

◎ 灵活运用if语句、switch语句编写选择结构程序。

3.1 选择结构的必要性

在第2章中介绍了简单的数值运算的编程方法，从程序的结构上来讲，它是一种完全顺序的结构，即程序的执行完全按照main()函数中的语句书写顺序从上到下逐条执行。这种结构只能完成简单的计算问题，而且上一章编写的部分程序并不具有通用性，甚至会出现一些错误的结果，如鸡兔同笼问题，可能出现负数或不正确的解；又如求解一个三角形的面积，也可能出现一组输入数据不能构成一个三角形时，它也会去计算，导致程序运行中止的现象；在求解一个一元二次方程的根的程序中，依然可能出现判别式小于0，再去开根号，而造成程序运行出错，出现以上现象的原因是没有对数据的具体情况做出分析。

在实际应用中，会出现许多需要根据具体数值进行判断而做出不同的选择以执行不同的计算功能等现象。

1. 三角形面积程序存在的问题分析

利用海伦公司求三角形面积：设三角形三边的长度为a、b、c，令$p=\frac{a+b+c}{2}$，则其面积$S=\sqrt{p(p-a)(p-b)(p-c)}$。

由于负数不能开根号，因此在输入数据后，必须对输入的a、b、c能不能构成一个三角形进行判断，只有当满足任意两边之和大于第三边的情况下它们才能构成一个三角形，否则计算是没有意义的（根号内为负数）。

其条件可以描述为：$a+b>c$并且$b+c>a$并且$a+c>b$。

2. 鸡兔同笼程序存在的问题分析

设鸡和兔子共有heads个，它们共有feet条脚，求鸡的数量（用chicken表示），兔的数量（用rabbit表示），则

$$\begin{cases} chicken + rabbit = heads \\ 2chicken + 4rabbit = feet \end{cases}$$

解上述二元一次方程组得到：chicken = (4heads−feet)/2，rabbit = (feet−2heads)/2。

上述方程组是正确的，但必须满足下列条件其计算的结果才是有意义的：

条件一：chicken ≥ 0并且rabbit ≥ 0；

条件二：chicken与rabbit均必须是整数且chicken+rabbit=heads。

如果求得的结果不能满足上述条件，那么由上述方程组求出的解肯定是没有意义的，这时要求编写的程序能够给出正确的判断。

3. 方程求解程序存在的问题分析

一个方程$ax^2+bx+c=0$，根据数学计算，此方程的解决的情况可用图3.1表示。

- $a\neq0$，一元二次方程　$\Delta=b^2-4ac$
  - $\Delta>0$，有两个实根：$x=\dfrac{-b\pm\sqrt{b^2-4ac}}{2a}$
  - $\Delta=0$，有两个相等的实根：$x=-b/2a$
  - $\Delta<0$，有两个虚根：$x_1=\dfrac{-b}{2a}+\dfrac{\sqrt{4ac-b^2}}{2a}\mathrm{i}$，$x_2=\dfrac{-b}{2a}-\dfrac{\sqrt{4ac-b^2}}{2a}\mathrm{i}$
- $a=0$
  - $b\neq0$，一元一次方程，方程有一个根，$x=0-c/b$
  - $b=0$，常数方程
    - $c\neq0$，方程无解
    - $c=0$，方程有任意解

图3.1　一元二次方程的各种可能求解结果

而第2章中没有对方程的系数a、b、c以及其判别式进行任何判断，显然得到的结果可能是不正确的。

从以上三个例子可以得到如下结论：为了使计算机的计算结果符合现实的要求，必须要对数据（含输入数据与中间计算结果）进行分析与判断，根据判断的结果选择正确的解决方案，才能编写出具有一定鲁棒性的程序。

注意： 鲁棒是Robust的音译，是健壮和强壮的意思。它是在异常和危险情况下系统生存的关键。比如，计算机软件在输入错误、磁盘故障、网络过载或有意攻击情况下，能否不死机、不崩溃，就是该软件的鲁棒性。

3.2　关系运算符和关系表达式

根据上面的分析，C语言必须提供能够对输入数据或中间运算结果进行判断的语句，通常称为选择语句，对应的程序称为选择结构。在介绍选择语句之前，首先应该掌握条件的表达方式。条件的表达方式分为基本条件与逻辑条件（组合条件）两种。

3.2.1　关系运算符及其优先级

关系运算其本质就是数学运算中的比较大小，两个量之间的大小关系通常有六种情况，即：大于、大于或等于、小于、小于或等于、等于、不等于，C语言同样提供了六种关系运算符，其用法见表3.1。

表 3.1 关系运算符及其优先级

名 称	关系运算符号	等同数学符号	运 算 结 果	优 先 级	结 合 律	优先级比较
大于	>	>	0（假）、1（真）	同级	左结合	低于算术运算 高于逻辑运算
大于或等于	>=	≥	0（假）、1（真）			
小于	<	<	0（假）、1（真）			
小于或等于	<=	≤	0（假）、1（真）			
等于	==	=	0（假）、1（真）	低于上面运算符		
不等于	!=	≠	0（假）、1（真）			

在关系运算符中，千万不要将“==”与“=”混淆，它们具有完全不同的意义，“=”是“赋值运算符”，“==”是“等于运算符”，初学者最容易弄错，使用时一定要特别注意。

3.2.2 关系表达式

将常量、变量、函数等通过关系运算符连接起来组成的表达式称为关系表达式，关系表达式的一般形式为：

```
表达式1  关系运算符  表达式2
```

例如：

```
int a,b,c,d;
```

则a+b>c-d、a>=0、a+b!=0、b*b-4*a*c>=0、b==0、(a+b)%3==0、c==d、均为关系表达式，因为算法运算符的优先级高于关系运算符，所以条件a+b>c-d等价于(a+b)>(c-d)。当关系表达式两边的数据类型不一致时，例如一边是整型，一边是双精度型，则系统自动将整型转换为双精度型，然后进行比较。

关系表达式的运算结果是一个逻辑值。逻辑值只有“真”和“假”两个值，在C语言中用1表示“真”，0表示“假”。所以如果用输出函数printf()来输出一个关系表达式的值，其结果只有1和0两种可能，当值为真时输出1，当值为假时输出0。

例3.1 输出关系表达式的值。（ex3_1.cpp）

程序代码：

```
#include <stdio.h>
int main()
{
    int a = 3, b = 4, c = 8;
    char d = 'k';
    int e;
    e = a + b > c;
    printf("%d,%d\n", a < 5, 2 * b >= c + 1);      //输出结果为：1,0
    printf("%d,%d\n", b > 10, c - a != b);         //输出结果为：0,1
    printf("%d,%d\n", a + b + c == 2 * a, e);      //输出结果为：0,0
    printf("%d,%d\n", d < 'K', d >= 'k');          //输出结果为：0,1
    return 0;
}
```

程序运行结果如图3.2所示。

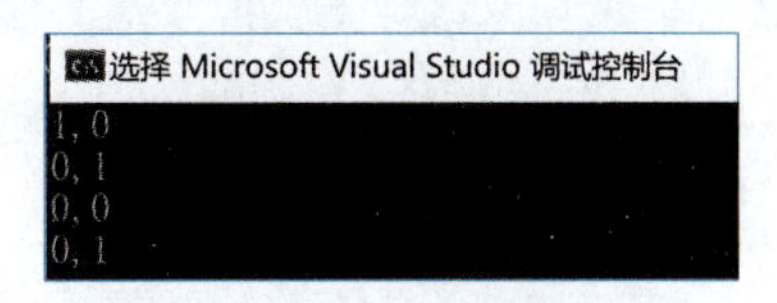

图 3.2　例 3.1 程序运行结果

3.3　逻辑运算符和逻辑表达式

在现实情况下，表示一个比较复杂的条件时，可能会用到诸如并且（和）、或者、否定等词语来连接多个基本的关系表达式，如构成一个三角形的三边（分别设为a、b、c)必须满足任意两边之和大于第三边，这一句话表示成条件时即为：$a+b>c$并且$b+c>a$并且$a+c>b$；又如$x \in [0,10]$，实际要求$x \geqslant 0$并且$x \leqslant 10$；又如$x \notin (0,10)$，实际要求$x<0$或者$x>10$；等等。以上用于表示并且、或者、否定的运算就是逻辑运算。在计算机中逻辑运算就是用于计算逻辑条件的真假值。

3.3.1　逻辑运算符及其优先级

1. 逻辑运算符

逻辑运算符主要有三种：与（&&）、或（||）、非（!），其中“&&”和“||”是双目运算符，“!”是单目运算符。逻辑运算的结果（值）只有两个：1（真），0（假）。

逻辑运算符的运算规则如下：

（1）逻辑与运算的规则是：只有当两个运算量同时为真时结果才为真，否则为假。

（2）逻辑或运算的规则是：当两个运算量中有一个为真时结果为真，否则为假。

（3）逻辑非运算的规则是：真变假，假变真。当运算量为非0时，运算结果为0；当运算量为0时，运算结果为1。

说明： 在逻辑运算中，C语言规定运算量为非0值都认为是逻辑真，只有0才是逻辑假。如3-1&&6，其等价逻辑表达式为2&&6，即“真”&&“真”，所以其结果为1（真）。

逻辑运算真值表见表3.2。

表 3.2　逻辑运算真值表

A	*B*	*!A*	*A&&B*	*A||B*
0（假）	0（假）	1（真）	0（假）	0（假）
0（假）	1（真）	1（真）	0（假）	1（真）
1（真）	0（假）	0（假）	0（假）	1（真）
1（真）	1（真）	0（假）	1（真）	1（真）

2. 优先级

逻辑运算符中，逻辑非（!）运算符的优先级别最高（第2级），然后是逻辑与&&（第11级）运算符，最后是逻辑或||（第12级），与其他运算符的优先级比较详见附录C。

3.3.2 逻辑表达式

将常量、变量、函数等通过逻辑运算符连接起来组成的表达式称为逻辑表达式，逻辑表达式的一般形式为：

```
表达式1 && 表达式2
表达式1 || 表达式2
! 表达式
```

例如，用表达式描述下列条件：

（1）x是5的倍数，表达式为：x%5==0。

（2）x是奇数，表达式为：x%2==1或x%2!=0。

（3）'A'<=x<='Z'，表达式为：x>='A' && x<='Z'。

（4）x能同时被5和7整除，表达式为：x%5==0 && x%7==0。

（5）x取3和5以外的数时，表达式为：!(x==3||x==5)。

逻辑表达式的执行：

（1）逻辑与“&&”的执行：在执行时“&&”运算“表达式1 && 表达式2”时，如果表达式1为假，则整个表达式的值为假，从而不再计算表达式2或者说表达式2被忽略。

（2）逻辑或“||”的执行：在执行时“||”运算“表达式1 || 表达式2”时，如果表达式1为真，则整个表达式的值为真，从而不再计算表达式2或者说表达式2被忽略。

例3.2 逻辑与运算示例。（ex3_2.cpp）

程序代码：

```
#include <stdio.h>
int main()
{
    int a = 3, b = 4, c = 99, d, e;
    d = (a < b) && (c = 5);   //a<b为真，c=5继续执行，则变量c的值还是5
    printf("c=%d,d=%d\n", c, d);
    e = (a > b) && (c = 10); //a>b为假，c=10不执行（忽略），变量c的值还是5
    printf("c=%d,e=%d\n", c, e);
}
```

程序运行结果如图3.3所示。

```
Microsoft Visual Studio 调试控制台
c=5, d=1
c=5, e=0
```

图3.3 例3.2程序运行结果

例3.3 逻辑或运算示例。（ex3_3.cpp）

程序代码：

```
#include <stdio.h>
int main()
{
    int a = 3, b = 4, c = 99, d, e;
    d = (a < b) || (c = 5);   //a<b为真，c=5不执行，c变量的值还是99
    printf("c=%d,d=%d\n", c, d);
    e = (a > b) || (c = 10); //a>b为假，c=10继续执行，c变量的值被重新赋值为10
    printf("c=%d,e=%d\n", c, e);
}
```

程序运行结果如图3.4所示。

从以上两个例子可以得出以下结论：为避免条件的变化而影响对变量的赋值，建议尽量不要在逻辑表达中使用赋值运算，因为它们有可能不被执行（被忽略）而影响变量的赋值，从而导致程序结果的错误。

图 3.4　例 3.3 程序运行结果

3.4　条件运算符和条件表达式

条件运算符的表示为“?:”，它是C语言中唯一的三目运算符。条件运算符优先级高于赋值运算符，低于逻辑运算符和关系运算符。

将常量、变量、函数等通过条件运算符连接起来组成的表达式称为条件表达式。

其一般形式为：

```
表达式1?表达式2:表达式3
```

运算规则：先求表达式1的值，再根据表达式1的值的真假（0与非0）来确定条件表达式的结果。如果表达式1的值为真（非0），则将表达式2的值作为条件表达式的结果值；如果表达式1的值为假（0），则将表达式3的值作为条件表达式的结果值。

例如：

```
x=(3>5)?3:5;      //因3>5为假，则条件表达式的值为":"后面的值5，再将其赋值给变量x，所
                    以x的值为5
x=(3<5)?3:5;      //因3<5为真，则条件表达式的值为"?"后面的值3，再将其赋值给变量x，所
                    以x的值为3
```

例3.4　输入三个数，输出这三个数中的最大数。

方法一：使用简单条件表达式。

问题分析：利用语句max=a>b?a:b求得a、b两个数的较大数，将结果存入max；再利用语句max=max>c?max:c，利用a、b中的较大数max与c比较，确定三个数中的最大数，将最大数再存入max，max即为三个数中的最大数。

程序代码：（ex3_4_1.cpp）

```
#include <stdio.h>
int main()
{
    int a, b, c, max;
    scanf("%d %d %d", &a, &b, &c);    //输入三个数
    max = a > b ? a : b;              //将a,b中大数存入max
    max = max > c ? max : c;          //a,b中的大数max与c比较，大数再存入max
    printf("max=%d\n", max);
}
```

方法二：使用条件表达式的嵌套。

问题分析：利用语句max=(a>b)?(a>c?a:c):(b>c?b:c)，如果a>b为真，则a是a、b中的较大数，再执行(a>c?a:c)求得a与c的较大值即为三个数的最大值；如果a>b为假，则b是a、b中的较大数，再执行(b>c?b:c)求得b与c的最大值即为三个数的最大值。

程序代码：(ex3_4_2.cpp)

```
#include <stdio.h>
int main()
{
    int a, b, c, max;
    scanf("%d%d%d", &a, &b, &c);        //输入三个数
    max =(a > b )? (a > c ? a : c) : (b > c ? b : c);
    printf("max=%d\n", max);
    return 0;
}
```

3.5 if 语 句

选择结构是程序设计三种结构（顺序、选择、循环）中的一种，程序在执行过程中根据条件的真假选择性地去执行相应的语句，以达到改变程序执行顺序的目的。选择结构对应汉语中的“如果……那么……否则……”的语法表示。选择结构包括if和switch两个语句。

3.5.1 单分支 if 语句

简单if语句的一般形式为：

```
if (表达式)
    语句;
```

或

```
if (表达式)
{
    语句1;
    语句2;
    ...
    语句n;
}
```

在这里，if是C语言的关键字。其执行过程：首先判断表达式的值，如果表达式的值为真，则执行语句组，否则跳过语句组后继续执行其后面的语句。当语句组有多条时，该语句组必须加“{}”括起来，构成一个复合语句。

if语句的控制流程如图3.5所示。

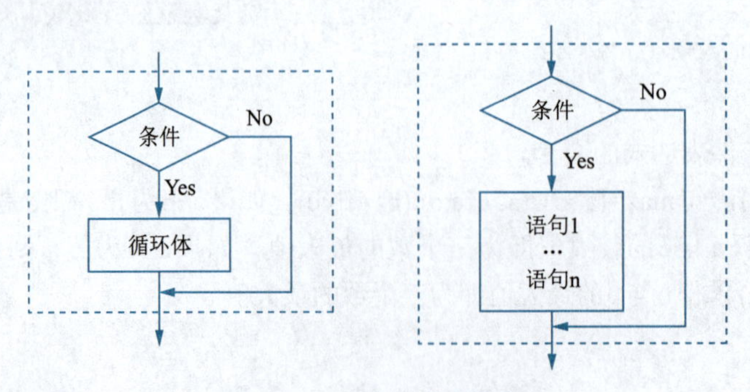

图 3.5 if 语句的控制流程

说明：在图3.5中用虚线框将整个if结构框起来，从虚线框来看，该结构只有一个入口和一个出口，其作用是将来可以把它当成一个整体嵌入流程图中任何可执行语句中，形成复杂的程序控制结构。

例3.5 输入两个数，输出其中的较大数。（ex3_5.cpp）

程序代码：

```
#include <stdio.h>
int main()
{
    int x, y, max;
    printf("input two data:");
    scanf("%d %d", &x, &y);
    max = x;              //首先假设最大值为其中的x
    if (max < y)
        max = y;          //原假设的最大值比y还小，重新赋值y
    printf("max=%d\n", max);
}
```

例3.6 输入一个数，判断其奇偶性。（ex3_6.cpp）

程序代码：

```
#include <stdio.h>
int main()
{
    int x;
    scanf("%d", &x);
    if (x % 2)                                //余数非0,此处条件也可以用x*2!=0代替
        printf("%d is odd number\n", x);      //x是奇数
    if (x % 2 == 0)                           //余数为0
        printf("%d is even number\n", x);     //x是偶数
}
```

程序分析：上述程序用两个if语句分别对奇数与偶数做出判断，而在现实情况中，对于一个数是奇数还是偶数是非此即彼的问题，完全可以用一个if语句去完成，这就是接下来要介绍的双分支if语句。

3.5.2 双分支 if 语句

双分支if语句为if...else形式，其一般形式为：

```
if (表达式)
{
    语句组1;
}
else
{
    语句组2;
}
```

其中，if与else是C语言的关键字。其执行过程为：首先判断表达式的值，如果表达式的值为

真（非0），则执行语句组1，否则执行语句组2。当语句组1与语句组2由多条语句构成时，必须使用“{}”括起来，形成复合语句。

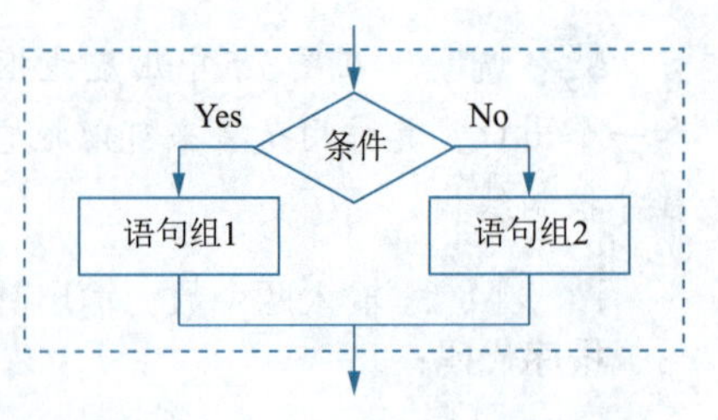

图3.6 if...else语句的控制流程

if...else语句的控制流程如图3.6所示。

说明： 双分支结构与单分支结构一样，同样用一个虚线框将其整体框起来，也具有一个入口和一个出口的特征。

例3.7 输入一个数，判断其是否能被3整除。若能被3整除，则输出“能被3整除”，否则输出“不能被3整除”。（ex3_7.cpp）

程序代码：

```
#include <stdio.h>
int main()
{
    int x;
    printf("输入1个整数: ");
    scanf("%d", &x);
    if (x % 3==0)                                //余数为0，能被3整除
        printf("%d能被3整除\n",x);
    else                                         //否则，不能被3整除
        printf("%d不能被3整除\n", x);
}
```

例3.8 输入一个年份，判断其是否为闰年。（ex3_8.cpp）

问题分析： 判断一个年份是否为闰年的方法为年份能被4整除但不能被100整除，或者年份能被400整除。

设用yea来表示年份，上述表达可用C语言的逻辑表达式来表示：

```
(year%4==0 && year%100 !=0) || (year%400==0)
```

如果上述表达式为真，则year为闰年，否则year不是闰年。

程序代码：

```
#include <stdio.h>
int main()
{
    int year;
    scanf("%d", &year);
    if ((year % 4 == 0 && year % 100 != 0) || (year % 400 == 0))
        printf("%d year is a leap year\n", year);
    else
        printf("%d year is not a leap year\n", year);
}
```

例3.9 输入三角形的三边，求三角形的面积。（ex3_9.cpp）

问题分析：

（1）输入三角形的三边a、b、c。

（2）判别其是否能够构成一个三角形，即同时满足$a+b>c$，$a+c>b$，$b+c>a$，如果满足则继续，否则输出“输入数据不能构成一个三角形！”结束运行。

（3）计算$p=(a+b+c)/2$，计算面积area=$\sqrt{p(p-a)(p-b)(p-c)}$。

（4）输出面积。

程序代码：

```
#include <stdio.h>
#include <math.h>                                    //数学函数库
int main()
{
    double a, b, c, p,area;
    printf("输入三角形的三边：");
    scanf("%lf %lf %lf", &a, &b, &c);        //double类型必须使用 %lf 格式
    if (a + b > c && a + c > b && b + c > a)
    {
        p = (a + b + c) / 2;
        area = sqrt(p * (p - a) * (p - b) * (p - c));
        printf("三边为a=%lf b=%lf c=%lf的三角形\n其面积为%lf\n", a, b, c, area);
    }
    else
        printf("输入数据不能构成一个三角形! \n");
}
```

程序运行结果如图3.7所示。

图3.7 例3.9运行结果

3.5.3 if语句的嵌套

所谓if语句的嵌套，是指在一个if语句的条件成立部分或条件不成立部分的执行语句中完全嵌入另一个if语句。嵌套的作用是实现复杂的分支结构，以满足各种复杂条件的运算。根据if语句的结构特点，其嵌入方式有以下多种情况：

1. 条件成立时嵌入

1）单分支中的嵌入

单分支语句可以嵌入单分支if语句，也可以嵌入双分支if语句，其流程图如图3.8所示。

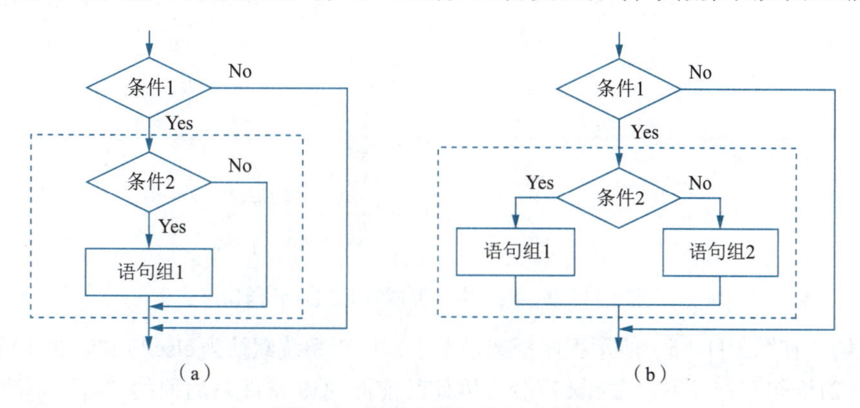

图3.8 单分支语句嵌入if语句

说明：图中的虚线框为一个基本的if语句的流程结构，嵌入的实质就是将一个完整的if结构嵌入另一个if结构中，通过虚线框的标记可以非常清晰地看到其嵌入情况，下面的图具有同样的特点。

其对应的程序结构分别如图3.9所示。

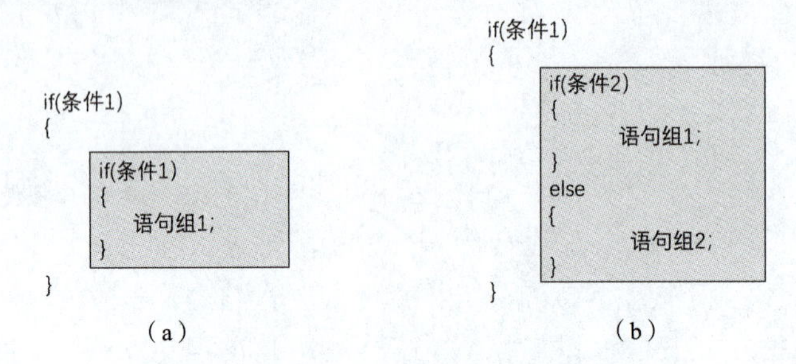

图 3.9 单分支嵌入 if 语句的程序模板

2）双分支中的嵌入

在if...else双分支结果中的条件成立时的嵌入流程图有图3.10所示两种情况。

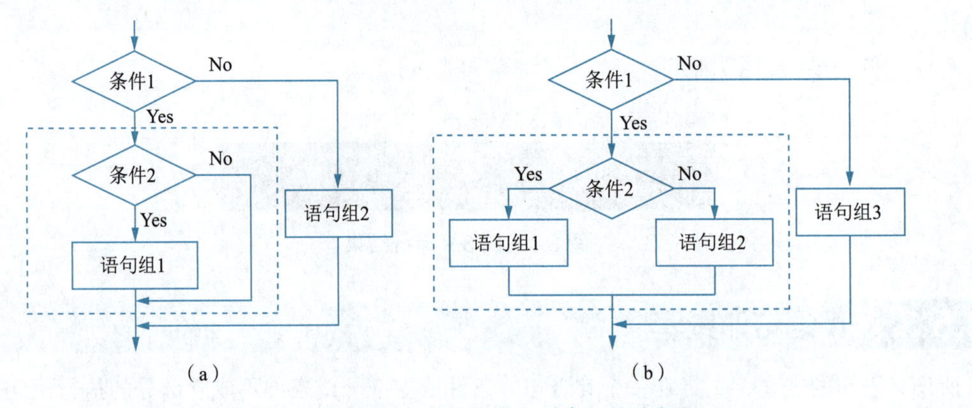

图 3.10 双分支中在条件成立时嵌入的流程图

其对应的程序结构如图3.11所示。

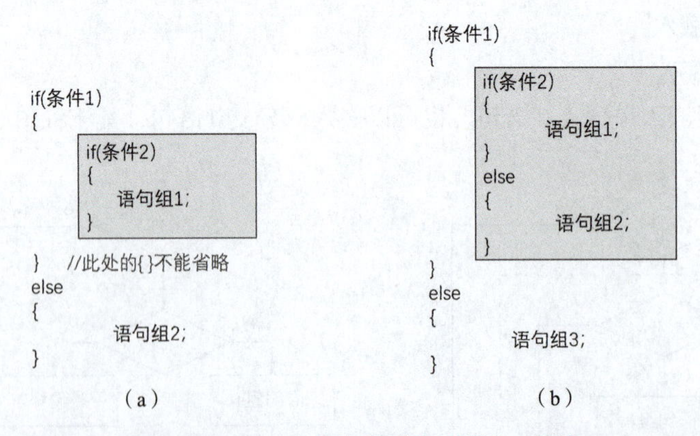

图 3.11 if...else 中条件成立时嵌入 if 语句

特别说明：在图3.11（a）所示程序框架模型中，由于系统默认为else与最近的if相匹配，而此处if(条件2)语句它本身不包含else部分，因此其前面的if(条件1)后面的“{}”不能省略，通过加“{}”可以改变if...else的匹配关系。

例 3.10　编程计算 $y = f(x) = \begin{cases} 1, & x > 0 \\ 0, & x = 0 \\ -1, & x < 0 \end{cases}$。(ex3-10.cpp)

问题分析：本题根据x的值y有三个可能的取值，适合用图 3.11（b）所示程序模型来计算。

程序代码：

```
#include <stdio.h>
int main()
{
    int x,y;
    printf("input x=");
    scanf("%d", &x);
    if (x != 0)                       //以x!=0作为第一个判断条件
        if (x > 0)                    //x非0，那么x就可以分为>0与小于0
            y = 1;
        else
            y = -1;
    else
        y = 0;
    printf("x=%d,y=%d\n", x,y);
}
```

2. 条件不成立时嵌入

条件不成立时嵌入 if 语句有图 3.12 所示两种流程图结构。

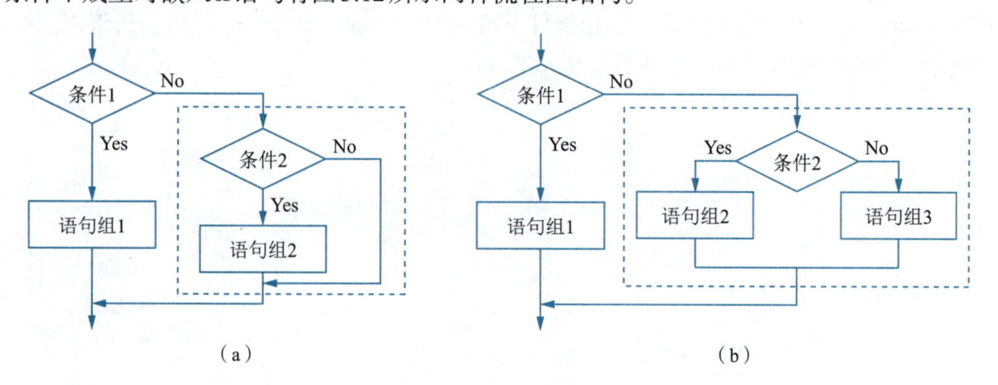

图 3.12　在 if...else 语句的 else 部分嵌入 if 语句

其对应的程序结构如图 3.13 所示。

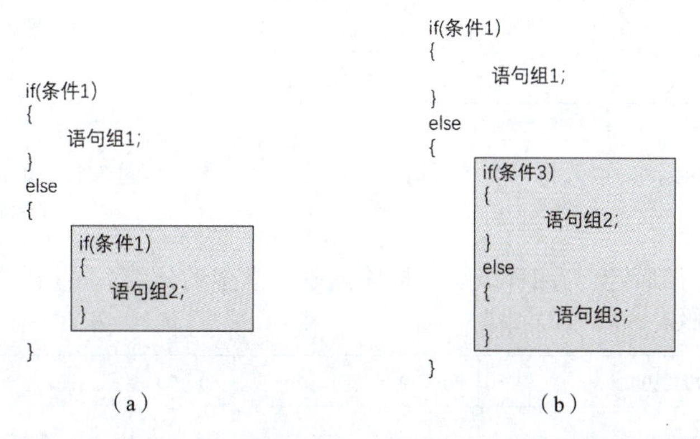

图 3.13　在 if...else 语句的 else 部分嵌入 if 语句的程序模板

例3.11 编程计算$y = f(x) = \begin{cases} 1, & x > 0 \\ 0, & x = 0 \\ -1, & x < 0 \end{cases}$。(ex3-11.cpp)

问题分析：本题根据x的值y有三个可能的取值，前面已经用图3.11（b）所示程序模型来解决，其实它也可以用图3.13（b）所示程序模型来计算，这就是一题多解。

程序代码：

```
#include <stdio.h>
int main()
{
    int x,y;
    printf("input x=");
    scanf("%d", &x);
    if (x == 0)                    //以x==0作为第一个判断条件
        y = 0;
    else
        if (x > 0)                 //x非0，那么x就可以分为>0与小于0
            y = 1;
        else
            y = -1;
    printf("x=%d,y=%d\n", x,y);
}
```

3. 条件成立与条件不成立同时嵌入

在if...else语句中不论是条件成立还是条件不成立均可以嵌入另一个if语句，其流程图结构如图3.14所示。其对应的程序结构如图3.15所示。

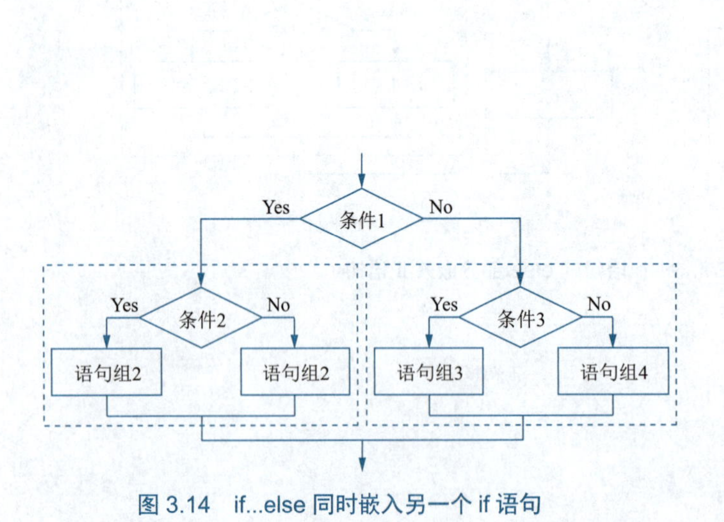

图3.14 if...else同时嵌入另一个if语句

```
if(条件1)
{
    if(条件2)
    {
        语句组1;
    }
    else
    {
        语句组2;
    }
}
else
{
    if(条件3)
    {
        语句组3;
    }
    else
    {
        语句组4;
    }
}
```

图3.15 if...else同时嵌入另一个if语句的程序模板

例3.12 百分制转换为四等级制，即输入一个学生的分数，根据分数情况按下列对应分数区间给出相应的等级。(ex3_12.cpp)

分数区间	90～100	80～89	60～79	0～59
等　级	A	B	C	D

问题分析：此问题可以转化为图3.16所示情况。

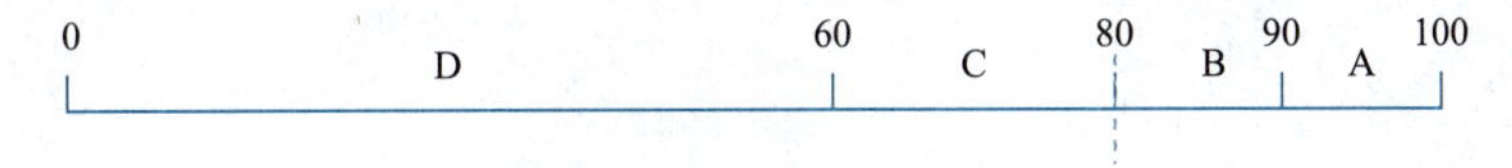

图3.16 用数轴来表示的区间分段

设score为分数，那么以80为第一分隔点，其左右均为一个二分支结构，非常容易用图3.15所示程序模型来实现。

程序代码：

```
#include <stdio.h>
int main()
{
    int score;
    char grade;
    printf("input score=");
    scanf("%d", &score);
    if (score < 0 || score>100)      //输入错误的分数，提示出错信息后结束运行
    {
        printf("Input score error!\n");
        return 0;
    }
    if (score >= 80)                 //从区间中间80进行分段
        if (score >= 90)
            grade = 'A';             //90以上
        else
            grade = 'B';             //80-89
    else
        if (score >= 60)             //60-79
            grade = 'C';
        else
            grade = 'D';             //<60
    printf("score=%d,grade=%c\n", score,grade);
}
```

4. 多重嵌套

实际上，嵌套是可以重复进行的，从而形成多重嵌套。从流程图的结构上来看，将一个方框看成一个基本块，而if语句或if...else语句也可以构成一个基本块，因此它当然可以嵌入方框的位置，如此重复就形成了语句之间的嵌套。

嵌套是C语言程序结构的基本特征，就是因为有了嵌套，才使得C语言程序能够十分方便地解决复杂问题。

例3.13 if语句多重嵌套应用示例

程序代码如图3.17所示。

分析：图3.17是用不同灰度标记了if...else语句的结构，从图中可以看到，最深处达到了四层嵌套。对于上面的程序，要求程序员：第一，能够根据上述程序画出其if语句的嵌入结构；第二，能够分析清楚每条对x进行赋值的语句的前提条件；第三，由于本示例中if...else后面均只有一条可执行语句，因而均省略了{}，在实际的编程中建议大家不要省略{}。

请根据上述条件分析，多运行几次上面的程序，输入不同的a、b、c、d的值，以分别得到x的输出值为1 2 3 4 5的结果。

```
#include <stdio.h>
int main()
{
        int a, b, c, d,x;
        printf("请输入a b c d: ");
        scanf("%d%d%d%d", &a, &b, &c, &d);
        if (a < b)
                if (c < d)
                        x = 1;              //①执行此语句的条件为: a<b 且 c<d
                else
                        if (a < c)
                                if (b < d)
                                        x = 2;      //②执行此语句的条件为: a<b 且 c>=d 且a<c 且 b<d
                                else
                                        x = 3;      //③执行此语句的条件为: a<b 且 c>=d 且a<c 且 b>=d
                        else
                                x = 4               //④执行此语句的条件为: a<b 且 c>=d 且a>=c
        else
                x = 5;                      //⑤执行此语句的条件为: a>=b
        printf("x=%d \n", x);
}
```

图 3.17　多重嵌套程序模块图

3.5.4 if语句使用注意事项

if语句程序设计中使用得非常多的语句，在使用过程中应特别注意以下几点：

（1）作为if语句的表达式必须使用“( )”括起来，虽然C语言允许使用任意表达式，但是在实际编程时建议采用条件表达式或逻辑表达式来表示一组合法的条件。

（2）条件为真（假）时，执行部分的语句有多条基本语句时，则必须使用“{}”括起来将这些语句构成复合语句。

（3）原则上else总是与其前面最近的且没有被配对过的if(条件)进行匹配，但通过增加{}可以改变其匹配关系。

3.6 switch语句

3.6.1 switch语句的一般格式

除if...else语句外，C语言还提供多分支选择的switch语句，其一般形式为：

```
switch(表达式)
{
     case常量1:  语句1;[break;]          //[]表示其中的内容可以省略
     case常量2:  语句2;[break;]          //即或者[break;]整体没有，或者break;
     case常量3:  语句3;[break;]
     …
     case常量n:  语句n;[break;]
     default :  语句n+1;
}
```

在这种结构中，switch、case、break、default是C语言系统的关键字，根据break语句是否省略的switch语句结构的控制流程如图3.18所示。

以switch(表达式)中表达式的值等于(==)常量3为例的程序结构图;

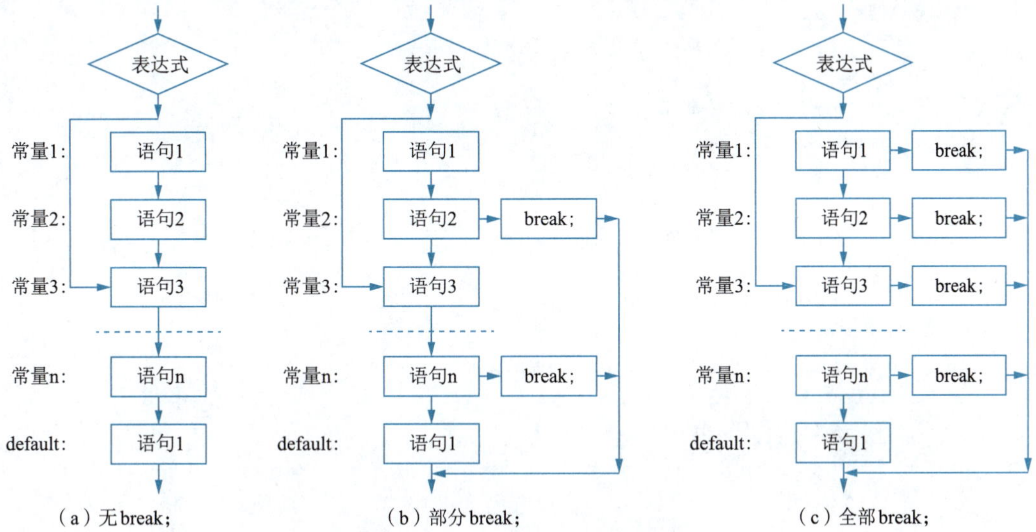

(a) 无break;　　(b) 部分break;　　(c) 全部break;

图 3.18　switch 语句流程控制结构

其执行过程是：先计算switch(表达式)中表达式的值，然后直接跳转到case后对应常量处开始执行，直到break语句或语句结束处结束执行；如表达式的值与所有case后的常量均不相同时，则执行default后的语句。语句中break可以省略，default部分也可以省略。

3.6.2　switch 语句使用注意事项

（1）switch(表达式)中表达式的值必须是一种有序类型，如整型、字符、枚举。

（2）在case后的各常量的值不能相同，否则会出现错误。

（3）在case常量后面允许有多个语句，可以不用{}括起来。

（4）switch语句中可以嵌套另一个switch语句，也可以嵌入if...else语句。

（5）根据switch(表达式)中表达式的值直接跳转到相应case 常量处开始执行，之后就不会再进行比较匹配了，程序直接将所有下面case对应的全部执行或者执行到break语句终止。

（6）如果不希望某个case情形执行其后面的case语句中的内容，则必须在这部分语句后增加break语句，以及时终止整个语句的执行。

3.6.3　switch 语句应用示例

例3.14　输入数字0～6，输出其对应的星期几，其中0对应星期日。（ex3_14.cpp）

程序代码：

```
#include <stdio.h>
int main()
{
    int a;
    printf("输入0-6，输出对应的星期名称：");
    scanf("%d", &a);
    switch (a)
    {
        case 0:
```

```
            printf("星期日\n"); break;
        case 1:
            printf("星期一\n"); break;
        case 2:
            printf("星期二\n"); break;
        case 3:
            printf("星期三\n"); break;
        case 4:
            printf("星期四\n"); break;
        case 5:
            printf("星期五\n"); break;
        case 6:
            printf("星期六\n"); break;
        default:
            printf("Input error!\n");
    }
    return 0;
}
```

思考：去掉程序中的所有break;语句，重新运行程序，并分析其结果与原因。

例3.15 百分制转换为五等级制，即输入一个学生的分数，根据分数情况按下列对应分数区间给出相应的等级。（ex3_15.cpp）

分数区间	90～100	80～89	70～79	60～69	0～59
等　　级	A	B	C	D	E

问题分析：本例与例3.12题型类似，但本题尝试用switch语句来解决。解决本问题的关键是找出分数区间与等级的对应关系，设score为分数，从上面的对照关系可以看出，用score/10后即可将相应的区间段映射到一个或多个常数上，对每个常数再赋予相应的等级即可解决，此问题适合用switch语句来编程。

程序代码：

```
#include <stdio.h>
int main()
{
    int score;
    printf("输入1个百分制的分数：");
    scanf("%d", &score);
    switch (score / 10)
    {
        case 0:
        case 1:
        case 2:
        case 3:
        case 4:
        case 5:    printf("E\n"); break;
        case 6:    printf("D\n"); break;
        case 7:    printf("C\n"); break;
        case 8:    printf("B\n"); break;
        case 9:
        case 10:printf("A\n"); break;
```

```
        default:printf("ERROR\n");
    }
}
```

例3.16　输入一个年份和月份，输出该月有多少天。（ex3_16.cpp）

问题分析：每年有12个月，在这些月份中，按照公历历法的规定，1、3、5、7、8、10、12月每月为31天，4、6、9、11每月为30天，而2月则根据其是否为闰年而确定其为28天（非闰年）或29天（闰年）。该问题显然属于多分支结构，而且有几个取值可以共用同样的内容，可以采取switch部分加break来解决。

程序代码：

```
#include <stdio.h>
int main()
{   int year, month,days;       //定义年、月、日3个变量
    printf("输入年份与月份：");
    scanf("%d%d", &year, &month);
    switch (month)
    {
        case 1:                 //无break情况下，case 1、3、5、7、8、10、12共用同
                                  days = 31;语句
        case 3:
        case 5:
        case 7:
        case 8:
        case 10:
        case 12:    days=31; break;
        case 4:                 //无break情况下，case 4、5、9、11共用同days =
                                  30;语句
        case 6:
        case 9:
        case 11:    days = 30; break;
        case 2:     if ((year % 4 == 0 && year % 100 != 0) || (year % 400 == 0))
                    {           //闰年2月有29天
                        days = 29; break;
                    }
                    else
                    {           //非闰年2月有28天
                        days = 30; break;
                    }
        default:printf("输入的月份数据有错。\n");
    }
    printf("%d年%d月有%d天\n", year, month, days);
}
```

程序运行结果如图3.19所示。

图3.19　例3.16运行结果

3.7 应用举例

程序代码

ex3_17

例 3.17 输入一个三位数，判断其是否为水仙花数。所谓水仙花数，是指该三位数的各位数字立方和等于该数本身，如 $153=1^3+5^3+3^3$。（ex3_17.cpp）

问题分析：本题的算法思想如下所示。

（1）输入一个数 x，判断它是否为一个合法的 3 位数，即 $100 \leqslant x<1\ 000$；如果成立，则转（2）继续，否则给出“输入数据出错”提示信息。

（2）求出该数的个位、十位、百位，分别存入三个变量 g、s、b 中。

（3）判断个位、十位、百位数字的立方和是否等于该数本身，即 $g^3+s^3+b^3=n$。

说明：为了保证教材的版面不超限，同时也保证应用案例的学习，从本章起将以二维码的方式存储部分程序清单，读者可直接扫描打开，并可下载，十分方便读者使用。

程序代码

ex3_18

例 3.18 输出一个日期（含年月日），求该日期是这一年中的第多少天。（ex3_18.cpp）

问题分析：如计算“year 年 month 月 day 日”是这一年中的第几天。假设用变量 days 保存该日期是这一年中天数。

（1）对输入的日期进行合法性检查，首先检查 year 与 month 的合法性，再计算 2 月的天数（根据其是否为闰年确定 2 月的天数是 28 天或 29 天保存于变量 day2 中），最后进行 day 的合法性检查。

（2）将从 1 月到 month-1 月中所有月份的天数依次加起来，然后再加上本月的天数 day 即为该日期是这一年中的第多少天；以上累加可借助 switch 语句不使用 break 语句的执行特性来解决。

程序运行结果如图 3.20 所示。

```
Microsoft Visual Studio 调试控制台
input a date:2023 10 1
2023年10月1日 是当年的第 274 天
```

图 3.20　例 3.18 程序运行结果

程序代码

ex3_19

例 3.19 鸡兔同笼问题。（ex3_19.cpp）

问题分析：在 3.1 节中已对鸡兔同笼问题进行了详细的分析，由于在 C 语言中使用整型操作时“/”运算符得到的结果一定是整数，而在做“/”运算时会出现舍弃的情况，如 3/2 结果为 1，因此在用公式进行计算时得到的 chicken 和 rabbit 都可能出现舍弃的情况，从而可能导致结果的不正确，所以在此程序中其合法性检查是在利用公式求出结果以后，分析结果的数据是否合理而判断输入数据是否有实际解的情况。

程序运行结果如图 3.21 所示。

```
Microsoft Visual Studio 调试控制台
Input chicken & rabbit heads:20
Input chicken & rabbit feet:56
chicken=12,rabbit=8
```

```
Microsoft Visual Studio 调试控制台
Input chicken & rabbit heads:24
Input chicken & rabbit feet:57
Input data has no solution!
```

图 3.21　例 3.19 不同输入数据的程序运行结果

程序代码

ex3_20

例 3.20 求解一元二次方程 $ax^2+bx+c=0$ 的根。（ex3_20.cpp）

问题分析：在 3.1 节中已经对一元二次方程的求解情况进行了详细的分析，现画出其程序流程图如图 3.22 所示。

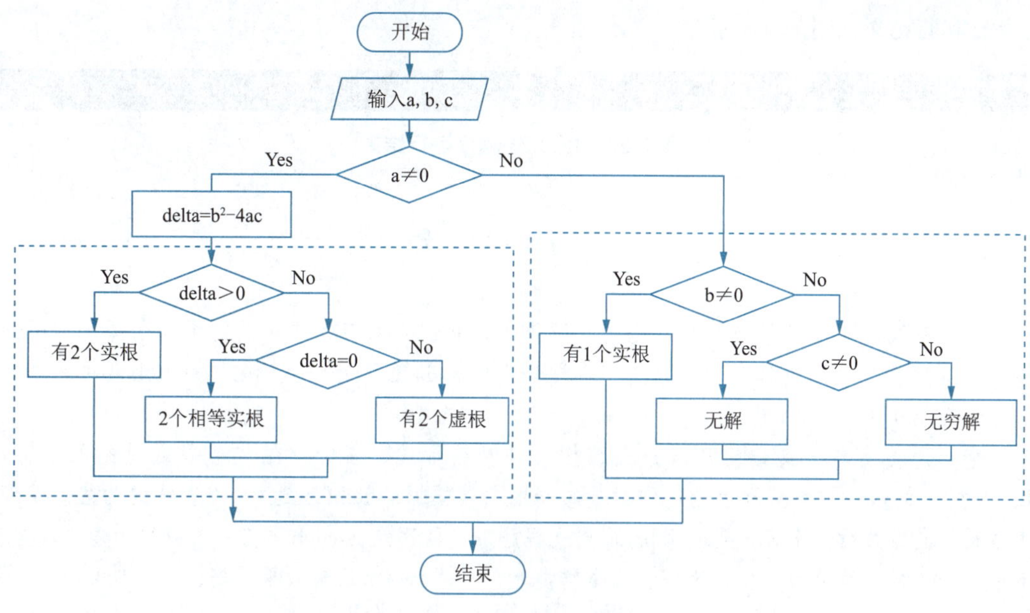

图 3.22 程序流程图

程序运行结果如图3.23所示。

```
Input Coefficients of quadratic equations with one variable:a b c=5 23 17
a=5.000000 b=23.000000 c=17.000000
Equations has two real root,x1=-0.925227,x2=-3.674773
```

```
Input Coefficients of quadratic equations with one variable:a b c=3.4 4.5 34.2
a=3.400000 b=4.500000 c=34.200000
Equations has two virtual root,x1=-0.661765+3.101756i,x2=-0.661765-3.101756i
```

图 3.23 例 3.20 不同输入数据的程序运行结果

例3.21 求任意日期是星期几。（ex3_21.cpp）

ex3_21

问题分析：历史上的某一天是星期几？未来的某一天是星期几？关于这个问题，有很多计算公式，其中最著名的是泽勒（Zeller）公式（见式3.1）。

（1）公历（又称为格里历，自1582年10月15日开始）某天的星期计算公式为

$$w=y+[y/4]+[c/4]-2c+[26(m+1)/10]+d-1 \bmod 7$$

式中，w为星期；c为世纪-1；y为年的后两位数；m为月（m大于等于3，小于等于14，即在泽勒公式中，某年的1、2月要看作上一年的13、14月来计算，如2003年1月1日要看作2002年的13月1日来计算）；d为日；[ ]代表取整，即只要整数部分。

如果上述结果为负数，则需要加上7将其变为正数，结果0表示星期日。

（2）儒略历（到1582年10月4日止）某天的星期计算。

由于罗马格里高利十三世在改革历法的过程中将儒略历修改成格里历，把1582年10月5日至10月14日这10天删除了。所以儒略历的星期计算公式为

$$w=y+[y/4]+[c/4]-2c+[26(m+1)/10]+d+2 \bmod 7$$

程序根据泽勒公式进行设计，同时为保证输入的年、月、日符合日期的要求，程序对年、月、日进行了严格的判定，如年份必须大于等于0，月份必须是1～12之间的整数，日期的判定就比较复杂，要根据年份与月份区分其日期区间到底是1～28（2月非闰年）、1～29（2月闰年）、1～30（月小）、1～31（月大）四种情况。这一程序很好地说明了if选择结构的应用以及switch多分支结构的应用。

程序运行结果如图3.24所示。

```
Please input year,month,day(separate with blank): 2049 10 1
You input date is :公历 2049 年 10 月 1 日, 星期: 五。
```

```
Please input year,month,day(separate with blank): 1582 10 4
You input date is :儒略历 1582 年 10 月 4 日, 星期: 四。
```

图 3.24　例 3.21 程序运行结果

小　结

根据条件表达式（可以是关系表达式、逻辑表达式、算术表达式）的结果，选择执行不同的程序段，这样的程序结构称为选择结构（也称分支结构）。C语言中使用if与switch两种基本句型来描述选择结构。

其中if语句有单分支结构、双分支结构两种表达形式，多分支结构可以通过嵌入来实现。switch语句中的case常量实际上是起到标号的作用，即根据switch(表达式)中表达式的值跳转到指定的常量处进行执行，是否需要使用break要视程序的功能而定；switch语句一般应用于多分支结构，对于条件表达式的结果为整型、字符、枚举类型时，采用switch语句效果更好，可读性更强。

在程序设计过程中，可自行选择使用if语句或switch语句，总体来说if语句能表达的功能更加强大，它完全可以替代switch语句。初学者要熟练运用流程图来表达复杂的逻辑结构，并写出规范的程序，做到程序结构较清晰、容易理解。

习　题

1. 当a、b、c的值分别为3、4、5时，以下各语句执行后a、b、c的值为多少？

（1）f(a>c)

{ a=b;b=c;c=a; }

else

{ a=c;c=b;b=a; }

执行后a、b、c的值为______、______、______。

（2）if(a<c)

a=c;

else

a=b;c=b;b=a;

执行后a、b、c的值为______、______、______。

（3）if(a!=c)

a=c;

else

a=c;c=b;b=a;

执行后a、b、c的值为______、______、______。

2. 当a=3,b=4,c=5时，写出下列各式的值。

a<b的值为______，a<=b的值为______，a==c的值为______，a!=c的值为______，a&&b的值为______，!a&&b的值为______，a||c的值为______，!a||c的值为______，a+b>c&&b==c的值为______。

3. 写出以下程序的运行结果。

```
int main()
{   int a=-5,b=1,c=1;
    int x=0,y=2,z=1;
    if(c>0)
        x= x + y;
    if(a<=0)
    {  if(b>0)
        if(c<=0)
            y= x - y;
    }
    else  if(c>0)  y= x - y;
        else  z= y;
    printf("%d,%d,%d\n", x, y, z);
}
```

4. 编程判断输入的正整数是否既是5又是7的倍数。若是，则输出yes；否则输出no。

5. 输入一个字符，判断它如果是小写字母输出其对应大写字母；如果是大写字母输出其对应小写字母；如果是数字输出数字本身；如果是空格，输出“space”；如果不是上述情况，输出“other”。

6. 根据以下关系，对输入的每个x值，编程计算出相应的y值。

x	y
$x<0$	0
$0<x\leqslant 10$	x^2+2x-1
$10<x\leqslant 20$	$x^3-2x^2+3x-10$
$20<x<40$	$-0.5\sqrt{x+160}x+20$

7. 输入一个整数，判断它能否被3、5、7整除，并输出以下信息之一：

（1）能同时被3、5、7整除；

（2）能被其中两个数（要指出哪两个）整除；

（3）只能被其中一个数（要指出哪一个）整除；

（4）不能被3、5、7任何一个数整除。

8. 下面这个程序要求用户输入两个整数和一个字符。字符必须是'+'、'-'、'*'、'/'其中的一个。然后程序输出两数作相应运算的结果。

例如，输入“123,34,+”程序输出“123+34=157”。

9. 输入一个四位整数，将其按其四位的反序构成一个新的四位整数再输出，程序要求对输入和输出的数均要进行判断它能否构成一个四位数。如：

输入	输出
1234	4321
23476	输入的数不是一个四位数
2380	新的数不能构成一个四位数

10. 输入四个整数，求出其中最大的数，并且给出最大的数在原序列中的位置。

如输入：4 575 943 396

输出：最大数943，位置3

11. 读入1～7之间的某个数，输出表示一星期中相应的某一天的单词，如Monday、Tuesday等（其中7对应Sunday），要求用switch语句进行编程。

第4章
重复运算与循环结构程序设计

本章学习目标

◎理解重复运算的作用。

◎理解C语言中循环结构的概念。

◎熟练掌握while、do...while、for语句的程序结构与其区别。

◎掌握各种循环语句相互嵌套的方法。

◎掌握在循环语句中使用break、continue语句的技巧。

◎灵活运用循环语句解决重复数据处理的基本问题。

4.1 重复运算与循环概述

4.1.1 重复运算

利用电子计算机编程的目标是解决生产生活中实际问题，让人们从繁重的运算中解放出来。而在实际问题中，随处可能遇到对某种操作的重复运算，如基本的统计（求和、求积、求个数、求最值、求均值、求方差等）、数列、排列统计、随机抽奖，数据的插入、删除、查找、排序等运算；又如在使用各种软件时首先要注册、登录，注册时要保证注册账户的唯一性，登录时必须要输入密码，如果输入密码出错则会要求重新输入，等等，这些功能的实现其本质特征就是对某种操作的重复运算。

重复运算的情形十分普遍，在工业化时代，各类现代化生产线就是一种十分典型的重复操作（运算）的情况。在生活中见到的收费停车场，其实也是一种重复操作（运算）。

以收费停车场为例，其重复运算的模型结构如图4.1所示。

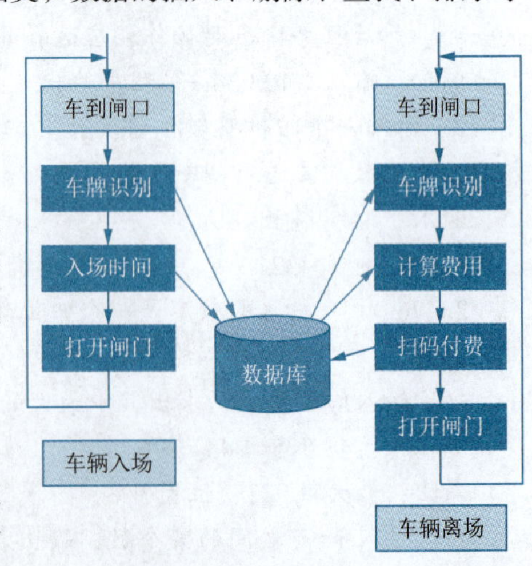

图4.1　车辆进出收费停车场的处理模型

这个模型图与程序流程图十分相似，不同点在于停车场是24小时不间断运行的，理想状态是可以无限运行下去，而程序流程图则要求必须在一定的时间内执行完成。

4.1.2 循环概述

1. 循环的概念

循环指事物周而复始地运动或变化。在计算机中，循环是指重复地执行某项操作或某种运算，但是计算机中的循环必须遵循第 1 章关于算法的特性的约定，即不能出现无限循环或称死循环。

2. 循环结构的流程图

根据循环的概念结合计算机对循环的要求，循环的结构有四种情形，如图 4.2 所示。

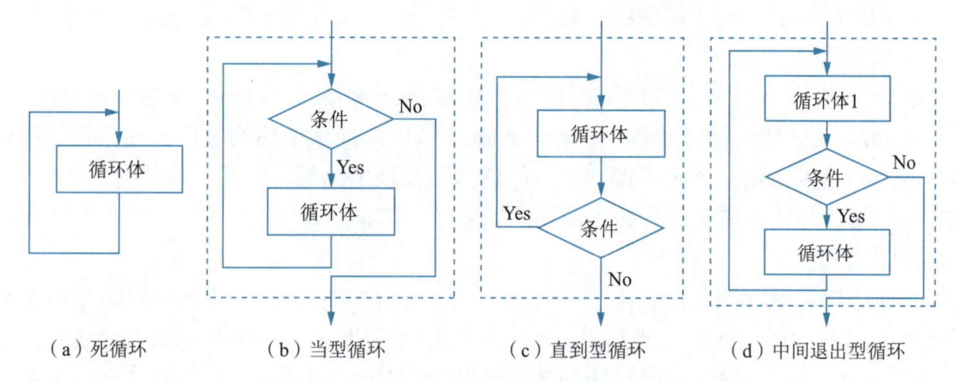

图 4.2　循环结构的流程图

（a）死循环：它是在程序设计中必须避免的循环。

（b）当型循环：先判别条件，如果条件成立则执行循环，否则直接终止循环。

（c）直到型循环：先执行循环体中的内容，再判别条件，如果条件成立继续执行循环，否则循环终止。

（d）中间退出型循环：将循环体分成两部分，在其中间增加条件，如果条件成立继续执行循环，否则终止循环。

在图 4.2 中的（b）～（d）图中用虚线框标记的就是一个完整的循环结构，它具有“一个入口一个出口”的特征，该特征为后期的循环嵌套奠定了基础。

3. 循环结构的转换

根据流程图的执行情况，图 4.2（c）所示循环和图 4.2（d）所示循环均可以转换成图 4.2（b）所示循环（即当型循环），其转换后的流程图如图 4.3 所示。

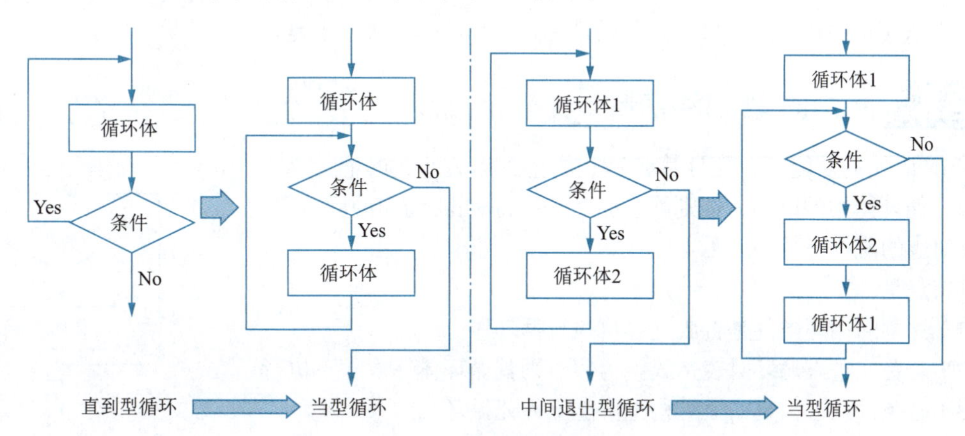

图 4.3　流程图的转换

从上面转换后的程序结构来看，理论上只需要一种循环结构就能够实现所有循环操作（运算），但是在C语言中仍然设定了三种循环语句：while语句、do...while语句和for语句，其主要原因是让用户在编程时有更多的选择，用不同的语句可以实现程序结构的简化，或者说可以编写出执行效率更高的程序，这在计算机发展初期因计算机硬件的局限性是一种非常不错的选择。

4. 关于循环条件

循环的本质就是指在循环条件为“真”时反复执行的一组指令，因此循环条件对于控制循环的执行具有十分重要的意义，因为它是决定循环执行的直接因素，所以在循环条件的设置上一定要有使条件不成立的情况出现，否则即使结构上或语句上有条件存在，也有可能出现死循环的现象。

在现实应用中，可以将循环的执行方式分为两类：一是计数式循环；二是标记式循环。

1）计数式循环

该类循环适合于处理已经准确知道循环体要执行多少次运算的问题求解过程，如求1+2+3+…+100。在计数式循环过程中，循环控制变量用来计算循环的次数，它在每次执行完循环体语句后都会发生变化，当循环控制变量的值达到了预定的循环次数，循环体将被终止执行。C语言提供了for循环语句来实现计数式循环的功能。

2）标记式循环

该类循环适用于处理循环次数未知的循环过程。由于程序事先不知道准确的循环次数，而是根据程序的运算过程取某个（或某组）特定的标记值作为各种不同类型终止的条件。如找出1 000以内的最大素数，设要找的数从1 000开始往1的方向每次递减1，直到这个数为素数时循环终止。对于标记式循环通常使用while或do...while语句来实现。

同时，为了体现出程序的灵活性，在C语言中还提供了break和continue两个语句以实现循环的提前中止或部分循环体不被执行的情况（亦称循环短路）。

4.2 while语句

4.2.1 while语句的格式

while语句的一般形式为：

```
while(表达式)
    循环体
```

其中，表达式是循环条件；循环体可以是一条基本语句或者一个复合语句。

4.2.2 while语句的功能

while语句的功能是：先计算表达式的值，当表达式的值为真（非0）时，执行循环体中的语句，否则终止循环，执行while语句的后续语句。

其对应的流程图结构如图4.4所示。

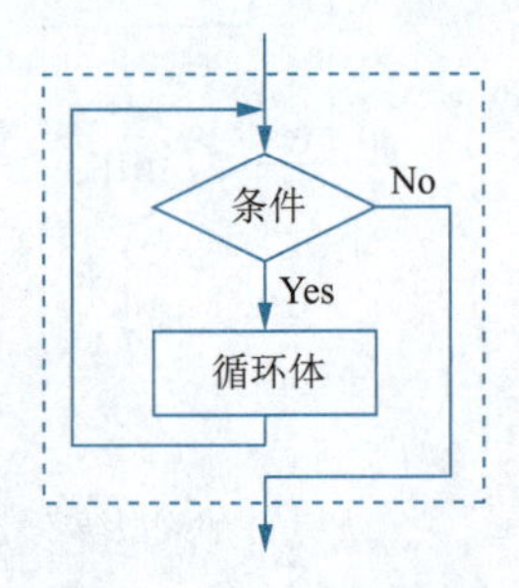

图4.4 while语句结构

其特点是：

（1）先判断循环条件是否成立，再执行循环体。

（2）若首次进入循环时表达式就为假，则其循环体一次也不执行。

（3）若条件永远为真，该结构也可能陷入死循环。

（4）若循环体中的语句内容多于一条基本语句，则必须用{}以构成复合语句，否则只认为第一条语句为循环体的内容。

例4.1 分析下面两个程序，并给出程序的输出结果。(ex4_1_1.cpp、ex4_1_2.cpp)

```
#include <stdio.h>
int main()
{
    int s=0;n=0;
    while(n>100)
    {n=n+1;
    s=s+n;
    }
    printf("s=%d",s);
}
```

```
#include <stdio.h>
int main()
{
    short int s=0;n=101;
    while(n<=101)
    {   n=n-1;
        s=s+n;
    }
    printf("s=%d,n=%d",s,n);
}
```

分析：左边的程序由于n=0，首次判别时n>100不成立，则直接终止循环，继续执行循环后面的printf语句，所以输出s=0。

右边的程序，由于n的初值为101，条件n<=101成立，执行循环体，而在循环体中发现n每次减少1，n将向负方向变化，从理论上说，上面的循环将进入死循环之中，但在程序实际运行上看，它得到的运行结果为：

```
s=21433,n=32676
```

原因是计算机中short int 定义的n是一个16位二进制补码数，当其减少到-32 768时(二进制为1000 0000 0000 0000)，再-1便得到0111 1111 1111 1111，而此数就变成了正数（十进制值为32 767），此时n<=101不成立，终止循环。这样就得到了上面的结果。

例4.2 分析下面两个程序，给出程序的输出结果（ex4_2_1.cpp、ex4_2_2.cpp）。

```
#include <stdio.h>
int main()
{
    int s=0;n=0;
    while(n<100)
        n=n+1;
        s=s+n;
    printf("s=%d",s);
}
```

```
#include <stdio.h>
int main()
{
    int s=0;n=0;
    while(n<100)
    {   n=n+1;
        s=s+n;
    }
    printf("s=%d",s);
}
```

结果：左边的程序段最后求得的s=100，而右边的程序段最后求得的s=5050。

原因：左边的循环体只有一个语句n=n+1;，该语句将重复执行100次，当n=100时终止循环。而s=s+n;语句不属于循环体中的内容，它只执行一次，即循环结束后n=100，执行s=s+n;后s的值为100。右边的程序则不同，循环体有两条语句，随着n的变化（从1变到100），每次将n的值均累加到s中，所以s=1+2+...+100=5050。

通过此例得知在书写循环语句时，一定要弄清楚循环体的内容，为了避免出错，建议循环体均使用复合语句，即加{}。

例4.3 计算1～1 000中能够同时被3和5整除的数的和。(ex4_3.cpp)

问题分析：此程序与例4.2没有本质差别，只不过是在累加的过程中是有选择性的，其流程图如图4.5所示。

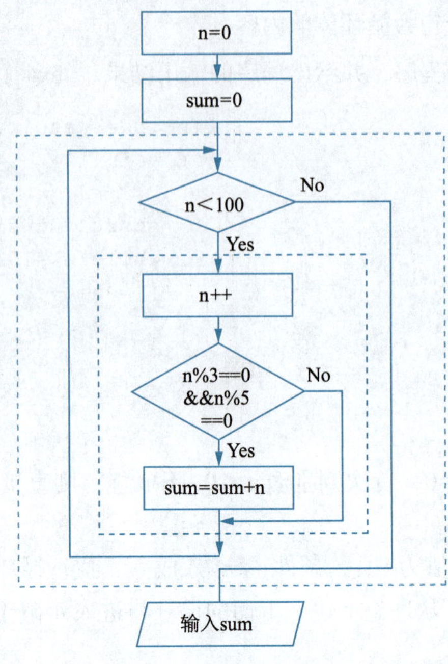

图4.5 例4.3流程图

程序代码：

```
#include <stdio.h>
int main()
{
    int n,sum=0;
    n=0;
    while(n<1000)
    {
        n++;
        if(n%3==0 && n%5==0)
            sum=sum+n;
    }
    printf("%d\n",sum);
}
```

例4.4 从键盘输入任意字符（以回车键结束），统计字符的个数。（ex4_4.cpp）

程序代码：

```
#include <stdio.h>
int main()
{
    int n=0;
    printf("input a string:");
    while(getchar()!='\n')
        n++;
    printf("char numbers=%d\n",n);
}
```

程序运行结果如图4.6所示。

程序分析：本例程序中的循环条件为getchar()!='\n'，其中getchar()是一个字符输入函数，条件意义表示只要从键盘输入的字符不是回车就继续执行循环，循环体n++;语句完成对输入字符个数计数。

```
Microsoft Visual Studio 调试控制台
input a string:this is a book!
char numbers=15
```

图4.6　例4.4程序运行结果

例4.5　从键盘输入任意字符（以回车键结束），分别统计数字字符、英文大写字符、英文小写字符、其他字符的个数。（ex4_5.cpp）

问题分析：本例是在例4.4的基础上增加了对输入字符的分析，并根据输入的字符是否为数字字符、英文大写字符、英文小写字符、其他字符进行判断，是哪种类型的字符就给对应的计数变量+1，即可完成指定的统计功能。

程序代码：

```
#include <stdio.h>
int main()
{
    int digit, lower,upper, other,numbers; //依次定义数字、小写、大写、其他和总
                                            字符个数的变量
    char ch;
    digit = lower = upper = other = numbers=0;
    printf("input a string:");
    while ((ch=getchar() )!= '\n')
    {
        numbers++;
        if (ch>= '0' && ch <= '9')
            digit++;
        else
            if (ch >= 'a' && ch <= 'z')
                lower++;
            else
                if (ch >= 'A' && ch <= 'Z')
                    upper++;
                else
                    other++;
    }
    printf("tatol=%d,digit=%d,lower=%d,upper=%d,other=%d\n", numbers,digit,
lower, upper, other );
}
```

程序运行结果如图4.7所示。

```
Microsoft Visual Studio 调试控制台
input a string:AGD 546 jhg jj &89! KK
tatol=22,digit=5,lower=5,upper=5,other=7
```

图4.7　例4.5程序运行结果

例4.6　斐波那契数列是指其第一项和第二项为1，从第三项开始后一项的值等于前面2项之和的递增数列，即：

1，1，2，3，5，8，13，21，34，55，...

求这个数列中第1次出现大于10 000的数的值，并给出它是数列的第几项。（ex4_6.cpp）

问题分析：这个问题的首要解决的内容就是生成斐波那契数列。根据数列定义，设变量a、b、c分别表示数列中连续相邻的三个数，则c=a+b;，从这里可以得出只要给出了前面两个数，就能够求出其第三个数，这样将求解的过程列成下面形式：

```
a  b  c=a+b
   a  b  c=a+b
      a  b  c=a+b
```

很显然，第一步需要改变a、b的值才能得到数列的下一个数，其修改方法为：

a=b;

b=c;

经过此改变后再执行c=a+b；就又可以产生一个新的项，依次循环即可。

循环条件的确定：上面每次产生的新的项为c，当然以c<10000作为循环条件是合适的。至于是第几项，在循环中增加一个计数器变量进行计数就可以了。

程序代码：

```
#include <stdio.h>
int main()
{
    int a, b, c, n;     //数列的连续3项为a,b,c，变量n为第几项
    a = b = 1;
    c = a + b;
    n = 3;
    while (c < 10000)
    {
        a = b;
        b = c;
        c = a + b;
        n = n + 1;
    }
    printf("n=%d,value=%d\n", n, c);
}
```

程序运行结果为n=21,value=10946。

4.3 do...while语句

4.3.1 do...while语句的格式

do...while语句的一般形式为：

```
do
    循环体;
while(表达式);
```

其中，表达式是循环条件；循环体可以是一条基本语句或者一个复合语句。

4.3.2 do...while语句的功能

do...while语句的功能是：先执行循环体，再计算表达式的值，当表达式的值为真（非0）时，继续执行循环体中的语句，否则终止循环，执行do...while语句的后续语句。

其对应的流程图结构如图4.8所示。

其特点是：

（1）先执行循环体，再判断循环条件是否成立。

（2）循环体至少执行一次。

（3）若条件永远为真，该结构也可能陷入死循环。

（4）若循环体中的语句内容多于一条基本语句，则必须用 {} 以构成复合语句，否则编译时会出现语法错误。

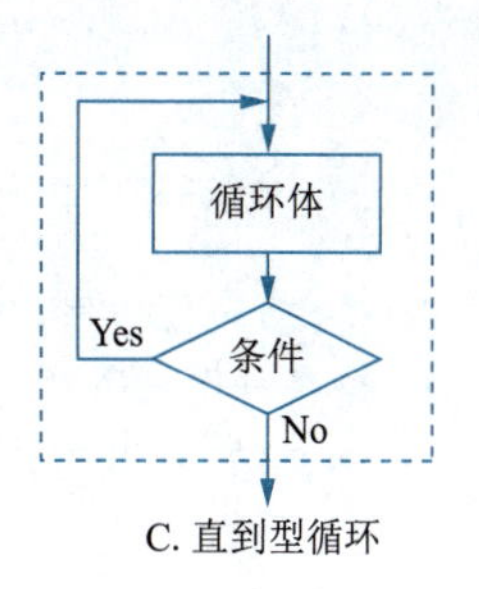

图 4.8　do...while 语句流程图

例 4.7　用 do...while 语句求 $s=\frac{1}{1}+\frac{1}{2}-\frac{1}{3}+\cdots-\frac{1}{99}+\frac{1}{100}$。

问题分析 1：该程序其实质还是一种累加运算，设分母为 a，则根据计算公式可以发现当分母 a 为奇数时将 $\frac{1}{a}$ 累加到 s 中，否则从 s 中减去 $\frac{1}{a}$。即：

```
if(a%2==1)
    s=s+1.0/a;
else
    s=s-1.0/a;
```

如果想简化上述 if 语句，可使用“?:”条件语句，即：

```
s=(a%2==1)?(s+1.0/a):(s-1.0/a);
```

因为 a%2 的结果只有 0 和 1 两个值，根据条件表达式的值的判别法则（0 为假、非 0 为真）所以上面的语句可进一步简化为：

```
s=(a%2)?(s+1.0/a):(s-1.0/a);
```

程序代码：(ex4_7_1.cpp)

```
#include <stdio.h>
int main()
{
    int n;
    double sum = 0.0;   //实数类型推荐优先选用double，以提高运算的精度
    n = 1;
    do
    {
        sum=(n%2) ? (sum+1.0/n) : (sum-1.0/n);//因为n为整数，所以分子必须用实数
        n++;
    } while (n <= 100);
    printf("sum=%lf\n", sum);
}
```

程序运行的结果为 sum=0.688172。

问题分析 2：对于正负交替运算的问题，还可采取标记变量（设为 flag）的做法，即 s=s+flag*1.0/n; 很显然 flag 的值将在 +1 和 -1 之间不断交替，重复执行 flag= -flag; 就可以实现。

重写的程序代码：(ex4_7_2.cpp)

```
#include <stdio.h>
int main()
{
    int n,flag;          //变量flag为标记变量
    double sum = 0.0;  //实数类型推荐优先选用double，以提高运算的精度
    n = 1; flag = 1;
```

```
    do
    {
        sum =sum + flag*1.0/ n;//因为n为整数，所以分子必须用实数
        n++;
        flag = -flag;
    } while (n <= 100);
    printf("sum=%lf\n", sum);
}
```

例4.8 用do...while重写斐波那契数列问题：求斐波那契数列中第1次出现大于10 000的数的值，并给出它是数列的第几项。（ex4_8.cpp）

程序代码：

```
#include <stdio.h>
int main()
{
    int a, b, c, n;      //数列的连续3项为a,b,c，变量n为第几项
    a = b = 1;
    n = 2;
    do
    {
        c = a + b;
        a = b;
        b = c;
        n = n + 1;
    } while (c < 10000);
    printf("n=%d,value=%d\n", n, c);
}
```

注意将此程序与例4.6中用while编写的程序的对比，其实这两种语句是可以互换使用的，只是在编写时要注意程序的细微变动。

4.4 for语句

4.4.1 for语句的格式

for语句是C语言所提供的功能更强、使用更广泛的一种循环语句。

其一般形式为：

```
for(表达式1;表达式2;表达式3)
    循环体;
```

其中：

（1）表达式1：用来给循环变量赋初值，一般是赋值表达式，它不是循环体中的一部分。

（2）表达式2：循环是否执行的判别条件，一般为关系表达式或逻辑表达式。

（3）表达式3：通常用来修改循环变量的值，一般是赋值表达式，它是循环体中的一部分。

以上三个表达式都是可选项，可以独立地省略，但for( )中的“;”不能省略。

（4）循环体：循环体可以是一条基本语句或者一个复合语句。

4.4.2 for语句的功能

1. for语句的功能

根据表达式2的真假决定是否重复执行循环体。

2. for语句的执行过程

（1）for语句的流程图如图4.9所示。

（2）for语句的执行过程：

① 首先执行表达式1，它只计算一次。

② 表达式2为循环条件，如果条件成立（表达式2的值为真），则执行循环体后再执行表达式3，再转到② 重复执行；如果条件不成立（表达式2的值为假），则循环终止执行。

③ 循环体和表达式3则可能被多次执行（含0次）。注意其顺序为先执行循环体语句，再执行表达式3语句，这种顺序不能改变。

④ 如果将表达1和表达3同时省略，它完全等同于while语句。

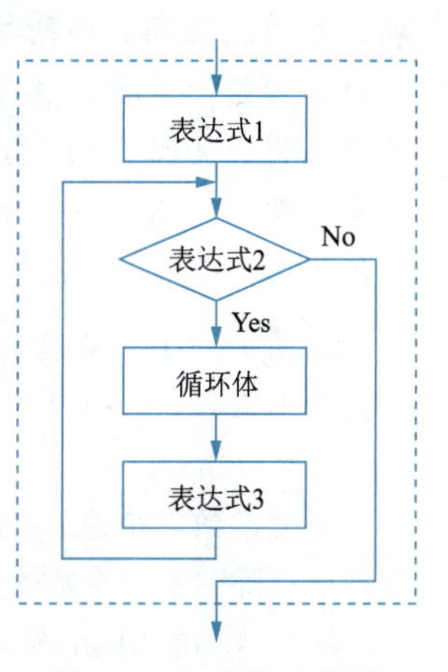

图4.9 for语句流程图

3. for语句的经典用法

```
for(循环变量赋初值; 循环条件; 循环变量增减变化规律)
    循环体;
```

例如：

```
for (n=1,s=0 ; n<=100 ; n++)
    s=s+n;
```

上述语句的功能是求1+2+3+…+100的和存入变量s中。

简化：结合流程图4.9发现，在循环中先执行循环体再执行表达式3，那么可以将s=s+n移入表达式3的前面用，通过“,”运算符连接两个表达式，上述语句改成

```
for (n=1,s=0 ; n<=100 ; s=s+n,n++);
```

此时，原本的循环体就变成了一条空语句（只有“;”的语句），而且“;”不能省略。

继续简化：

```
for (n=1,s=0 ; n<=100 ; s=s+n++);
```

再简化：

```
for (n=1,s=0 ; n<=100 ; s+=n++);
```

例4.9 用for语句求1+2+3+…+100的和。（ex4_9.cpp）

程序代码：

```
#include <stdio.h>
int main()
{
    int n,s;
    for (n = 1, s = 0; n <= 100; s += n++);
        printf("sum=%d\n", s);
}
```

提示： 这种利用C语言表达式逐步简化程序代码行的做法，能够充分展示出C语言丰富的运算符与表达式功能，也对减少程序代码的长度或提高程序的执行效率有一定的作用；但是，在现代程序设计的方法中并不是值得大力推崇的，其使问题的表达更加复杂化、难以理解，如果处理不当可能更容易出现程序出错的现象。

例4.10 编写程序判断一个正整数是否为素数。(ex4_10.cpp)

问题分析：

根据素数的概念：当一个数*n*只能被1和本身整除时，这个数*n*就是素数。

显然这不能用 if(n%1==0 && n%n==0)来作为判定条件，而应反过来考虑，即当*n*不能被从2到*n*-1中的任何一个数整除时，它才是素数；然而这一结论对于编程依然有困难，可以将此判定条件再做一次反转，即当*n*如果被从2到*n*-1中的任何一个数整除时，它一定不是素数。根据此判定条件，设置一个标记变量flag其初值为1，如果*n*被从2到*n*-1中的任何一个数整除，则将flag=0；最后根据flag的值就可以判定给定的数是否为素数。其对应的程序流程图如图4.10所示。

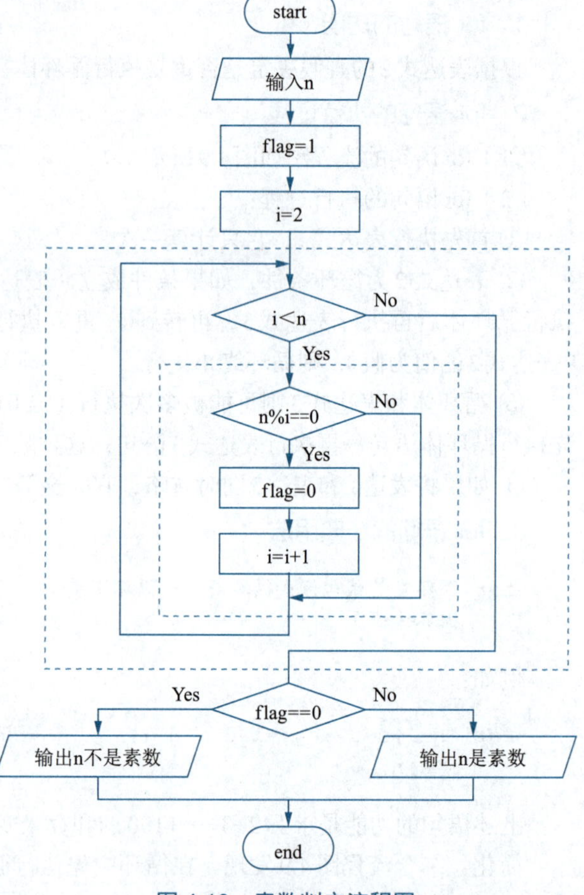

图4.10 素数判定流程图

程序代码：

```
#include <stdio.h>
int main()
{
    int n,i,flag;
    printf("Please input a number: ");
    scanf("%d", &n);
    if (n > 0)
        if (n == 1)
            printf("%d is not a prime\n", n);
        else
            if (n == 2)
                printf("%d is a prime\n", n);
            else
            {
                flag = 1;
                for (i = 2; i < n; i++)
                {
                    if (n % i == 0)
                        flag = 0;
```

```
            }
            if (flag == 0)
                printf("%d is not a prime\n", n);
            else
                printf("%d is a prime\n", n);
        }
    else
        printf("Input error.\n");
}
```

 4.5　改变循环执行的状态

前面介绍了三种循环语句及其应用，但是如例4.10判定程序中，当*n*已经被*i*整除了，显然它不是素数，这里再对后面的判断就是浪费计算机CPU的资源，这时程序需要提前终止循环，为此C语言提供了break、continue语句，以提高程序执行效率。

4.5.1 break语句

前面已经介绍，break语句在switch语句中的作用是跳出switch语句，转去执行后面的程序，它也可以用于循环语句中。

break语句的一般形式为：

```
break;
```

break语句在while、do...while、for循环语句中的作用是使程序直接终止循环语句。

用法：由于程序一旦执行到break语句时就终止循环的执行，因此break语句必须用于if语句中，即满足特定的条件时便终止循环。

作用：break语句对于减少循环次数，加快程序执行速度起着重要的作用。

例4.11　用break语句重写判断一个正整数是否为素数的程序。(ex4_11.cpp)

问题分析：在前面例4.10中，if (n%i==0) 条件成立，说明n肯定不是素数，此时可以直接使用break语句终止循环。同时也可以不使用flag标志，那么它判断最终结果是否为素数的条件可以改成i<n。

程序代码：

```
#include <stdio.h>
int main()
{
    int n,i;
    printf("Please input a number: ");
    scanf("%d", &n);
    if (n > 0)
        if (n == 1)
            printf("%d is not a prime\n", n);
        else
            if (n == 2)
                printf("%d is a prime\n", n);
            else
```

```
        {
            for (i = 2; i < n; i++)
            {
                if (n % i == 0)
                    break;
            }
            if (i<n)   //如果n不能被2到n-1的任何数整除，则i等于n
                printf("%d is not a prime\n", n);
            else
                printf("%d is a prime\n", n);
        }
    else
        printf("Input error.\n");
}
```

继续优化分析：前面讲到素数n的判定是n不能被从2到n-1的所有数整除就是素数，实际上根据数学推导，可以将上面的判断区间缩小到从2到$\sqrt{n}$即可。请用此结论再改写例4.10。

例4.12 从键盘输入任意数据，直到输入数值0或者其输入数据的累加和超过1 000则终止程序，要求求出所输入数据的个数（不含0）与其平均值。（ex4_12.cpp）

问题分析：本问题可以看成一个不断从键盘输入数据，并对其求和与求个数，直到输入值为0则结束输入，并输出结果。但是本程序还增加了一个结束程序运行的条件，即其累加和sum如果大于1 000，也必须终止循环输入数据的过程，这就可以使用break语句。

程序代码：

```
#include <stdio.h>
int main()
{
    int n = 0;                    //变量n用于计数
    double x, sum = 0, avg;    //x为输入的数据，sum为和，avg为平均值
    do
    {
        printf("Please input a number: ");
        scanf("%lf", &x);
        if (x != 0)
        {
            n++;
            sum += x;
            if (sum > 1000)   //提前终止循环
                break;
        }
    }while (x != 0);
    printf("n=%d,avg=%lf\n",n,sum);
}
```

例4.13 从键盘上输入包含一个包含+、-、*、/的完整数学整数运算表达式，如输入正确则进行运算求出其结果，再重复上述过程；如果输入不符合要求，则显示错误信息并终止程序。（ex4_13.cpp）

问题分析：本程序是为了能够重复执行求输入的数学表达式的值，什么时候结束程序是根据用户输入的数据情况是否正确而决定，因此其循环执行的次数是不确定的，为此可以使用while(1){}这样的循环结构，其实这种循环结构本身是一个条件永真的死循环结构，但是可以在其循环体内增加break语句让其终止循环，进行结束程序的执行。

程序代码：

```
#include <stdio.h>
int main()
{
    int x,y,z;
    char ch;
    while(1)
    {
        printf("input a expression:");
        scanf("%d%c%d", &x,&ch,&y);
        //printf("x=%d   ch=%c   y=%d\n", x, ch, y);       //调试语句
        if (!(ch == '+' || ch == '-' || ch == '*' || ch == '/'))
        {
            printf("Input error,end!\n");
            break;
        }
        else
        switch (ch)
        {
            case '+':z = x + y; break;
            case '-':z = x - y; break;
            case '*':z = x * y; break;
            case '/':z = x / y; break;
        }
        printf("%d%c%d=%d\n", x,ch,y,z);
    }
}
```

程序运行结果如图4.11所示。

```
Microsoft Visual Studio 调试控制台
input a expression:345+6787
result:345+6787=7132
input a expression:364-6484
result:364-6484=-6120
input a expression:35*2
result:35*2=70
input a expression:3546/23
result:3546/23=154
input a expression:23 78
Input error,end!
```

图 4.11　例 4.13 程序运行结果

例4.14　猜数游戏：输入你所猜的整数（假定1～1 000），与计算机产生的被猜数比较，若相等，则显示你在第几次猜中；若不等，显示与被猜数的大小关系，让你继续猜，最多允许猜11次。（ex4_14.cpp）

问题分析：

（1）首先解决如何产生一个真正的随机数。产生随机数的函数：rand()函数，它将产生一个伪随机数。若要产生一个相对正常的随机数，还需要使用srand()函数用来让随机数与系统时钟相关联；time()也是标准库的函数，time(0)返回的是当前的时间，这样得到的随机数就比较正常。

（2）解决循环次数问题。0～1 000之间的整数，用二分法来猜，最多11次肯定能够猜出，因为2^{11}=1 024。为了表示是猜中，设立标记变量flag，flag的值为0表示没猜中，为1表示猜中；如果猜中，提前结束循环。

（3）解决猜数次数的问题。每输入一个数，猜数次数count++。

程序代码：

```
#include <stdio.h>
#include <stdlib.h>
#include <time.h>
int main(void)
```

```
{
    int count = 0, flag, mynumber, yournumber;
    srand(time(0));                         //设定随机数的产生与系统时钟关联
    mynumber = rand() % 1000 + 1;           //计算机随机产生一个1～1000之间的被
                                              猜数
    flag = 0;                               //flag的值为0表示没猜中，为1表示猜
                                              中了
    while (count < 11)                      //最多能猜11次
    {
        printf("Enter your number:");       //提示输入你所猜的整数
        scanf("%d", &yournumber);
        count++;
        if (yournumber == mynumber)
        {   //若相等，显示猜中
            printf("Congratulations your!  %d times guess correct!\n",count);
            flag = 1;
            break;
        }
        else
            if (yournumber > mynumber)
            {
                printf("Too big\n");
            }
            else
            {
                printf("Too small\n");
            }
    }
    if (flag == 0)                          //超过11次还没猜中，提示游戏结束
    {
        printf("Sorry, Game Over!\n");
    }
    return 0;
}
```

4.5.2 continue 语句

continue语句只能用在循环体中，其一般格式是：

```
continue;
```

其语义是：结束本轮循环，即不再执行循环体中continue 语句之后的语句，转入下一次循环条件的判断与执行。应注意的是，continue 语句只是提前结束本轮循环，而不是终止跳出循环。continue 会致使循环跳过循环体中余下的语句，通常用于加速循环的执行。

例4.15　求1～1 000中能同时被3、5、7整除的数的个数及其和。(ex4_15.cpp)

问题分析：本例本来可以通过对数n进行判断，即if(n%3==0&&n%5==0 &&n%7==0){求和与求次数}来实现；为了使用continue，将条件反过来，用if(!(n%3==0&&n%5==0&&n%7==0)) continue;来实现。

程序代码：

```
#include <stdio.h>
int main()
{
    int n,s=0,count=0;
    for (n = 1; n <= 1000; n++)
    {
        if (n%3!=0||n% 5!=0 || n%7!=0)      //与if  (!(n%3==0 && n%5==0 &&
                                              n%7==0))等价
            continue;                         //对满足上面条件的数跳过循环后面部
                                              分，重新开始循环
        printf("%d  ", n);
        count++;
        s = s + n;
    }
    printf("\nsum=%d,number=%d\n", s,count);
}
```

程序运行结果如图4.12所示。

```
Microsoft Visual Studio 调试控制台
105  210  315  420  525  630  735  840  945
sum=4725,number=9
```

图4.12　例4.15程序运行结果

从例4.15可以看出，continue语句通常与if语句配合使用。实际上，如果用if...else结构也完全可以取代continue语句的功能。

4.5.3 break语句和continue语句的区别

continue语句只能用于循环结构中，其作用是跳过本次循环体中的后续语句，返回循环的入口处进行下一轮循环处理。

break语句可以出现在循环结构和switch多分支结构中，它的作用是直接退出当前循环结构或多分支结构。

例4.16　输入一组数据（输入数为0，则结束程序），求所有的负数的和，要求同时使用break和continue。（ex4_16.cpp）

程序代码：

```
#include <stdio.h>
int main()
{
    int data,sum=0;
    while (1)                           //永真循环
    {
        printf("Input a data:");
        scanf("%d", &data);
        if (data == 0) break;           //退出循环
        if (data > 0) continue;         //跳到循环入口处
        sum = sum + data;               //尽管其前面没有if或else，但由于对数的判定
                                          大于等于0时已有其他动作(等于0执行了退出循
                                          环，>0则重新输入)，那么只有当n<0时才会被
                                          执行该语句
    }
    printf("sum=%d\n", sum);
    return 0;
}
```

4.6 三种循环语句的比较

三种语句均可以实现循环，都有循环条件、循环体（当循环体包含一个以上的基本语句时均必须使用{}括起来的复合语句）；循环体中均可出现break或continue语句；三种循环语句可以相互嵌套使用。

不同之处在于，while语句和for语句的循环体可能执行0次；而do...while语句的循环体至少会执行一次。

就循环的本质而言，C语言提供的三种循环语句是可以相互转换的，也就是说对于任意一个循环程序均可以采用上面三种语句来编写。

下面给出几条循环语句的使用建议：

（1）建议循环体一律用复合语句表示。

（2）while、do...while循环多用于标志式循环（循环次数未知），for循环多用于计数式循环（循环次数已知）。

（3）当循环体至少要执行一次时，建议采用do...while语句；反之，如果循环体可能一次也不执行，则选用while或for语句。

（4）三个语句均有永真模式（死循环）：

```
while(1)                  do                   for(表达式1;1;表达式3)
{                         {                    {
    循环体                    循环体               循环体
}                         }while(1);           }
```

尽管死循环是必须避免的，但在某些特定情况下，结合循环体中使用break来终止循环也是一种编程的方式。

（5）选择哪种循环语句，依程序本身的结构特点和程序员喜好而定。

（6）三种循环语句如循环条件控制不当均可能会出现死循环，应特别注意避免出现死循环。

4.7 多重循环

4.7.1 多重循环的概念

上面介绍的三种循环语句均称为单重循环，单重循环是多重循环的基础，多重循环通过循环的嵌套来实现。

1. 嵌套

一个循环语句的循环体内包含另一个完整的循环结构，称为循环的嵌套。

程序流程图基本构件的设计为语句之间的嵌套提供了基础，一个方框的功能可大可小，在前面的语句流程图画法过程中，将if语句、switch语句、while语句、do...while语句、for语句等均用一个方框来表示，它其中又包含了另一个方框，这个方框可以是任何语句方框，即分支语句之间、循环语句之间、分支与循环之间均可以任意嵌套，从而实现任何复杂算法的编程。

在C语言中，对嵌套的要求必须做到完全嵌入，必须保持嵌套结构的完整性。

2. 多重循环

一个循环内部又存在另一个循环的现象称为多重循环。它是通过循环语句的嵌套来实现的，根据其循环嵌套的深度可分为二重循环、三重循环、四重循环等，理论上来说循环的嵌套是可以是无限的。其嵌套模型如图 4.13 所示。

在图 4.13 中，每一个方框就是一个完整的循环结构，它可以用 while、do...while、for 循环语句中的任何一个来实现。

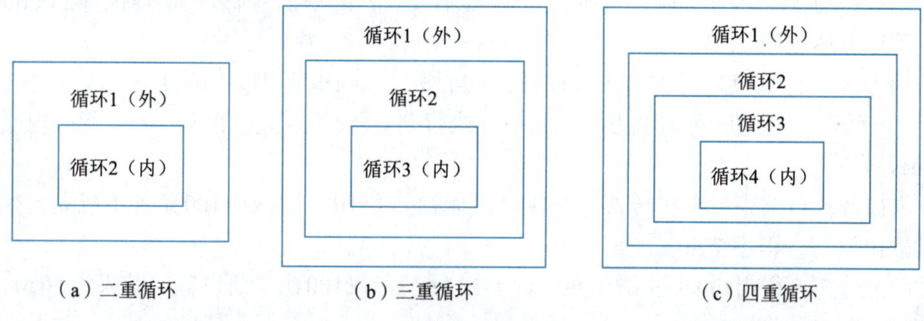

图 4.13　循环的嵌套模型

4.7.2　多重循环的执行

通过对一个二重 for 语句的嵌套程序的执行流程进行分析，从而得出多重循环的执行的一般规律。

1. 二重循环执行分析

设有图 4.14（b）所示程序，其对应的流程图如 4.14（a）所示。为了方便，根据控制循环的变量将图中的外循环简称为 x 循环、内循环简称为 y 循环，并分别用一个虚线方框来表示（突出嵌套特性）。

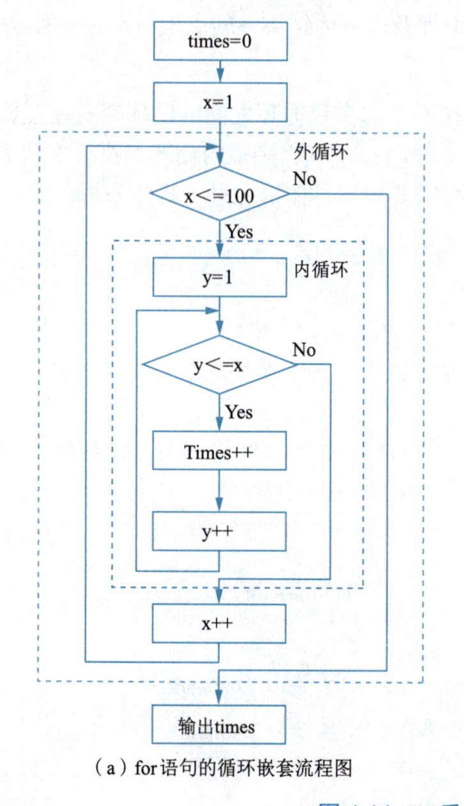

（a）for 语句的循环嵌套流程图

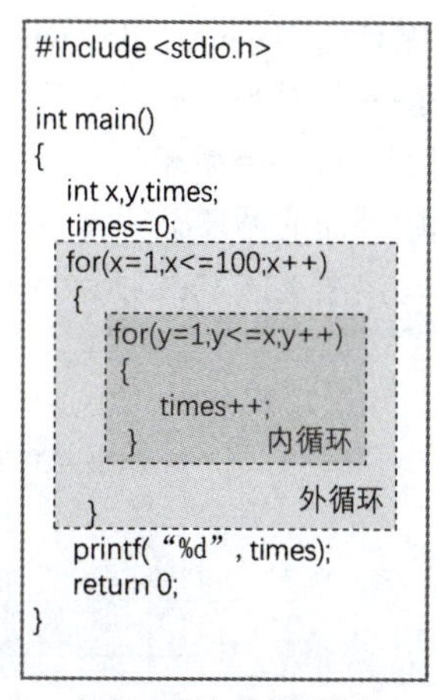

```
#include <stdio.h>

int main()
{
    int x,y,times;
    times=0;
    for(x=1;x<=100;x++)
    {
        for(y=1;y<=x;y++)
        {
            times++;
        }          内循环
    }              外循环
    printf("%d", times);
    return 0;
}
```

（b）for 语句的循环嵌套

图 4.14　二重 for 循环

借助程序流程图4.14（a）来进行分析程序的运行过程：

（1）程序首先执行外循环（x循环），x=1，因x<=100条件成立，接下来执行内循环（y循环），这里y循环将从1开始一直执行到y<=x不成立，因x=1，所以内循环执行1次times++。

（2）内循环执行结束后再次转入外循环，x自增1，x=2，因x<=100条件成立，接下来执行内循环（y循环），这里y循环将从1开始一直执行到y<=x不成立，因x=2，所以内循环执行2次times++。

（3）重复上述过程。

（4）内循环执行结束后再次转入外循环，x自增1，x=100，因x<=100条件成立，接下来执行内循环（y循环），这里y循环将从1开始一直执行到y<=x不成立，因x=100，所以内循环执行100次times++。

（5）内循环执行结束后再次转入外循环，x自增1，x=101，因x<=100条件不成立，执行外循环后面的输出语句，程序结束。

通过以上分析，得出times++语句共执行了1+2+…+99+100次，所以输出结果为5050。

2. 多重循环执行的规律

（1）由外到内依次执行，外层循环变量可能会影响内层循环的执行次数。

（2）在进入内循环后，首次执行结束的是嵌入得最深的内循环。

（3）只有在最深处的内循环执行结束后，程序才转入到其上一层循环（次深内循环）。

① 如果次深内循环的执行条件继续成立，则继续执行最深处内循环；

② 如果次深内循环的执行条件不成立，则转入次深内循环的上一层继续执行。

（4）只有在次深处的内循环执行结束后，程序才转入到其上一层循环；在进入上一层循环后，再按照上面（1）～（3）的执行顺序依次执行其下各层循环。

（5）直到最外层循环达到循环条件不满足时为止，整个循环结构执行完成。

简言之：由外及内→内结束→转上层→再由外及内→内结束→转上层→……→外结束。

3. 多重循环的执行次数

层数越多，最内层循环的执行次数越多。在不考虑多重循环之间的循环变量相互影响的情况下，假设从外到内每层循环的执行次数依次为n_1，n_2，…，n_k，则最内循环的执行次数为$n_1 n_2 \cdots n_k$。当然如果内循环的次数与外循环的次数有关，则需要根据具体情况进行具体分析。

4.7.3 嵌套的特点及使用建议

（1）三种循环语句while、do...while、for可以互相嵌套，自由组合。

（2）区分嵌套与并列：嵌套是指一个循环完全嵌入另一个循环之中，而并列是指前面是一个循环，后面接着再跟一个循环。

（3）嵌套中外面的循环必须完整地包含内部的循环，相互之间绝对不允许有交叉现象。

如有人想写出图4.15（a）所示的具有交叉结构的程序框架：

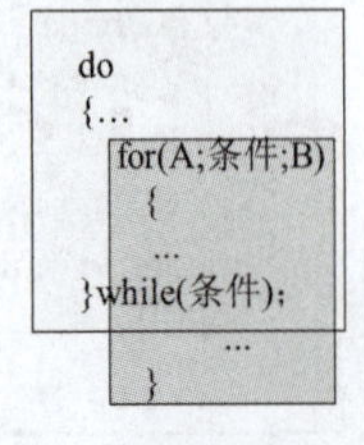

（a）想象的交叉循环

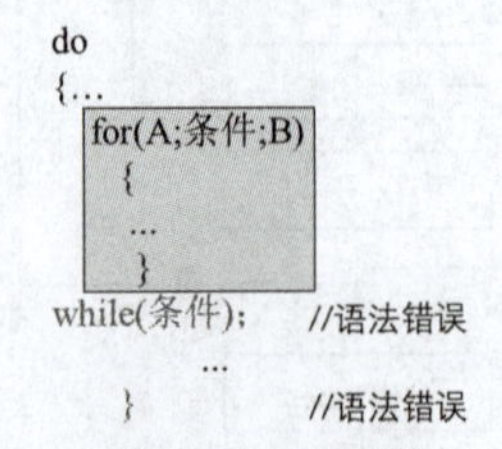

（b）编译器识别循环

图4.15 计算机对程序结构的自动识别

而实际上这个4.15（a）程序代码在C语言编译器中会自动识别成图4.15（b）所示的结构，在识别出一个for循环后发现没有与前面的do语句的“{”相对应的“}”而出现语法错误。

（4）在多重循环中，为了保证循环的可读性，建议内外各层循环的控制变量相对独立，尽量不要在内循环中随意改变外循环控制变量的值，否则容易造成对程序理解的混乱。

（5）在多重循环中依然可以使用break;语句，但是它的作用只是提前终止本轮循环，进入到其上一层循环继续执行；如果想在内层中直接跳出整个循环，则可以在其上层循环中均加上if(条件)break;语句也是可以实现的，但要掌握好条件的使用。

（6）循环嵌套的书写，应该采用右缩进格式书写，以体现循环层次的嵌套关系。

（7）太多重的嵌套结构会使程序难以读懂，也会增加程序的运行时间，通常情况下要尽量避免超过三重的循环结构。

4.8　重复运算应用示例

4.8.1　计数问题

计数类问题是一类通用问题，通常是指在一堆数据中求出符合给定条件的数有多少个。

这类问题的核心语句是：

```
if(条件)   n++;//n为所求个数的变量,初值为0
```

上面这个语句可以嵌入多重循环之中，以实现对特定数据的计数功能。

例4.17　求1～10 000之间的所有完数的个数。完数是指一个数恰好等于它的除自身外的因子之和。(ex4_17.cpp)

问题分析：

（1）先考虑一个数n，求出其所有小于n因子之和sum：

```
for(sum=0,i=1;i<n;i++)
    if(n%i==0) sum=sum+i;
```

（2）再判断是否符合完数的定义，以求其个数count：

```
if(sum==n) count++;
```

（3）对上面两个操作重复执行，让n从1～10 000变化。

程序代码：

```
#include <stdio.h>
int main()
{
    int n, i, sum, count;
    count = 0;      //计数器变量清0
    for (n = 1; n <= 10000; n++)
    {
        for (sum = 0, i = 1; i < n; i++)
        {
            if (n % i==0)
                sum = sum + i;
```

```
        }
        if (sum == n)
        {
            printf("%8d", n);
            count++;
        }
    }
    printf("\n1-10000中完数的个数=%d", count);
    return 0;
}
```

程序运行结果如图4.16所示。

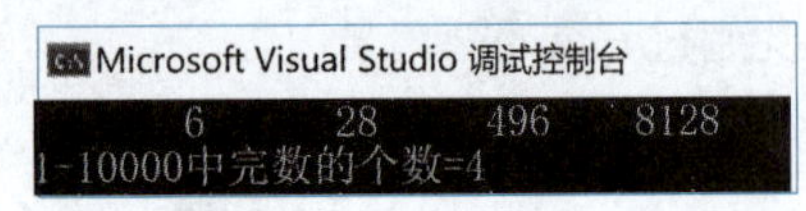

图 4.16 例 4.17 程序运行结果

例 4.18 水仙花数是指一个 n 位数（$n \geqslant 3$），它的每个位上的数字的 n 次幂之和等于该数本身。例如，153 是一个水仙花数，因为 $1^3+5^3+3^3=153$。编程计算三位数的水仙花数及其个数。(ex4_18.cpp)

问题分析： 对于一个三位数而言，如果它满足条件：各个位上的数字的立方和等于该三位数本身，那么这个数就被称为水仙花数。

（1）设三位数为n，用abc来表示；

（2）a=n/100; b=(n/10)%10; c=n%c; //解决了三位数的百位、十位和个位的数值的运算；

（3）利用if(n==a*a*a+b*b*b+c*c*c) count++;即可进行水仙花数个数的统计。

（4）再让n从100～999之间循环重复执行（1）～（3）即可解决三位数水仙花数的统计问题。

程序代码：

```
# include <stdio.h>
int main()
{
    printf("输出水仙花数:\n");
    int n, a, b, c,count;
    count = 0;
    for (n = 100; n <= 999; n++)      //整数的取值范围
    {
        a = n / 100;//百位数
        b = (n / 10) % 10;            //十位数
        c = n % 10;                   //个位数
        if (n == a * a * a + b * b * b + c * c * c)  //各位上的立方和是否与n相等
        {
            printf("%d\t", n);
            count++;
        }
    }
    printf("\n100-999中水仙花数的个数为%d\n", count);
    return 0;
}
```

程序运行结果如图4.17所示。

Microsoft Visual Studio 调试控制台
输出水仙花数:
153 370 371 407
100-999中水仙花数的个数为4

图 4.17 例 4.18 程序运行结果

例 4.19 编程计算5位以内的整数中所有的回文数及其个数。回文数是指正反读其数值相等的数。(ex4_19.cpp)

问题分析： 本例与例4.18类似之处在于均需要求出一个数的各

位数值，可以设n=abcde，按上面的方法依次求出a、b、c、d、e即可；但是这样用循环来求解一个数的各位数值，设数为n，先保存到m中，对m重复执行：

当m>0时重复执行a=m%10;m=m/10；就可以得到m的各位数值，同时构成新数newn=newn*10+a。

程序代码：

```
# include <stdio.h>
int main()
{
    int n, m,a, newn,count;
    count = 0;
    for (n = 1; n <= 99999; n++)      //整数的取值范围
    {
        m = n;
        newn = 0;
        while (m > 0)
        {
            a = m % 10;                 //取最低位
            m = m / 10;
            newn = newn*10+a;           //构建新的数
        }
        if (n == newn)                  //判断新数是否与原数n相等
        {
            printf("%d\t", n);
            count++;
        }
    }
    printf("\n1-99999内回文数的个数为%d\n", count);
    return 0;
}
```

程序运行结果如图4.18所示。

Microsoft Visual Studio 调试控制台

1-99999内回文数的个数为1098

图4.18　例4.19程序运行结果

例4.20　求1～10 000间的全部素数的个数。(ex4_20.cpp)

问题分析：在上一章中，已经编程判定一个数是否为素数，这次只需要让数n循环变化起来即可。

对于1～1 000多个整数，检测它们是否为素数的问题，可以分解成两个层次：第一层次是反复检测特定的数m是否为素数，若是素数则输出；第二层次是检测m是否能被$2\sim\sqrt{m}$整除。

程序代码：

```
#include <stdio.h>
#include <math.h>
int main()
{   int n, i,count ,flag;
    printf("%8d", 2);
    count = 1;                          //原因是2是一个唯一是偶数的素数
    for (n = 3; n <= 10000; n = n + 2)
    {   for (flag=1,i = 2; i <= sqrt(n); i++)
        {if (n % i == 0)
            {   flag = 0;
```

```
                break;
            }
        }
        if (flag==1)
        {   count++;
            printf("%8d", n);
            if (count % 10 == 0)printf("\n");    //每行输出10个数
        }
    }
    printf("\ncount=%d\n",count);
}
```

程序运行结果如图4.19所示。

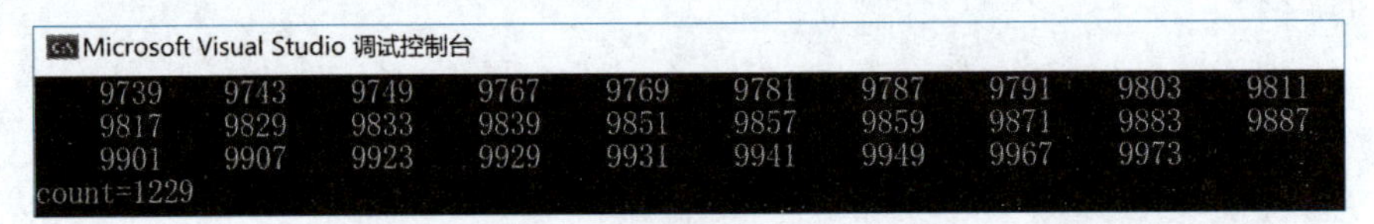
Microsoft Visual Studio 调试控制台

```
    9739    9743    9749    9767    9769    9781    9787    9791    9803    9811
    9817    9829    9833    9839    9851    9857    9859    9871    9883    9887
    9901    9907    9923    9929    9931    9941    9949    9967    9973
count=1229
```

图4.19　例4.20程序运行结果

4.8.2 求和问题

例4.21　用式 $\frac{\pi}{4}=1-\frac{1}{3}+\frac{1}{5}-\frac{1}{7}+\cdots$ 求 π，要求结果精确到小数点后6位。（ex4_21.cpp）

问题分析：

（1）解决此问题的关键是求解各通项累加后的结果。由于公式使用的是+、-交替的运算，这里可以使用一个符号位变量sign且通过执行sign=-sign，pi=pi+sign*4/n的运算解决。

（2）循环终止条件：根据题意此问题中循环结束的条件为通项公式待运算项的绝对值小于10^{-6}。

（3）由于循环次数未知，可以考虑使用do...while循环。

程序代码：

```
#include <stdio.h>
#include <math.h>
int main()
{
    int n, sign;                          //n通项的分母,sign 通项公式的正负符号
    double item, pi;                      //item 不带符号的通项值， pi 最终的计算结果
    n = 1;                                //循环初始化
    sign = 1;                             //符号位sign的初值为1（正数）
    pi = 0.0;
    do
    {
        item = sign * (4.0 / n);
        pi = pi + item;
        sign = -sign;
        n += 2;
    } while (fabs(item) > 1e-6);          //循环控制标记检测
    printf("pi=%10.6f\n", pi);
}
```

程序运行结果为pi= 3.141593。

例 4.22　求 s_n=a+aa+aaa+aaaa+aa...a 的值。其中，a 是 1 位数字；n 为相加的项数（a 与 n 由键盘输入，其取值范围均为 1～9）。例如，3+33+333+3333+33333+333333（此时 a=3,n=6）。（ex4_22.cpp）

问题分析：

（1）关键是计算出每一项的值。设前一个数为 tn，则其下一个数的生成规律为：

```
tn=tn*10+a;   //循环上述操作直到产生n位的a数值
```

（2）把上面产生的每 1 项的值累加：sn=sn+tn;。

程序代码：

```
#include <stdio.h>
int main()
{
    int a, n, count = 1;
    long int sn = 0, tn = 0;
    do
    {   printf("please input a(1-9) and n(1-9):");
        scanf("%d %d", &a, &n);
    } while (a <= 0 || a >= 10 || n <= 0 || n >= 10);
    printf("a=%d,n=%d\n", a, n);
    while (count <= n)
    {
        tn = tn *1 0 + a;      //依次求出a、aa、aaa、...
        printf("%d+", tn);
        sn = sn + tn;          //累加tn
        ++count;
    }
    printf("\b=%ld\n", sn);   //\b是退格，用于删除最后输出的+号
    return 0;
}
```

程序运行结果如图 4.20 所示。

```
Microsoft Visual Studio 调试控制台
please input a(1-9) and n(1-9):3 7
a=3,n=7
3+33+333+3333+33333+333333+3333333=3703701
```

图 4.20　例 4.22 程序运行结果

例 4.23　求 1～100 000 以内满足下列条件的数：一个数等于其每位数字的阶乘之和。如 145 = 1! + 4! +5!=1+24+120。（ex4_23.cpp）

问题分析：

（1）将一个数 n 拆分出其每一位的值 abc，通过循环来实现：bit=m %10;m=m/10。

（2）求 bit 的阶乘 jc。

（3）累加 jc:sumjc=sumjc+jc。

（4）进行 n==sumjc 判断，如果成立，则输出该数。

程序代码：

```
#include <stdio.h>
int main()
{
    int n, bit, jc;              //bit为n的各位数值，jc为bit的阶乘
    int m, i, sumjc;
    for (n = 1; n < 100000; n++)
```

```
    {
        m = n;
        sumjc = 0;                          //数的阶乘之和
        while (m > 0)
        {
            bit = m % 10;                   //数位分解
            m = m / 10;
            jc = 1;
            for (i = 1; i <= bit; i++)      //求bit的阶乘
                jc = jc * i;
            sumjc = sumjc + jc;
        }
        if (n == sumjc)
            printf("%d  ", n);
    }
}
```

程序运行结果为1 2 145 40585。

4.8.3 穷举求解

穷举法是对所有可能的解一一进行判断的一种方法，如果找到了符合条件的解，则进行相应的操作，否则继续搜索下一可能解。

运用穷举法的问题必须满足其可能解空间是有限的，否则不能使用此方法。

穷举法充分利用了计算机快速运行的优点，可以在所有可能解的情况下找到合适的解。尽管此方法可能不一定是最优的方法，但通常是一种可行的、也是比较可靠的一种解决方案。

程序代码

ex4_24-1

例4.24 输入两个正整数m和n，求其最大公约数和最小公倍数。

方法一：利用穷举法（ex4_24_1.cpp）。

问题分析：设两个正整数m和n，则其最大公约数一定不会超过这两个数中的最小数（设为min)，那么让循环i从min到1依次来除m和n，如果m%i==0&&n%i==0成立，则i就是其最大公约数，且立即终止循环。问题就得到了解决。

方法二：辗转相除法（ex4_24_2.cpp）。

程序代码

ex4_24-2

辗转相除法求素因数的具体步骤如下：

（1）先用小的数除大的数，得第一个余数；

（2）再用第一个余数除小的数，得第二个余数；

（3）又用第二个余数除第一个余数，得第三个余数；

（4）这样逐次用后一个余数去除第一个余数，直到余数是0为止，那么最后一个除数就是所求的最大公约数。

程序代码

ex4_25

例4.25 两个乒乓球队进行比赛，各出三人。甲队为a、b、c三人，乙队为x、y、z三人。已抽签决定比赛名单。有人向队员打听比赛的名单，a说他不和x比，c说他不和x、z比，请编程序找出三队赛手的名单。（ex4_25.cpp）

问题分析：a可能对阵x、y、z中的任何一人，b可能对阵x、y、z中的任何一人，c可能对阵x、y、z中的任何一人，因此可以用三重循环来实现。由于是一对一比赛，那么a、b、c不能对阵同一人，即a!=b 、a!=c、b!=c，因此在循环过程中及时将此条件用于循环之中，以减少循环执行次数，问题的核心是“a说他不和x比，c说他不和x、z比”，转换为条件即为：a != 'x' && c != 'x' && c != 'z'，如满足上述条件则输出对阵情况。

程序运行结果为Order is a--z　b--x　c--y。

程序代码

ex4_26

例4.26　编写程序求解下式中各字母所代表的数字，不同的字母代表不同的数字。（ex4_26.cpp）

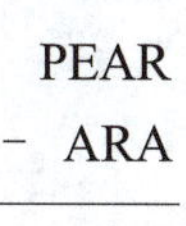

```
 PEAR
- ARA
------
  PEA
```

问题分析：此类问题最常见的算法方法就是穷举法。程序中采用循环穷举每个字母所可能代表的数字，然后将字母代表的数字转换为相应的整数，代入算式后验证算式是否成立即可解决问题。

程序运行结果如图4.21所示。

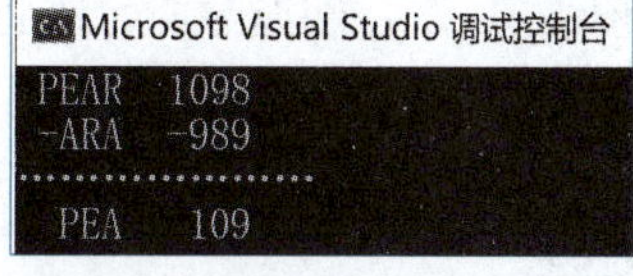

```
Microsoft Visual Studio 调试控制台
PEAR   1098
-ARA   -989
..................
 PEA    109
```

图4.21　例4.26程序运行结果

例4.27　谁在说谎：张三说李四在说谎，李四说王五在说谎，王五说张三和李四都在说谎。现在问：这三人中到底谁说的是真话，谁说的是假话？（ex4_27.cpp）

程序代码

ex4_27

问题分析：根据题目，每个人都有可能说的是真话，也有可能说的是假话，这样就需要对每个人所说的话进行分别判断。

假设张三、李四、王五三个人所说的话用变量a、b、c表示，其值等于1表示该人说的是真话，其值等于0表示这个人说的是假话。

由于每个人均所说的话或者全部是真的或者全部是假的，那么由题目可以得到：

（1）张三说李四在说谎：假设张三说的是真话，则有a==1&&b==0，其等价式子为a&&!b；或假设张三说的是假话，则有a==0&&b==1，其等价式子为!a&&b；整个表达式为a&&!b||!a&&b。

（2）李四说王五在说谎：李四说的是真话，则有b==1&&c==0，其等价式子为b&&!c；或李四说的是假话，则有b==0&&c==1，其等价式子为!b&&c；整个表达式为b&&!c||!b&&c。

（3）王五说张三和李四都在说谎：王五说的是真话，则有c==1&&a+b==0；或王五说的是假话，则有c==0&&a+b!=0；整个表达式为c&&a+b==0||!c&&a+b!=0。

上述三个条件之间是“与”的关系。

将表达式进行整理就可得到C语言的表达式：

(a&&!b||!a&&b)&&(b&&!c||!b&&c)&&(c&&a+b==0||!c&&a+b!=0)

穷举每个人说真话或说假话的各种可能情况，代入上述表达式中进行推理运算，使上述表达式均为“真”的情况就是正确的结果。

程序运行结果如图4.22所示。

```
Microsoft Visual Studio 调试控制台
Zhangsan said is Lie.
Lisi said is Truch.
Wangwu said is Lie.
```

图4.22　例4.27程序运行结果

4.8.4　图形输出

例4.28　输出如下形状的n（n=4）行三角形，其中n从键盘输入（3<n<21）。（ex4_28.cpp）

```
   *
  ***
 *****
*******
```

问题分析：当使用printf()向屏幕输出字符时，它总是只能从左到右、从上到下依次输出。因

程序代码

ex4_28

此本例可以划分为输出n行，其中第i（i=1，…，n）行输出内容为：先输出30-i个空格，再输出2*i-1个“*”，然后换行输出。

程序代码

ex4_29

例4.29　输出如下形状的*n*行三角形，其中*n*从键盘输入（3<*n*<27）。（ex4_29.cpp）

A
ABA
ABCBA
ABCDCBA
ABCDEDCBA

问题分析：本题与上题的输出形式形状一致，不同的是输出内容上的变化，因此很容易编写出相应的程序。

程序运行结果如图4.23所示。

图4.23　例4.29程序运行结果

程序代码

ex4_30

例4.30　以上三角形方式输出乘法九九表。（ex4_30.cpp）

1*1=1

2*1=2　2*2=4

3*1=3　3*2=6　3*3=9

4*1=4　4*2=8　4*3=12　4*4=16

问题分析：本题共9行，用i表示，i的范围为1～9；从纵向看，用j表示列，j的范围为1～9，每列输出的内容为i*j=结果值，输出完一列后换行即可。

程序运行结果如图4.24所示。

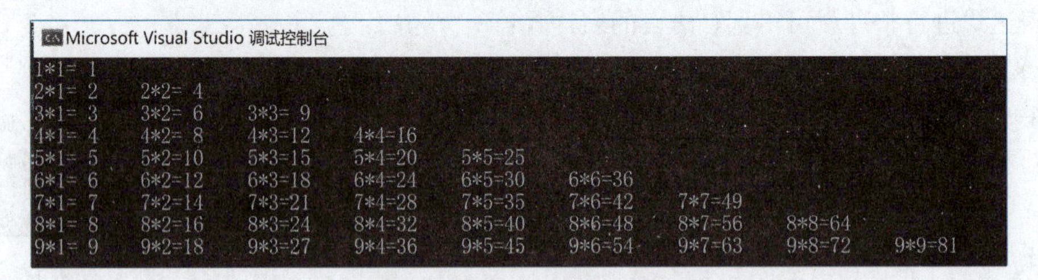

图4.24　例4.30程序运行结果

程序代码

ex4_31

例4.31　以GB/T 2312—1980标准按区位码顺序输出符号及常用汉字。（ex4_31.cpp）

问题分析：1980年，我国颁布国家标准GB/T 2312—1980《信息交换用汉字编码字符集 基本集》，这个字符集是我国中文信息处理技术的发展基础，也是国内所有汉字系统的统一标准。将一些常用符号及汉字，按区与位的方式编入码表，这套编码便是区位码。

区位码是一个四位的十进制数，高两位为区码（01～94），低两位为位码（01～94），由此组成一个94×94的矩阵，每个码值对应一个唯一的符号或汉字，区位码的汉字分布与存储信息见表4.1。

表4.1　区位码的汉字分布与存储信息

区　　号	字符或汉字数量	存储内容说明
01～09	682	特殊符号
10～15	0	用户自定义符号区（未编码）
16～55	3 755	一级汉字（常用），按拼音排序
56～87	3 008	二级汉学（次常用），按部首/笔画排序
88～94	0	用户自定义汉字区（未编码）

在GB/T 2312—1980编码中汉字区码的十进制是16～87，位码是1～94，它可以存储72×94=6 768个汉字，而实际上在第55区，位码为90～94之间共五个编码没有汉字编码，所以GB/T 2312—1980编码中只有6 768-5=6 763（个）汉字。

区位码是汉字以及中文符号的中国标准，它在计算机中的存储称为“机内码”，简称“内码”，每个汉字及符号以2字节来表示。“高位字节”使用了0xA1～0xF7（把01～87区的区号加上0xA0），“低位字节”使用了0xA1～0xFE（把01～94加上0xA0）。例如“啊”字以0xB0A1存储（与区位码对比：0xB0=0xA0+16，0xA1=0xA0+1）。这种编码方式有利于与ASCII相兼容，并且存在明显的区别，ASCII用1字节来表示，它的最高位为0；汉字用2字节表示，每个字节它的最高位为1，这是中英文混合编排时处理中英文的符号或汉字的重要依据。

根据汉字“机内码”特性，可方便使用二重循环实现对各分区内汉字的访问。关于汉字的输出，由于汉字占2字节，所以在printf()函数中可以用%c%c格式控制符来输出一个汉字，其中第一个%c对应“机内码”的高位，第二个%c对应“机内码”的低位。为方便查询每个汉字的区位码，以每行输出10个汉字，同时标明行号，这样就可以快速查询到每个汉字的区位码。

程序运行结果如图4.25所示。

```
Microsoft Visual Studio 调试控制台
第 16 区：
         0  1  2  3  4  5  6  7  8  9
  第0行：   啊 阿 埃 挨 哎 唉 哀 皑 癌
  第1行： 蔼 矮 艾 碍 爱 隘 鞍 氨 安 俺
  第2行： 按 暗 岸 胺 案 肮 昂 盎 凹 敖
  第3行： 熬 翱 袄 傲 奥 懊 澳 芭 捌 扒
  第4行： 叭 吧 笆 八 疤 巴 拔 跋 靶 把
  第5行： 耙 坝 霸 罢 爸 白 柏 百 摆 佰
  第6行： 败 拜 稗 斑 班 搬 扳 般 颁 板
  第7行： 版 扮 拌 伴 瓣 半 办 绊 邦 帮
  第8行： 梆 榜 膀 绑 棒 磅 蚌 镑 傍 谤
  第9行： 苞 胞 包 褒 剥
```

图4.25　例4.31程序运行结果

ex4_32

例4.32　输出$y=x^2$的抛物线图像，要求带坐标线。（ex4_32.cpp）

问题分析：由于printf()函数的输出只能按照由左到右、由上到下依次输出，因此将本图输出的开口朝向右边的曲线，并输出其坐标轴。设垂直方向为x轴，按x从-6到6每隔0.5输出1个坐标点，此时计算出y=x*x，考虑到题目要求要画出坐标轴的形状，因此对于一行输出的内容为“|”、空格（个数由y值决定）、“*”，换行。

程序运行结果如图4.26所示。

程序代码

ex4_33

例4.33　输出$y=\sin x$函数在0～360°内的函数曲线（以x轴位于屏幕垂直方向输出，输出图形如图4.27所示。（ex4_33.cpp）

问题分析：$y=\sin x$，每一个x的值可以得到一个y的值。为了输出图形简单且不失曲线特征，将x从0～360以步长15为变化周期，依次计算y的值，由于$\sin x$的值位于[−1,1]之间，为此将其放大15倍，即$y=15\sin x$，用于输出其对应坐标的“*”，考虑到$\sin x$曲线的特征，将其水平线设立在屏幕行中的30个字符的位置，这样根据y的值（考虑正负）就可以决定在屏幕的什么位置输出“*”，即在“*”前应该输出多少个空格。

程序运行结果如图4.27所示。

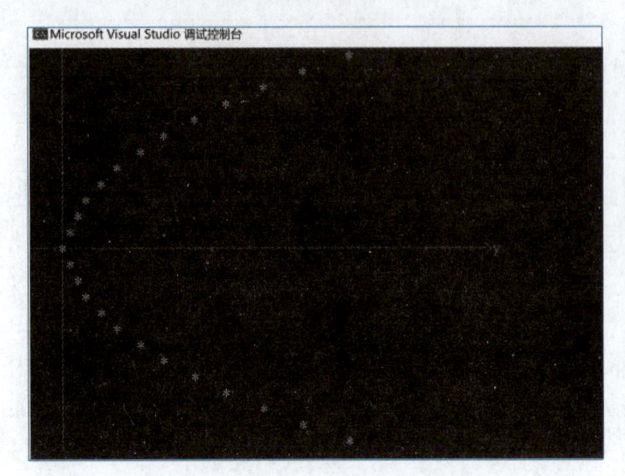

图4.26　例4.32程序运行结果

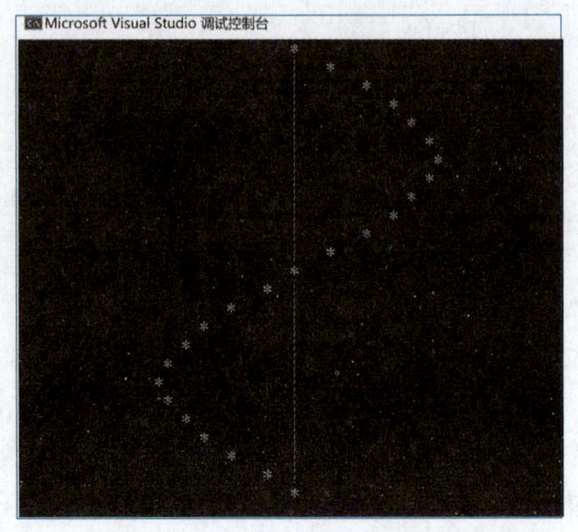

图4.27　例4.33程序运行结果

小　结

循环结构是计算机程序控制的一种十分重要的结构，至此已经非常详细地介绍了顺序结构、分支结构和循环结构。理论上说，由于程序三种结构的可嵌套特点，程序员可以利用这三种结构编写出任意复杂的算法程序。C语言提供了while、do...while、for三种循环语句，三者语句形式不同，相互之间有一定的区别，又可以互相替代。在程序设计时可以根据具体问题与使用习惯去选择具体的语句，在实际应用中for语句使用最为广泛、也最灵活，其次是while语句。为加快循环的执行可利用break和continue语句来改变循环的控制流程，尤其是break语句的使用可以在循环过程中达到一定的条件要求便提前退出循环，因此它的使用对于提高程序的执行效率具有十分重要的意义。

在程序设计中使用循环结构，关键在于设计出可以重复处理的循环体和用于结束循环的控制条件。合理运用循环结构进行程序设计能让计算机充分发挥其处理速度快而且不出错的特点，从而解决大量需要重复计算处理的问题。

本章给出了四类典型的应用解决方案，分别是计数问题、求和累加问题、利用穷举法进行求解和二维平面图形输出等问题，每个问题均有详细的分析过程，分析思路清晰，对于快速掌握程序设计的方法具有较好的借鉴作用。

习　题

1. 比较while语句、do...while语句和for语句的异同。
2. break语句可以用于________类语句和________语句中。
3. 准备客票：某铁路线上共10个车站，问需要准备几种车票？填空补充下列程序。

```
#include "stdio.h"
int main()
```

```
{ int i,j,station,total=0;
    printf("输入车站数:");
    scanf("%d",&station);
    for (i=1;i<____(1)____;i++)
    for (j=____(2)____;j<=station;j++)
        total=____(3)____;
    printf("车票种类=%d \n",total);
}
```

4. 编写程序，求$s=1+(1+2)+\cdots+(1+2+3+\cdots+n)$的值，其中$n$由键盘输入。

5. 编写程序，输入一行字符（以“$”结束），统计其中的数字字符、空格字符、英文字符出现的次数。

6. 编写程序，求1 000以内的奇数之和及偶数之和。

7. 编写程序，求任意两个整数之间的所有能同时被3、4、5整除的数的个数。

8. 编写程序，求$1!+2!+\cdots+n!$小于100 000的项数n。

9. 某门课程有n个同学参加考试，编写程序计算这门课程的最高分、最低分及平均分。

10. 编写程序，求分数序列$s=-\frac{1}{2}+\frac{3}{2}-\frac{3}{5}+\frac{8}{5}-\frac{8}{13}+\frac{21}{13}-\ldots$的第100项的分子与分母的值，以及前100项之和。

11. 用泰勒展开式求$\sin x$的近似值

$$\sin x=\frac{x}{1!}-\frac{x^3}{3!}+\frac{x^5}{5!}-\cdots+(-1)^{n-1}\frac{x^{2n-1}}{(2n-1)!}$$

12. 两位数13和62具有很有趣的性质：把它们个位数字和十位数字对调，其乘积不变，即$13\times62=31\times26$。编程序求共有多少对这种性质的两位数（个位与十位相同的不在此列，如11、22，重复出现的不在此列，如13×62与62×13）。

13. 已知四位数3 025有一个特殊性质：它的前两位数字30和后两位数字25的和是55，而55的平方刚好等于该数(55×55=3 025)，试编一程序打印所有具有这种性质的四位数。

14. 分数约分：输入一个分式，输出最简形式。如48/96=1/2。

15. 编写程序，求满足下式的数字A、B、C的值。

$$\begin{array}{r} \mathrm{A\,B\,C} \\ +\,\mathrm{B\,C\,C} \\ \hline 3\;5\;6 \end{array}$$

16. 猴子吃桃问题。猴子第一天摘下若干个桃子，当即吃了一半，不过瘾，还多吃了一个。以后每天如此，至第十天，只剩下一个桃子。编写程序计算第一天猴子摘得的桃子个数。

17. 百钱百鸡问题。百元买百鸡，公鸡8元钱1只，母鸡6元钱1只，鸡仔2元钱4只。编写程序，计算百元所买的公鸡、母鸡、鸡仔数。

18. 将十元钱兑换成一元、五角、一角的硬币，共计40枚，计算有多少种兑换方法。

19. 谁是冠军。在一次短跑比赛中有A、B、C、D四人参加了比赛，已知参赛的四人当中仅有一人是冠军，在问及这四个人谁是真正的冠军时，他们要么全部说的是真话，要么全部说的是假话，请根据这四人的说法编程判断谁是冠军。

A说：“B不是冠军，D是冠军。”

B说：“我不是冠军，C是冠军。”

C说：“A不是冠军，B是冠军。”

D说：“我不是冠军。”

20. 阶梯问题。有一阶梯，若每步跨2阶，最后余1阶；若每步跨3阶，最后余2阶；若每步跨5阶，最后余4阶；若每步跨6阶，最后余5阶；若每步跨7阶，刚好到达阶梯顶部。编写程序，求最后的阶梯数。

21. 编写程序，用牛顿迭代法求$\sqrt{x}$。

22. 数根：对于一个正整数n，我们将它的各个位相加得到一个新的数字，如果这个数字是一位数，则称之为n的数根，否则重复处理直到它成为一个一位数，这个一位数也算是n的数根。例如，考虑24, 2+4=6, 6就是24的数根。考虑39, 3+9=12, 1+2=3, 3就是39的数根。请编写程序，计算n的数根。

23. 追查车号。有三人都没有记住车号，只记下车号的一些特征。甲说：牌照的前两位数字是相同的；乙说：牌照的后两位数字是相同的；丙是位数学家，他说：四位的车号正好是一个整数的平方。请根据以上线索求出车号。输出格式：The number is ****。

24. 输出如下三角形菱形。

```
   A
  ABA
 ABCBA
ABCDCBA
 ABCBA
  ABA
   A
```

25. 绘制圆：在屏幕上用“*”画一个空心的圆。

26. 绘制余弦曲线：在屏幕上用“*”显示0°～360° 的余弦函数cos x曲线。

第 5 章

数组与批量数据处理

本章学习目标

◎ 理解数组在计算机中的重要作用。
◎ 熟练掌握一维数组的定义和引用、初始化的方法。
◎ 掌握运用一维数组进行批量数据的处理方法。
◎ 灵活掌握批量数据的增加、删除、修改、查找、排序方法等。
◎ 了解二维数组的定义和引用、初始化的方法。
◎ 掌握运用二维数组进行数据处理的方法。

5.1 数组和数组元素

5.1.1 数组的引入

先看下面的程序，输入5个学生的考试成绩，计算并输出5个学生的平均成绩。

例5.1 从键盘输入5个学生的成绩，求这5个学生的平均成绩。（ex5_1.cpp）

```
#include <stdio.h>
int main()
{
    float a0, a1, a2, a3, a4, aver;
    scanf("%f%f%f%f%f", &a0, &a1, &a2, &a3, &a4);
    aver = (a0 + a1 + a2 + a3 + a4) / 5;
    printf("平均成绩是:%4.1f\n", aver);
}
```

例5.1的程序其实非常简单，那么如果有100个学生，当然也可以想到直接定义100个变量来解决，但这肯定不现实，因为100个变量的定义本身就比较麻烦，一般是没有人去这样编程的。但是可以用循环来实现，而且可以输入任意多个学生的成绩，求其平均成绩。

例5.2 从键盘输入n（n代表学生的个数），然后依次输入每个学生的成绩，求这n个学生的平均成绩。（ex5_2.cpp）

```
#include <stdio.h>
int main()
```

```
{
    int i,n;
    double score, sum, average;
    do
    {
        printf("Please input students number n=");
        scanf("%d", &n);
    } while (n <= 0);        //只有输入1个及以上的学生数才有意义，否则重新输入
    sum = 0.0;
    for (i = 1; i <= n; i++)
    {
        printf("The %d student score:",i);
        scanf("%lf", &score);
        sum = sum + score;
    }
    average = sum / n;
    printf("%d students averavg score=%lf", n, average);
}
```

程序运行结果如图5.1所示。

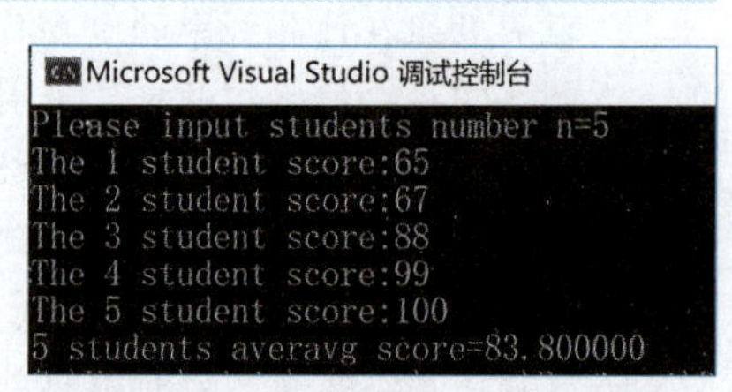
Microsoft Visual Studio 调试控制台
Please input students number n=5
The 1 student score:65
The 2 student score:67
The 3 student score:88
The 4 student score:99
The 5 student score:100
5 students averavg score=83.800000

图5.1 例5.2程序运行结果

程序分析：例5.2的程序也不复杂，它确实解决了*n*个学生的成绩的输入与平均成绩的计算问题，但程序存在一个十分明显的缺点：就是人们在数据输入的过程中，很难保证输入数据的正确性，尤其是当数据量很大的时候，一旦输入到中途发现有某个学生的成绩输入出错，则必然面临着前功尽弃，需要重新输入的问题。

通过前面两个问题的分析，发现了一个共同的问题，就是对批量数据的存储问题，而这些数据在后续的应用中可能要被再次利用。为此，C语言通过对此构造出数组类型很好地解决了这一问题。

5.1.2 数组的概念

数组（array）是有序的元素序列。若将有限个类型相同的变量的集合命名，那么这个名称为数组名。组成数组的各个变量称为数组的分量，也称数组的元素，在C语言中又称下标变量。用于区分数组的各个元素的数字编号称为下标。

在程序设计中，为了处理方便，把具有相同类型的若干元素按有序的形式组织起来，这些有序排列的同类数据元素的集合就称为数组。数组是用于存储多个相同类型数据的集合。

C语言数组的特点如下：

（1）数组是相同数据类型的元素的集合。

（2）数组中的各元素的存储是有先后顺序的，它们在内存中按照这个先后顺序连续存放在一起。

（3）C89标准中不允许出现可变长数组。

（4）数组有上界和下界。C语言数组的下标规定从0开始到其定义的最大值-1，超过此范围的下标是无意义的。

（5）数组元素用整个数组的名字和它自己在数组中的顺序位置来表示。例如，a[0]表示名字为a的数组中的第一个元素，a[1]代表数组a的第二个元素，依此类推。

（6）支持多维数组的定义。

由于有了数组，可以用相同名字引用一系列变量，并用下标来识别它们。在许多场合，使用数组可以缩短和简化程序，因为可以利用索引值设计一个循环，高效处理多种情况。

在C语言中，数组属于构造数据类型。一个数组由多个数组元素组成，这些数组元素可以是基本数据类型或是构造类型。因此，按数组元素的类型不同，数组又可分为数值数组、字符数组、指针数组、结构数组等各种类别。本章介绍数值数组，其余的在以后各章陆续介绍。

5.2　一维数组

在程序设计语言中，一维数组是一个同类型有序数据的集合。数组中的每个元素都有相同的类型。用一个统一的数组名和集合中的位置（称为下标）唯一确定一个数组中的元素。

5.2.1　一维数组的定义和引用

1. 一维数组的定义

数组属于构造数据类型，在使用前必须先定义。定义一个一维数组要说明三个问题：第一，数组必须有一个名字；第二，数组包含多少个元素（只能为正整数常量）；第三，每个元素的数据类型是什么。C语言中定义一维数组的一般形式为：

```
类型说明符 数组名 [常量表达式];
```

其中，类型说明符用来指明数组元素的类型，它可以是整型、浮点型、字符型，也可以是后面章节要介绍的指针类型、结构体等构造类型；数组名用来标识这组变量的公共名称，应符合标识符的命名规则；方括号[]为数组的标志，方括号中的常量表达式表示数据元素的个数，也称数组的长度。

例如：

```
int a[10];              //说明整型数组a，有10个元素
float b[20];            //说明实型数组b，有20个元素
char c[30];             //说明字符数组c，有30个元素
```

对于数组类型说明应注意以下几点：

（1）数组的类型实际上是指数组元素的取值类型。对于同一个数组，其所有元素的数据类型都是相同的。

（2）数组名的书写规则应符合标识符的书写规定。

（3）数组名不能与其他变量名相同。

（4）允许在同一个类型说明中说明多个数组和多个变量。例如，int a,b,c[10],d[20];。

（5）常量表达式即为数组的大小，或长度，其值必须是大于0的正整数。

2. 一维数组的引用

数组中的每一个元素称为数组元素，通常也称下标变量。C语言通过下标来区分同一个数组中不同元素，并规定下标从0开始到数组长度-1。

引用数组元素的一般形式为：

```
数组名[下标]
```

其中，下标是数组元素在数组中的顺序号，可以是整型常量、整型变量或整型表达式，也可以是字符表达式或枚举类型表达式。

如有定义：

```
int a[5];
```

则有以下几点需要特别强调：

（1）下标：数组a的下标的合法值为0～4，所以a[0]、a['d'-'a']、a[2+1]、a[2*2]、a[i]（i为整型，且其取值在0～4内）都是合法的数组元素引用。但a[5]不是数组a的元素。

（2）在C语言中只能逐个地使用数组元素a[i]，而不能一次引用整个数组。

（3）C语言规定：数组名是数组首地址，它有一个值，这个值不是确定的，但它随着程序的运行操作系统会给程序分配一定的存储空间，数组就有一个确定的地址，并且它可以被输出，其运行结果因机器而异。

例5.3　数组元素的输入与输出。（ex5_3.cpp）

```
#include <stdio.h>
int main()
{
    int i,a[5];                   //pos表示最大数的位置
    printf("输入5个整数（以空格分隔）：");
    for(i=0;i<5;i++)              //逐个输入数据元素的值
        scanf("%d", &a[i]);      //可用scanf("%d", a+i);替代
    for (i = 0; i < 5; i++)     //逐个输出数据元素的值
        printf("%d   ", a[i]);
    printf("\n数组所占存储空间的大小=%d，其首地址为%ld\n", sizeof(a),a);
}
```

程序运行结果如图5.2所示。

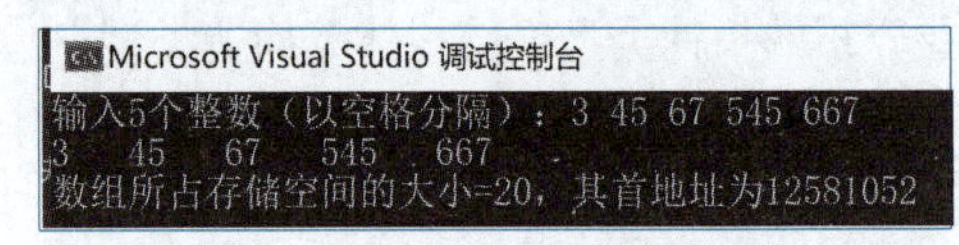

图5.2　例5.3程序运行结果

程序分析：

（1）语句scanf("%d", &a[i]);体现了a[i]是一个变量，&a[i]表示变量a[i]的地址。

（2）语句的替代：因为数组名即为数组的首地址，也是a[0]元素的地址，因此输入a[0]完全可以用a来代替，同样，a+i是元素a[i]的地址，因此&a[i]完全可以用a+i进行替代。

（3）由于数组名是数组的首地址，所以最后输出语句中输出了一个值为12581052，即地址值是真实存在的，但在不同的机器上运行时得到的结果肯定是不同的。sizeof（a）计算的结果为20，因为每个数组元素占用4字节，5个元素的存储空间为5×4=20（字节）。

3. 一维数组在内存中的存放

定义数组就是定义一组变量，它占用了一块连续的空间，空间的大小等于元素个数乘以每个元素所占的空间大小，数组元素按下标由小到大顺序存放在这块连续的空间中。

例如，在VS 2019中定义int a[5];，则数组占了20字节，因为每个整型数占4字节。以例5.3的程序为例，其存储空间分配与地址的表示如图5.3所示。

说明： 图5.3中a+1并不是在12581052数值的基础上加1，而是指在12581052数值+1个int数据的存储空间大小（即加4），所以得到最左边这一列的具体地址值，此值大小仅供分析使用，以更好地说明数组元素的存储方式，突出其连续存放的特性。

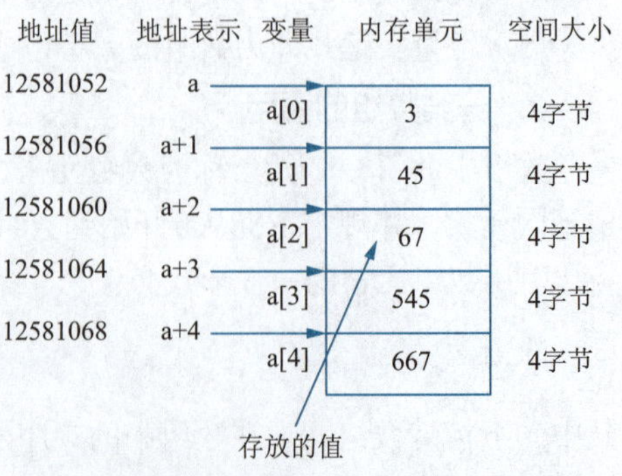

图5.3　数组存储空间分配与地址的表示

5.2.2 一维数组的初始化

除了使用赋值语句对数组元素逐个赋值外，还可采用数组初始化的方法给数组元素赋值。

C语言允许在定义数组的同时，对数组元素赋初值，这个过程称为数组初始化。数组初始化是在编译阶段进行的。

一维数组初始化的一般形式为：

```
类型说明符 数组名[常量表达式]={值,值,...,值};
```

其中，在{}中的各数据值即为各元素的初值，各值之间用逗号间隔。

数组初始化可以分为以下几种情形：

（1）对所有元素赋初值。例如：

```
int a[5]={ 5, 6, 7, 8, 9 };
```

相当于

```
a[0]=5;  a[1]=6;  a[2]=7;  a[3]=8;  a[4]=9;
```

（2）对部分元素赋初值。当赋值部分的值的个数少于元素个数时，只给前面部分元素赋初值，后面未赋值的元素自动赋0值。例如：

```
int a[5]={ 2, 3, 4};
```

表示只给a[0]～a[2]三个元素赋值，而后两个元素自动赋0值。

（3）对所有元素赋初值时，可以不指定数组长度。例如：

```
int a[ ]={ 5, 6, 7, 8, 9 };
```

相当于

```
int a[5]={ 5, 6, 7, 8, 9 };
```

（4）初始化只能给数组元素逐个赋值，不能给数组整体赋值。例如，给5个元素全部赋1值，只能写为：

```
int a[5]={ 1, 1, 1, 1, 1 };
```

而不能写为：

```
int a[5]=1;        //语法错误
```

（5）不能对数组名进行赋值。因为数组名不是变量，它代表数组的首地址，可在程序把它当成一个整型常量来使用。例如：

```
int a[5];
a=100;             //语法错误
```

 5.3　运用一维数组进行批量数据处理

将一维数组和循环结合起来，可以解决以下常见的问题：

（1）数据统计：如计算若干个数据的个数、最大值、最小值、总和、平均值等。

（2）数列运算：如斐波那契数列、约瑟夫问题的求解等。

（3）数据增、删、改运算：如在数组中插入、删除、修改元素的操作。

（4）数据排序：按一定的大小顺序将原数组元素排成大小有序有数据，常见的排序算法有冒泡法、选择法等。

（5）数据检索：在未排序或已排序的数据序列中查找指定的数据是否存在。

5.3.1 数据统计

例5.4 用数组元素初始化的方法求10个学生的平均成绩，并统计其中不及格学生的个数。（ex5_4.cpp）

问题分析：整个程序第一步建立数组并赋值其分数；第二步执行循环操作，统计其分数之和与不及格学生的人数；第三步计算平均值与输出平均值、不及格学生数。

程序代码：

```
#include <stdio.h>
void main()
{
    double a[10] = {78,64,96,53,82,69,72,42,74.5,91.5};
    int i, count=0;
    double sum = 0.0, aver;
    for (i = 0; i < 10; ++i)
    {
        sum += a[i];
        if (a[i] < 60)
            count++;
    }
    aver = sum / 10.0;          //计算平均成绩
    printf("平均成绩为:%4.2lf, 不及格人数为 %d 个。\n", aver,count);
}
```

程序运行结果如图5.4所示。

```
Microsoft Visual Studio 调试控制台
平均成绩为:72.20，不及格人数为 2 个。
```

图5.4 例5.4程序运行结果

程序分析：本例通过数组元素初始化赋值方式可能实现任意多个学生的成绩处理，同时可检查学生成绩信息是否有误，如有错误只需修改相应初始化值即可，解决了因数据元素值输入错误导致重新输入的麻烦。本程序的缺陷在于学生人数改变时要直接修改程序。

例5.5 输入n个整数，找出其最大值与最小值元素的位置，然后将最大值元素与第一个元素交换，将最小值元素与最后一个元素交换。（ex5_5.cpp）

问题分析：由于C语言不支持可变大小的数组，因此可以先假设n的最大值（如1 000），然后定义数组int a[1000];解决数组的定义问题，利用循环求出数组元素的最大值、最小值，在求解过程中必须保存最大值、最小值所对应的数组元素的下标，为后面的交换两个数组元素做好准备。

程序代码：

```
#include <stdio.h>
void main()
{
    int a[1000];
```

```
    int i, n,max,min,pmax,pmin,temp;
    do
    {
        printf("Input array element numbers(1-1000):");
        scanf("%d", &n);
    } while (n <= 0 || n > 1000);
    printf("Input array element value:");
    for (i = 0; i < n; i++)                          //输入数组元素的值
        scanf("%d", a+i);
    printf("Array element value:");
    for (i = 0; i < n; i++)                          //输入数组元素的值
        printf("%d  ", a[i]);
    printf("\n");
    max = min = a[0];                                //从a[0]开始,
    pmax = pmin = 0;
    for (i = 1; i < n; i++)
    {
        if (a[i] > max)
        {
            max = a[i]; pmax = i;                    //保存新的最大值及其下标
        }
        if (a[i] < min)
        {
            min = a[i]; pmin = i;                    //保存新的最小值及其下标
        }
    }
    temp = a[0]; a[0] = a[pmax]; a[pmax] = temp;     //最大数与a[0]交换
    temp = a[n-1]; a[n-1] = a[pmin]; a[pmin] = temp; //最小数与a[n-1]交换
    printf("After exchange array element value:");
    for (i = 0; i < n; i++)                          //输出数组元素的值
        printf("%d  ", a[i]);
    printf("\n");
}
```

程序运行结果如图5.5所示。

```
Microsoft Visual Studio 调试控制台
Input array element numbers(1-1000):10
Input array element value:5267 37 3289 34 890 3884 5993 559 44 679
Array element value:5267  37  3289  34  890  3884  5993  559  44  679
After exchange array element value:5993  37  3289  679  890  3884  5267  559  44  34
```

图5.5　例5.5程序运行结果

说明：此程序看起来有点长，但是不能以长短来判定一个程序的难度，程序的难度在于算法，而程序的书写要求结构清晰，程序的运行要求提供信息充分，所以在编程过程中适当加入输出提示信息是非常必要的。

5.3.2 数列运算

例5.6 输出斐波那契数列的前20项。（ex5_6.cpp）

问题分析：斐波那契数列是这样定义的，它的前两个数是1，从第三个数开始，每个数都是前两个数的和，即f[i] = f[i−1] + f[i−2];（i>=3）。

程序代码：

```
#include <stdio.h>
void main()
{
    int i, f[40] = { 1,1 };
    for (i = 2; i < 40; i++)
        f[i] = f[i - 1] + f[i - 2];
    printf("The before 40 item value of Fibonacii array:");
    for (i = 0; i < 40; i++)
    {
        if (i %10 == 0)  printf("\n");      //每行显示10个
        printf("%8ld ",f[i]);
    }
}
```

程序运行结果如图5.6所示。

```
Microsoft Visual Studio 调试控制台
The before 40 item value of Fibonacii array:
       1       1       2       3       5       8      13      21      34      55
      89     144     233     377     610     987    1597    2584    4181    6765
   10946   17711   28657   46368   75025  121393  196418  317811  514229  832040
 1346269 2178309 3524578 5702887 9227465 14930352 24157817 39088169 63245986 102334155
```

图5.6　例5.6程序运行结果

例5.7 有一分数序列：2/1,3/2,5/3,8/5,13/8,21/13,…，求出这个数列的前n项（$0<n<40$）之和，结果保留两位小数。（ex5_7.cpp）

问题分析：观察这个数列可以知道，从第二个分式开始，当前的分子是前一个分式的分母，当前分式的分母是下一个分式的分子；下一步把这些数列出来寻找它们的关系，由1，2，3，5，8，13，21，…可以看出，当前的数为前两个数的和（除开头两个数外）；用数组a存放分子分母，数组b存放每一个分式。这样做的好处是，计算结果可以保存起来，当需要某个元素时可以直接使用下标取得，不用重复计算。

程序代码：

```
#include <stdio.h>
int main()
{
    int n, i;
    double a[100] = {1,2,0,0,0}, b[100], sum = 0;
    do
    {
        printf("Input item numbers(1-40):");
        scanf("%d", &n);
    } while (n <= 0 || n > 40);
    b[0] = a[1] / a[0];                //数列的第一个数
    sum = b[0];                        //sum等于数列第一个数的值
    for ( i = 2; i <= n; i++)
    {
        a[i] = a[i - 1] + a[i - 2]; //递推求下一个数字
        b[i-1] = a[i] / a[i - 1];    //存放数列
        sum = sum + b[i-1];          //求和
    }
```

```
    printf("sum=%.2f\n", sum);
    return 0;
}
```

程序运行结果如图 5.7 所示。

Microsoft Visual Studio 调试控制台

```
Input item numbers(1-40):5
sum=8.39
```

图 5.7　例 5.7 程序运行结果

例 5.8　约瑟夫问题。现在有 n 个人，每个人都有属于自己的编号，分别是 1～n。所有人呈圆环状排列，每隔 m 个人就淘汰一个人，最后只能有一个人留下来，求这个人的编号。（ex5_8.cpp）

问题分析：首先以图 5.8 来表示人员淘汰的过程，在 n=10、m=3 的情况下最后留下的人的编号为 4。

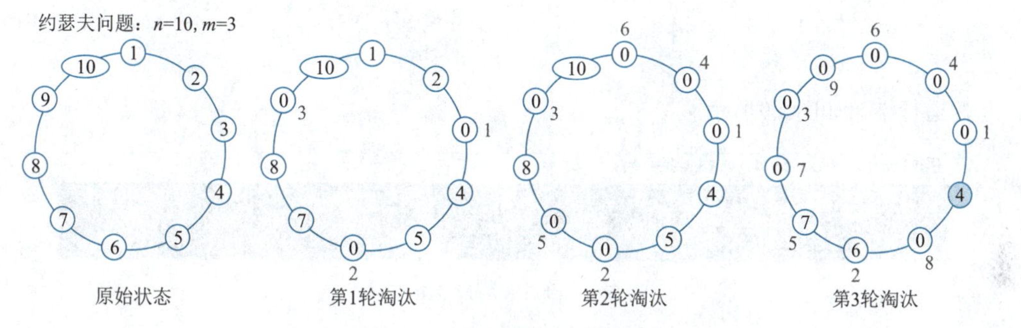

图 5.8　约瑟夫问题的求解过程

从图 5.8 中可以看出，算法需要解决以下问题：

（1）数组元素的初值，这很容易用循环来实现 a[i]=i+1;，表示人员都在环中，如淘汰则将其置 0；

（2）数组构成一个环，设 p 为当前元素的下标，那么 (p+1)%n 就是下一元素的下标（环形数据处理）；

（3）设置一个计数器 count，只对 a[p]!=0 的情况进行计数，每次计数到 m 时，将其编号（a[p]）存入 b[k] 中，并将淘汰的人（a[p]）的值置 0，同时将 count 置 0 以便下一次计数；

（4）最后出局的人就是 b[n-1]。

程序代码：

```
#include <stdio.h>
int main()
{
    int a[100], b[100];
    int n,m,i;                      //n总人数，m淘汰数
    int p, k, count;                //p当前数组元素位置，k存入b数组位置，count计数器
    do
    {   printf("Input total Peoples--n(n<100)  & expel number--m:");
        scanf("%d%d", &n, &m);
    } while (n <= 0 || n > 100 || m <= 0);
    for (i = 0; i < n; i++)
        a[i] = i + 1;               //以编号1-n初始化数组
    k = 0; p = 0; count = 0;        //赋初值
    do
    {
        if (a[p] != 0)              //未淘汰的人进行报数
        {
            count++;                //计数器+1
            if (count == m)         //计数到指定淘汰的数值m，则做淘汰处理
```

```
                {
                    b[k++] = a[p];              //淘汰的编号保存到b数组中
                    a[p] = 0;                   //淘汰的编号置0
                    count = 0;                  //启动下一次报数
                }
            }
            p = (p + 1) % n;                    //将数组看成环形的下一个元素下标的处理
        } while (k < n);                        //只要还有人要被淘汰，则循环继续
        printf("In turn expel people number is:");    //依次输出被淘汰人的编号
        for (i = 0; i < n; i++)
        {
            printf("%5d", b[i]);
        }
        printf("\nThe last stay people is %d\n",b[n-1]); //最后一个淘汰的就是留下的人
    }
```

程序运行结果如图5.9所示。

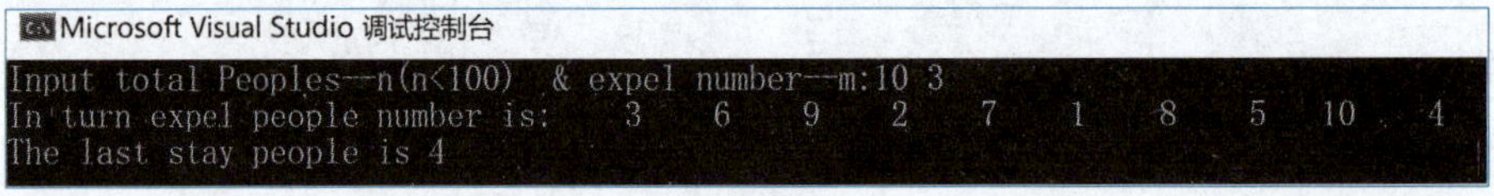

```
Microsoft Visual Studio 调试控制台
Input total Peoples--n(n<100)  & expel number--m:10 3
In turn expel people number is:    3    6    9    2    7    1    8    5   10    4
The last stay people is 4
```

图5.9　例5.8程序运行结果

5.3.3 数组排序

例5.9 用选择法对输入的10整数按从小到大排序。(ex5_9.cpp)

问题分析：选择法是指每次在未排序的序列中找出其最大元素（或最小元素）与其第一个元素（指未排序序列中的第一个）进行交换，依次重复进行，直到执行n-1交换后，数据变为有序序列。

例如，10个数据a[10]按由大到小排列的过程，如图5.10所示。

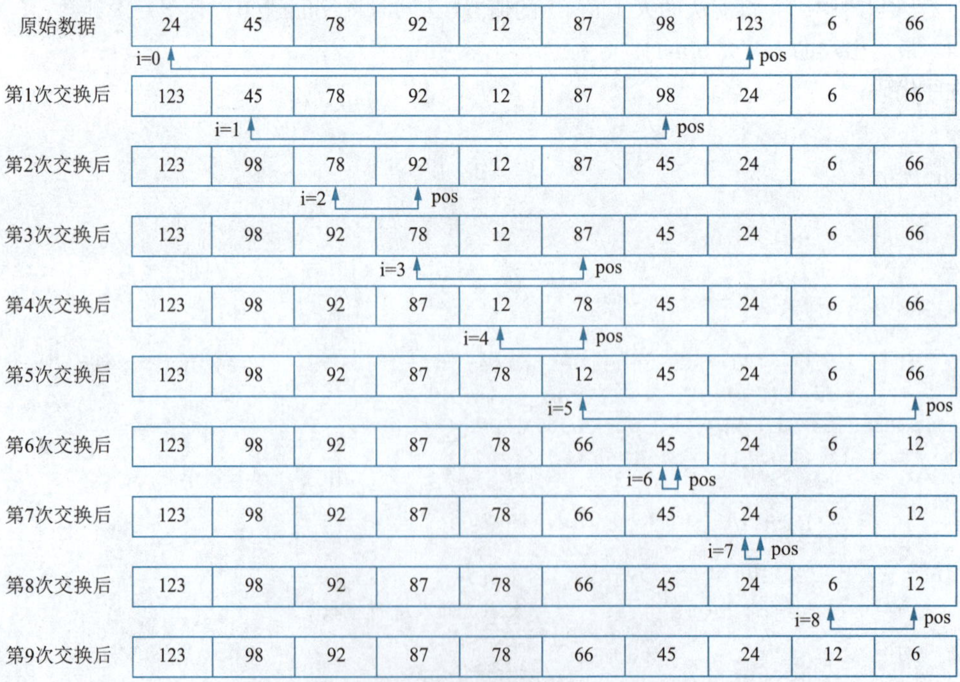

原始数据	24	45	78	92	12	87	98	123	6	66
	i=0							pos		
第1次交换后	123	45	78	92	12	87	98	24	6	66
		i=1					pos			
第2次交换后	123	98	78	92	12	87	45	24	6	66
			i=2	pos						
第3次交换后	123	98	92	78	12	87	45	24	6	66
				i=3		pos				
第4次交换后	123	98	92	87	12	78	45	24	6	66
					i=4	pos				
第5次交换后	123	98	92	87	78	12	45	24	6	66
						i=5				pos
第6次交换后	123	98	92	87	78	66	45	24	6	12
							i=6 pos			
第7次交换后	123	98	92	87	78	66	45	24	6	12
								i=7 pos		
第8次交换后	123	98	92	87	78	66	45	24	6	12
									i=8	pos
第9次交换后	123	98	92	87	78	66	45	24	12	6

图5.10　交换排序每趟排序过程图

程序代码：

```
#include <stdio.h>
void main()
{   int i, j, pos, t, a[10];
    printf("Input 10 numbers:");
    for (i = 0; i < 10; i++)
        scanf("%d", &a[i]);
    for (i = 0; i < 10; i++)                    //第i轮排序
    {   pos = i;
        for (j = i + 1; j < 10; j++)            //找最大元素
            if (a[j] > a[pos])  pos = j;
        if (i != pos)
        {   t = a[i]; a[i] = a[pos]; a[pos]=t; //最大元素与未排序有第一个元素交换
        }
        printf("The %d's swap:",i+1);           //输出每趟交换后的结果（如不用可以省
                                                  略4行）
        for (j = 0; j < 10; j++)
            printf("%8d", a[j]);
        printf("\n");
    }
    printf("After sorted:");
    for (i = 0; i < 10; i++)
        printf("%8d", a[i]);
    printf("\n");
}
```

程序运行结果如图5.11所示。

```
Microsoft Visual Studio 调试控制台
Input 10 numbers:24 45 78 92 12 87 98 123 6 66
The 1's swap:     123     45     78     92     12     87     98     24      6     66
The 2's swap:     123     98     78     92     12     87     45     24      6     66
The 3's swap:     123     98     92     78     12     87     45     24      6     66
The 4's swap:     123     98     92     87     12     78     45     24      6     66
The 5's swap:     123     98     92     87     78     12     45     24      6     66
The 6's swap:     123     98     92     87     78     66     45     24      6     12
The 7's swap:     123     98     92     87     78     66     45     24      6     12
The 8's swap:     123     98     92     87     78     66     45     24      6     12
The 9's swap:     123     98     92     87     78     66     45     24     12      6
The 10's swap:    123     98     92     87     78     66     45     24     12      6
After sorted:     123     98     92     87     78     66     45     24     12      6
```

图5.11　例5.9程序运行结果

程序分析：本例程序中用了三个并列的for循环语句。第一个for语句用于输入10个元素的初值。第二个for语句用于排序，其中第1个内循环j用于寻找未排序序列的最大元素的下标，由于省略了最大值变量，因此下标的运用尤其重要，变量pos指向当前最大数元素的下标位置；一次内循环结束后，p即为最小元素的下标，若i不等于p，则交换a[i]和a[p]的值；第2个内循环j是输出每一趟交换后的数据结果，有利于掌握程序的运行规律与数据的交换规律，此部分语句在实际应用中可以全部删除。第三个for循环输出最终结果。

例5.10　用交换法对输入的10整数按从小到大排序。（ex5_10.cpp）

问题分析：交换排序法的核心思想是两两相邻元素比较，如不满足排序规律则进行交换，这样进行一趟排序后得到的结果是第一个或最后一个元素是最大的或者是最小的。根据其比较的顺序（下标从小到大、或下标从大到小）与交换规律，交换排序又称冒泡排序，如图5.12所示。

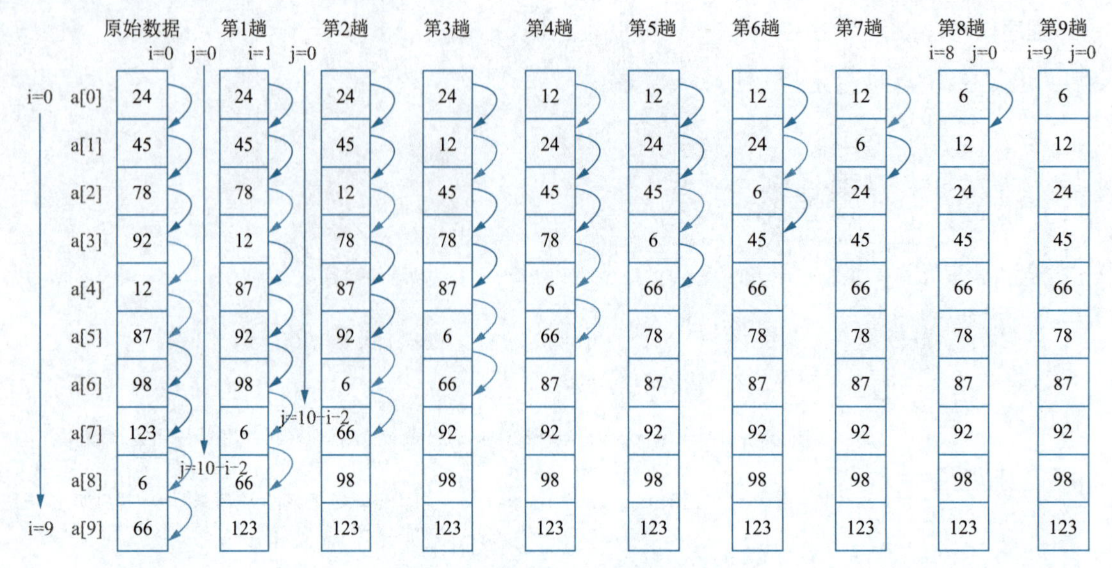

图 5.12　冒泡排序法的分析过程

程序代码：

```
#include <stdio.h>
void main()
{   int i, j, pos, t, a[10];
    printf("Input 10 numbers:");
    for (i = 0; i < 10; i++)
        scanf("%d", &a[i]);
    for (i = 0; i < 10; i++)          //第i轮排序
    {
        for (j =0; j <=10-2-i; j++) //相邻元素比较交换
            if (a[j] > a[j + 1])
            {   t = a[j]; a[j] = a[j + 1]; a[j + 1] = t;
            }
        printf("The %d's swap:",i+1);//输出每趟交换后的结果（可以省略以下3行）
        for (j = 0; j < 10; j++)
            printf("%8d", a[j]);
        printf("\n");
    }
    printf("After sorted:");
    for (i = 0; i < 10; i++)
        printf("%8d", a[i]);
    printf("\n");
}
```

5.3.4 数组查找、插入、删除、修改操作

1. 查找、插入、删除、修改操作的意义

查找运算是计算机应用中十分普遍的一种运算，它体现在计算机管理中的方方面面，如自动售货机的刷脸识别、各种刷卡消费、各种证件办理、各种系统的登录账号识别与密码比对、银行账户余额查询、地图导航与路径规划、电子文档中查找特定内容、学生查询考试成绩均涉及查询操作，这些操作对于计算机而言就是一种查找运算。

查找运算就是在给定的一组数据中查找符合特定要求的数据，查找的结果有两种典型状态，即查到（含一个或多个相同信息）与未查到。

查找运算通常分两类：第一类是在未排序的数据中查找，它采取的查找策略为从第一个数据开始逐个比较，如果相等则认为查到，否则继续下一个比较，重复上述过程直到查到或者到数据结尾；第二类是在已排序序列中查找，这种方式的查找方法类似于人们查字典，采取对中翻页比较，再往前翻页（中间的比等查得大）或往后翻页（中间的比等查得小），重复上述过程直到查到或者到数据结尾。两种方式的查找效率（或速度）是存在明显的差别的，未排序的数据中查找其时间复杂度为 $O(n)$，已排序的数据中查找其时间复杂度为 $O(\log_2 n)$。

查找运算通常又是显示信息、修改数据、插入数据或删除数据的基础，即查到以后很可能要执行以下操作：

（1）浏览操作：这时必须显示出与其相关的信息内容，如根据车牌查找车辆信息、根据身份证号查找人的信息等；

（2）修改操作：即在显示原信息的基础上修改相关信息，如公安户籍信息中的更改姓名、更改年龄等各种操作，教务系统中更改学生学籍信息等；

（3）删除操作：删除查到的相关信息，删除操作是保证数据一致性的重要内容之一，即对录入可能重复或者一些已经失效的信息经常需要定期执行删除操作。

2. 查找运算

查找运算通常分为两种情况：一种是在没有排序的数据序列中查找指定的数据；另一种是在已经排序好的数据中查找指定的数据。下面通过两个实例对其分别进行分析。

例 5.11　在具有 n 个（$1 \leqslant n \leqslant 100$）无序整数中查找指定的数，如果找到，输出其下标位置，否则输出“Not found this data **”，要求能够重复查询，是否查询根据提示信息输入字符 'y' 则继续，否则终止查询。（ex5_11.cpp）

问题分析：此问题相对比较简单，设数组为 a[100]，待查找的数据为 x，其查找过程为从 a[0] 开始依次将 a[i] 与 x 比较，如果相等则找到，输出其下标 i（如有相同情况均可以找到），否则继续，如果找遍了整个数组仍未找到，则 printf("Not found this data %d",x);。

考虑到程序需执行反复查找的要求，因此在输入待查找数据 x 处到上面最后部分只需再增加一层循环，其控制循环结束的条件为输入字符是否为 'y'。

程序代码：

```
#include <stdio.h>
int main()
{   int a[100];
    int i,n,x,found;  // x待查找的数据，found是否查到的标记（0未查到，1查到）
    char ch;
    do
    {   printf("Input total numbers--n(n<100):");
        scanf("%d", &n);
    } while (n <= 0 || n > 100 );
    for (i = 0; i < n; i++)
        scanf("%d", a + i);
    do
    {   printf("Input you want searched data:");
        scanf("%d", &x);
        found = 0;
```

```
        for (i = 0; i < n; i++)
        {   if (a[i] == x)                          //比较
            {   printf("found:subscript is:%d ", i); found = 1;
            }
        }
        if (found == 0)
            printf("Not found this data % d", x);
        printf("\nContinue?(Y--yes,N-no):");
        while ((getchar()) != '\n');               //读取缓冲区字符直到结束并丢弃它们
    } while (getchar() == 'y' || getchar() == 'Y');
}
```

程序运行结果如图5.13所示。

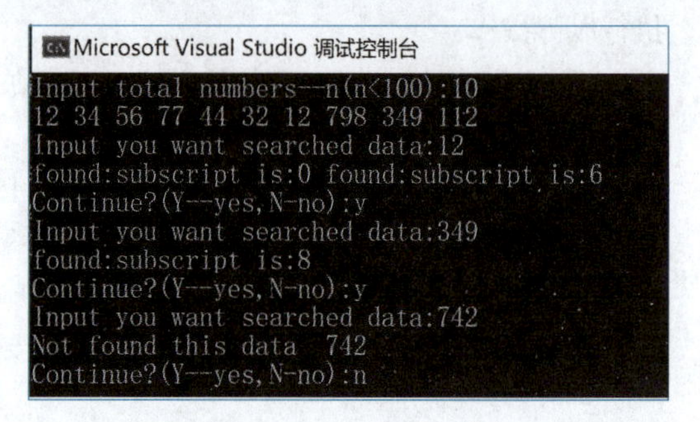

图5.13　例5.11程序运行结果

说明：如果只要找到一个就终止查找，则可在found=1;后面增加break;即可。程序中while ((getchar()) != '\n');起清除输入缓冲区作用，保证后面while语句中getchar()正确输入。

例5.12　在具有n个（$1 \leqslant n \leqslant 100$）已按整数由小到大排列的有序数据中查找指定的数，如果找到，输出其下标位置，否则输出“Not found this data **”。（ex5_12.cpp）

问题分析：此问题可用类似于利用字典来查一个汉字的过程来实现，在查的过程中人们不断比较然后往后或往前翻页来实现。在计算机中为了更好地实现上述方法，使用了“二分查找策略”，即给定查找区间的起点（设为low）和终点（设为high）下标，找其中点位置（设为mid，且mid=(low+high)/2），如果a[mid]==x;，则查找成功，终止查找；如果a[mid]>x，则修改high=mid-1（缩小查找区间）；如果a[mid]<x，则修改low=low+1（缩小查找区间）；重复上述过程，如果没有查到，则一定会出现low>high的情况。

下面以一组已有序的数据分析其查找过程，如图5.14所示。

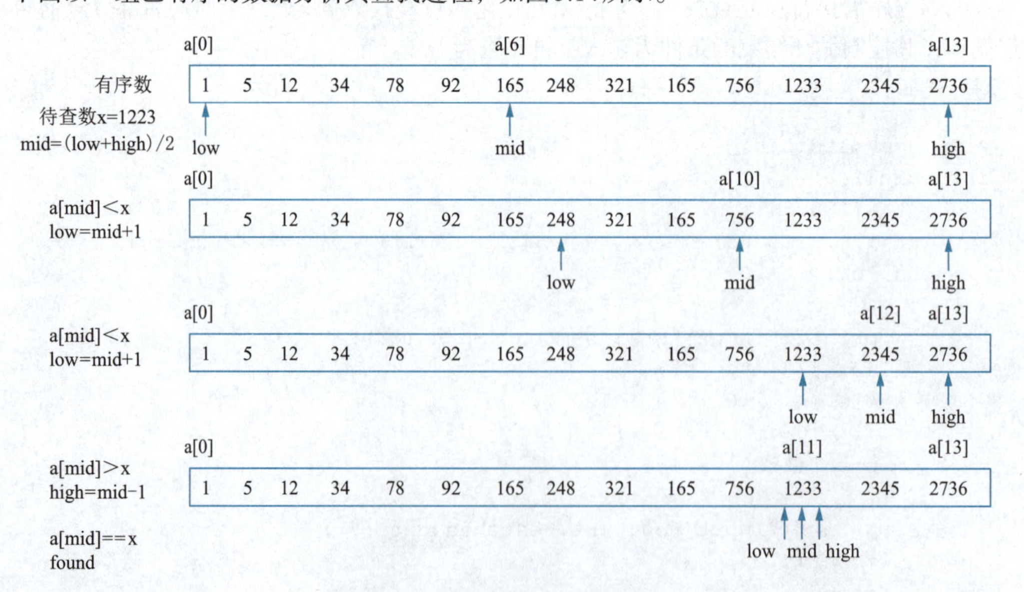

图5.14　二分查找算法分析过程图

程序代码：

```
#include <stdio.h>
int main()
{
    int a[14] = {1,5,12,34,78,92,165,248,321,356,756,1233,2345,2736 };
    int low,high,mid,x;                                    // x待查找的数据
    low = 0; high = 13;
    printf("Input you want searched data:");
    scanf("%d", &x);
    while (low <= high)
    {   mid = (low + high) / 2;
        printf("--%d %d", mid, a[mid]);                    //此语句可用于查看查找的比较过程
        if (a[mid] == x)
            break;                                         //查到，直接终止循环
        else
            if (a[mid] > x)
                high = mid - 1;                            //中值大于待查数，调整区间上限
            else
                low = mid + 1;                             //中值小于待查数，调整区间下限
    }
    if (low<=high)
        printf("Found:subscript is:%d\n", mid);  //查到
    else
        printf("Not found this data %d\n", x);   //没有查到
}
```

程序运行结果如图5.15所示。

```
Microsoft Visual Studio 调试控制台
Input you want searched data:1233
--6 165--10 756--12 2345--11 1233Found:subscript is:11
```

图5.15 例5.12程序运行结果

3. 插入运算

插入运算通常有两种情况：一是在指定位置处插入一个新的数据；二是在已经排序的数据中插入一个新的数据以后数组元素依然保持有序。下面通过两个实例对其分别进行分析。

例5.13 在一个数组的指定位置插入一个数据，如int a[100]，插入前实际有效数据为n（n<100），现指定在第k个数据位置（数据的位置从1开始依次计数）插入1个数据x，要求编写相应的程序。（ex5_13.cpp）

问题分析：在已知插入点的情况下插入运算的核心操作移动数据和插入数据两部分，如在第7个位置插入100的操作过程如图5.16所示。

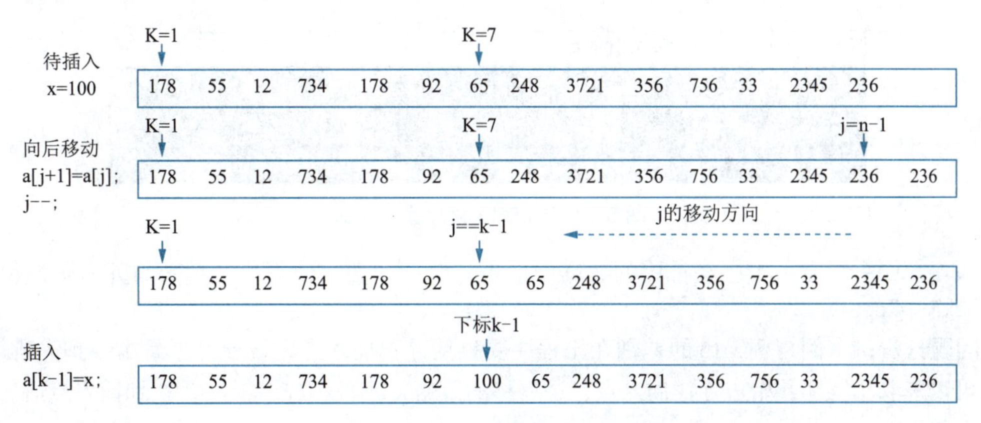

图5.16 插入过程算法分析图

移动数据：为待插入的数据腾出位置，由于要插入一个新的数据，则在插入点及其以后的数据均应向后移动一个下标单元，此处要特别注意数据的移动方向，应该是从尾部开始，循环变量逐渐变小直到插入点为止。

插入新的数据，这部分很简单，从图5.16可见执行a[k-1]=x;即可完成插入操作。

程序代码：

```
#include <stdio.h>
int main()
{
    int a[100];
    int n,x,k ,i,j;
    do
    {
        printf("Input data numbers:");
        scanf("%d", &n);
    } while (n <= 1 || n > 99);        //判定n的合法性
    for (i = 0; i < n; i++)
        scanf("%d", a + i);
    do
    {
        printf("Input you want inserted position and new-data:");
        scanf("%d%d", &k, &x);
    } while (k<1 || k>n+1);            //判定位置k的合法性
    j = n-1;    //i指向实际数据的最后一个数
    while (j >=k-1)
    {
        a[j + 1] = a[j];               //向后移动数据
        j--;
    }
    a[k-1] = x;                        //插入
    printf("After inserted array data:\n");
    for (i = 0; i < n+1; i++)
        printf("%5d ", a[i]);
    printf("\n");
}
```

程序运行结果如图5.17所示。

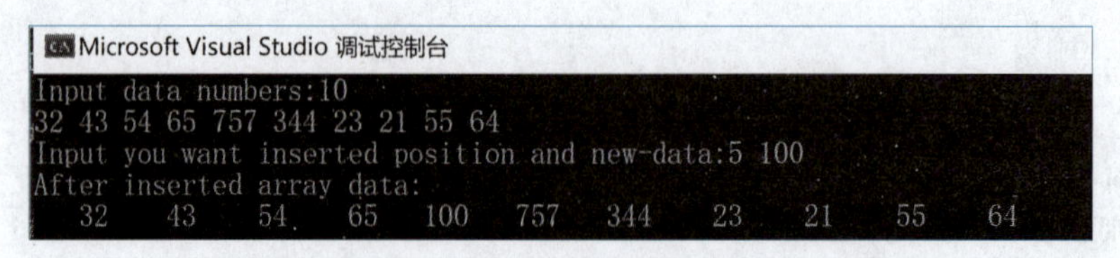

图 5.17 例 5.13 程序运行结果

例 5.14 在一组已经排序的数据中插入一个新的数，使得插入后数组元素依然保持有序。(ex5_14.cpp)

问题分析：本例与例5.13的差别在于程序要自动寻找插入点，设原数据是由小到大排列的，那么可以采取从尾部开始边寻找插入点，边后移的策略（a[i]>x && i>=0），找到插入点后，将数据插入数组中。

程序代码：

```
#include <stdio.h>
int main()
{
    int a[15] = {1,5,12,34,78,92,165,248,321,356,756,1233,2345,2736 };
                                    //数组定义了15个元素，但初始数据为14个
    int x, i;
    printf("Input you want inserted data:");
    scanf("%d", &x);
    i = 13;    //初始数据为14个，其最后一个数据的下标为13
    while (a[i] > x && i >= 0)
    {
        a[i + 1] = a[i];        //向后移动数据
        i--;
    }
    a[i+1] = x;                 //插入
    printf("After inserted array data:\n");
    for (i = 0; i < 15; i++)
        printf("%5d ", a[i]);
    printf("\n");
}
```

程序运行结果如图5.18所示。

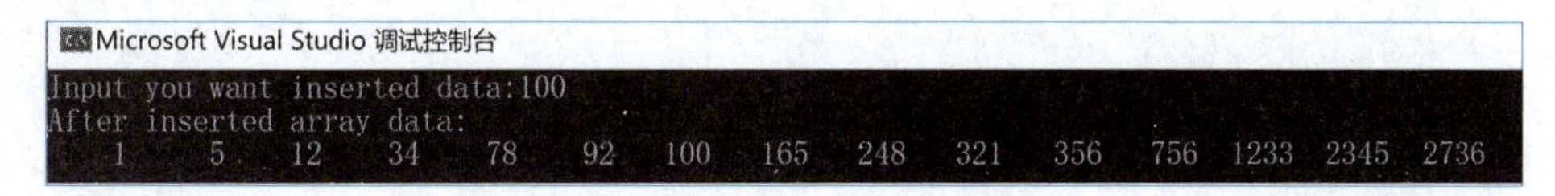

图 5.18　例 5.14 程序运行结果

4. 删除运算

删除运算通常有两种情况：一是在指定位置处删除一个数据；二是数组中查找某个数据是否存在，如果存在则将其删除。下面通过两个实例对其分别进行分析。

例 5.15　在一个数组的指定位置删除一个数据，如int a[100]，删除前实际有效数据为n（$n \leqslant 100$），现指定在第k个数据位置（数据的位置从1开始依次计数）删除一个数据，要求编写相应的程序。（ex5_15.cpp）

问题分析：删除一个数据后，其后面的数据均应往前移动一个位置，这样才能保持数组元素的连续存放的特性。删除数据的移动方向与插入数据的移动方向相反，其具体执行过程如图5.19所示。

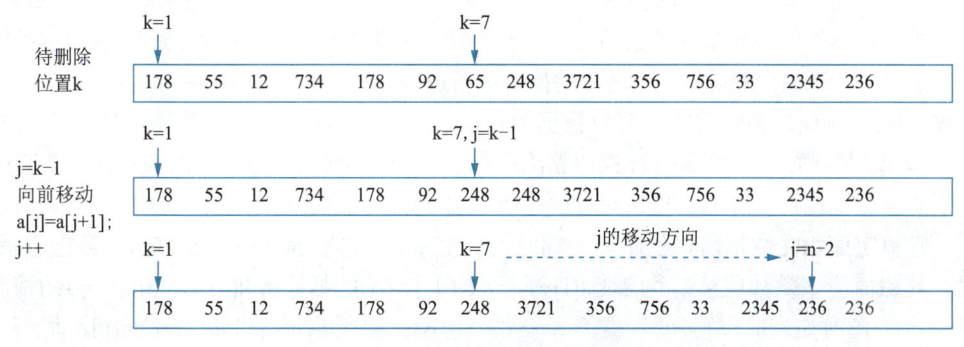

图 5.19　删除操作执行过程分析

程序代码：

```
#include <stdio.h>
int main()
{
    int a[100];
    int n, x, k, i, j;
    do
    {   printf("Input data numbers:");
        scanf("%d", &n);
    } while (n <= 1 || n > 100);     //判定n的合法性
    for (i = 0; i < n; i++)
        scanf("%d", a + i);
    do
    {
        printf("Input you want deleted position :");
        scanf("%d", &k);
    } while (k<1 || k>n);            //判定位置k的合法性
    j = k - 1;                       //i指向第k个位置，其下标为k-1
    while (j <n-1)
    {
        a[j ] = a[j+1];              //向前移动数据
        j++;
    }
    printf("After deleted array data:\n");
    for (i = 0; i < n - 1; i++)
        printf("%5d ", a[i]);
    printf("\n");
}
```

程序运行结果如图5.20所示。

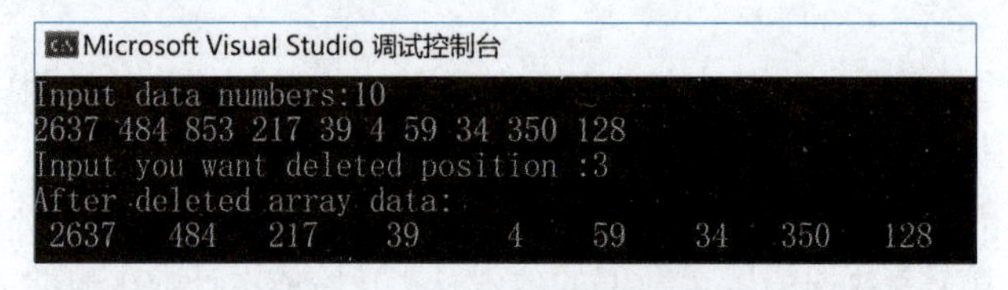

图 5.20　例 5.15 程序运行结果

例 5.16　在一个数组中删除指定的数据，如果指定的数据不存在，则不做删除；如果存在的数据有多个，则全部将其删除。要求编写相应的程序。（ex5_16.cpp）

问题分析：此例最简单的方法是采取多重循环，每次将其中一个指定的数据删除，直到没有指定数据时为止。本例将采用一种新的方法，在算法时间复杂度为$O(n)$的情况下实现此功能，以图5.21表示在一个数组中删除数组元素2的执行分析过程。

设数组int a[100]，删除前实际有效数据为n（$n \leqslant 100$），原始数据从键盘输入，现指定删除某数据x（x从键盘输入），采取边查找边删除的办法。由于可能在原数据中有多个值等于x的情况，为了减少重复执行循环的操作，设立一个计数器count，记录数组中第几次出现元素值等于x的情况，它决定删除时数据前移的距离。同时设立变量k，它指示下一个要移动的数据应该移到的位置，其初值应该是数组第1个出现a[i]等于x的下标i（此结果等价于在count==0的情况下，执行k=i+1;），此时如当前位置i的数据不等于x，且count>0则执行a[k]=a[k+count]移动操作，移动后k++；这样可以只经过一趟查找与移动循环就可以将全部与指定数据相等的数一并删除。

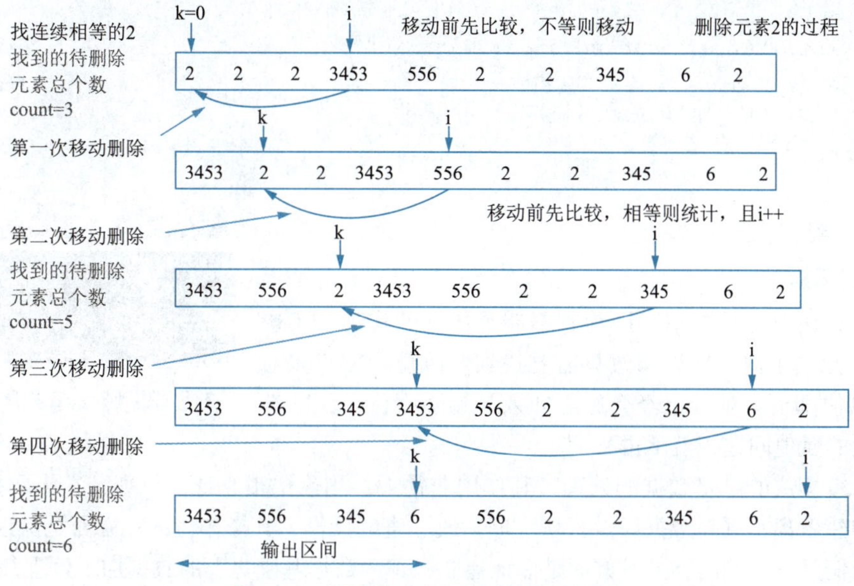

图 5.21　删除多个相同数据的移动过程

程序代码：

```
#include <stdio.h>
int main()
{
    int a[100];
    int n, x, i, k, count;
    do
    {
        printf("Input data numbers:");
        scanf("%d", &n);
    } while (n <= 1 || n > 100);      //判定n的合法性
    for (i = 0; i < n; i++)
        scanf("%d", a + i);
    printf("Input you want deleted data :");
    scanf("%d", &x);
    count = 0;
    k = 0;
    for (i = 0; i < n; i++)
    {
        while (a[i] == x && i< n)
        {   count++;                  //count累计与x相等的数的个数
            i++;                      //移到下一个比较的元素
        }
        if (count > 0)
        {   a[k] = a[k + count];      //将不等于x的数进行数据移动（跳过删除的
                                        count个x跨度）
            k++;                      //下一个移动数据的起点自动+1
        }
        else
            k = i+1;                  //count=0表示到当前下标i为止没有等于x的数，
                                        表明i位置以前的数据均不需要移动，下一移动
                                        到的位置k应是i+1位置
```

```
    }
    printf("After deleted array data:\n");
    for (i = 0; i < n - count; i++)
        printf("%5d ", a[i]);
    printf("\n");
}
```

程序运行结果如图5.22所示。

图5.22 例5.16程序运行结果

5. 修改运算

修改运算相对比较简单，因为它不涉及数据的移动，不影响原序列的元素个数，所以修改只需要找到修改位置，直接对数组元素赋值即可。前面已经介绍了插入与删除操作，无法涉及数据元素的赋值问题，就不再举例。

对于数组构成的批量数据的处理，其作用非常大，用途也很广泛。例如，在大数据处理中，数据库的构建就离不开对数据库进行增、删、改、查的操作，其操作目的一方面是保证数据库中的数据记录信息是正确的，另一方面是保证建立在正确数据基础之上的数据加工处理是正确的。

5.3.5 高精度运算

在C语言中能够表示的最大整数的数据类型为long long，它占用8字节的存储单元，所表示的数据范围是-9 223 372 036 854 775 808～9 223 372 036 854 775 807。而在现实生活中，经常会遇到一些超过最大整数范围的数，像计算100 ！这样的运算，显然它用C语言所规定的数据类型是无法实现的；又如求两个分数相除，相求精确到小数点后200位等，即使使用double类型也不能得到很高的精度。这类问题就可以使用数组进行解决。

例5.17 输入正整数a和b，其中a和b都小于32 767，求a/b的值，要求精确到小数点后n位，其中$1<n<200$。(ex5_17.cpp)

问题分析： 两个整数相除的人工运算是小学数学问题，采用的方法是列除式。计算机解决此类问题的思路就是模拟人工计算的方法，并将每次小数位的商依次存入数组中。为方便输出，约定用变量s存放a/b整数部分的商，从a[0]开始每个数组元素依次存储1位小数点后的商值，直到达到规定的小数位数为止。每次求商的过程如图5.23所示。

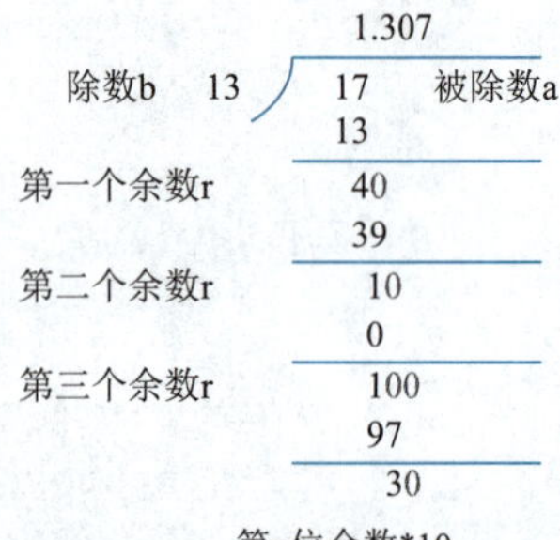

图5.23 除法运算的过程分析图

程序代码：

```
#include <stdio.h>
int main()
{
    int i, a, b, n, s;
    int result[200] = { 0 };
    do
    {   printf("输入分子a 分母b 小数位数(空格分隔): ");
        scanf("%d %d %d", &a, &b, &n);
    } while (n < 0 || n>200);
    s = a / b;                  //商的整数部分
    a = a % b;                  //余数，用于求其纯小数商
```

```
    for (i = 0; i < n; i++)
    {   a =a * 10;                  //余数*10
        result[i] = (a / b);        /保存1位商
        a = a % b;                  //新的余数
    }
    printf("%d.", s);               //输出商的整数部分
    for (i = 0; i < n; i++)         //输出商的整数部分
        printf("%d", result[i]);
    printf("\n");
    return 0;
}
```

程序运行结果如图 5.24 所示。

```
Microsoft Visual Studio 调试控制台
输入分子a 分母b 小数位数(空格分隔): 17 13 100
1.3076923076923076923076923076923076923076923076923076923076923076923076923076923076923076923076923076
```

图 5.24　例 5.17 程序运行结果

例 5.18　编程求 $n!$（$0 \leqslant n \leqslant 100$）。(ex5_18.cpp)

问题分析：100 ！有 158 位数据，显然这么多位的数是任何一种数据类型均不能实现的，但是借助数组，可以将每一个数组元素存储计算结果的 1 位数，再采用类似人工乘法（列竖式法）的方式进行。由于在计算之初并不知道结果到底有多少位，因而可以定义一个包含的数据元素比较大的数组，采取最低位放在数组 a[0]、高位在后的存储方法。

根据阶乘的计算方法，假设已经计算出了 i!，它总共有 k 位数据，则在计算 (i+1)! 时，实际上是在上述结果 *(i+1)，那么可以这样处理这一结果：先将每位直接 *(i+1)，然后从 a[0] 开始，每个数组元素只保留其末位的 1 位数（a[j]%10），而将其高位（a[j]/10）数据作为进位加到其后一位（即其高位，这里是倒序存放），重复这一过程直到每个数组元素均只存放一位数；其中需要考虑总位数增加的情况，如此时 a[k-1] 是一个两位数，则需要将 k 增加 1；如 a[k-1] 是一个三位数，则需要将 k 增加 2（执行两次 k++）；依此类推。

程序代码：

```
#include <stdio.h>
#define N 200                       //定义数组长度
int main()
{   int a[N], i, j, k, n;           //k运算结果的总位数
    do
    {   printf("请输入一个整数: ");
        scanf("%d", &n);
    } while (n < 0 || n>100);
    for (i = 0; i < N; i++)         //初始化数组
        a[i] = 0;
    a[0] = 1;                       //相当于乘积变量的初始值为1
    k = 1;                          //初始1表示是1位数
    for (i = 1; i <= n; i++)        //计算阶乘
    {   for (j = 0; j < k; j++)
            a[j] = a[j] * i;        //每一位与i相乘
        for (j = 0; j < k; j++)
        {
            if (a[j] > 9)           //判断是否需要进位
```

```
            {
                a[j + 1] = a[j + 1] + a[j] / 10;  //高一位加上低位的进位值
                a[j] = a[j] % 10;                  //当前位保留个位数
                if (j == k-1) k++;  //已到了最后一个数组元素，但它仍然是一个两位
                                      数以上的数，则需要增加数据的总位数，直到每
                                      个数组元素均只存储一位数据
            }
        }
    }
    printf("总位数=%d\n  %d!=", k,n);
    for (i = k-1; i >= 0; i--)                        //倒序输出结果
        printf("%d", a[i]);
    printf("\n");
}
```

程序运行结果如图5.25所示。

```
Microsoft Visual Studio 调试控制台
请输入一个整数：100
总位数=158
  100!=93326215443944152681699238856266700490715968264381621468592963895217599993229915608941463976156518286253697920827
223758251185210916864000000000000000000000000
```

图5.25 例5.18程序运行结果

5.4 二维数组

数学中矩阵、行列式的应用十分广泛，同时在生活中也经常遇到以表格形式表示的数据，如10个学生、5门课程的成绩这种在逻辑上具有若干行、若干列的数据形式。C语言定义了二维数组结构，以表示这种多行、多列的数据形式。在二维数组中，水平方向表示行、垂直方向表示列，那么可以通过行与列的值来唯一确定一个数组元素。

5.4.1 二维数组的定义与引用

1. 二维数组的定义

在一维数组构造的基础上，如果假设其中每一个元素又是一个一维数组（元素个数必须相同），就可以构造出一个二维数组。在图示表示上，将第一个一维数据放到第一行，第二个一维数据放到第二行，依次类推，就形成了二维的平面结构。

例如：

1	2	3	4
6	7	8	9
11	12	13	14

这就是一个具有3行4列的二维数组。

二维数组定义的一般形式是：

```
类型说明符 数组名[常量表达式1][常量表达式2]
```

其中，常量表达式1表示第一维下标的长度；常量表达式2表示第二维下标的长度。

例如，上面的二维数组可以用下面的说明语句来定义：

```
int a[3[4];
```

对于二维数组类型说明应注意以下几点：

（1）对于同一个二维数组，其所有元素的数据类型都是相同的。

（2）数组名的书写规则应符合标识符的书写规定。

（3）数组名不能与其他变量名相同。

（4）常量表达式即为数组的大小或长度，其值必须是大于0的正整数。

类似地，可以定义多维数组。例如，一个三维数组a和一个四维数组b的定义如下：

```
int a[2][3][4], b[3][4][5][2];
```

2. 二维数组的引用

使用二维数组时，同一维数组一样只能引用单个的数组元素。

二维数组数据元素的引用格式：

```
数组名[下标1][下标2]
```

二维数组的数据元素必须使用两个下标，下标可以是整型常量、整型变量或整型表达式，也可以是字符表达式或枚举类型表达式。

下标1：行下标，表示元素所在的行；

下标2：列下标，表示元素所在的列。

下标值必须介于0～定义时的值-1之间，否则出错。下标值的范围规定与一维数组一样。

对于定义：

```
int a[3][4];
```

它对应的数组元素共有3×4=12个，每个均为整数类型。

它对应的数据元素如下：

```
a[0][0]  a[0][1]  a[0][2]  a[0][3]
a[1][0]  a[1][1]  a[1][2]  a[1][3]
a[2][0]  a[2][1]  a[2][2]  a[2][3]
```

在实际应用中，设i为行下标变量，j为列下标变量，则a[i][j]的使用就非常普遍，它代表第i行与第j列交叉位置的数据元素，程序中如果让i从0～2循环，让j从0～3循环，使用二重循环就可以访问二维数组a[3][4]的所有数据元素。

3. 二维数组在内存中的存放

二维数组在理解上通常表示成多行、多列的平面结构。但是在计算机中，内存的编址方式是线性的，即内存地址总是从0开始编号，一直到内存的最大值；那么二维数组究竟要怎么存储？与一维数组一样，二维数组也是存放在一段连续的存储空间之中。

二维数组的存放从理论上讲存在两种方式：一种是按行主序存放，即存放完第一行各元素之后顺次存放下一行的各元素；另一种是按列主序存放，即存放完第一列各元素之后顺次存放下一列的各元素。在C语言中，二维数组是按行主序存放的。

对于定义：

```
int a[3][4];
```

其在内存中的存放顺序如图5.26所示。

图5.26所示的存放内容及其表示上有以下概念需要进一步掌握：

（1）二维数组名a为二维数组的首地址，也是第一行的行首地址；a+1为第二行的行首地址；……；a+i为第i+1行的行首地址。

（2）二维数组的每一行视为一个一维数组，这个一维数组就是a[i]，所以a[i]又称一维数组的首地址，a[i]+j就是对应元素a[i][j]的地址。

（3）行首地址可以通过“*”运算转化为对应的一维数组的首地址，即*(a+i)与a[i]的作用是等价的。

（4）二维数组据点的存储空间的总字节数=行*列*sizeof(元素类型)。

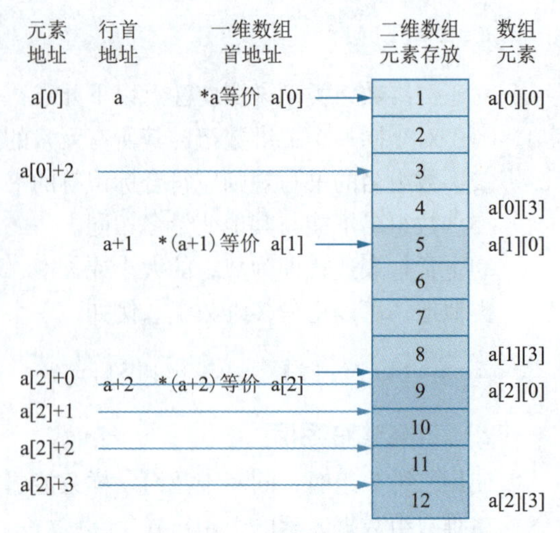

图5.26　二维数组在内存中的按行顺序存放图

例5.19　二维数组的输入与输出示例。（ex5_19.cpp）

程序代码：

```
#include <stdio.h>
int main()
{
    int a[3][4], i, j;
    printf("输入二维数组a[3][4]的12个整数：");
    for (i = 0; i < 3; i++)
        for(j=0;j<4;j++)
            scanf("%d",&a[i][j]);    //可替换为scanf("%d",a[i]+j);或 scanf
                                       ("%d",*(a+i)+j);
    for (i = 0; i < 3; i++)
    {
        for (j = 0; j < 4; j++)
            printf("%4d", a[i][j]);
        printf("\n");
    }
    printf("数组a所占存储空间大小=%d\n", sizeof(a));
    printf("首地址%p, 第2行的首地址=%p,第3行的首地址=%p\n", a, a + 1, a + 2);
    printf("第1个一维数组的首地址%p, 第2个一维数组的首地址=%p,第3个一维数组的首地址=%p\n",
a[0], a [1], a[2]);
}
```

程序运行结果如图5.27所示。

```
Microsoft Visual Studio 调试控制台
输入二维数组a[3][4]的12个整数：1 2 3 4 5 6 7 8 9 10 11 12
   1   2   3   4
   5   6   7   8
   9  10  11  12
数组a所占存储空间大小=48
首地址00EFF71C, 第2行的首地址=00EFF72C,第3行的首地址=00EFF73C
第1个一维数组的首地址00EFF71C, 第2个一维数组的首地址=00EFF72C,第3个一维数组的首地址=00EFF73C
```

图5.27　例5.19程序运行结果

说明： 由于最后两行输出的地址值，VS 2019中提供%p的格式符，它是以十六进制的形式输出地址值，从程序的运行结果可以看出，数组的首地址也是数组的第一行的地址，行地址的值与所对应的一维数组的地址值相等，但是它们的意义是有本质的区别的，这点可以体现在数据元素的输入上，使用时必须注意这种区别。

例如：

```
    scanf("%d",&a[i][j]);            //使用元素的地址进行输入
可替换为
    scanf("%d",a[i]+j);              //使用的是一维数组首地址+元素位置j
或
    scanf("%d",*(a+i)+j);            //使用的是二维数组首地址+元素位置i与j
```

5.4.2 二维数组的初始化

二维数组初始化就是在定义二维数组时给数组元素赋初值的方法。二维数组可按行分段赋值，也可按行连续赋值。

二维数组初始化可以分为以下几种情形：

（1）对所有元素赋初值。例如：

```
int a[4][3]={ { 1, 2, 3 }, { 4, 5, 6 }, { 7, 8, 9 }, { 10, 11, 12 } };
                                     //按行赋值每行加{}
```

也可以省略中间的花括号，它表示按行存放的顺序依次赋值。

```
int a[4][3]={ 1, 2, 3, 4, 5, 6, 7, 8, 9, 10, 11, 12 };
```

编译器将依次将花括号中的值赋给第1行的每个元素，然后是第2行的每个元素，依此类推。初始化后的数组元素如下所示。

1	2	3
4	5	6
7	8	9
10	11	12

（2）对部分元素赋初值。同一维数组一样，当值的个数少于元素个数时，只给前面部分元素赋初值，未赋值的元素自动赋0值。二维数组的部分元素赋值有多种不同情况。

例如，下面的语句表示给每一行的第1个元素分别赋值为1、2、3、4，而每一行的后面2个元素自动赋0值。

```
int a[4][3]={ { 1 }, { 2 }, { 3 }, { 4 } };
```

又如，下面的语句表示给矩阵形式中的下三角形部分元素赋值。

```
int a[3][3]={ { 1 }, { 2, 3 }, { 4, 5, 6 } };
```

下面的语句表示对前两行的8个元素进行了赋值，第三行元素未赋值自动赋0值。

```
int a[4][3]={ 1,2,3,4,5,6,7,8 };
```

（3）对所有行均有元素赋初值时，可省略第一维的长度，但是不能省略第二维的长度。例如：

```
int a[ ][3]= { { 1, 2, 3 }, { 4, 5, 6 }, { 7, 8, 9 }, { 10, 11, 12 } };
int a[ ][3]= { { 1, 2, 3 }, { 4 }, { 7, 8 } };
```

5.5 运用二维数组进行数据运算处理

利用二维数组，可以解决以下常见的问题：

（1）矩阵中数的统计：如计算$m\times n$矩阵中的每行、每列、对角线上元素的和、平均值、最大值、最小值。

（2）矩阵运算：如矩阵相加或相减、转置、乘法。

（3）特殊矩阵：如杨辉三角形、n阶魔方阵等。

5.5.1 矩阵中数的统计

程序代码

ex5_20

例5.20 编写程序，在如下二维数组a[3][4]中选出各行最大的元素组成一个一维数组b[3]。（ex5_20.cpp）

81	123	50	93
41	15	82	16
17	86	32	92

问题分析：这是矩阵中的求行的最大值问题。编程思路是：在数组a的每一行（如第i行）中寻找最大的元素，找到之后把该值赋予数组b[i]元素即可。

例5.21 编程对表5.1最后一行统计课程平均分，最后一列统计学生总分。（ex5_21.cpp）

表5.1 学生成绩统计表

姓　名	语　文	数　学	英　语	物　理	化　学	总　分
张三	80	87	45	85	76	
李四	75	65	63	52	77	
王五	92	88	70	78	65	
平均分						

程序代码

ex5_21

问题分析：可设一个二维数组a[4][6]初始化存放三个学生五门课的成绩，其最后一列和最后一行不赋值。尽管成绩均为整数，但是平均分一般会有小数，所以数组定义为float a[4][6];，然后对每行求和、每列求和，最后对最后一行再求平均值即可。

例5.22 二维数组中的鞍点是指该位置上的元素在该行上是最大的数，并且在该列上是最小的数。根据上述定义，一对于个$m\times n$的整数矩阵，有可能有多个鞍点，也可能没有鞍点。编程求出所有的鞍点并以（行，列）=值的形式输出，如果没有鞍点，则输出“NONE”。（ex5_22.cpp）

程序代码

ex5_22

问题分析：根据二维数组鞍点的定义，很显然可以得到这样一个结论：如果一个二维数组的所有元素值均相等，则所有元素均是鞍点，本例要求输出所有可能的鞍点。由于这种情况的存在，对此问题的解决思路如下：

（1）设置一个一维数组rowmax，存放每行的最大元素值；

（2）设置一个一维数组colmin，存放每列的最小元素值；

（3）对数组中的任何一个元素matrix[i][j]如果满足条件：

```
matrix[i][j]==rowmax[i] && matrix[i][j]==colmin[j]
```

则是鞍点；

（4）设置一个found变量，用于记录数组中是否有鞍点，如果没有则输出“NONE”。

5.5.2 矩阵运算

程序代码

ex5_23

例5.23 求矩阵的转置。（ex5_23.cpp）

问题分析：设原矩阵为a[m][n]，考虑到原矩阵的行与列值可能不相等，则必须使用一个新矩阵来保存转置后的结果，设矩阵转置后的为b[n][m]；对每一个a[i][j]，只需执行b[j][i]=a[i][j];，即可实现转置。

程序代码

ex5_24

例5.24 求矩阵相乘。（ex5_24.cpp）

问题分析：

（1）设矩阵a[m1][n1]，矩阵b[m2,n2]，根据矩阵相乘的概念，只有当n1=m2时才能进行乘法运算，其结果用矩阵c[m1][n2]存储。

（2）求元素c[i][k]的值，其值为矩阵a第i行与矩阵b第k列对应元素的积相加，即：

$$c[i][k]=\sum_{j=0}^{n1}a[i][j]*b[j][k],\quad i=1\sim m1-1,\quad k=0\sim n2-1$$

（3）输出运算结果。

5.5.3 特殊矩阵

1. 输出杨辉三角形

杨辉三角形是二项式系数在三角形中的一种几何排列。

其构成如下（以六行为例）：

```
          1
        1   1
      1   2   1
    1   3   3   1
  1   4   6   4   1
1   5  10  10   5   1
```

在欧洲，这个三角形称为帕斯卡三角形。帕斯卡是在1654年发现这一规律的，比杨辉要迟393年。杨辉三角形是中国古代数学的杰出研究成果之一，它把二项式系数图形化，把组合数内在的一些代数性质直观地从图形中体现出来，是一种离散型的数与形的结合。

程序代码

ex5_25

例5.25 编程输出N行（$0\leqslant N<10$）杨辉三角形。（ex5_25.cpp）

问题分析：杨辉三角形的构造结构可以用图5.28表示（以七行为例），最容易想到的是用一个二维数组来存储它，这样可以发现：

（1）这个二维数组构成一个下三角形数组；

（2）其每行的第一个元素均为1；

（3）对角线元素为1；

（4）下三角形中除第1列和对角线外，每个元素的值均等于其上一行的对应列左边两个数之和，即a[i][j]=a[i-1][j-1]+a[i-1][j];。

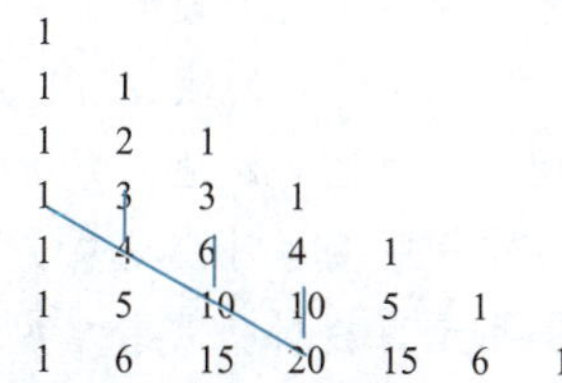

图5.28 杨辉三角形元素关系图

2. n阶奇数魔方阵

n阶奇数魔方阵是由一个$n \times n$的1～n^2之间的自然数构成的矩阵。它的每一行、每一列和对角线之和均相等。例如，一个三阶魔方阵如下所示，它的每一行、每一列和对角线之和均为15。

8	1	6
3	5	7
4	9	2

程序代码

ex5_26

例5.26　编程输出n阶奇数魔方阵。（ex5_26.cpp）

问题分析：经过前人的计算发现，使用下列方法依次将1～n^2填入矩阵中的适当位置即可构造出符合上述要求的矩阵。

（1）设k=1。

（2）将k填入二维数组第0行的中间一列（行列位置用(i,j)表示），填入后k++;。

（3）计算其右上角的位置坐标：

```
newi=(n+i-1)%n;    newj=(j+1)%n;
```

说明： 将此方阵从空间上按左右对接、上下对接的关系（详见图5.29）就可以认为数2的位置就是数1的右上角位置，数4的位置就是数3的右上角位置，上面利用%n的目的是省略了if判断语句。

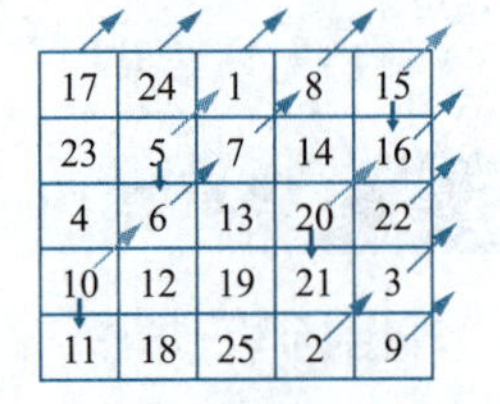

图5.29　五阶奇数魔方阵的填数规则

（4）如果a[newi][newj]位置未填入数据，则调整(i,j)到(newi,newj)，并将k填入其中（a[i][j]=k），然后k++;。

（5）如果a[newi][newj]位置已填入数据，则调整(i,j)到其下方位置(i+1,j)位置，并将k填入其中（a[i][j]=k），然后k++;。

（6）重复执行第（3）步，直到n*n全部填入程序结束。

小　结

本章首先介绍了数组的概念及其在计算机中的重要用途，数组可以大大增强计算机对批量数据的处理能力。

数组通常用来存储具有同一数据类型并且按顺序排列的一系列数据。当定义一个数组时，必须说明数组的名字、数组元素的类型、数组的大小，其中数组的大小必须是整型常量。

数组中存储的每一个值称为数组元素，使用“数组名[下标]”来对数组元素进行访问，其中C语言规定下标可以是任意的计算结果能够自动转换成整型数的表达式，下标的取值范围是从0开始到数组定义的最大长度-1，程序运行中下标超出给定的范围会造成程序异常中止。

对数组元素的赋值可以用数组初始化赋值，也可以使用“数组名[下标]”方式通过输入函数赋值和赋值语句赋值的方法实现。不能对数组整体进行赋值、输入或输出。

在程序编写时，必须要了解数组的存储方式。程序运行时，一个数组分配了一段连续的存储空间用于存放所有数组元素；一维数据的存储顺序与数组元素的表示顺序一致，二维数组的存储按行主序（从上到下、从左到右）依次存放数据元素。数组名不是一个变量，它代表整个数组的首地址，可以当成一个常量参与有关地址的运算。

数组是一种构造型数据类型，可以构造出一维数组、二维数组以及多维数量。根据其元素类型可分为数值数组(整数组、实数组)，以及后面将要介绍的字符数组、指针数组，结构数组等。

数组的应用十分广泛，尤其是一维数组对数据序列的元素增加（插入)、删除、修改、查询、排序等操作是计算机进行大数据与数据库运算的基础。二维数组对于矩阵运算以及一些特定问题的运算具有十分重要的作用。

习　题

1. 输入10个整数，计算它们的平均值，并输出与平均值最接近的那个整数及其位置。

2. 选票统计：设有50人参与一项投票，每人只能投编号为1～6的数字一次，编程统计编号为1～6的每人所得到的票数。

3. 对于1～10 000中的整数，把数据按下列方式依次存入一个新的数组：

（1）把能同时被3、5、7整除的数存入数组a中；

（2）把只能同时被3、5、7中两个数整除的数存入数组b中；

（3）把只能被3、5、7中一个数整除的数存入数组c中。

编程输出新数组中的数据。

4. 利用筛选法求1 000以内的素数。

步骤如下：

第1步：将2,3,4,5,...，1 000存入数组，并确定第一个素数2。

第2步：保留该素数与位置p，并将该数后面的数中是该素数的倍数的数置0。

第3步：找到位置p后面的第一个非0数即为下一个新素数，重置位置p的值，执行第2步；如果找不到后面的非0数，则转第4步。

第4步：数组中所有非0数则为全部素数，并输出。

5. 对给定的一组数据，找出其中的最大值，然后把它后面的元素依次前移一个位置，再将这个最大值放在数组的末尾。编程实现上述功能。

6. 数据搬家：将数组a[100]中从第n到m（$0<n<m<100$）个数移动到数组b[100]中，要求编写程序输出移动后数组a与数组b中的元素。

7. 设a[10]与b[20]中已经按从小到大存放了两组有序数据，现要求将两组数组合并到数组c中，合并后c中的数据元素按由小到大的顺序排列。编程输出排列后的c数组。

8. 插入排序：从键盘输入10个数据，要求每输入一个数据后，将此数据插入已经排序的序列中的适当位置使序列总是有序，并输出每次排序的结果。编程输出插入排序算法。

9. 删除排序：从数组a[20]中每次找到其最小元素，将此最小元素放入到数组b的已有元素的后面，并在数组a中删除此最小元素，重复上述过程直到数组a中没有元素，此时数组b中的元素是按由小到大顺序排列的。编程实现上述算法。

10. 排名统计：设有二维数组a[10][2]，其中第0列为某运动会的各参赛团队的奖牌总数，现要求按奖牌总数由高到低给出各参赛团队的名次（奖牌数相等名次相同)，并按名次高低依次输出。编程实现上述算法。

11. 找出矩阵$\boldsymbol{M}$中的最大、最小元素，并输出它们的位置。

12. 计算矩阵$\boldsymbol{M}$的两条主对角线上元素的和。

13. 计算矩阵$\boldsymbol{M}$上三角元素的和。

14. 编程验证n阶奇数魔方阵结果的正确性，即每行、每列及两条对角线上的元素之和均相等。

15. 编程用一组数组重新实现杨辉三角形的输出。

16. 求两个100位整数以内的乘法，要求得到准确的运算结果。

17. 编程输出year年month月的周历。如输入2023年10月，输出：

2023	1	2	3	4	5	6	7
10							1
10	2	3	4	5	6	7	8
10	9	10	11	12	13	14	15
10	16	17	18	19	20	21	22
10	23	24	25	26	27	28	29
10	30	31					

说明：上述数组定义为m[7][8]，其中m[0][0]为年，第一行后面的值为星期，从第二行开始，每列的第一个值为月份，后面为其日期对应的星期情况。

18. 在题17的基础上编程输出某年的周历。

第 6 章

指针与字符串数据处理

本章学习目标

◎ 了解地址、指针、指针变量的概念。

◎ 了解运用指针来处理数组的重要意义。

◎ 掌握指针变量的定义与用指针来访问所指向的变量的方法。

◎ 掌握运用指针变量与指向一数组的指针灵活访问数组元素的方法。

◎ 熟练掌握利用指针来处理字符串的方法。

◎ 掌握字符串输入/输出及字符串处理函数的运用方法。

◎ 运用字符串处理函数进行文本数据处理。

6.1 指针的概念与意义

地址是计算机存储中的一个十分重要的概念，在面向计算机硬件及运用像汇编语言这样的低级语言进行编程时均离不开地址，人们可以直接对存储地址中的数据进行读取或写入新的数据，以实现特定的功能，这样做的效果是程序的执行速度更快、效率更高、代码更短。但是，汇编语言难学，从而推出了各种不同的高级语言。C语言中指针的运用以及位运算操作的使用，使得C语言具有高级语言中的低级语言的美誉。

6.1.1 地址与变量的地址

1. 地址

在计算机程序运行时，程序和数据都存放在内存中。为了正确地访问这些内存单元，必须为每个内存单元进行编号，内存单元的编号称为地址。

内存空间的编址是由计算机系统的地址总线按字节进行的，每个地址单元可存放1字节的数据。如计算机CPU有32根地址总线，则内存的地址空间编址范围为$0\sim2^{32}-1$，它的每一个地址编号为32位（即4字节），常用8位十六进制数来表示。不同机器其地址总线数不同，地址编号的位数也不同。

2. 变量的地址

1）C语言程序的内存分区

一个程序被装载到内存中运行时，由操作系统负责给程序分配内存空间。

C语言程序中操作系统分配给它的内存区域如图6.1所示，它通常分为五个区，分别为栈区、堆区、全局（静态）区、常量区、代码区。其中代码区存放源程序的二进制代码，其余四个区存储程序运行过程中需要的变量。

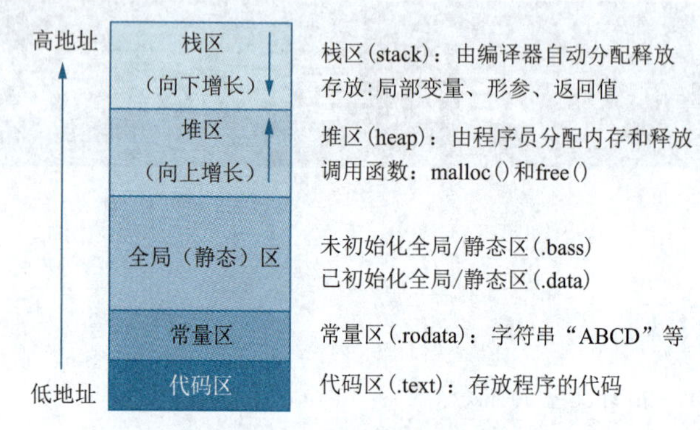

图6.1　C语言内存的分区

从C语言内存分区中可以看到变量还具有不同的存储类别，如全局变量、局部变量、静态存储与动态存储等，这些内容在后续将会详细介绍。到目前为止，程序中所用到的变量均为局部变量，这些变量被分配到栈区。

2）变量的地址

对C语言而言，所有已经定义的变量均有一个地址，对于简单变量可以通过“&”运算符来表示其地址。

如“int a;”，则&a称为变量a的地址。

对于数组，用数组名来表示数据在存储空间中的首地址。通过例6.1的程序可以输出变量的地址值。

例6.1　输出变量的地址与所占存储单元数。（ex6_1.cpp）

程序代码：

```
#include <stdio.h>
int main()
{   int x;      float y1,y2;
    double z;   char ch;
    int a[4];   int b[10][4];
    char st[16];
    printf("变量 x的地址=%p,占用字节=%d\n", &x,sizeof(x));
    printf("变量y1的地址=%p,占用字节=%d\n", &y1, sizeof(y1));
    printf("变量y2的地址=%p,占用字节=%d\n", &y2, sizeof(y2));
    printf("变量 z的地址=%p,占用字节=%d\n", &z, sizeof(z));
    printf("变量ch的地址=%p,占用字节=%d\n", &ch, sizeof(ch));
    printf("数组 a的首地址=%p,占用字节=%d\n", a, sizeof(a));
    printf("数组 b的首地址=%p,占用字节=%d\n", b, sizeof(b));
    printf("数组 b的第2行的首地址=%p,占用字节=%d\n", b[1], sizeof(b[1]));
    printf("数组 b的第3行的首地址=%p,占用字节=%d\n", b+2, sizeof(b[2]));
    printf("数组st的首地址=%p,占用字节=%d\n", st, sizeof(st));
}
```

程序运行结果如图6.2所示。

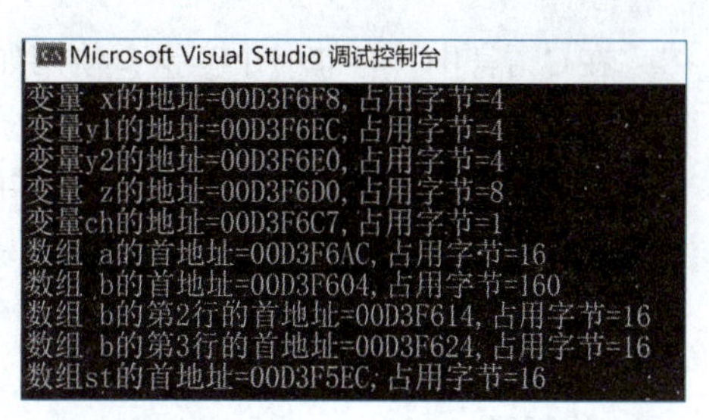

图 6.2　例 6.1 程序运行结果

程序分析：

（1）输出地址值时建议使用“%p”格式符，它以8位十六进制数输出地址值。

（2）基本数据类型定义的变量地址为“&变量名”。

（3）数组的首地址即为数组名，不需要加“&”运算符。

二维数组的三个输出的首地址值的差值依次为16，恰好是一行中四个int数据所占的存储空间，说明了二维数组按行存放的特性。

（4）关于地址值：运行结果中的具体值地址在不同计算上运行时得到的地址值肯定与上述结果不同，甚至在同一台计算机中多次运行此程序得到的值也可能不一样。

这说明，对C语言而言，程序员不必关心变量的具体地址值（因为程序实行动态分配内存使得地址值是不确定的），只需掌握其地址的变化规律即可。

3. C 语言对变量的访问方法

在C语言编译系统通过“符号名表”将变量名与内存地址联系在一起。以例6.1的程序为例，其符号名表的内容见表6.1。

表 6.1　例 6.1 程序符号名表

变　量　名	类　　型	种　　属	存储单元长度	存储单元首地址
x	int	简单变量	4	&x（00D3F6F8）
y1	float	简单变量	4	&y1（00D3F6EC）
y2	float	简单变量	4	&y2（00D3F6E0）
z	double	简单变量	8	&z（00D3F6D0）
ch	char	简单变量	1	&ch（00D3F6C7）
a	一维整型数组	构造变量	16	a（00D3F6AC）
b	二维整型数组	构造变量	160	b（00D3F604）
st	一维字符数组	构造变量	16	st（00D3F5EC）

程序在访问变量名时，首先查找符号名表，如查找成功则可得到变量存放的地址，这样就可以直接读/写存储单元的数据，以完成对变量的取值和赋值操作；如查找不成功，则在编译阶段会给出“变量未定义”的语法错误，供程序员修改程序参考。

在高级语言程序设计中，由于内存分配的动态性，用户一般无须考虑某个变量的具体地址值，因此直接使用变量名，再通过查找符号名表实现对变量存储单元的访问成了高级语言程序设计的首选方案。这种查表的方法显然比直接访问存储地址的方法要慢，所以C语言引入了指针的概念，以实现对变量的快速访问。

6.1.2 指针与指针变量

1. 指针与指针变量的概念

要了解指针的概念，不妨从生活中的具体案例入手。在生活中处处有指针，例如指南针，公路指导牌、路标，影视剧中的藏宝图（地图），等等，这些在现实中是一种指向，告诉人们要去的地方或要找的东西放在哪里，生活中的指针为人们提供了很多的便利。

在C语言中，存储一个变量，使用如“int x;”这样的语句来定义，通过直接使用x就可以对变量的值进行访问，由于&x代表变量的地址，如果想通过&x来访问x，这时就需要定义一个新的变量，用于存储&x（x的地址），这样的变量就是指针变量。

例如：

```
int x;
int *p;
x=2023;
p=&x;
```

则变量x和指针变量p的内存数据存放如图6.3所示。

在图6.3中，由于指针变量p中的内容恰好为变量x的地址值，这样就将这两个变量关联起来了。为了更好地说明这种关系，通常用一个有向箭头将变量p指向变量x，这种描述就是一个指针。其变量的指向结构如图6.4所示。

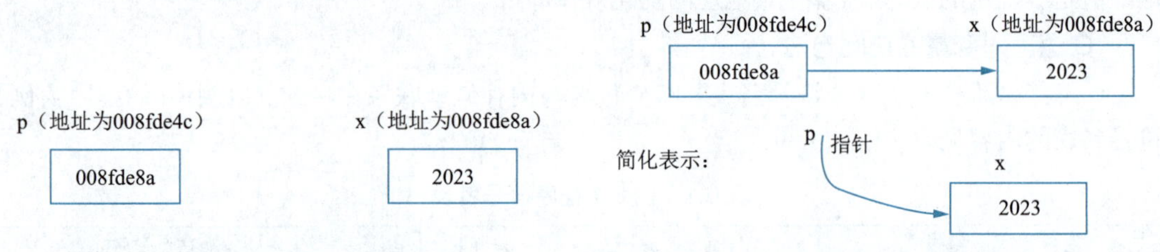

图6-3　变量和地址变量的存储

图6.4　指针变量与指向变量的关系

从图6.4看，指针是用箭头表示的变量的指向关系，这也是将来在用指针进行编程时分析问题的一种思路（图示法），它有助于提高指针程序的编写能力与理解指针的作用等。

从C语言的角度上看，指针的实质就是地址，也是指针变量的简称，如图6.4中通常称指针变量p指向x，或简称为指针p指向x。

简单地说，指针就是地址，表示指向关系；指针变量是用“*”定义的一个变量，也简称为指针，属变量的范畴；指针变量的值是指向变量的地址值。

2. 指针的意义

从图6.4中可以看到，既可以通过访问变量x得到其值2023，也可以通过指针变量p访问到x的内存单元，同样可以得到变量x的值2023，定义指针的目的是通过指针变量去访问所指向的内存单元中的值。

通过指针去访问内存单元具有以下意义：

（1）对于数组而言，利用指针去访问数组元素其执行速度要比直接按下标访问快。

（2）对于结构体而言，可以实现连续数据的非连续存放，从而解决了计算机中的一个重大问题，即存储空间的碎片化利用问题。

（3）对于函数而言，可以实现函数参数的传地址操作，可以解决函数返回值多于一个数据的问题。

（4）用指针表示字符串，使得字符串编程更加方便。

（5）指针还可以指向非常复杂的数据类型，为一些特定的问题的求解提供了新的数据类型与解决方案。

C语言指针的本质就是存储单元的地址，但是指针类型的引入极大地丰富了C语言的数据类型，它可以指向任何复杂的数据类型。不论是基本数据类型，还是各种构造类型，甚至是函数等，均可以运用指针来实现原数据类型的功能或者函数的调用等。

C语言指针的应用带来了如下效果：

（1）程序的执行效率提高了。

（2）程序代码的编写更加灵活了。

（3）能够实现常规数据类型无法实现的功能。

因此，指针极大地丰富了C语言的功能，通常被人们称为“C语言的灵魂”。

6.2　指针变量的定义和使用

指针变量是一个变量，它用于存放变量的地址，指针变量和它所存放的变量的地址之间构成了指向关系；指针变量的值是一个地址值。

6.2.1　指针变量的定义

指针变量的定义方式有很多种，它主要取决于其所指向的数据的类型。本节先介绍指向基本数据类型的指针变量的定义，后面将陆续介绍其他类型的定义。

指向基本数据类型的指针变量的定义形式为：

```
类型说明符   *变量名;
```

其中，“*”表示其后面的变量名是一个指针变量（即变量名为定义的指针变量），类型说明符表示本指针变量所指向的变量的数据类型。

例如：

```
int *p;
```

表示p是一个指针变量，它的值是某个整型变量的地址。或者说p指向一个整型变量，至于p究竟指向哪一个整型变量，应当由对p进行赋值语句来决定（p=&变量）。

再如：

```
long *p2;        //p2是指向长整型变量的指针变量（*p2不是指针变量）
float *p3;       //p3是指向浮点变量的指针变量
char *p4;        //p4是指向字符变量的指针变量
```

6.2.2　指针变量的赋值

指针变量同普通变量一样，使用之前必须先定义，然后对它进行赋值。未经赋值的指针变量称为“游离指针”，编译时直接给出“使用了未初始化的局部变量”的错误信息。如果编译系统允许“游离指针”的存在，可能会威胁着系统的安全，甚至出现操作系统（OS）崩溃的严重后果。

1. 指针变量的赋值方法

设有指向整型变量的指针变量p，如要把整型变量a的地址赋予p可以有以下两种方式：

（1）指针定义时赋值：

```
int a;
int *p=&a;
```

（2）先定义，后赋值：

```
int a;
int *p;
p=&a;
```

2. 指针变量的赋值原则

（1）不能将一个具体的数值常量赋给任何指针变量。例如：

```
int *p;
p=1000;   //VS中编译时出现错误信息C2440  "=":无法从"int"转换为"int *"
```

被赋值的指针变量前不能再加*说明符，如写成：

```
*p=&a;    //VS中编译时出现错误信息C2440  "=":无法从"int *"转换为"int "
```

（2）一致性原则：只能赋相同类型的变量的地址，不能将不同类型的变量地址赋给指针变量。

在实际运用过程中，判断此原则的方法是：对照两个变量的定义语句，它们之间在定义上只差一个“*”，其余除变量名外均相同。例如：

```
int x;
long y;
int *p;
long *q;
int **r; //二重指针定义，变量名为r
long **s;//二重指针定义，变量名为s
```

则下列赋值是允许的：

```
p=&x;     //变量p的定义与变量x的定义多一个*号，其余相同
q=&y;     //变量q的定义与变量y的定义多一个*号，其余相同
r=&p;     //变量r的定义与变量p的定义多一个*号，其余相同
s=&q;     //变量s的定义与变量q的定义多一个*号，其余相同
```

以上赋值分别表示：p指向x，q指向y，r指向p，s指向q，它们之间形成了连环指向关系，如图6.5所示。

下列赋值均是不合规的，会出现语法错误：

```
p=&y;     //VS编译错误信息：不能将"long *"类型的值分配到"int *"类型的实体
r=&x;     //VS编译错误信息：不能将"int *"类型的值分配到"int **"类型的实体
s=&r;     //VS编译错误信息：不能将"int **"类型的值分配到"long **"类型的实体
p=q;      //VS编译错误信息：不能将"long *"类型的值分配到"int *"类型的实体
```

（3）只要符合类型一致性原则，同一个指针变量可以在不同时期指向不同的变量，但任何一个时刻均只能指向一个变量。例如：

```
int x,y,z; int *p;
```

则：

```
p=&x;    ……  p=&y;    ……   p=&z;
```

在同一个程序中的不同位置，以上语句均是合法的。

（4）同类型说明的指针变量之间可以赋值，表示它们指向同一个变量。例如：

```
int *p,*q;
int a=128;
p=&a;
q=p;        //正确，因为p与q的定义完全一致
```

其指向关系如图6.6所示。

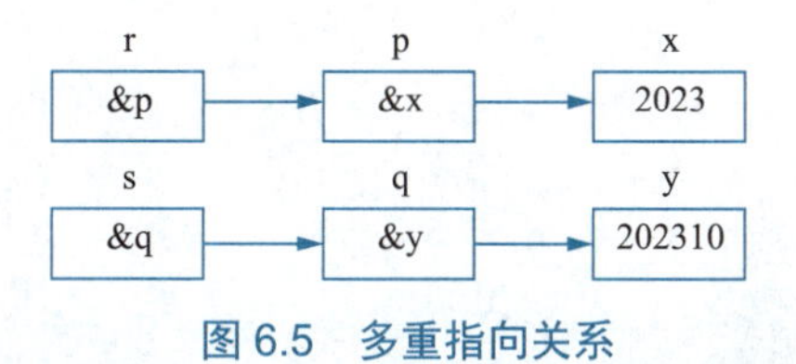

图6.5　多重指向关系

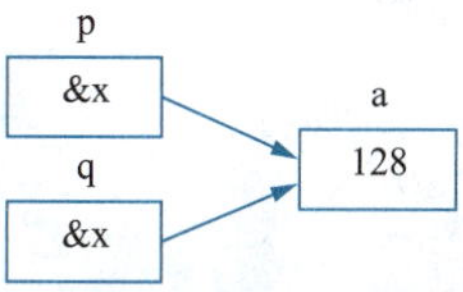

图6.6　两个指针指向同一变量

6.2.3 指针变量的运算

除了指针变量的赋值运算外，对指针变量的运算不多，通常有*、+、-、++、--和比较运算，其中+、-、++、--和比较运算用于指向数组元素的指针，在下一节进行介绍。

1. 间接访问运算符"*"

使用格式如下：

```
*指针变量
```

功能：其结果为指针变量所指向的变量的值。

例6.2　指针指示的地址与所指向元素的值。（ex6_2.cpp）

程序代码：

```
#include <stdio.h>
void main()
{   int a = 128;
    int* p;
    p = &a;
    printf("&a=%p,p=%p\n", &a, p);
    printf("&p=%p\n", &p);
    printf("a=%d,*p=%d\n", a, *p);
}
```

程序运行结果如图6.7所示。

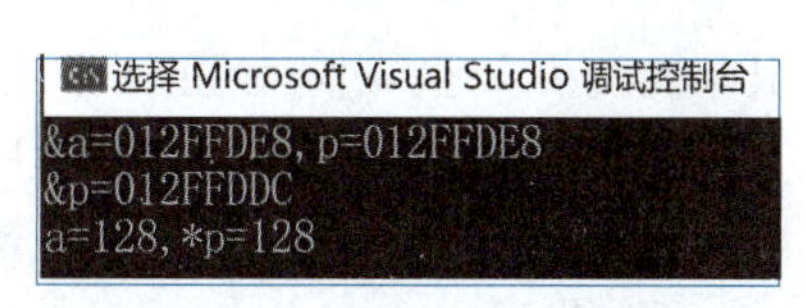

图6.7　例6.2程序运行结果

从例6.2程序的运行结果可以得出如下结论：

（1）第一行输出：因为p=&a;，即p存放的是变量a的地址，所以p的值与&a的值相等。但值得注意的是此结果为不确定的值，在不同的机器上运行结果可能不一样。

（2）第二行输出：因为p是一个变量，系统同样会分配一个存储单元（4字节），它也有一个地址。

（3）第三行输出：*p的值与a的值相等，表示*p（对指向变量的间接访问）就是a（对a的直接访问），用图6.8表示。

如p指向a，则*p就是a。它表明了两方面的含义：

① *p与a的数据类型一致，a是什么类型的变量，*p也是什么类型的变量。

② *p与a的值一致，对*p的赋值就是对变量a的赋值；反之，改变a的值，*p的值随之改变；说明程序中以前用变量a表示的地方均可以用*p进行替换。

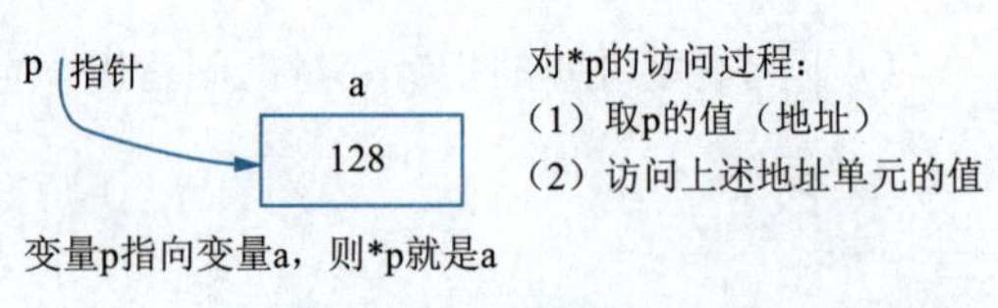

图 6.8 对 *p 的访问过程

2. 多重指针及运算

已知程序段：

```
int a=128;
int *p;
int **q;
p=&a;
q=&p;
```

根据上面的分析可以得到下面的结论：

```
*p=a;      //*p就是a;                                    (1)
*q=p;      //*q就是p;                                    (2)
```

将（2）代入（1）得到：

```
**q≡a;    //注："≡"（下同）不是C语言的符号，这里借用数学中的恒等于符号只想说是在程序
              设计中**q与a的作用是一样的。                  (3)
```

进一步，如增加语句：

```
int ***r;
r=&q;
```

则

```
*r=q;      // *r就是q;                                   (4)
```

将（4）代入（3）得到：

```
***r≡a;                                                  (5)
```

联合（1）(3)(5) 式得到：

```
***r≡**q≡a;
```

其指向关系及运算过程如图 6.9 所示。

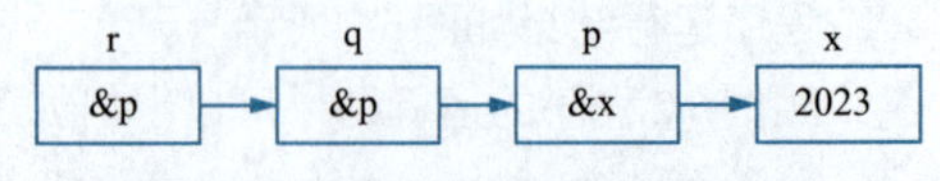

图 6.9 指针变量之间的指向关系

上面的结论可以通过下面的程序得到验证。

例 6.3 多重指针对元素的访问示例。(ex6_3.cpp)

程序代码：

```
#include <stdio.h>
void main()
{   int a = 128;
    int* p;
    int** q;
    int*** r;
    p = &a;
```

```
    q = &p;
    r = &q;
    printf("&a=%p,a=%d\n", &a, a);
    printf("&p=%p,p=%p,*p=%d\n", &p, p, *p);
    printf("&q=%p,q=%p,*q=%p,**q=%d\n", &q, q, *q, **q);
    printf("&r=%p,r=%p,*r=%p,**r=%p,***r=%d\n", &r, r, *r, **r, ***r);
}
```

程序运行结果如图6.10所示。

```
Microsoft Visual Studio 调试控制台
&a=005EFBE8, a=128
&p=005EFBDC, p=005EFBE8, *p=128
&q=005EFBD0, q=005EFBDC, *q=005EFBE8, **q=128
&r=005EFBC4, r=005EFBD0, *r=005EFBDC, **r=005EFBE8, ***r=128
```

图6.10　例6.3程序运行结果

思考1：在ex6_3.cpp的第一个输出语句前增加一个语句：

```
***r=1025;
```

再运行程序，会得到什么结果？

思考2：在上面的说明中，赋值语句r=&p;是否成立？

例6.4 交换两个变量的值。（ex6_4.cpp）

程序代码：

```
#include <stdio.h>
void main()
{
    int a, b, c;
    int* p1, * p2;
    a = 100; b = 10;
    p1 = &a;     //p1指向a
    p2 = &b;     //p2指向b
    c = *p1;     //等价语句：c=a;
    *p1 = *p2;   //等价语句：a=b;
    *p2 = c;     //等价语句：b=c;
    printf("a=%d,b=%d\n", a, b);
    printf("*p1=%d,*p2=%d\n", *p1, *p2);
}
```

程序运行结果如图6.11所示。

```
Microsoft Visual Studio 调试控制台
a=10, b=100
*p1=10, *p2=100
```

图6.11　例6.4程序运行结果

例6.5 输入a和b两个整数，按先大后小的顺序输出a和b。（ex6_5.cpp）

程序代码：

```
#include <stdio.h>
void main()
{
    int* p1, * p2, * p, a, b;
    printf("Input integer a & b=:");
    scanf("%d %d", &a, &b);
    p1 = &a; p2 = &b;                          //p1指向a,p2指向b      (1)
```

```
    if (a < b)
    {
        p = p1; p1 = p2; p2 = p;            //交换p1和p2的值              (2)
    }
    printf("a=%d,b=%d\n", a, b);
    printf("max=%d,min=%d\n", *p1, *p2);   // 输出p1、p2指向的变量的值
}
```

程序运行结果如图6.12所示。

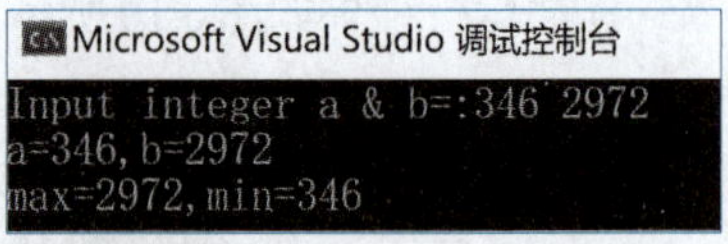

Microsoft Visual Studio 调试控制台

```
Input integer a & b=:346 2972
a=346, b=2972
max=2972, min=346
```

图6.12 例6.5程序运行结果

程序分析：使用图解分析法对本题运行过程进行分析，详见图6.13。

显然经过语句组（2）后变量p1与变量p2的值进行了交换，根据指针的概念，可以得到p1指向了b，p2指向了a，最后得到*p1的值为b的值2972，*p2的值为a的值346。

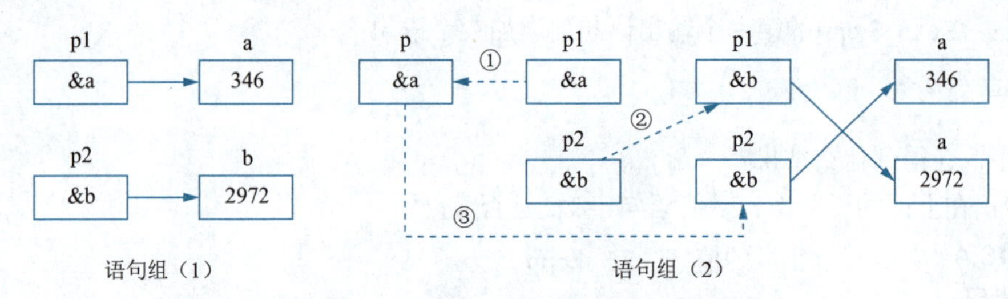

图6.13 指向关系及交换两个指针

6.3 运用指针访问数组元素

本节讨论如何运用指针访问数组元素。

6.3.1 指向数组元素的指针变量

数组是由同类型的多个数据构成，在存储分配上它占用连续的内存空间，数组名就是这片空间的首地址。

1. 一维数组元素的地址

数组的定义如下：

```
数据类型 变量名[元素个数];
```

例如：

```
int a[10];
```

数组元素的存储与地址如图6.14所示，其中数组名a表示数组在内存中的首地址，同时也是第1个元素的地址，即a等于&a[0]。

第i+1个数组元素a[i]的地址用&a[i]表示，也可以用a+i表示，a+i等于&a[i]。

数组名a不是变量，所以不能对a进行赋值操作，但a可以看成一个常量值，可以进行简单的+/−运算。

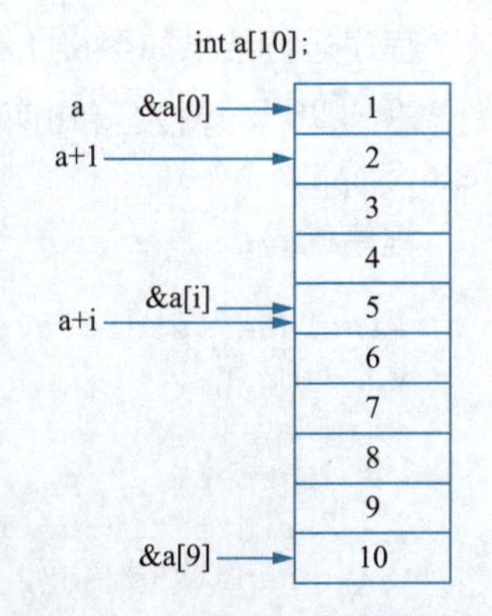

图6.14 一维数组元素的地址

2. 一维数组元素的指针变量定义与赋值

指向一维数组元素的指针变量说明的一般形式为：

```
类型说明符    *指针变量名;
```

其中类型说明符与一维数组元素的类型相同。从一般形式可以看出，指向数组的指针变量和指向普通变量的指针变量的说明是相同的。

例如：

```
int a1[10];        //定义a1为包含10个整型数据的数组
int *p1;           //定义p1为指向整型变量的指针
```

有

```
p1=&a1[i];
```

又如：

```
int a2[10][10]; //定义a2为包含10×10个整型数据的二维数组
int *p2;        //定义p2为指向整型变量的指针
```

有

```
p2=&a2[i][j];
```

同时：

```
p1=a1;            //正确：a1代表一维数组的首地址，它等于&a1[0]
p1=a1+i;          //正确：a1+i代表a1[i]的地址，它等于&a1[i]，表示p1指向a[i]
p1++;             //正确：表示 指向下一个数组元素
p2=a2;            //错误：a2是二维数组，也是第一行的首地址，它指向的是一个一维数组，而
                    不是指向一个元素，所以赋值不正确
```

3. 通过指向数组元素的指针变量引用数组元素

由于数组元素可以用多种形式来表达其地址，所以引用一个数组元素可以用：

（1）下标法，即用a[i]形式访问数组元素。

（2）指针法，即采用*(a+i)或*(p+i)形式，用间接访问的方法来访问数组元素，其中a是数组名，p是指向数组元素的指针变量（设其初值为p=a;）。

例6.6　运用指针变量对数组元素进行赋值与输出。（ex6_6.cpp）

程序代码：

```
#include <stdio.h>
void main()
{
    int a[10], i;
    int* p = a;
    for (i = 0; i < 10; i++)
        *(p + i) = i * i;            //对a[i]进行赋值
    for (i = 0; i < 10; i++)
        printf("%4d", *(p + i));     //输出a[i]
    printf("\n");
}
```

程序运行结果如图6.15所示。

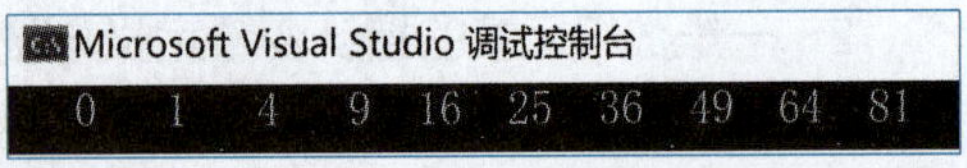

Microsoft Visual Studio 调试控制台
0 1 4 9 16 25 36 49 64 81

图6.15 例6.6程序运行结果

4. 指向数组元素指针变量的进一步应用

（1）对于指向数组元素的指针变量，可以执行++、--运算，也可以执行+n或-n的运算。

设：

```
int a[5]={2, 5, 8, 10, 7},*p,*q;
p=a;        //p指向数组首地址
q=a+n;      //q指向a[n]
p++;        //p指向下一个数组元素
q--;        //q指向前一个数组元素
```

注意：上面的++、--、+n不是在原地址值的基础上+1、-1或+n，而是加减其数据元素所占的字节长度，以实现指针变量移动后面或前面一个元素位置，表示指向下一个数据元素或前一个元素，如图6.16所示。

数组元素
a或p
a+1或++p
a+4或p=a+4
2
5
8
10
7

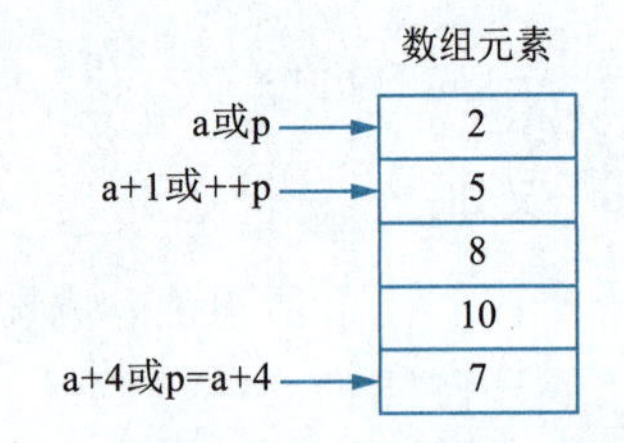

图6-16 指针与数组元素的关系

例6.7 求数组元素之和。(ex6_7.cpp)

程序代码：

```
#include <stdio.h>
void main()
{
    int a[5] = { 2,5,8,10,7 }, * p;
    int i, sum = 0;
    p = a;
    for (i = 0; i < 5; i++)
    {
        sum += *p;       //累加数组元素
        p++;             //p指向下一元素
    }
    printf("sum=%d\n", sum);
}
```

程序运行结果如图6.17所示。

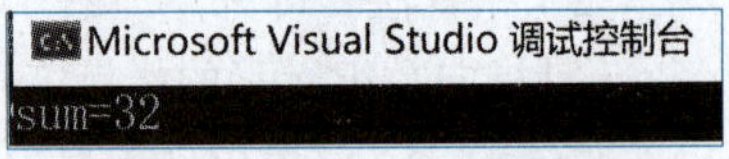

Microsoft Visual Studio 调试控制台
sum=32

图6.17 例6.7程序运行结果

说明：程序for语句中的复合语句可以用下面三个语句中任何一个替代。

```
sum+=*p++;
sum+=*(p+i);
sum+=*(a+i);
```

（2）两个指针变量之间的加法运算。两个指针变量不能进行加法运算。因为两个地址值相加没有任何实际意义。

（3）两个指针变量相减运算。只有指向同一数组的两个指针变量之间才能进行减法运算，否则该运算没有任何实际意义。两指针变量相减所得之差是两个指针所指数组元素之间相差的元素个数，一般用处不大，因而很少使用。

（4）两个指针变量的关系运算。指向同一数组的两指针变量可以进行关系运算，其结果为

1或0，用于if语句或循环控制条件中。指向不同数组元素的两个指针之间的比较没有任何实际意义。

例如：

```
p1==p2    //表示p1和p2指向同一数组元素
p1>p2     //表示p1处于高地址位置
p1<p2     //表示p2处于低地址位置
```

例6.8　编程输出两个指针之间的元素个数。(ex6_8.cpp)

问题分析： 初始设置时让一个指针p指向数组的第一个元素，另一个指针指向数组的最后一个元素（见图6.18），然后p++;q--;，让这两个指针向数组中间靠拢，直到q<p为止。

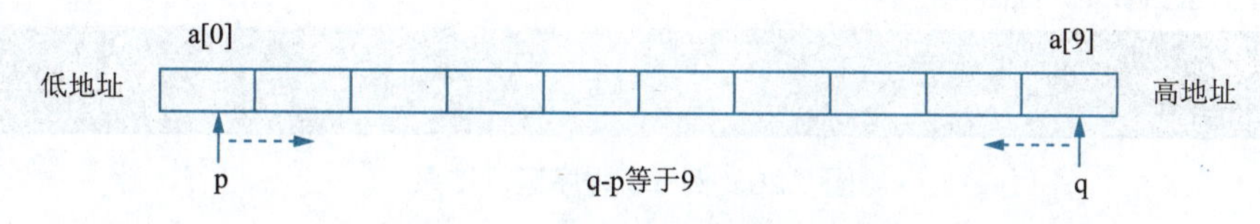

图 6.18　一维数组与指针的关系图

程序代码：

```
#include <stdio.h>
void main()
{
    int a[10], * p, * q;
    p = a;
    q= a + 9;
    while(p<q)
    {
        printf("n=%d\n", q-p);
        p++; q--;
    }
}
```

程序运行结果如图6.19所示。

图 6.19　例 6.8 程序运行结果

例6.9　将数组中的所有元素前后颠倒存放。(ex6_9.cpp)

问题分析： 本例可以直接利用图6.18的结构模型来解决，只需增加交换p和q指针所指向的两个数组元素的值即可。

程序代码：

```
#include <stdio.h>
void main()
{
    int a[10] , * p, * q, t, i;
    p = a;
    printf("Input 10 data:");
    for (i = 0; i < 10; i++)
        scanf("%d", a + i);
    printf("scoure data:");
    for (i = 0; i < 10; i++)
        printf("%6d", *(a + i));
    printf("\n");
```

```
    for(p = a, q = a + 9;p <= q;p++,q--)
    {
        t = *p; *p = *q; *q = t;     //交换p和q所指向的两个元素值
    }
    printf("after reverse data:");
    for (i = 0; i < 10; i++)
        printf("%6d", a[i]);
    printf("\n");
}
```

程序运行结果如图6.20所示。

```
Microsoft Visual Studio 调试控制台
Input 10 data:12 3 4 5 67 75 44 56 7788 876
scoure data:     12     3     4     5    67    75    44    56  7788   876
after reverse data:   876  7788    56    44    75    67     5     4     3    12
```

图6.20 例6.9程序运行结果

5. 用指向数组元素的指针访问二维数组元素

前面介绍的指向数组元素的指针p，当执行p++操作后，p移动下一个数组元素，其绝对移动的地址值是sizeof(元素类型)。由于二维数组的按行连续存储特性，只要从数组元素的第一个位置，依次移动m*n（m为行、n为列数）次，则可让p指向所有元素，所以用这一方法同样可以访问二维数组的所有元素。

例6.10 按行顺序输出二维数组中的全部元素。（ex6_10.cpp）

```
#include <stdio.h>
void main()
{
    int a[5][5], i, j, * p;
    p = &a[0][0];                                          //p指向第一个元素的地址
    for (i = 0; i < 25; i++)
        *(p + i) = i;                                      //依次为二维数组元素赋值
    for (i = 0; i < 5; i++)
    {
        for (j = 0; j < 5; j++)
            printf("a[%d][%d]=%2d  ", i, j, *p++); //输出二维数组的元素值
        printf("\n");                                      //每输出一行后换行
    }
}
```

程序运行结果如图6.21所示。

```
Microsoft Visual Studio 调试控制台
a[0][0]= 0  a[0][1]= 1  a[0][2]= 2  a[0][3]= 3  a[0][4]= 4
a[1][0]= 5  a[1][1]= 6  a[1][2]= 7  a[1][3]= 8  a[1][4]= 9
a[2][0]=10  a[2][1]=11  a[2][2]=12  a[2][3]=13  a[2][4]=14
a[3][0]=15  a[3][1]=16  a[3][2]=17  a[3][3]=18  a[3][4]=19
a[4][0]=20  a[4][1]=21  a[4][2]=22  a[4][3]=23  a[4][4]=24
```

图6.21 例6.10程序运行结果

说明： 本程序虽然能够实现对二维数组所有元素的赋值与输出其元素的值，但是如果要用这种方法输出任意的a[i][j]就不方便了，因此需要继续介绍新的指针来解决这类问题。

6.3.2 指向数组的指针

指向数组的指针和指向数组元素的指针是两个完全不同的概念。指向数组的指针又可以分为指向一维数组的指针与指向多维数组的指针。

1. 二维数组的地址

1）二维数组的地址概念

在第 5 章中已经介绍了二维数组有关地址的概念，现通过一个例题来更深一步理解二维数组中有关地址的概念。

例 6.11　二维数组有关地址的结果。（ex6_11.cpp）

```
#include <stdio.h>
int main()
{   int a[3][4];
    a[2][1] = 1203;
    printf("1.数组a的首地址=%p,数组占用字节=%d\n", a, sizeof(a));
    printf("2.数组a第2行的首地址=%p,第2行占用字节=%d\n", a[1], sizeof(a[1]));
    printf("3.数组a第2行的首地址=%p,第3行占用字节=%d\n", a + 1, sizeof(*(a+1)));
    printf("4.数组a第2行的第2个元素的地址=%p\n", a[1]+1);
    printf("5.数组a的a[2][1]的地址=%p,值=%d\n", &a[2][1], a[2][1]);
    printf("6.数组a的a[2][1]的地址=%p,值=%d\n", a[2] + 1, *(a[2] + 1));
    printf("7.数组a的a[2][1]的地址=%p,值=%d\n", *(a+2)+1, *(*(a+2)+1));
}
```

程序运行结果如图 6.22 所示。

```
Microsoft Visual Studio 调试控制台
1. 数组a的首地址=0073F85C, 数组占用字节=160
2. 数组a第2行的首地址=0073F86C, 第2行占用字节=16
3. 数组a第2行的首地址=0073F86C, 第3行占用字节=16
4. 数组a第2行的第2个元素的地址=0073F870
5. 数组a的a[2][1]的地址=0073F880, 值=1203
6. 数组a的a[2][1]的地址=0073F880, 值=1203
7. 数组a的a[2][1]的地址=0073F880, 值=1203
```

图 6.22　例 6.11 程序运行结果

结果分析：

（1）从第 1 行和第 3 行的结果可以得出：a 为数组的首地址，也是第 1 行的首地址；a+1 为数组第 2 行的首地址。

（2）从第 1 行和第 3 行的结果可以得出：a[1] 为数组的第 2 行的首地址，也是第 1 行第 0 列元素的地址；a[1]+1 为数组第 2 行第 2 个元素的地址。

（3）a+1 与 a[1]+1 有着本质的区别：a+1 在 a 的基础上地址值 +16（一行 4 个 int 元素，占 16 字节），而 a[1]+1 其地址值只增加了 4，相当于 1 个 int 元素占用的存储空间。

（4）a[2][1] 元素的输出有 a[2][0]、*(a[i]+j)、*(*(a+2)+1) 这三种方式。

2）行地址与行指针

C 语言允许把一个二维数组分解为多个一维数组来处理。因此，数组 a[3][4] 可分解为三个一维数组，即 a[0]、a[1]、a[2]（这里将 a[i] 视为一维数组名）。每一个一维数组 a[i] 又含有四个元素，例如 a[0] 数组，含有 a[0][0]、a[0][1]、a[0][2]、a[0][3] 四个元素，如图 6.23 所示。

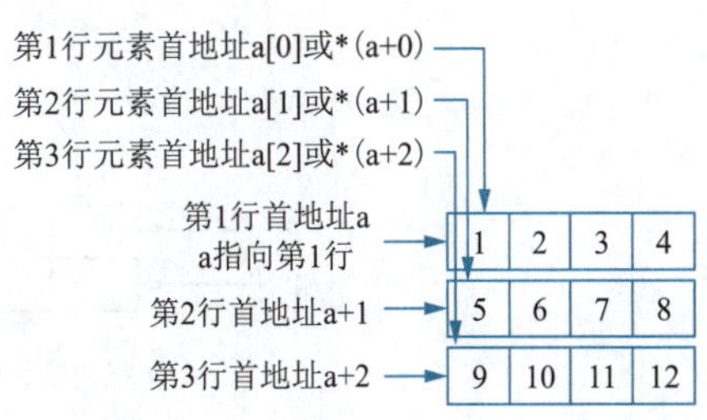

图 6.23　二维数组行地址与行指针

行地址：二维数组每一行的首地址称为行地址，如图 6.23 中，a、a+1、a+2 表示数组的第 1 行、第 2 行和第 3 行的首地址。

行指针：指向一维数组（或称为一行）的指针为行指

针。在图6.23中，a、a+1、a+2为指向一维数组的指针，也即行指针。

注意a[i]与a+i的区别：尽管它们的地址值相同，但其意义不同，a[i]表示一维数组名，是数组元素a[i][0]的地址；而a+i是指向一维数组第i行指针，它不是元素的地址。

3）对行指针的“*”运算

a+i指向数组的第i+1行，而第i+1行又可以用一维数组a[i]来表示，所以根据“*”运算的概念，可以得到*(a+i)就是a[i]；而a[i]又是数组元素a[i][0]的地址，所以*a[i]就是a[i][0]的值，将a[i]代换为*(a+i)，得到*(*(a+i))也是a[i][0]的值。

通过上面的分析，得到了二维数组第i行第0个元素的地址，则二维数组第i行第j个元素的地址为*(a+i)+j、a[i]+j、&a[i][0]+j，它们均与&a[i][j]等价，如图6.24所示。

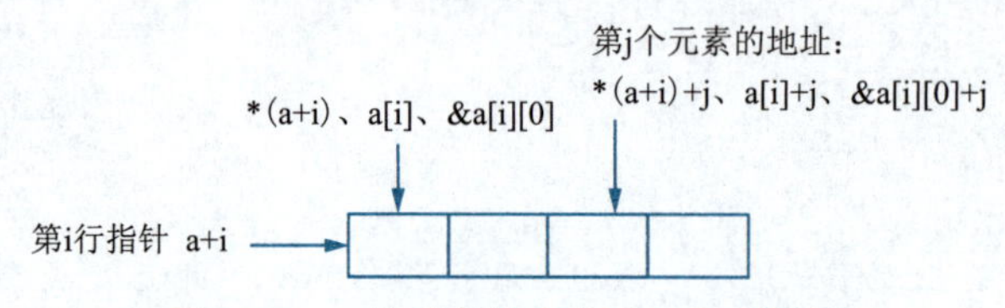

图6.24 二维数组的行指针与元素地址

那么a[i][j]可以用下列式子表示：

((a+i)+j)　　*(a[i] +j)　　*(&a[i][0]+j)

2. 指向一维数组的指针变量

1）指向一维数组的指针变量的定义

设一维数组的定义如下：

```
int a[4];
```

根据前面介绍的指针与所指向的变量的定义关系可知，指针变量的定义为在相应的变量定义的基础上加上“*”，所以指向一维数组的指针变量p的定义为：

```
int (*p)[4];                                                    (1)
```

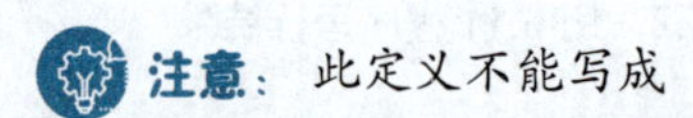
注意：此定义不能写成

```
int *p[4];                                                      (2)
```

原因是[]的优先级高于*，定义（1）增加()后，由于()和[]具有相同的优先级，并且满足左结合律，所以（1）表示定义的是一个指针变量，它指向一个包含四个int型数据的一维数组。而定义（2）也是成立的，但其含义不一样，由于[]优先级高于“*”，则表示它定义的是一个一维数组，数组的每个元素均是一个int *型的指针变量（通常称指针数组），其区别如图6.25所示，本节介绍指向一维数组的指针，指针数组在下一节介绍。

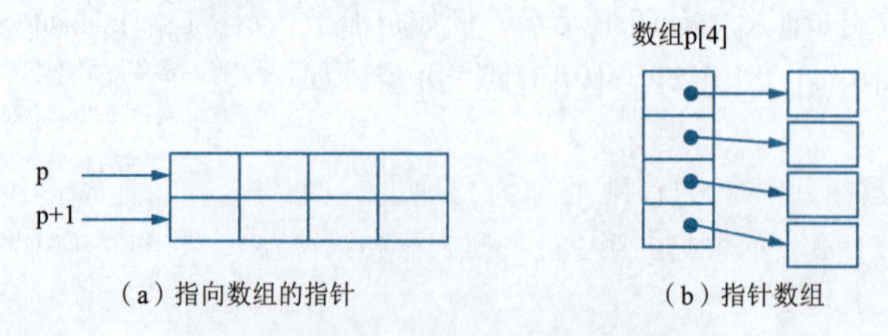

图6.25 指向数组的指针与指针数组

指向一维数组的指针变量说明的一般形式为：

```
类型说明符  (*指针变量名)[长度]
```

其中，“类型说明符”为所指数组的数据类型；“*”表示其后的变量是指针类型；“长度”对应二维数组定义中第二维分量的长度，也就是二维数组的列数。

2）指向一维数组的指针变量的赋值与运算

根据指针变量赋值原则，指向一维数组的指针变量应该将二维数组的行指针赋给它。例如：

```
int a[3][4];
int (*p)[4];
p=a;
```

这样p指向二维数组a的第0行，那么p+1指向二维数组a的第1行，p+i指向二维数组a的第i行。

同样，++p指向二维数组a的下一行，--p指向二维数组a的上一行。

在p=a;赋值语句下，用p来对二维数据元素a[i][j]进行访问的方法：

（1）找到第i行的地址为p+i;

（2）用“*”运算将它转换为第i行第0列的地址为*(p+i);

（3）再找到第j个元素的地址为*(p+i)+j;

（4）通过“*”运算得到其数据值为*(*(p+i)+j)，此值就是数据元素a[i][j]。

例6.12 输出二维数组的元素。（ex6_12.cpp）

程序代码：

```
#include <stdio.h>
void main()
{
    int a[3][4] = { 0,1,2,3,4,5,6,7,8,9,10,11 };
    int(*p)[4];
    int i, j;
    p = a;
    for (i = 0; i < 3; i++)
    {
        for (j = 0; j < 4; j++)
            printf("%4d  ", *(*(p + i) + j));   //等价输出a[i][j]
        printf("\n");
    }
}
```

3）指向二维数组的指针变量的赋值与运算

根据以上定义方式，可以将指向一维数组的指针变量推广到指向二维数组的指针变量。

例6.13 输出三维数组的元素。（ex6_13.cpp）

程序代码：

```
#include <stdio.h>
void main()
{
    int a[2][2][3] = { 0,1,2,3,4,5,6,7,8,9,10,11 };
    int(*p)[2][3];
    int i, j,k;
    p = a;
```

```
        for (i = 0; i < 2; i++)
        {
            for (j = 0; j < 2; j++)
                {
                    for (k = 0; k < 3; k++)
                        printf("%4d  ", *(*(*(p + i) + j) + k));
                                                        //等价输出a[i][j][k]
                    printf("\n");
                }
            printf("\n");
        }
    }
```

程序运行结果如图6.26所示。

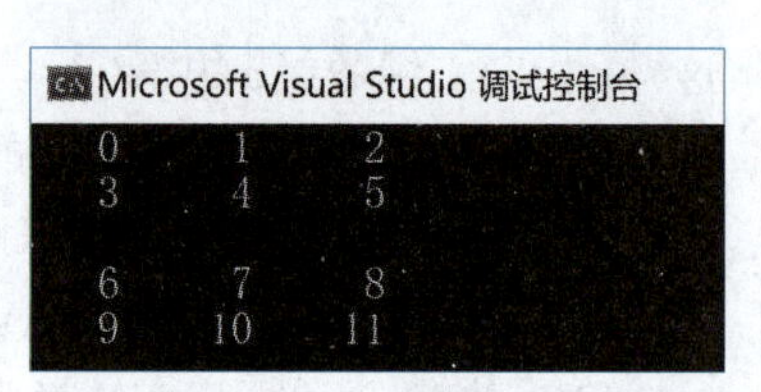

图6.26　例6.13程序运行结果

对于一个指向一个二维数组的指针p，可以做以下理解：

（1）p指向一个二维数组，p+1指向下一个二维数组；

（2）*(p+i)就是第i个二维数组的数组名，则*(p+i)+j指向第j行；

（3）*(*(p+i)+j)就是一维数组名，则*(*(p+i)+j)+k就是a[i][j][k]元素的地址；

（4）*(*(*(p+i)+j)+k)就是数组元素a[i][j][k]的值。

6.3.3 指针数组

一个数组的元素值为指针的数组称为指针数组。指针数组是一组有序的指针的集合。指针数组的所有元素都指向相同数据类型的指针变量。

指针数组说明的一般形式为：

```
类型说明符 *数组名[数组长度]
```

其中，类型说明符为指针值所指向的变量的类型。

例如：

```
int *pa[3];
```

表示pa是一个指针数组，它有三个数据元素，每个元素值都是一个指向整型变量的指针。

运用指针数组存放一个二维数组的行地址，就可以实现对二维数组元素的一种新的访问方式。具体见例6.14.

例6.14　用指针数组输出二维数组的元素。（ex6_14.cpp）

问题分析：本例要求运用指针数组来输出二维数组int a[3][4]元素的值，那么首先要构造一个指针数组int *pa[3];让它的每个元素的值分别等于二维数据各行的首地址，即每个数据元素分别指向一维数组，可采取int* pa[3] = { a[0],a[1],a[2] };来实现，其指向关系如图6.27所示。根据前面的分析，对二维数组元素a[i][j]的访问方式共三种，其中一种为*(a[i]+j),由于a[i]与pa[i]相等，所以也可以用*(pa[i]+j)来进行访问。

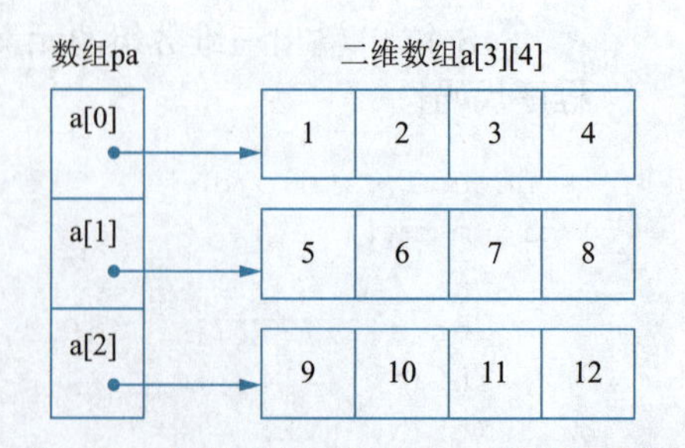

图6.27　指针数组元素指向二维数组的行

程序代码：

```
#include <stdio.h>
void main()
{
    int a[3][4] = { 1,2,3,4,5,6,7,8,9,10,11,12 };
    int* pa[3] = { a[0],a[1],a[2] };
    int i, j;
    for (i = 0; i < 3; i++)
    {
        for (j = 0; j < 4; j++)
            printf("%4d  ", *(pa[i] + j));  //等价于*(a[i]+j)
        printf("\n");
    }
}
```

程序运行结果如图6.28所示。

```
Microsoft Visual Studio 调试控制台
1    2    3    4
5    6    7    8
9    10   11   12
```

图6.28 例6.14程序运行结果

例6.15 定义10个独立的变量，要求编程求出其中的最大值和对应的变量名。（ex6_15.cpp）

问题分析：

设有a、b、c、d、e、f、g、h、i、j共10个变量，由于这10个变量之间没有关联，无法应用循环来实现求最大值，同时问题还要求输出是哪个变量是最大值，这样要求输出对应的变量名，需要改变求解方法，必须使用数组结构来存放变量名，以及变量的地址，因此可以使用循环语句来解决上述问题。

具体方法是：使用指针数组int *pa[10]来保存各变量的地址，另外用一个数组char ch[10]来保存变量名，并形成对应关系。然后利用循环求最大值的方法，同时保存其最大值元素所在的下标，就可以解决上述问题。

程序代码：

```
#include <stdio.h>
void main()
{
    int a, b, c, d, e, f,g,h,i,j;
    int* pa[10] = { &a,&b,&c,&d,&e,&f,&g,&h,&i,&j };
    char ch[10] = { 'a','b', 'c','d', 'e','f','g','h','i','j'};
    int max, pos;
    scanf("%d%d%d%d%d%d%d%d%d%d", &a, &b, &c, &d, &e, &f, &g, &h, &i, &j);
    max = *pa[0]; pos = 0;
    for (i = 1; i < 10; i++)
        if (max < *pa[i])
        {
            max = *pa[i]; pos = i;  //保存最大数与其元素下标
        }
    printf("max variable is %c,value=%d\n", ch[pos], max);
}
```

程序运行结果如图6.29所示。

```
Microsoft Visual Studio 调试控制台
12 43 5 47 46 3556 757 78 57 65
max variable is f,value=3556
```

图6.29 例6.15程序运行结果

说明： 本程序巧妙地应用指针数组解决了多个独立变量的循环运算处理问题，必要的时候可以采用这一方法。

6.4 指针与字符串

字符串是计算机中的一种典型的非数值型数据类型，它的用途非常广泛，如在各种文本编辑器中对文字信息进行查找替换、字符统计、复制粘贴等。由于其重要性，本节进行专门介绍。

6.4.1 字符串常量的表示与存储

1. 字符串常量的表示

在C语言中，字符串常量的表示方法为用双引号（""）引起来的符号串，双引号中可以包含任意字符（含ASCII字符、转义字符、中文汉字等）。例如：

```
"I love China!"
"您好!"
"He said:\"我很喜欢旅游! \"\n"
```

2. 字符串常量的存储

字符串常量通常存储在内存中常量区，一个字符串常量采取连续空间存储，其所需空间的大小为字符串所包含的字符个数+1（转义字符计算为1字符，一个汉字计算为2字符），其中增加的一个存储空间用于存放字符串的结束标志（\0）。存储的内容如为ASCII字符则存储其ASCII码值，如为汉字则存储其机内码，具体存储如图6.30所示。

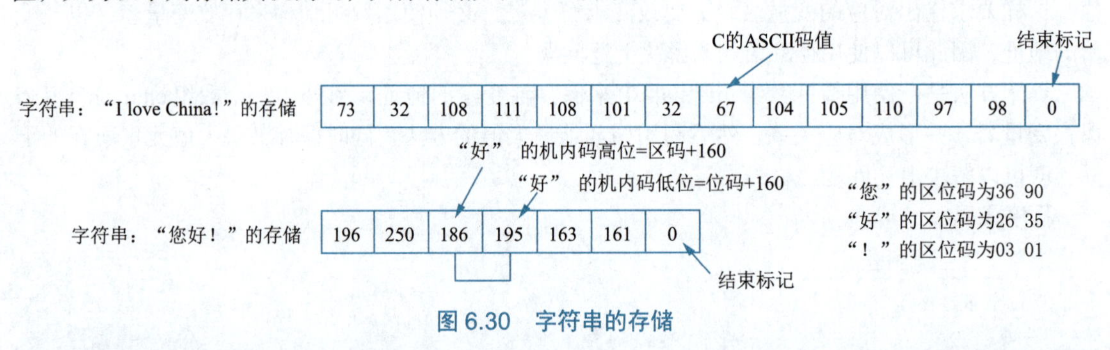

图6.30 字符串的存储

6.4.2 字符串的定义与字符指针

在C语言中，可以用两种方法访问一个字符串：一是用一维字符数组；二是用字符指针。

1. 用一维字符数组存放一个字符串

1）定义格式一：

```
char 数组名[]="字符串";
```

此语句表明在定义数组的同时给其元素进行了赋值，所以可以省略数组元素的长度，自动设为赋值的字符串的长度+1。

例6.16 用一维数组定义时赋值的方式存储字符串。（ex6_16.cpp）

程序代码：

```
#include <stdio.h>
#include <string.h>
void main()
```

```
{    char string[] = "I love China!";       //用一维字符数组存放一个字符串
     printf("输出字符串：%s\n", string);
     printf("字符串的长度=%d,存储空间长度=%d\n", strlen(string), sizeof(string));
}
```

程序运行结果如图6.31所示。

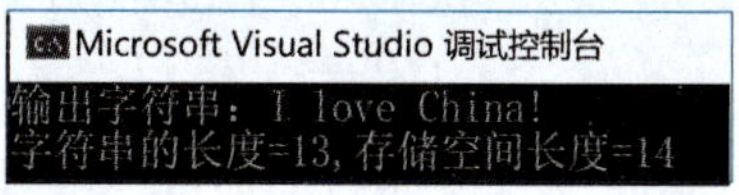

Microsoft Visual Studio 调试控制台

输出字符串：I love China!
字符串的长度=13,存储空间长度=14

图6.31 例6.16程序运行结果

2）定义格式二：

```
char 数组名[81];
```

通过上面语句先定义一个字符数组，然后通过键盘输入或赋值语句对字符数组进行赋值的方式将字符串的内容存储起来。

3）字符串输入函数

在VS 2019系统中，已经取消原来C语言中的gets()函数，取而代之的是gets_s()函数。

其函数声明为：

```
char * gets_s( char * buffer,  size_t  sizeInCharacters );
```

说明：

（1）它包含函数包含在头文件<stdio.h>中。

（2）参数1：buffer，输入字符串的存储位置，char*型指针；参数2：sizeInCharacters，缓冲区的大小。

（3）返回值：如果成功，则返回buffer。错误或文件尾条件返回NULL。

（4）功能：从键盘输入任意字符，允许包含空格，直到回车键结束。

（5）使用注意事项：输入时不得一次输入多于sizeInCharacters个数的字符，否则出现程序崩溃。这样优势的目的是增加了程序的安全性。

由于使用scanf()函数中的“%s”来输入字符串时，它只能输入没有空格的符号串，因此建议不要使用“%s”来输入一个字符串，改用gets_s()函数更好。

4）字符串输出函数

其函数声明为：

```
int puts(const char *string)
```

（1）puts()函数包含在头文件<stdio.h>中

（2）函数puts()把string(字符串)输出到屏幕上，同时换行，它相对于printf()函数printf("%s\n",string);。

例6.17 字符串数组定义与键盘输入与屏幕输出示例。(ex6_17.cpp)

程序代码：

```
#include <string.h>
#define SZ 81   //根据实际输入情况定义最长字符串长度+1即可，增加1是为了给'\0'留位置
int main()
{    int len = 0;
     char str[SZ] = { 0 };
     printf("输入1个字符串:");
```

```
    while (gets_s(str, SZ) != NULL) //这里只能输入不超过SZ-1长度的字符串，否则程
                                      序崩溃，这也体现出gets_s()函数的安全性极高
    {                                 //输入时按【Ctrl+C】组合键终止输入
        len = strlen(str);
        printf("输出的字符串:");
        puts(str);
        printf("输入的字符串=长度为%d\n", len);
        printf("输入1个字符串:");
    }
    return 0;
}
```

程序运行结果如图6.32所示。

```
Microsoft Visual Studio 调试控制台
输入1个字符串:hello! how are you.
输出的字符串:hello! how are you.
输入的字符串=长度为19
```

图6.32　例6.17程序运行结果

2. 用字符指针来指向一个字符串

1）定义字符指针时直接赋值一个字符串常量的格式：

```
const char *变量名="字符串";
```

例如：

```
const char* string1 = "I love China!";
```

例6.18　使用字符指针直接定义一个字符串程序示例。（ex6_18.cpp）

程序代码：

```
#include <stdio.h>
void main()
{
    const char* string1 = "I love China!";
    const char* p;
    p = string1;
    while (*p != 0)
        putchar(*p++);
    putchar('\n');
    string1=string1+2;
    puts(string1);
}
```

程序运行结果如图6.33所示。

```
Microsoft Visual Studio 调试控制台
I love China!
love China!
```

图6.33　例6.18程序运行结果

说明：

（1）string1是一个指向字符数组的指针，可以对string1进行++、--、+n、-n等赋值操作表示移动该指针，指针方式如图6.34所示。

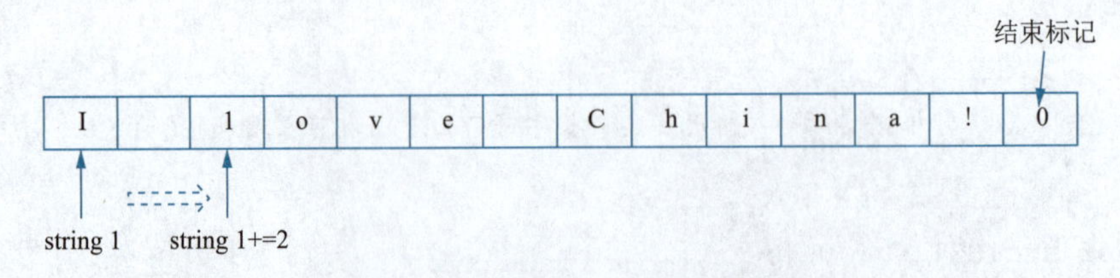

图6.34　指针与字符串的指向关系

（2）上述字符串常量存放在内存中的常量区。

（3）const 用于定义一个指向字符串常量的指针，表示其存储内容（字符串本身）不能被更改，即对如*string1='w';的赋值是不允许的。

（4）在VS 2019中为更好地保障指针运算的安全性，不能像VC 6.0版本一样直接用 char* string1 = "I love China!";来进行字符串定义，这时编译时将出现语法错误。

在VS 2019系统中，要求采用const char *变量名="字符串";来定义一个指向字符串常量的指针。

2）采用字符数组与指向字符的指针变量的方式来定义

其一般方法为：

```
char 数组名[长度];
char *变量名;
```

例如：

```
char str[100];
char *p;
p=str;
```

说明：

（1）在上述说明中，str是一个字符数组，p是一个指向字符的指针，p=str;表明p指向字符串的首地址。

（2）可以对p进行++、--、p=p+n、p=p-n等操作。

（3）允许对*p进行赋值，表示修改原字符串中的内容。

例6.19 从键盘输入一个长度不超过80的字符串，要求将其中的小写字母全部变成大写字母（其余字符不变），输出新的字符串。（ex6_19.cpp）

问题分析：此问题比较简单，将输入的字符串逐个进行判断，如果是大写字母，则进行转换。

程序代码：

```
#include <stdio.h>
#define LEN 81
int main()
{   char str[LEN];              //存储字符串内容
    char* p;
    printf("Input a string:");
    gets_s(str, LEN);           //输入字符串
    p = str;                    //p指向字符串str的首地址
    while (*p != '\0')          //p所指向的字符是否到结束标记
    {
        if (*p >= 'a' && *p <= 'z')
            *p = *p - 32;       //小写字母变大字字母
        p++;
    }
    printf("After changed:");
    puts(str);
}
```

程序运行结果如图6.35所示。

```
Microsoft Visual Studio 调试控制台
Input a string:Today is Monday.
After changed:TODAY IS MONDAY.
```

图6.35 例6.19程序运行结果

例6.20 从键盘输入一个长度不超过80的英语句子（以回车键结束），统计该句子包含的英语单词的个数。（ex6_20.cpp）

问题分析：在英语句子中，单词之间通常通过空格进行分隔，但在英文文本中，除空格外有时也用标点符号来分隔单词。英文标点符号比较多，如,（逗号）、.（点号）、?（问号）、:（冒号）、;（分号）、'（单引号）、!（感叹号）、"（双引号）等。假定上述符号均可作为单词的分隔符，由于分隔符比较多，可以通过一个字符串来存储上述分隔符。

设

```
char sep[]=" ,.?:;\'\"!";      //存储单词分隔符
```

为判别一个单词，可以设两个相邻的指针p1、p2，当p1指向内容为分隔符p2指向内容为字母时，标志一个单词的开始；当p1指向内容为字母p2指向内容为分隔符时，标志一个单词的结束。p1、p2依次往右移动，直到p2所指向的内容为'\0'时结束。其操作模型如图6.36所示。

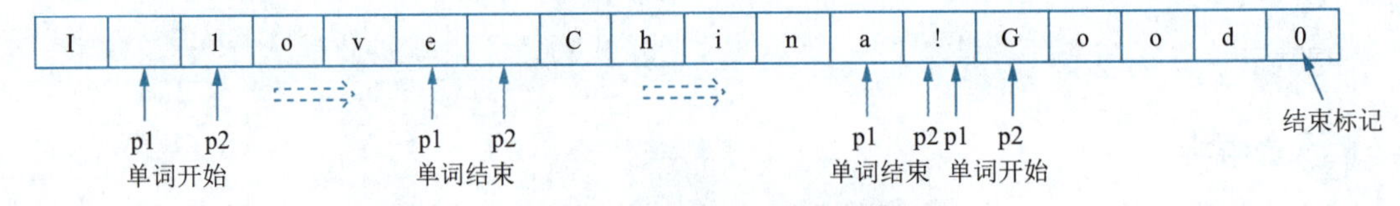

图6.36 英文单词识别模型图

程序代码：

```
#include <stdio.h>
#include <ctype.h>
#define LEN 81
int main()
{
    char str[LEN];
    char sep[] = " ,.?:;\'\"!";//定义分隔符
    char* p1,*p2,*s;
    int flag1, flag2;            //记录p1、p2所指向的字符是否为分隔符，=1是，0否
    int count = 0;
    printf("Input a string:");
    gets_s(str, LEN);
    p1 = str;                    //p指向字符串str的首地址
    if (isalpha(*p1))            //函数isalpha()判别一个字符是否英文字母
    {
        count++;
        p2 = str + 1;
        //printf("--%c--%c--\n", *p1, *p2);  调试语句，用于观察一个单词的开始情况
    }
    else
        p2 = str;
    while (*p2 != '\0')          //判断p所指向的字符是否到结束标记
    {   p1 = p2;
        p2++;
        flag1 = 0; s = sep;
        while (*s != '\0')       //判断p1所指向的字符是否为分隔符
```

```
            if (*s++ == *p1)
            {
                flag1 = 1; break;
            }
        flag2 = 0; s = sep;
        while (*s != '\0')    //判断p2所指向的字符是否为分隔符
            if (*s++ == *p2)
            {
                flag2 = 1; break;
            }
        if (flag1 == 1 && flag2 == 0 && isalpha(*p2))
        {
            count++;
            //printf("--%c--%c--\n", *p1, *p2);   调试语句，用于观察一个单词的开始情况
        }
    }
    printf("words=%d:",count);
    return 0;
}
```

程序运行结果如图6.37所示。

```
Microsoft Visual Studio 调试控制台
Input a string: I love China.China is a great country!
words=8:
```

图 6.37 例 6.20 程序运行结果

3. 字符指针变量与字符数组的应用比较

由于字符串数据的特殊性，通常在程序设计中使用字符数组来存储字符串，但在使用过程中通过不使用数组名[下标]方式来访问一个字符数组的各个元素，原因是定义的字符数组的长度往往是一个字符串可能的最大长度，而实际使用时一个字符串的长度往往会比上述最大值要小，且字符串在存储时以特殊标记“\0”作为字符串结束标记，因此程序员更加喜好使用指针p来访问字符串的各个字符，直到*p的值=='\0'。

6.4.3 用指针数组表示字符串组

指针数组也常用来表示一组字符串，这时指针数组的每个元素将存储一个字符串的首地址，表示指向某个字符串。

其定义方式为：

```
char *数组名[整型常量];
```

如果想通过使用多个字符串常量来对数组元素进行赋值，则必须使用：

```
const char* 数组名[整型常量]={"字符串1","字符串2", ..., "字符串n"}
```

例如，应用指针数组来表示一组星期几的英文名字，其初始化赋值为：

```
    const char *week[]={"Illagal day", "Monday","Tuesday", "Wednesday",
"Thursday", "Friday","Saturday","Sunday"};
```

其结构如图6.38所示。

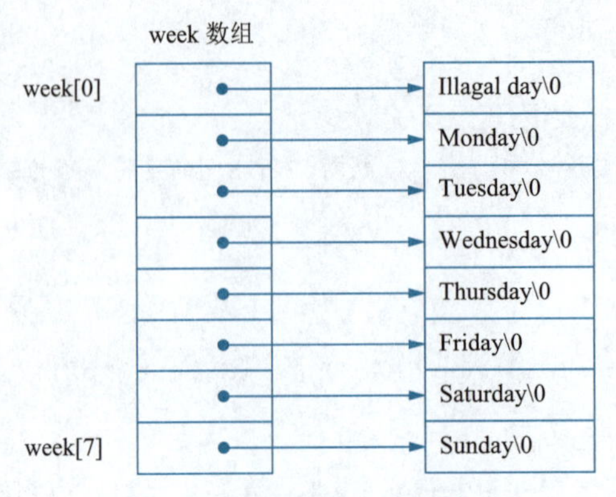

图 6-38　指针数组与字符串组

例6.21　从键盘输入数字1～7，分别输出Monday到Sunday的对应英语单词。（ex6_21.cpp）

程序代码：

```
#include <stdio.h>
int main()
{    const char* week[] = { "Illegal day","Monday","Tuesday","Wednesday",
"Thursday","Friday","Saturday","Sunday" };
     const char* p;
     int n;
     printf("Input Day No(1-7):");
     scanf("%d", &n);
     if (n <= 0 || n > 7)
         p = week[0];    //此句可用p=*week;代替
     else
         p = week[n];    //此句可用p=*(week+n);代替
     printf("Day No:%2d-->%s\n", n, p);
}
```

程序运行结果如图6.39所示。

```
Microsoft Visual Studio 调试控制台
Input Day No(1-7):5
Day No: 5-->Friday
```

图 6.39　例 6.21 程序运行结果

例6.22　从键盘输入一个长度不超过80的英语句子（以回车键结束），输出所有单词，并统计其个数。（ex6_22.cpp）

问题分析：

（1）在例6.19中已编程统计了英文单词的个数，为使得本题更具有可用性。对英文单词的定义为：任意连续多个英文字母构成一个单词，而其他所有非英文字母均为单词的分隔符，因此对单词的分隔符的判断就可以使用isalpha(*p)==0条件。

（2）为存储句子分离后的单词，需设立一个二维字符数组char word[30][20];，这样设置的原因是80个英语句子中最多有30个单词，每个单词的长度不超过20个字母；再定义一个指向字符串的指针来指向该二维数组：char (*p)[20]; 且 p=word;。

（3）按图6.36所示的方式判断一个单词的开始后逐个将字符存入p所指的字符串中，直到单词的结束标记出现。

（4）输出所有单词与单词的个数。

程序代码：

```
#include <stdio.h>
#include <ctype.h>
#define LEN 81
int main()
{
    char str[LEN];
    char word[30][20];
    char(*p)[20];
    char* p1, * p2;
    int count = 0;                                          //单词个数
    int charnumber = 0;                                     //每个单词字符数
    int i;
    p = word;
    printf("Input a string:");
    gets_s(str, LEN);
    p2 = str;
    while (*p2 != '\0')                                     //判断p2所指向的字符
                                                              是否到结束标记
    {   p1 = p2;
        p2++;
        if (!isalpha(*p1) && isalpha(*p2))                  //单词开始
        {   charnumber = 0;
        }else
            if (isalpha(*p1) && isalpha(*p2))               //单词中,写入*p1
            {   *(*(p + count) + charnumber) = *p1;
                 charnumber++;
            }else
                if (isalpha(*p1) && !isalpha(*p2))          //单词结束
                {   *(*(p + count) + charnumber) = *p1;   //写入*p1
                    *(*(p + count) + charnumber+1) ='\0';//写入字符串结束符
                    count++;                                //单词数+1
                }
    }
    printf("words=%d\n", count);
    p = word;
    for (i = 0; i < count; i++)
        puts(*(p + i));
    return 0;
}
```

6.4.4 二重指针与指针数组的关系

如果一个指针变量存放的又是另一个指针变量的地址，则称这个指针变量为指向指针的指针变量，又称二重指针。同理，指向一个二重指针的指针变量称为三重指针。这说明指针的概念是可以推广的，关于多重指针在前面已经介绍。

1. 二重指针与字符指针数组的关系

设有：

```
const char *color[]={"blue","red","white","black","green","yellow"};
```

则可以定义一个二重指针：

```
const char **p;
p=color;
```

其存储结构如图6.40所示。

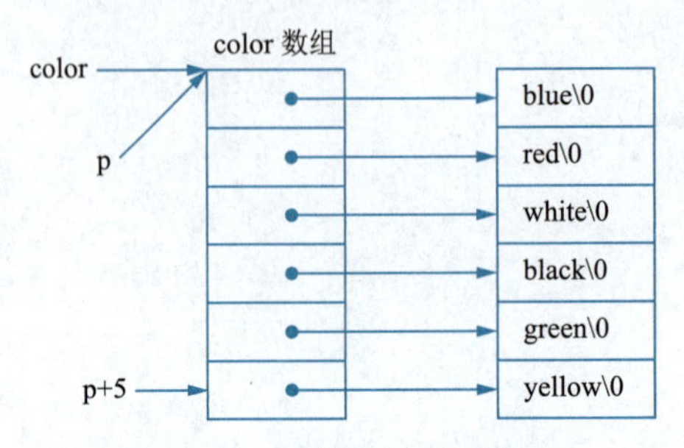

图 6.40　二重指针与指针数组

此指针p指向数组color的首地址，也指向数组color的第一个元素color[0]。

例如，执行

```
p=color+5;
```

则此指针p指向数组color的第六个元素color[5]。

例 6.23　定义一个字符串数组，使用二重字符指针指向该数组，然后以一次输出一个字符串和逐个输出字符两种方式输出字符串。（ex6_23.cpp）

程序代码：

```
#include <stdio.h>
void main()
{  const char* name[] = { "Apple","Banner","Pen","Pencil","Computer" };
    const char** p;
    int i,j;
    printf("输出1-逐个字符串输出：\n");
    for (i = 0; i < 5; i++)
    {   p = name + i;
        printf("%s\n", *p);
    }
    printf("输出2--逐个字符输出：\n");
    for (i = 0; i < 5; i++)
    {   p = name + i;                   //指向第i行
        j = 0;
        while (*(*p + j) != '\0')      //当字符串没有到达结束标记\0时继续输出
        {putchar(*(*p + j));            //输出1个字符
            j++;
        }
        printf("\n");
    }
}
```

2. 二重指针与指向整型变量的指针数组的关系

例 6.24　利用二重指针访问指针数组的方法重写例6.15的程序。要求定义10个独立的变量，编程求出其中的最大值和对应的变量名。（ex6_24.cpp）

程序代码：

```
#include <stdio.h>
#include <stdio.h>
void main()
{
    int a, b, c, d, e, f, g, h, i, j;
    int* pa[10] = { &a,&b,&c,&d,&e,&f,&g,&h,&i,&j };
    char ch[10] = { 'a','b', 'c','d', 'e','f','g','h','i','j' };
    int max, pos;
    int** p;
    scanf("%d%d%d%d%d%d%d%d%d%d", &a, &b, &c, &d, &e, &f, &g, &h, &i, &j);
    printf("%d %d %d %d %d %d %d %d %d %d\n", a, b, c, d, e, f, g, h, i, j);
    p = pa;                          //p指向指针数组的首地址
    max = **p; pos = 0;              //设第一个变量为最大值的初值
    p++;                             //指向指针数组的下一个元素的地址
    for (i = 1; i < 10; i++,p++)
        if (max < **p)
        {
            max = **p; pos = i;      //保存最大数与其元素下标
        }
    printf("max variable is %c,value=%d\n", ch[pos], max);
}
```

程序运行结果如图6.41所示。

```
Microsoft Visual Studio 调试控制台
67 283 849 596 381 33 488 8887 87 92
67 283 849 596 381 33 488 8887 87 92
max variable is h,value=8887
```

图6.41　例6.24程序运行结果

6.4.5 字符处理函数

C语言提供了丰富的字符串处理函数，大致可分为字符串的输入、输出、合并、修改、比较、转换、复制、分类等。使用这些函数可大大减轻编程的负担。用于输入/输出的字符串函数，在使用前应包含头文件stdio.h，使用其他字符串函数则应包含头文件string.h。

1. 输入/输出函数

上一节中已经介绍了字符串输入函数gets_s()和字符串输出函数puts()，不再重复介绍。

2. 求字符串长度函数

1）函数原型

```
size_t strlen ( const char * str ); //函数参数（字符串）
```

2）功能注意事项

（1）字符串以'\0'作为结束标志，strlen()函数返回的是'\0'之前的字符个数（不包括'\0'）。

（2）参数指向的字符串必须要以'\0'结束。

（3）函数返回值size_t本质就是unsigned int。(重命名　typedef unsigned int size_t)

3）应用示例

```
const char *str="The scenery here is very beautiful.";
int len;
len=strlen(str);         //求出字符串的长度，并赋给len变量
```

3. 字符串复制函数（无长度限制）

1）函数原型

```
char * strcpy ( char * destination, const char * source );
                              //函数参数(目标串,源串)
```

2）功能与注意事项

（1）源字符串必须以'\0'结束，将源字符串中的所有字符（含'\0'）全部复制到目标空间中形成新的字符串。

（2）目标空间必须足够大能够存放源字符串，目标空间必须是可变的字符空间，不能是常量定义的字符中指针。

3）应用示例

```
char arr1[10] = "home" ;
char arr2[5] = "ouse";
char *des,*sou;
des=arr1;sou=arr2;
strcpy(des+1, sou);     //运行结果des指向的字符串为"house"
```

4. 字符串复制函数（有长度限制）

1）函数原型

```
char * strncpy ( char * destination, const char * source, size_t num );
    //函数参数(目标空间,源字符串,复制个数)
```

2）功能与注意事项

（1）复制num个字符串到目标空间。

（2）如果源字符串的长度小于num，则复制完源字符串之后，在目标的后边追加'\0'，直到num个；如果源字符串的长度大于num，则复制完源字符串中指定个数num个字符。

（3）目标空间必须要赋一个字符串或空串，且目标空间的长度必须大于num。

3）应用示例

例6.25 strncpy应用示例程序。（ex6_25.cpp）

程序代码：

```
#include <stdio.h>
#include <string.h>
int main()
{
    char arr1[]="this is an example for strncopy.";
    char arr2[] = "Beautiful!";
    char* des, * sou;
    des = arr1; sou = arr2;
    strncpy(des, sou, 10);
    puts(des);
```

```
    printf("len=%d\n", strlen(des));
}
```

程序运行结果如图 6.42 所示。

```
Beautiful! example for strncopy.
len=32
```

图 6.42　例 6.25 程序运行结果

若将上面函数 strncpy 的第三个参数改成 15，则输出结果为：Beautiful!(换行) len=10。

4）strcpy() 与 strncpy() 函数比较

二者最大的区别是是否将 '\0' 复制到目标串：strcpy() 函数无论什么情况，均会将 '\0' 写入目标串；而 strncpy() 函数就不一样，如果源字符串的长度大于 num，则不会在其后将 '\0' 写入，因此需要对目标串进行初始赋值，保证目标串中有字符结束符存在。

5. 字符串追加函数（无长度限制）

1）函数原型

```
char * strcat ( char * destination, const char * source );
//函数参数(目标空间,源字符串)
```

2）功能与注意事项

（1）目标字符串必须以 '\0' 结束，源字符串追加在目标字符串中 '\0' 开始的位置上。

（2）目标空间必须足够大且可变。

（3）不能自己给自己追加，如 strcat(des,des) 是错误的。

6. 字符串连接函数（有长度限制）

1）函数原型

```
char * strncat ( char * destination, const char * source, size_t num )
//函数参数(目标空间,源字符串,追加个数)
```

2）功能与注意事项

（1）可以自己给自己追加，目标空间应该足够大且可变。

（2）追加完后会在字符串后补 '\0'。

（3）如果需要追加的个数大于源字符串长度，追加完源字符串后即可。

3）应用举例

例 6.26　strcat 与 strncat 应用示例程序。（ex6_26.cpp）

程序代码：

```
#include <stdio.h>
#include <string.h>
int main()
{   char arr1[60] = "this ia a example.";
    char arr2[] = "well!";
    char* des, * sou;
    des = arr1; sou = arr2;
    strcat(des, sou);          //在目标串后面追加字符串sou
    puts(des);
    printf("len=%d\n", strlen(des));
    strncat(des, des,10);      //在des目标串中再增加自己前面10个字符
    puts(des);
    printf("len=%d\n", strlen(des));
}
```

程序运行结果如图 6.43 所示。

```
Microsoft Visual Studio 调试控制台
this ia a example.well!
len=23
this ia a example.well!this ia a
len=33
```

图 6.43 例 6.26 程序运行结果

7. 字符串比较函数（无长度限制）

1）函数原型

```
int strcmp ( const char * str1, const char * str2 );
//函数参数(字符串1,字符串2)
```

2）功能与注意事项

（1）比较的是对应位置上ASCII码值的大小，直到比较到出现不一样的字符，或者一个字符结束，结果值与字符串长度无关。

（2）返回结果：如果str1>str2，则返回大于0的数字；

如果str1=str2，则返回0；

如果str1<str2，则返回小于0的数字。

8. 字符串比较函数（有长度限制）

1）函数原型

```
int strncmp ( const char * str1, const char * str2, size_t num );
//函数参数(字符串1,字符串2,长度)
```

2）功能与注意事项

（1）比较到出现不一样的字符，或者一个字符串结束，或者num个字符全部比较完。

（2）返回值意义与strcmp()函数相同。

3）应用举例

例 6.27 strcmp()与strncmp()函数应用示例程序。（ex6_27.cpp）

程序代码：

```
#include <stdio.h>
#include <string.h>
int main()
{
    char arr1[] = { "aabc aabe" };
    char arr2[] = { "aabf" };
    int re1, re2, re3;
    re1 = strcmp(arr1, arr2);
    re2 = strncmp(arr1, arr2, 3);
    re3 = strncmp(arr1, arr2, 5);
    printf("%6d%6d%6d\n", re1,re2,re3);
    return 0;
}
```

程序运行结果为 -1 0 -1。

9. 查找子字符串函数 strstr()

1）函数原型

```
const char * strstr ( const char * str1, const char * str2 );
//函数参数(字符串,子字符串)
```

2）功能

寻找str2在str1中第一次出现的位置，如果找到，则返回指针位置；如果str2不是str1的一部分，则返回一个空指针。

例6.28 子串删除：输入两个字符串s1和s2，要求删除字符串s1中出现的所有子串s2并输出删除后的s1。（ex6_28.cpp）

问题分析：本例实际上是在s1中反复寻找s2子串，如果找到，将通过字符前移的方式将找到的子串删除，即pos=strstr(s1,s2)，如果pos!=NULL，则说明s1中包含了子串s2，为删除子串，设pos1和pos2两个指针，分别指向所找到有子串的第一个和最后一个的后面一个位置，如图6.44所示，然后将pos2直到结尾移动pos1开始的位置，这样就执行了一次删除，重复上述过程就可删除所有子串。

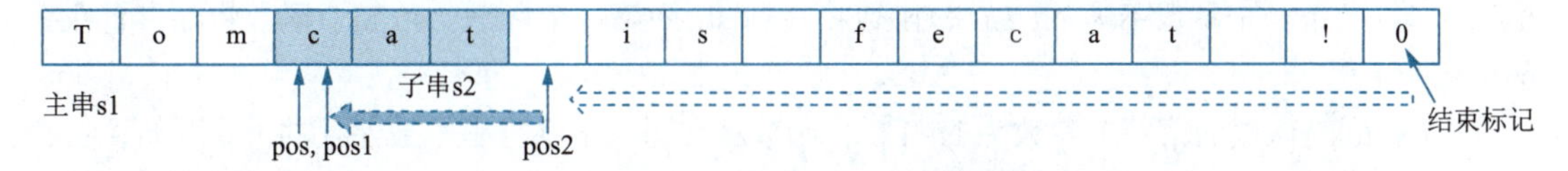

图6.44 在主串中找到子串的删除操作

程序代码：

```
#include <stdio.h>
#include <string.h>
int main()
{
    char s1[100], s2[20];
    char* pos, * p1, * p2, * pos1, * pos2;
    int i = 0, j = 0, tmp = 0;
    int len;
    p1 = s1; p2 = s2;
    printf("Input a string:");
    gets_s(p1,100);
    printf("Input a sub string:");
    gets_s(p2,20);
    len = strlen(p2);
    pos = strstr(p1, p2);               //查p2子串在主串p1中的位置
    while (pos != NULL)
    {
        pos1 = pos;
        pos2 = pos + len;
        while (*pos2 != '\0')           //删除子串s2中的字符
            *pos1++ =*pos2++;
        *pos1 = '\0';
        pos = strstr(p1, p2);
    }
    printf("After deleted:");
    puts(p1);
}
```

程序运行结果如图 6.45 所示。

```
Microsoft Visual Studio 调试控制台
Input a string:tomcat is a malecat ccatat.it is fcatat.
Input a sub string:cat
After deleted:tom is a male .it is fat.
```

图 6.45　例 6.28 程序运行结果

10. 字符串分割函数 strtok()

1）函数原型

```
char * strtok ( char * str, const char * delimiters );
//函数参数：(分割字符串,包含分割字符的字符串)
```

2）功能与注意事项

（1）第一个参数为待分割的字符串，第二个参数定义了用作分隔符的字符集合。

（2）功能找到 str 中的下一个标记，并将其用 '\0' 结尾，返回一个指向这个标记的指针。strtok() 函数的第一个参数不为 NULL，函数将找到 str 中第一个标记，strtok() 函数将保存它在字符串中的位置。

（3）strtok() 函数的第一个参数为 NULL，函数将在同一个字符串中被保存的位置开始，查找下一个标记。

（4）strtok() 函数会改变被操作的字符串，所以在使用 strtok() 函数切分的字符串一般都是临时复制的内容并且可修改。

例 6.29　字符串分割：用指定字符分割一个字符串的程序示例。（ex6_29.cpp）

程序代码：

```
#include <stdio.h>
#include <string.h>
int main()
{
    char arr[] = "192#168.120.85";
    const char* p = "#.";
    char buf[20] = { 0 };
    strcpy(buf, arr);
    char* ret = NULL;
    for (ret = strtok(buf, p); ret != NULL; ret = strtok(NULL, p))
    {
        printf("%s\n", ret);
    }
    return 0;
}
```

程序运行结果如图 6.46 所示。

图 6.46　例 6.29 程序运行结果

11. 字符类型判定函数

字符类型判定函数见表6.2。

表 6.2　字符类型判定函数

函 数 原 型	返回值：如果函数参数符合下列条件就返回真
int iscntrl(char ch)	任何控制字符
int isspace(char ch)	空白字符：空格 ' '，换页 '\f'，换行 '\n'，回车 '\r'，制表符 '\t' 或者垂直制表符 '\v'
int isdigit(char ch)	十进制数字 0~9
int isxdigit(char ch)	十六进制数字，包括所有十进制数字，小写字母 a ~f，大写字母 A ~F
int islower(char ch)	小写字母 a ~z
int isupper(char ch)	大写字母 A ~Z
int isalpha(char ch)	字母 a ~ z 或 A ~ Z
int isalnum(char ch)	字母或者数字，a ~ z、A ~ Z、0~9
int ispunct(char ch)	标点符号，任何不属于数字或者字母的图形字符（可打印）
int isgraph(char ch)	任何图形字符
int isprint(char ch)	任何可打印字符，包括图形字符和空白字符

12. 字符转换函数

字符转换函数见表6.3。

表 6.3　字符转换函数

函 数 原 型	功　能
char toupper(char ch)	将字符串中的字符转换成大写
char tolower(char ch)	将字符串中的字符转换成小写

6.4.6 字符数组应用举例

在前面已经介绍了字符串的单词统计、单词分离、子串删除、字符串分割等应用，除此之外常用的还有求子串、子串替换、字符串排序等操作，下面分别进行介绍。

1. 求子串

程序代码

ex6_30

例6.30　输入一个字符串，求其中从第n个字符开始长度为m的子串，子串存入s2中。（ex6_30.cpp）

问题分析：本例比较简单，设char s1[100]、s2[100];分别用于存储主串与子串，程序输入n与m，将s1中从n开始的连续m个字符存入s2中即可，编程时注意n与m的合适性与输出结果的关系。

程序运行结果如图6.47所示。

Microsoft Visual Studio 调试控制台

```
Input a string:I love china!
Input start position(n) and length(m):8 10
substr is:china!
```

图 6.47　例 6.30 程序运行结果

2. 子串替换

例6.31 输入三个字符串s1、s2、s3，要求将字符串s1中出现的所有子串s2替换为s3，然后输出s1。（ex6_31.cpp）

问题分析：本例实际上是在s1中反复寻找s2子串，如果找到，先进行字符的移动，为s3腾出存储空间，再将s3存入上述空闲位置中。重复上述过程，直到所有子串均被替换为止。

在这里，字符的移动分三种情况（见图6.48）：

（1）strlen(s2)>strlen(s3)：pos2所指字符串前移到pos1位置（无框）。

（2）strlen(s2)=strlen(s3)：不需要移动。

（3）strlen(s2)<strlen(s3)：pos2所指字符串后移到pos1位置（带框）。

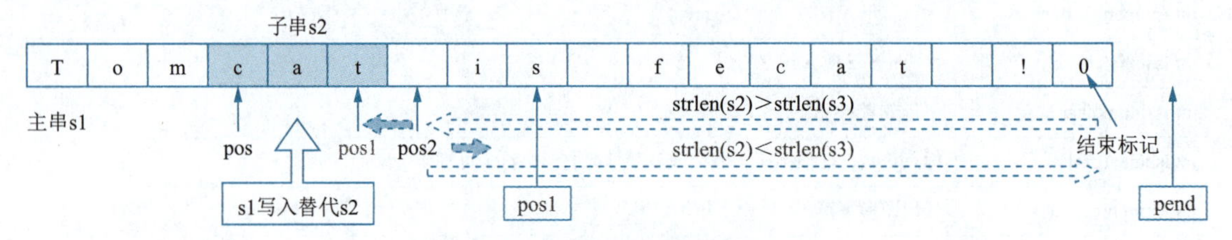

图6.48 字符移动与替换过程图

程序运行结果如图6.49所示。

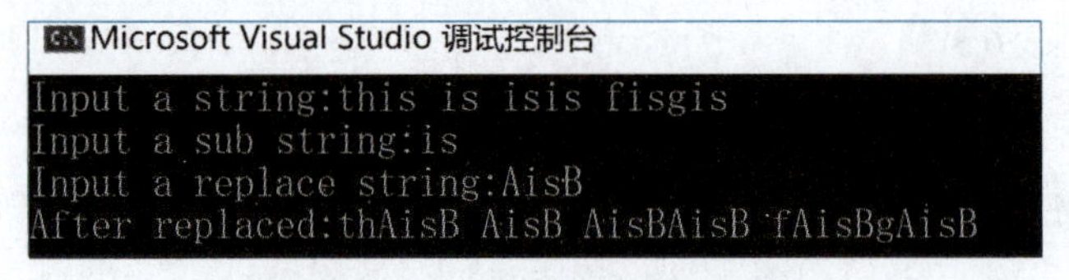

图6.49 例6.31程序运行结果

3. 字符串排序

例6.32 从键盘输入10个字符串，将这10字符串排序并输出。（ex6_32.cpp）

问题分析：10个字符串由一个二维字符数组来存储，再定义一个一维指针数组存储二维数组的每一行（指针一个字符串），采取选择排序法，每次从未排序的序列中找出最小字符串，然后与未排序的第一个字符串进行交换，并输出此最小字符串，就实现了排序功能。

程序综合运用了strcmp()、strcpy()等函数，并灵活运用指针数组来实现字符串的排序。

小　结

本章介绍了地址、指针、指针变量的概念及其应用。指针的本质是地址，指针变量通常用于存储变量或数组的地址，用于表示指针变量与普通变量或数组之间的指向关系，通过指针变量同样可访问其所指向的变量或数组的元素，这样做的目的是可以提高程序的运行效率。

C语言中的指针变量可以有多种定义方式，它的定义取决于其所指向的内容，如本章介绍的指向一个变量或指向一个一维数组等。实际上，指针可以指向任何复杂的数据类型，有关这些内容在后面几章中会陆续进行介绍。

重点要掌握指针与数组的关系，难点在于真正理解指针所指向的内容，这与其指向内容的结构相关联，如在定义一个指向一维数组指针变量时，将它与二维数组的行地址相关联后，对二维数组元素的访问就有三种不同的方式，理解起来有一定的难度。在本章中大量使用图示法，以解决指针难以理解的困惑。

在字符串处理时，程序员更青睐于使用指针来代替字符数组的使用，原因是使用指针可以快速实现指向下一字符的操作、字符串的特定的结束符 '\0' 用于循环的结束条件等，且在string.h函数库中所有的函数参数只要是字符串的均使用指针。本章通过对字符串进行单词分离、求子串、子串删除、子串替换、字符串排序等经典应用为利用指针处理文本操作提供了良好的方法。

习　题

1. 编程实现用指针变量实现交换两个变量的值。
2. 编程实现用指针变量实现一维整型数组int a[30]的从小到大排列。
3. 现有一个班级共30个学生，他们的名字用指针数组存储，同时用一个一维数组存储其某次考试的总分，现要求按总分由高到低的顺序排列出其对应的学生名字及其总分。
4. 用指向一维数组的指针实现一个二维数组int[3][4]的转置。
5. 在一段英文文章中（假定文章内容不超过1 000个字符），编程统计其中所有单词出现的次数。
6. 自编函数strstr1()用指针实现strstr()函数的功能。
7. 自编函数strcmp1()用指针实现strcmp()函数的功能。
8. 自编函数strcpy1()用指针实现strcpy()函数的功能。
9. 自编函数srtcat1()用指针实现srtcat()函数的功能。
10. 用指针实现在字符串str1中指定的第一个子串str2后面插入新的字符串str3。
11. 用指针实现在字符串str1中指定所有子串str2。
12. 用指针实现在字符串str1中用新的字符串str3去替换指定的第一个子串str2。
13. 用指针实现在一个字符串str1中将指定的第一个子串str2删除。
14. 用指针实现对一个字符串将其所有大写字母改成对应的小写字母，所有小写字母改成对应的大写字母。
15. 用指针实现字符串加密功能，加密的方法是把字母A ～Z排成首尾相接的圆圈，每个字符用其后面第五个字符代替，小写字母也按同样的方式进行处理，其余字符不变，要求输出加密后的字符串内容。
16. 用指针实现由26个英文字母构成的约瑟夫环出队问题，即定义一个字符串"ABCDEFGHIJKLMNOPQRSTUVWXYZ"，从A开始报数，每报到m该字母出列，直到所有字母均出列为止，要求输出出列序列。

第7章 函数与程序结构优化

本章学习目标

◎ 理解模块化程序设计的基本概念与思想。

◎ 掌握C语言函数的概念、定义和函数的调用。

◎ 掌握C语言函数的参数传递规则、嵌套调用与执行方法。

◎ 掌握函数递归的实现方法与递归调用的分析方法。

◎ 了解带参数的main()函数的应用、变量的作用域和生存期、内部函数与外部函数的使用方法。

7.1 模块化程序设计

模块化程序设计是一种以功能模块为基础的编程方法，首先将问题分解为多个功能模块，并用主程序、子程序、子过程等框架把软件的主要结构和流程描述出来，并定义和设计好各个框架之间的输入/输出链接关系。模块化的目的是降低程序复杂度，使程序设计、调试和维护等操作更加简单化，同时可提高程序的鲁棒性。

7.1.1 模块化程序设计概述

人们在求解一个复杂问题时，通常采用的是“逐步求精、分而治之”的方法，也就是把一个大问题分解成若干个比较容易求解的小问题，然后分别求解。逐步求精就是把复杂问题分解成若干个独立的功能模块的过程；分而治之就是将分解后的功能块用适合的算法进行描述并用程序实现它。这种以功能块为单位进行程序设计，然后把所有的功能模块像搭积木一样装配起来，实现复杂问题的求解的方法称为模块化程序设计。

模块化程序设计的常采用自顶向下（top-down）的设计方法，即首先把复杂问题分解为几个主要功能模块，然后对主要功能模块再进一步细分为多个子功能模块，直到所有的功能都被确定。这种方法要求程序设计者把主要精力放在程序功能的总体设计与模块功能的划分上，而不是一开始就考虑各模块的设计细节。其优点是：子模块功能相对单一、算法容易实现、程序容易编写，同时这些子模块还具有可重用性，为未来程序的编写提供便利。

在C语言中，这种功能模块通常用函数来实现，其模块化结构如图7.1所示。图中方框表示用函数定义的功能模块，线条表示函数的调用关系（通常用→表示），规定其他函数不允许调用main()函数，其他函数之间按需要可以任意调用。

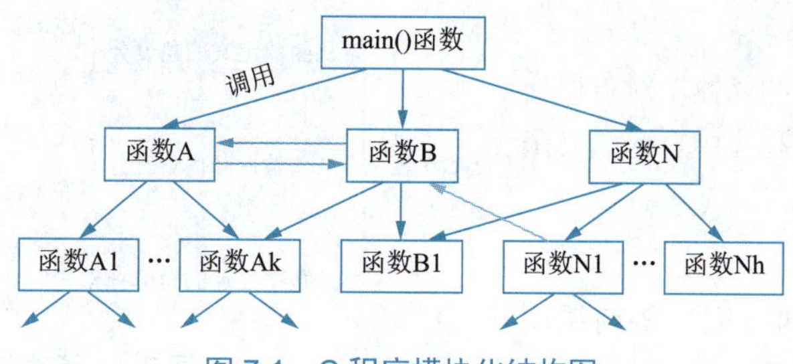

图 7.1　C 程序模块化结构图

7.1.2 函数概述

数学中的函数如 $z=f(x,y)$ 表示给出一组 x、y 的值，可以计算出 z 的值。将 x、y 称为函数的参数，z 称为函数的值。在C语言中函数具有类似的概念，但比数学中的函数功能更加丰富，它不仅可以用于公式计算，而且可以实现一组用户自定义的功能。

函数是实现一定功能模块的子程序，它是C源程序的基本模块，用来表示模块化程序设计中的各个功能模块。规划与设计合理的函数可以使整个程序结构清晰，容易阅读、调试和维护。

C语言不仅提供了极为丰富的库函数（如VS中提供了500多个函数），还允许用户建立自己定义的函数库，一个函数的功能应做到相对独立且不过于复杂（如果过于复杂可以继续进行分解），用户可把自己的算法编成独立的函数模块存入一个函数库文件中，以便后期

通过#include文件包含而直接使用自定义函数。

C语言程序的全部功能都是由各式各样的函数来完成的，它们通过函数调用的方法来实现对函数的使用，因此也把C语言称为函数式语言。

在C语言中，一个程序通常由多个函数构成，所有的函数在程序书写格式上是平等的，如图7.2所示。

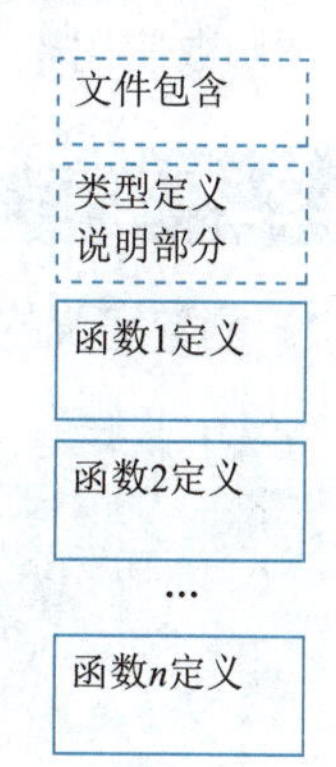

图 7.2　程序的书写结构

其特点如下：

（1）在一个函数中不能再定义另一个函数，即不能嵌套定义。

（2）函数在程序中书写的先后顺序没有关系，但如果函数调用在先，定义在后，则必须在所调用的函数前先说明被调用的函数。main() 函数也可以放在任意位置，但一般将main() 函数最前面（函数1定义的位置）或最后面（函数 n 定义的位置），以方便程序员查找阅读程序。

（3）main() 函数称为主函数，一个程序有且仅有一个main() 函数，它表示程序的执行总是从main() 函数开始，并在main() 函数结束整个程序。

 7.2　函数的分类与定义

7.2.1 函数的分类

在C语言中可以从不同的角度对函数进行分类，其分类如图7.3所示。

1. 库函数

由C系统提供，用户无须定义，只需在程序前包含有该函数原型的头文件即可在程序中直接调用。如在前面各章中反复用到printf()、scanf()、getchar()、putchar()、gets_s()、puts()、strcat() 等函数均属此类。

2. 用户定义函数

由用户按需要编写的函数。对于用户自定义函数，必须要在程序中自己定义函数本身。

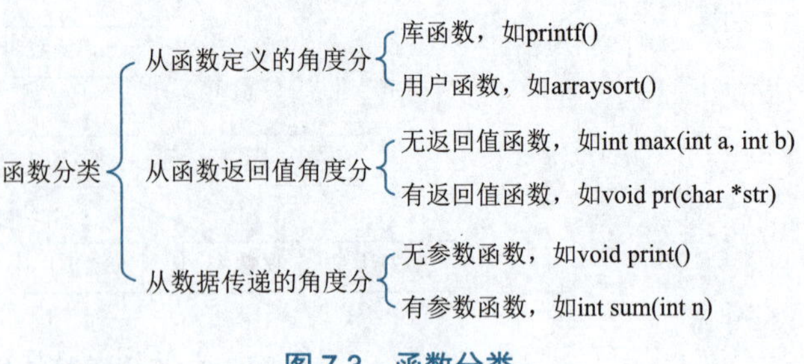

图7.3 函数分类

3. 有返回值函数

此类函数被调用执行完后将向调用者返回一个执行结果，称为函数返回值。如数学函数即属于此类函数。

4. 无返回值函数

此类函数用于完成某项特定的处理任务，执行完成后不向调用者返回函数值。在定义时类型标识符必须使用void。

5. 无参数函数

函数定义、函数说明及函数调用中均不带参数。主调函数和被调函数之间不进行参数传送。此类函数通常用来完成一组指定的功能，可以返回或不返回函数值。

6. 有参数函数

在函数定义及函数说明时都有参数，称为形式参数（简称形参）。在函数调用时也必须给出相应参数，称为实际参数（简称实参）。进行函数调用时，主调函数将把实参的值传送给形参，供被调函数使用。

7.2.2 函数的定义

1. 函数定义的一般形式

```
类型标识符 函数名(形式参数列表)
{
    说明部分
    语句
}
```

说明：

（1）函数定义的第1行："类型标识符 函数名(形式参数列表)"称为函数头。

（2）函数名是由用户定义的标识符（保留字除外），函数名的命名最好能体现出函数的功能，起到见名识义的作用。

（3）函数名后必须有一对括号()，()内为形式参数列表。

形式参数列表其定义为：

```
[类型说明 形参变量名1[,类型说明 形参变量名2,...]]      //[]表示可以省略
```

如果上面[]中的内容全部省略，则称为无参数函数。参数个数大于等于1时称为有参数函数，多个形式参数之间用","分隔。

（4）{}中的内容称为函数体。在函数体中的声明部分是对函数体内部所用到的变量的类型说明，如同前面介绍过的main()函数一样。

（5）类型标识符指明了本函数的返回值类型，该类型标识符为数据类型的名称。在VS中不

支持省略类型说明符（这点与不同于VC，VC中如省略类型标识符则默认为int类型）；如果一个函数不要求有返回值，则函数类型标识符必须为void，表示空类型。

2. 函数定义的几种具体形式

1）空函数的定义

```
void 函数名()
{
}
```

空函数不完成任何功能，表明程序员在此想使用一个函数，但具体内容暂未书写，在程序开发过程中再予以补充完成，它常用于程序调试初期。

2）无返回值、无参数函数的定义

```
void 函数名( )
{
    声明部分
    语句
}
```

例如：

```
void hello( )
{
    printf ("Hello,world \n");
}
```

这里，hello()函数是一个无参函数，当被其他函数调用时，输出"Hello, world"字符串。

3）无返回值、有参数函数

函数至少有一个形式参数，返回类型为void。

例如，用“*”打印一个具有n行的直角三角形，第i行有i个“*”，代码如下：

```
void print_stars(int n)
{
    int i,j;
    for(i=1;i<=n;i++)
    {
        for(j=0;j<i;j++)
            printf("%c",'*');
        printf("\n");
    }
}
```

4）有返回值、无参数函数

类型标识符 函数名()

```
{
    声明部分
    语句
}
```

例如，计算1+2+⋯+100的函数sum()表示如下：

```
int sum()
{   int i,s=0;
    for(i=1;i<=100;i++) s+=i;
    return s;
}
```

函数中的return s;语句表示将变量s的值返回给sum()函数。

有返回值函数中至少应有一个“return表达式;”语句，return后面的表达式值的类型必须与函数的类型相一致。如果一个函数中有多个“return表达式;”语句，则执行到第一个return语句时函数调用结束，并返回其表达式的值。

5）有返回值、有参数函数

例如，定义一个函数，求两个数中的较大数。

```
int max(int a, int b)
{
    if (a>b) return a;
    else return b;
}
```

第一行说明max()函数是一个整型函数，其返回的函数值是一个整数。形参为a、b，均为整型量，a、b的具体值是由主调函数在调用时传送过来。在max()函数体中的return语句是把a（或b）的值作为函数的值返回给主调函数。

7.3 函数的调用与执行

7.3.1 函数的调用

1. 函数调用

在模块化程序设计中，一个复杂问题往往通过以“逐步求精、分而治之”的方式分解为多个小的功能模块来实现。在C语言中，每一个小功能模块均由一个函数来实现，这些函数尽管功能相对独立，但组合起来就可以实现一种复杂的运算，如在上一章中介绍的字符串排序、子串替换等功能，就调用了strlen()、strcpy()、strcmp()等函数；又如图7.1中，main()函数就是通过函数A()、函数B()、函数N()来实现其功能的。通常称在一个函数中通过引用其他函数而实现其功能情况称为函数的调用。

上面的调用关系也可用如下程序结构表示：

```
void main( )
{
    …
    A( );         //调用函数A()
    …
    B( );         //调用函数B()
    …
    N( );         //调用函数N()
}
```

这里，函数main()调用了三个函数，分别是A()、B()和N()函数，又称main()为主调函数，A()、B()和N()为被调用函数。

2. 函数调用的规则

（1）main()是一个程序的主函数，其他任何函数均不能调用main()函数。但main()函数可以调用其他任何函数，如库函数与自定义函数。

（2）用户自定义函数之间只要有必要，可以任意调用。如A()函数调用B()函数，B()函数调用C()函数，这种调用称为嵌套调用。

（3）函数自己可以调用自己，多个函数之间可以形成循环调用。这两种情况均称为递归调用，前者称直接递归，后者称间接递归。

（4）函数调用遵循“先定义，后调用”的调用规则。如果出现“先调用，后定义”的情形，则必须在调用前增加函数说明语句。

3. 函数调用的一般形式

C语言中，函数调用的一般形式为：

```
函数名(实际参数表);
```

对无参函数调用时则无实际参数表。

对有形参函数的调用，实参的个数与类型均必须与所对应的形参满足“一一对应”的关系，即个数相同，类型满足赋值兼容。实参可以是常数、变量或其他构造类型数据及表达式，多个实参之间用“,”分隔。

4. 函数调用的方式

在C语言中，可以用以下几种方式调用函数：

（1）函数表达式：函数作为表达式中的一部分出现在表达式中，以函数返回值参与表达式的运算，这种方式要求函数是有返回值的。例如，z=max(x,y)+4;是一个赋值表达式，把max的返回值+4赋予变量z。

（2）函数语句：函数调用的一般形式加上分号即构成函数语句。

例如，printf ("%d",a);、scanf ("%d",&b);都是以函数语句的方式调用函数。此方式通常用于返回类型为void的函数的调用。

（3）函数实参：函数作为另一个函数调用的实际参数出现。这种情况是把该函数的返回值作为实参进行传送，因此要求该函数必须是有返回值的。

例如，语句printf("%d",max(x,y));把max()调用的返回值又作为printf()函数的实参来使用。

7.3.2 函数说明语句

函数说明语句格式为：

```
类型标识符 函数名(形式参数列表);
```

或：

```
类型标识符 函数名(参数类型列表);          //省略形式参数列表中的变量名
```

函数说明语句的表示为对应函数定义的第一行后面加一个“;”，而函数定义中没有“;”。

由于在C程序遵守“先定义，后调用”的调用规则，因此当一个程序中有两个以上的函数，为了正确调用函数，可能需要增加函数说明语句。

设有两个函数：函数funA()和函数funB()，其程序书写与调用关系存在三种可能性，如图7.4所示。

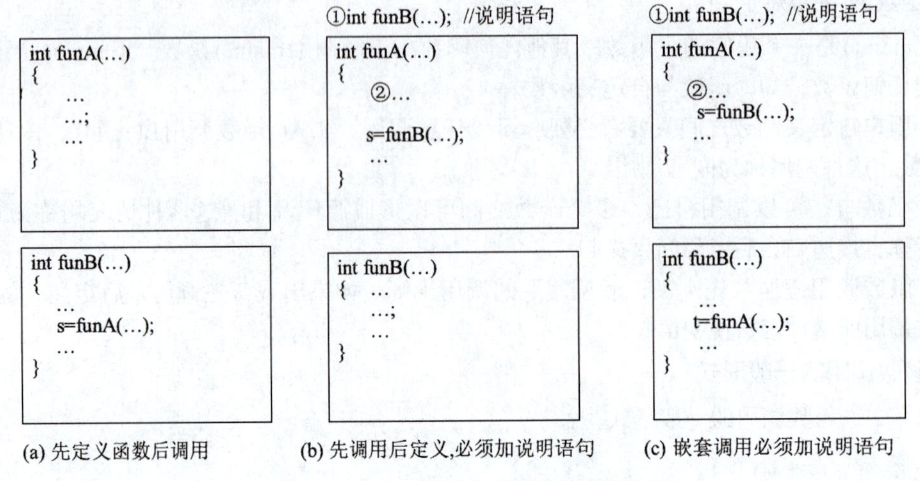

(a) 先定义函数后调用　(b) 先调用后定义,必须加说明语句　(c) 嵌套调用必须加说明语句

图7.4　两个函数的定义顺序与调用关系

（1）图7.4（a）中，函数funB()调用函数funA()，满足“先定义，后调用”的调用规则，所以不需要函数说明语句。

（2）图7.4（b）中，函数funA()调用函数funB()，由于funA()中在funB()还未书写之前就调用了funB()，因此必须先函数说明funB()。

（3）图7.4（c）中，函数funA()与函数funB()形成了相互调用关系（称为嵌套调用、递归调用），所以必须增加函数说明语句。

（4）函数说明语句的位置：有两种情况，见图7.4中①②位置，①是位于函数外，此说明的作用范围为从定义点到程序结束；②位于函数内，此说明语句只在函数内有效，离开此函数则无效。

（5）对库函数的调用不需要函数说明，但必须把包含该函数的头文件用#include包含命令放在程序的最前面。#include的作用也相当于告诉系统这些函数已经定义了。

例7.1　用函数调用的方式实现求两个数中的较大值。（ex7_1.cpp）

程序代码：

```
#include <stdio.h>
void main()
{
    int max(int a, int b);    //函数说明语句
    int x, y, z;
    printf("input two numbers:\n");
    scanf("%d%d", &x, &y);
    z = max(x, y);
    printf("maxmum=%d", z);
}
int max(int a, int b)         //函数定义
{
    if (a > b) return a;
    else return b;
}
```

7.3.3 函数的参数与参数传递

1. 函数的参数

由于函数存在着调用与被调用关系，因此将函数的参数分为形式参数（简称形参）和实际参数（简称实参）两种。

（1）形参：函数的定义中参数列表中的参数称为形参，其作用范围是整个函数体内，离开该函数则不能使用。

（2）实参：函数调用中的参数称为实参，其作用范围是从变量定义点开始到本函数的结束部分，离开该函数则不能使用。

（3）参数的作用：形参和实参的作用是传递数据，当程序运行到函数调用语句时，主调函数把实参的值传送给被调函数的形参，从而实现主调函数向被调函数的数据传递。

（4）局部变量：在函数或语句中定义的变量均称为局部变量。其作用范围称为局部变量的作用域。局部变量作用域最大的优点就是不同的函数即使使用了相同的变量名也不会引发冲突，或变量重定义的语法错误，大家可以放心在各自的函数中使用自己习惯的变量名。

2. 参数传递的特点

根据C语言程序内存分配的原则：一个函数只有当它被调用执行时才给其分配存储空间，而在函数调用结束时，立即释放所分配的内存单元；如果一个函数没有被调用，则不会分配空间，函数中所定义的形参和其他变量就等同于不存在。这种衡量一个变量是否为其分配了存储空间的情况称为变量的生存期，函数参数的传递与函数运行必须遵循这一动态分配原则。C语言程序运行的内存动态分配机制的目的是让内存可以运行更多的程序。

（1）参数传递的时机。函数的参数传递只发生在函数的调用这个时机。

（2）参数传递的方向：

```
实参==>形参
```

这种传递称为“单向传递”。不能进行反向传递，也就是形参变量值的改变不会影响其对应的实参的改变。

（3）参数传递实质。参数传递的实质是执行一次赋值运算，即将实参赋给对应的形参，相当于程序在主函数运行时转入到被调用函数时执行下列赋值操作：

```
形参变量=对应实参值;     //此语句不能显式出现在程序中，只用于理解参数传递过程
```

因此要求实参和形参在数量上、类型上、顺序上应严格一致，否则会发生“类型不匹配”等错误。

（4）实参可以是常量、变量、表达式、函数等。无论实参是何种类型的量，在进行函数调用时，它们都必须具有确定的值，以便把这些值传送给形参，作为函数进行数据处理的依据。

（5）当被调用函数结束时，函数所分配的内存空间全部释放，同样形参分配的存储空间也必须释放，此形参在其他地方（包括主函数调用处后面的语句中）不能再使用。

（6）参数传递时根据其传递值的性质不同，又分为“传值”与“传地址”两种。其作用完全不同。

例7.2 说明参数传递的单向性示例一。（ex7_2.cpp）

程序代码：

```
#include <stdio.h>
void swap(int x, int y);                //函数说明语句
```

```
void main()
{   int a , b ;
    printf("Input two integer a and b=");
    scanf("%d%d", &a, &b);
    swap(a, b);                           //函数调用语句
    printf("a=%d,b=%d\n", a, b);
}
void swap(int x, int y)
{   int temp;
    temp = x; x = y; y = temp;
    printf("x=%d,y=%d\n", x, y);
}
```

程序运行结果如图7.5所示。

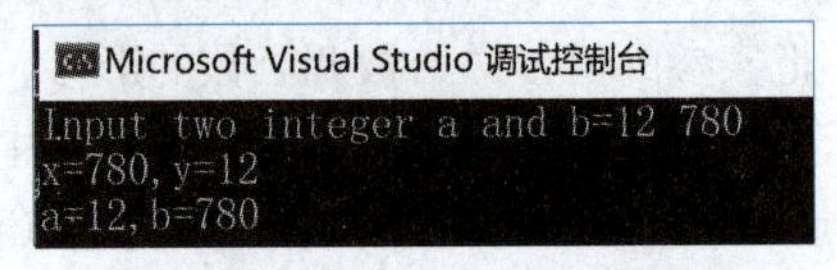

图7.5 例7.2程序运行结果

结果分析：通过图7.6，既可以分析内存空间的分配与释放过程，又可以分析参数的传递规则，还可以分析函数的执行过程。

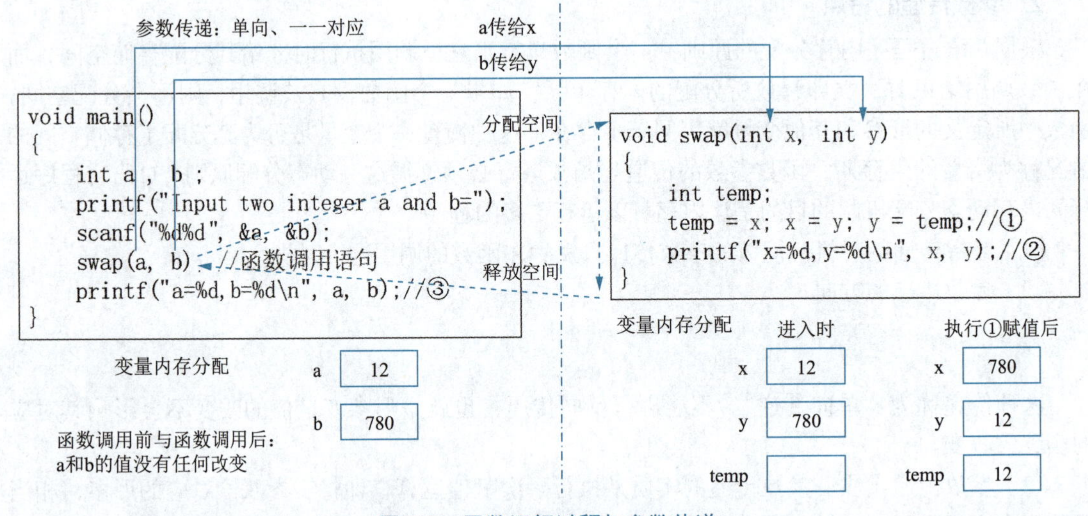

图7.6 函数运行过程与参数传递

在上述程序中，如果将swap()函数改写成如下形式：

```
void swap(int a,int b)
{   int temp;
    temp=a;a=b;b=temp;
}
```

程序运行的结果依然不变，因为swap()函数中的变量a和b 与main()函数中的a和b根本就是两个不同的变量。

例7.3 说明参数传递的单向性示例二：交换两个变量的值。（ex7_3.cpp）

程序代码：

```
#include <stdio.h>
void swap(int *x, int *y);                 //函数说明语句
void main()
{   int a , b ;
```

```
    printf("Input two integer a and b=");
    scanf("%d%d", &a, &b);
    swap(&a, &b);                          //函数调用语句
    printf("a=%d,b=%d\n", a, b);
}
void swap(int *x, int *y)
{
    int temp;
    temp = *x; *x = *y; *y = temp;
    printf("*x=%d,*y=%d\n", *x, *y);
}
```

程序运行结果如图7.7所示。

```
Microsoft Visual Studio 调试控制台
Input two integer a and b=12 780
*x=780,*y=12
a=780,b=12
```

图7.7 例7.3程序运行结果

结果分析：此程序的分析过程如图7.8所示。

此程序尽管变量a与b的值进行了交换，但是它仍然没有改变函数参数传递的“单向传递”原则，a与b值发生了交换的根本原因是使用了指针变量间接访问，因为参数传递时使得x指向了a、y指向了b,那么对*x的赋值就是对变量a的赋值，对*y的赋值就是对变量b的赋值，所以在执行temp = *x; *x = *y; *y = temp;语句后，它间接改变了变量a与b的值，这时函数swap()运行结束释放空间后，a和b的值实现了交换。

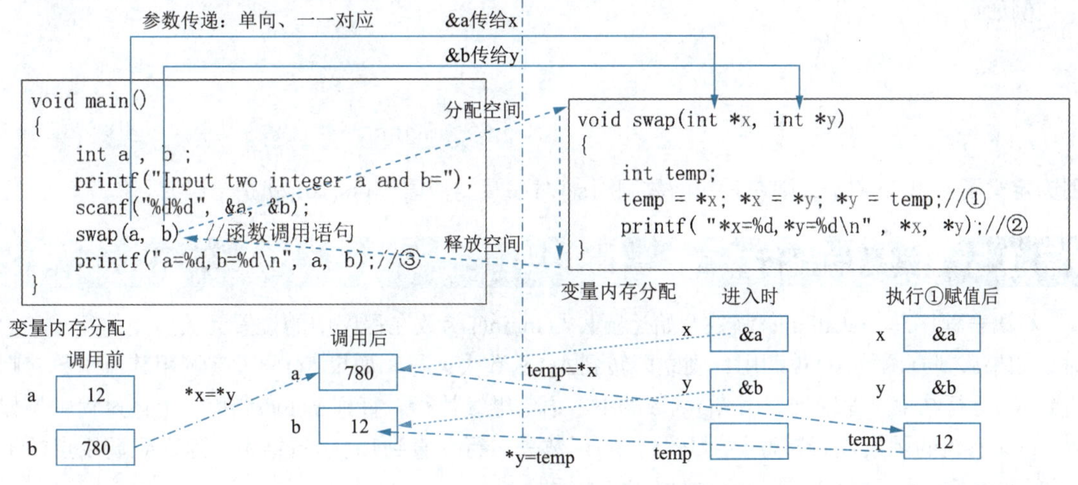

图7.8 函数参数传递与运行过程分析

指针作为函数参数扩充了函数只能通过return返回一个值的特点，这也是指针的另一个重要用途。这一特性其实在一开始使用scanf()函数时一再强调后面的输入变量前一定要加上“&”运算符的原因，它实际上是通过“传地址”的方式来让函数结束调用后获得输入变量的输入值。

函数参数的“传值”与“传地址”有着本质的区别：

（1）传值：形参的改变不会也不能改变其对应的实参变量的值。

（2）传地址：通过对形式参数指针变量的间接访问，它将直接影响其指向的变量的值。这实质上是拓展了函数返回值的功能。

7.3.4 函数的返回值

函数的值是指函数被调用之后，执行函数体中的程序段所取得的并返回给主调函数的值。例如调用sqrt(x)函数可以得到x的平方根，又如例7.1的max()函数取得两个数中的较大数等。

对函数的值(或称函数返回值)的约定：

（1）函数的值只能通过return语句返回

return语句的一般形式为：

```
return 表达式;
```

或者为：

```
return (表达式);
```

该语句的功能是计算表达式的值，并将其值返回给其调用函数。

在函数定义中允许有多个return语句，特别是对于有多分支的函数体中必须保证每一条支均有一个return 语句，但每次调用只能有一个return 语句被执行，因为当函数执行到return 语句时，立即终止函数的执行，将return表达式的值返回给调用函数，所以一个函数只能返回一个函数值。

（2）函数返回值的类型和函数定义中函数的类型应保持一致。如果两者不一致，则以函数类型为准，自动进行类型转换。

（3）与VC有默认函数返回类型不同，VS在函数定义时不能省略类型说明。

（4）没有返回值的函数，必须使用void类型说明符。void表示空类型。一旦函数被定义为空类型后，函数中就不能有return 表达式;语句，也不能将此函数赋给其他变量。

例如：

```
void s(int n)
{ …
}
```

因为定义了s()为空类型，则在其他函数调用s()时书写类似语句t=s(10);就是错误的。

7.3.5 函数的执行

C语言程序总是从main()函数开始运行，与main()函数在程序中的位置无关。当执行main()时，如果遇到有函数A()被调用，则立即转到A()函数去运行，如果A()中没有调用其他函数，则直到A()运行结束，返回到调用A()函数的下一语句继续执行，直到main()结束。上述过程中，如果A()又有新的函数B()被调用立即转到B()函数去运行，直到B()运行结束，返回到调用点的下一语句继续执行，直到返回到main()后才结束运行。

函数嵌套调用的执行过程如图7.9所示。

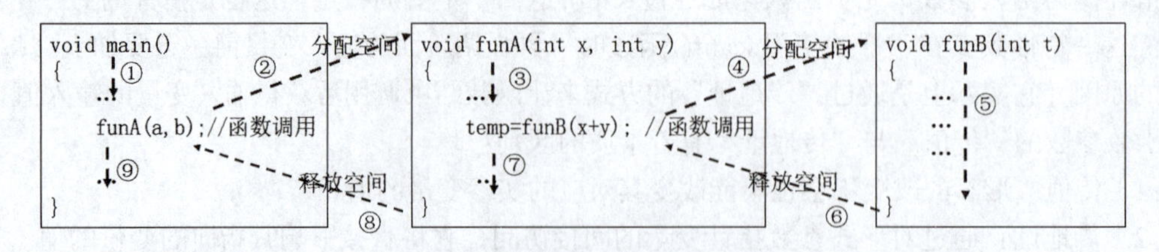

图7.9 函数嵌套调用的执行过程

在图7.9中，main()调用 funA(),而funA()继续调用了funB()形成了嵌套调用，其执行顺序如图中的箭头旁的数字标记，从① 到⑨为其执行顺序。

从图7.9中可以得到如下结论：

（1）只要有函数被调用，则C语言立即转入相应的函数去执行(包括保留断点、参数传递、分配存储空间等）。

（2）函数执行结束时总是返回到其调用点的下一语句继续执行（包括传回返回值、释放存储空间等）。

（3）函数的返回总是逐层结束返回，不能越层返回，这种结构是运用了计算机中的“栈”式结构来实现的，其特点是“后进先出”，即最后调用的函数一定是最先执行结束的函数。

7.3.6 函数的编写

函数的编写通常有两个重要的步骤：

1. 规划一个函数，即确定函数头

古希腊哲学家柏拉图（Plato）说过这样一句名言：“良好的开端是成功的一半。”编者认为此话用于函数头的规划是最合适不过的。

要编写好一个函数，首先必须要确定函数头，从函数的定义上看函数头中有三项内容必须在函数规划时予以确定，即函数名、形式参数与函数的返回值。其中函数名的取法最好能体现函数的功能；函数的形式参数相当于主调函数给函数的输入值，称为函数的入口，即函数的输入数据源均应列入函数的形式参数中；函数可以通过return获得一个返回值，也称函数的出口，有时也希望通过函数调用改变主调用函数多个变量的值，这种情况通常也称函数有多个返回值，这里必须将它们以指针形式列入形式参数之中，如图7.10所示。

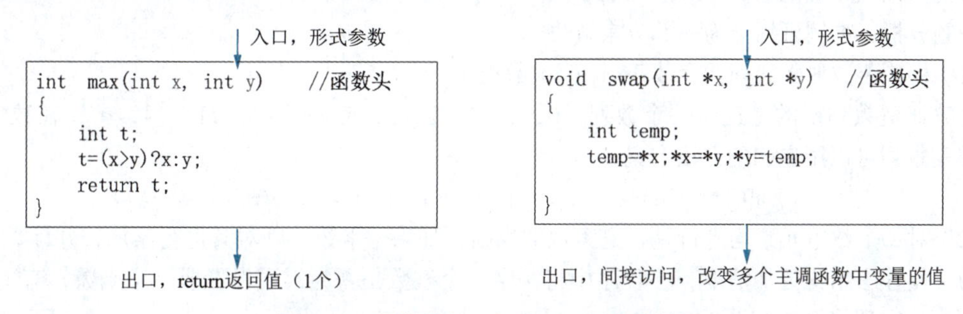

图 7.10　函数的入口与出口、形参的设置

根据函数的功能要求，做好函数名、函数的入口与出口的规划，写好函数头，等于为后续函数体的编写指明了方向。也就是说“好的开头等于成功的一半”。

例如，编写一个函数，它能够求出一个数组中函数的最大值与其元素所在的下标。

这个函数它的入口条件是给定一个数组，包含数组与其大小两项内容，分别用int a[]、int n表示。它的出口也有两个，分别是最大值与最大元素的下标，这时可以使用两种方法：一是让return 返回最大值，让int *pos;得到其下标（仍然作为形参）；二是函数返回值为空void，让int *max,int *pos得到其最大值与下标。

所以，函数头的书写方法有两种：

```
int array_max1(int a[],int n,int *pos)
void arrar_max2(int a[],int n,,int *max,int *pos)
```

以上两种写法均是可取的，它们没有优劣之分，取决于编程者的习惯与偏好。

2. 编写函数体

函数体的写法与main()函数的写法基本一致，重点是根据函数头的定义与功能去编写函数体。自定义函数的编写一是要符合函数头定义的要求，二是要实现函数所给定的功能。在编写函

数体时特别值得关注的是函数头的规划要求，它决定了程序必须具有的语句；而功能实现则相对来讲可以更加灵活，没有太多的具体规定，只要算法正确即可。

函数的调用与函数头的关系十分密切，准确地讲，函数的调用就是要为函数建立起对应的形参数据与形参指针所对应的变量。

7.4 数组作为函数参数

数组可以作为函数的参数使用。数组用作函数参数有两种形式：一种是把数组元素（下标变量）作为实参使用；另一种是把数组作为函数形参使用，数组名作为函数实参使用。

7.4.1 数组元素作为函数实数

函数参数有形参与实参之分，而数组元素作函数参数的情况通常只限于作为函数的实参，不能作为形参。由于数组元素本身就是具有一定数据类型的变量，它与普通变量并无实质区别，因此它作为函数实参的使用与普通变量作函数实参的作用是完全相同的，在发生函数调用时，把数组元素的值传送给形参，实现单向的值传送。

例7.4 用函数编写一个素数判断程序，通过调用该函数求裴波那契数列中前40项中所有素数的和以及素数的个数。（ex7_4.cpp）

问题分析：本例可划分为三部分来解决。

（1）构造裴波那契数列并存放于int a[40]数组中。

斐波那契数列指的是这样一个数列：0，1，1，2，3，5，8，13，21，34，…，在数学上，斐波那契数列可以用递归的方法定义：

$$a[0]=0,\ a[1]=1,\ a[i]=a[i-1]+a[i-2]\ (i \geqslant 2,\ i \in \mathbf{N})$$

（2）对每个数组元素均进行是否是素数的判断，如果是素数，则对其进行累加，并计数。

为了使程序结构更加清晰，在程序中将判定一个整数是否为素质设置成一个函数，有了这个函数程序的实现将更加容易。

（3）判别一个整数是否为素数的函数。

第一步：规划一个函数，即确定函数头。

本函数的入口参数是一个整数（int n），这个参数就是函数的形式参数；函数的功能是判断这个整数是否为素数，因此有一个出口值，通常用1表示是素数，用0表示不是素数，这就要求函数有一个返回值（类型为整数），为此函数头可以定义为：

```
int prime(int n)
```

第二步：编写函数体。

prime()函数的实现思路为：设立一个标志变量flag，让它的初值赋值为1，对整数n，如果n能够被2～$\sqrt{n}$中的任何一个数整除，则它肯定不是素数，则flag=0;，最后函数返回flag。

程序代码：

```
# include <stdio.h>
#include <math.h>
int prime(int n)
{
    int i, flag = 1;     //素数flag标记，1表示是，0表示不是
```

```
    if (n <= 1)
        return 0;
    else
        for (i = 2; i <=sqrt(n); i++)
            if (n % i == 0)            //表示数n被2～√n的1个数整除，则它不是素数
            {
                flag = 0; break;       //已确定n不是素数，提前终止循环
            }
    return flag;
}
void main()
{
    int a[40], i, sum = 0, count = 0;
    a[0]=0;a[1] = 1;                   //因0和1不是素数所以从下一个数开始判断
    for (i = 2; i <40; i++)
    {
        a[i] =a[i-1]+a[i-2];
        if (prime(a[i]))               //计算素数之和、个数
        {
            sum = sum + a[i]; count++;
            printf("%10d", a[i]);
        }
    }
    printf("\nSum of prime = %d,  Numbers=%d\n", sum,count);
}
```

程序运行结果如图7.11所示。

```
Microsoft Visual Studio 调试控制台
         2         3         5        13        89       233      1597     28657    514229
Sum of prime = 544828,  Numbers=9
```

图7.11　例7.4程序运行结果

7.4.2 数组作为函数形数、数组名作为函数实数

1. 定义格式

数组作为函数的参数，其基本形式有两种：

1）带下标说明的数组形参

如函数定义：

```
int sum(int a[10])              //求数组a[10]的所有元素之和
{
    int i,s=0;
    for(i=0;i<10;i++)
        s+=a[i];
    return s;
}
```

则其函数调用为：

```
s=sum(b);                       //其中数组b的说明为int b[10];
```

2）不带下标说明的数组形参

如函数定义：

```
int sum(int a[],int n)          //求数组a[]前n个元素之和
{
    int i,s=0;
    for(i=0;i<n;i++)
        s+=a[i];
    return s;
}
```

则其函数调用为：

```
s=sum(b,10);                    //其中数组b的说明为int b[10];
```

在上面两种定义中，更多情况下使用的是第（2）种格式，因为这样的定义更具有灵活性，可以接受不同长度的数组。

2. 数组元素与数组名作函数实参的区别

（1）形参的类型说明不同：用数组元素作实参时，只要数组类型和函数的形参变量的类型一致即可。换句话说，对数组元素的处理按普通变量对待。

用数组名作函数实参时，要求形参必须是与实参数组名具有完全相同的数组类型说明（包含维数、元素类型），当二者不一致时，就会发生错误。

（2）内存分配不同：在普通变量或数组元素（下标变量）作函数实数时，形参变量和实参变量是由编译系统分配的两个不同的内存单元。

在用数组名作函数实数时，C语言编译系统不为形参数组分配内存。由于数组名就是数组的首地址，当函数调用进行参数传递时直接把数组首地址传给形参数组，也就是形参数组共用实参数组地址空间，因此在函数中对形参数组元素的赋值就是对实参数组元素的赋值。

（3）参数传递方式不同（传值与传地址）：数组元素用作实参，在函数调用时把数组元素的值传递给形参变量（称为值传递或传值）。

数组名用作函数实参时，在函数调用时把数组的首地址传送给形参数组名（称为引用传递或传地址），形参数组取得该首地址之后，也就等于有了实际的数组。实际上是形参数组和实参数组为同一数组，共同拥有一段内存空间。

例7.5 编写函数将数组元素倒置存放，并返回其元素之和；通过主程序调用该函数输出倒置后的结果和其和值。（ex7_5.cpp）

问题分析：函数的入口参数为数组，通常用int a[],int n表示，由于需要返回数组元素之和，则必须有返回类型，设为int，这样函数头确定为：

```
int reverse(int a[], int n)
```

在函数体中，用首尾交换的方式实现数组元素的倒置，即a[i]与a[n-1-i]元素交换（i=0～n/2)，在交换的同时进行和的计算。

程序代码：

```
#include <stdio.h>
int reverse(int a[], int n)
{
    int i;
```

```
    int s = 0,t;
    for (i = 0; i < n / 2; i++)             //首尾元素交换
    {
        s = s + a[i]+ a[n - i - 1];         //求和
        t = a[i]; a[i] = a[n - i - 1]; a[n - i - 1] = t;
    }
    if (n % 2 != 0) s = s + a[n / 2];       //求和
    return s;
}
void main()
{
    int val[8], total;
    int i;
    printf("input 8 data:");
    for (i = 0; i < 8; i++)
        scanf("%d", &val[i]);
    total = reverse(val, 8);                //数组名作为实参
    printf("total value is %6d\n", total);
    printf("After reserve array:");
    for (i = 0; i < 8; i++)                 //交换后数组元素的值
        printf("%6d", val[i]);
    printf("\n");
}
```

程序运行结果如图 7.12 所示。

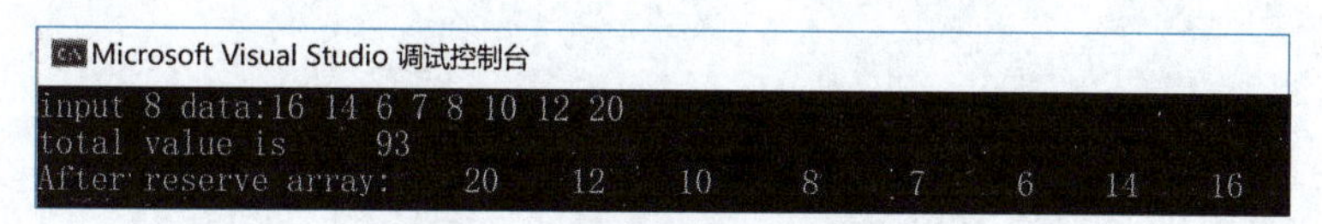

图 7.12　例 7.5 程序运行结果

程序分析：根据函数调用规则，该程序的运行分析如图 7.13 所示。

（1）数组名作为函数实参传递时，形参数组共用实参数组的同一空间，因此在函数中对数组元素的值的改变直接影响实参数组元素。

（2）数组中有两个值，其中上面画了删除线的是调用前数组的值，下面的值为交换后的值，最后输出时得到的结果为交换后的值。

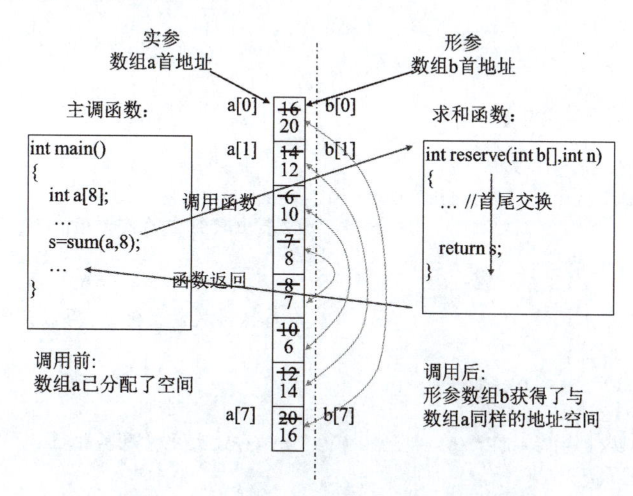

图 7.13　数组名作为实参的函数执行分析

例7.6 编写一个函数，用于求出一个数组中函数的最大值与其元素所在的下标，运用此函数实现数组的排序。

问题分析：可以用两种不同的方法来定义求出一个数组中函数的最大值与其元素所在的下标的函数头，从而就可以编写出两个不同的程序，注意程序中函数的编写方法与调用方法的差别，具体见程序中的注释。

程序代码一：（ex7_6-1.cpp）

```
#include <stdio.h>
int array_max1(int a[], int n, int* pos)  //返回数组中的最大值，其位置由pos给出
{
    int i;
    int max,p;                              //max存放最大值，p存放最大值位置
    max = a[0]; p = 0;
    for (i = 1; i < n; i++)
    {
        if (max < a[i])
        {
            max = a[i]; p = i;              //保存最大元素及其位置
        }
    }
    *pos = p;                               //将最大元素的位置赋给pos所指向的变量
    return max;                             //函数返回最大值
}
void main()
{
    int val[10] = {4324,45,34,67,554,332,256,88,99,167};
    int i,p,max,t;
    for (i = 0; i < 10; i++)
    {
        max = array_max1(val, 10 - i, &p);
        val[p] = val[10-i-1]; val[10-i-1] = max;
                                            //最大数与未排序的最后一个元素交换
    }
    printf("After sorted array:");
    for (i = 0; i < 10; i++)               //交换后数组元素的值
        printf("%6d", val[i]);
    printf("\n");
}
```

程序代码二：（ex7_6-2.cpp）

```
#include <stdio.h>
void array_max1(int a[], int n, int* max, int* pos)
                                            //求出数组中的最大值max，其位置由pos给出
{
    int i;
    int max1, p;                            //max存放最大值，p存放最大值位置
    max1 = a[0]; p = 0;
    for (i = 1; i < n; i++)
    {   if (max1 < a[i])
        {   max1 = a[i]; p = i;             //保存最大元素及其位置
        }
    }
```

```
    *max = max1;                    //将最大值赋给max所指向的变量
    *pos = p;                       //将最大元素的位置赋给pos所指向的变量
}
void main()
{
    int val[10] = {4324,45,34,67,554,332,256,88,99,167};
    int i,p,m;
    for (i = 0; i < 10; i++)
    {
        array_max1(val, 10 - i, &m,&p);
        val[p] = val[10-i-1]; val[10-i-1] =m;//最大数与未排序的最后一个元素交换
    }
    printf("After sorted array:");
    for (i = 0; i < 10; i++) //交换后数组元素的值
        printf("%6d", val[i]);
    printf("\n");
}
```

程序运行结果如图 7.14 所示。

图 7.14　例 7.6 程序运行结果

7.4.3 二维数组作为函数参数

二维数组作为函数的形参，在定义时可以省略第一维参数的大小，但不能省略第二维参数的大小，调用时要求其对应的实参必须是同样类型的二维数组名，并且其各维大小均一致。

例 7.7　用函数实现二维数组的转置，并通过调用该函数实现一个二维数组的转置。(ex7_7.cpp)

问题分析：本例的第一个函数实现一个二维数组的转置运算，可以用 void reverse(int b[][5],int n) 函数头；同时考虑到二维数组要多次输出，再编写一个输出二维数组元素的函数 void printarr(int a[][5],int n) ，通过 main() 函数调用它们来实现。

程序代码：

```
#include <stdio.h>
void reverse(int b[][5],int n)         //对二维护数组进行转置
{   int i, j, t;
    for (i = 0; i < n; i++)
        for (j = 0; j < i; j++)
        {
            t = b[i][j];b[i][j] = b[j][i];b[j][i] = t;
        }
}
void printarr(int a[][5],int n)        //输出二维数组
{   int i, j;
    for (i = 0; i < n; i++)
    {   for (j = 0; j < 5; j++)
            printf("%4d", a[i][j]);
        printf("\n");
    }
```

```
}
void main()
{    int a[4][5], i, j;
     for (i = 0; i < 4; i++)    //二维数组元素赋值
         for (j = 0; j < 5; j++)
             a[i][j] = i * 10 + j;
     printf("Initial values of array a is:\n");
     printarr(a,4);             //输出二维数组元素的值
     reverse(a,4);              //调用函数进行转置运算
     printf("Reverse values of array a is:\n");
     printarr(a,4);             //输出二维数组元素的值
}
```

7.5 指针变量作为函数参数

函数的参数不仅可以是整型、实型、字符型等数据，还可以是指针类型。指针作为函数的参数具有以下重要用途：

（1）实现一个函数可以得到多个返回值的情形。

（2）代替数组作为函数参数，提高程序运行速度。

7.5.1 形参是指针变量，实参是变量的地址

在例7.3中，已经分析了运用指针作为函数形参交换两个变量的值，在具体应用中如果应用不当依然会出现问题。

比较下列四个swap()函数：

```
void swap(int *x,int *y)
{
    int t;
    t=*x;*x=*y;*y=t;
}
```

```
void swap1(int *x,int *y)
{
    int t,*p=&t;;
    p=x;x=y;y=p;
}
```

```
void swap2(int *x,int *y)
{   int s,t,k;
    s=*x;t=*y;
    k=s;s=t;t=k;
}
```

```
void swap3(int *x,int *y)
{   int s,t,k;
    s=*x;t=*y;
    k=s;s=t;t=k;
    *x=s;*y=t;
}
```

当主程序执行如下swap(&a,&b)调用时：

```
void main()
{
     int a=3,b=4;
     swap(&a,&b);        //依次用swap1(&a,&b);swap2(&a,&b);swap3(&a,&b);代替
     printf("a=%d,b=%d\n",a,b);
}
```

哪些函数调用的结果能够得到交换a、b值的目标，即输出a=4,b=3？

分析：

（1）swap(&a,&b)能够实现交换。能够实现交换的根本原因是经过参数传递后x指向a，函数中对*x的赋值就是对变量a的赋值；y指向b，函数中对*y的赋值就是对变量b的赋值。

（2）swap1(&a,&b)不能够实现交换。原因是函数中定义了一个指针变量p，通过p=x;x=y;y=p;语句它交换了指针变量x与y的值，当函数结束后释放函数swap1()所分配存储空间，此时它不会影响main()中的a与b。

（3）swap2(&a,&b)不能够实现交换。原因是函数中定义了两个变量s和t，它分别取得了*x与*y的值，即s=3,y=4；然后交换s与t，当函数结束后释放函数swap2()所分配存储空间，此时显然它不会影响main()中的a与b。

（4）swap3(&a,&b)能够实现交换。swap3()在swap2()的基础上，先交换了s与t，得到s=4,t=3；在此基础上执行了*x=s;，实质上是对a进行了赋值；同样*y=t实质上是修改了b。

从上面四个例子可以看出，要“透过现象抓本质，不能被表面现象所迷惑”。如果要想通过调用来改变其对应的实参变量的值，必须在函数中有对**“*”形参指针变量的赋值操作**，如果没有对“*”形参指针变量的赋值操作，则肯定不会改变对应的实参变量a的值。

结论：使用形参是指针变量（设为p），实参是变量的地址（设为&a）的传递方法，在函数内执行*p=表达式；可以达到改变主调函数中变量a的值。形象地讲，实现了函数有多个返回值的目标。

例7.8 写一个函数，求出三个数的最大数与最小数。（ex7_8.cpp）

设三个输入数为a、b、c，用max和min来保存最大数与最小数，则函数定义如下：

```
void minmax(int a, int b, int c, int* min, int* max)
{   int min1, max1;
    if (a > b) max1 = a; else max1 = b;     //先求两个数的较大数
    if (max1 < c) max1 = c;                 //将两个数的较大数与第三个数比较
    if (a < b) min1 = a; else min1 = b;
    if (min1 > c) min1 = c;
    *min = min1;                            //把最小值写入到min所指向的变量中
    *max = max1;                            //把最大值写入到max所指向的变量中
}
```

上面的函数也可以改写成下面程序中的函数表示，函数更加简短，程序如下：

```
#include <stdio.h>
void minmax(int a, int b, int c, int* min, int* max)
{
    *max = a > b ? a : b;
    *max = *max > c ? *max : c;
    *min = a < b ? a : b;
    *min = *min < c ? *min : c;
}
void main()
{   int x, y, z;
    int max3, min3;
    scanf("%d%d%d", &x, &y, &z);
    minmax(x, y, z, &min3, &max3);
    printf("the max number is %d\n", max3);
    printf("the min number is %d\n", min3);
}
```

7.5.2 形参是指针变量，实参是指针变量

1. 形参与实参均为普通指针

例7.9 用形参和实参均为指针实现交换两个变量a与b的值。（ex7_9.cpp）

程序代码：

```
#include <stdio.h>
```

```
void swap(int* x, int* y)       //形参为指针
{    int temp;
     temp = *x; *x = *y; *y = temp;
}
void main()
{    int a = 3, b = 4;
     int* t, * s;
     t = &a, s = &b;
     swap(t, s);                //实参为指针
     printf("a=%d, b=%d\n", a, b);
     printf("*t=%d, *s=%d\n", *t, *s);
}
```

程序运行结果如图7.15所示。

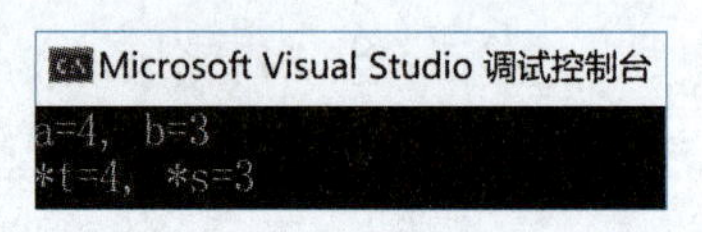

图7.15 例7.9程序运行结果

其执行分析过程如图7.16所示。

在本程序中，主函数中t和s的值并没有改变，但通过对*x与*y的赋值改变了a和b的值，所以当程序从函数返回后，得到上述输出结果。

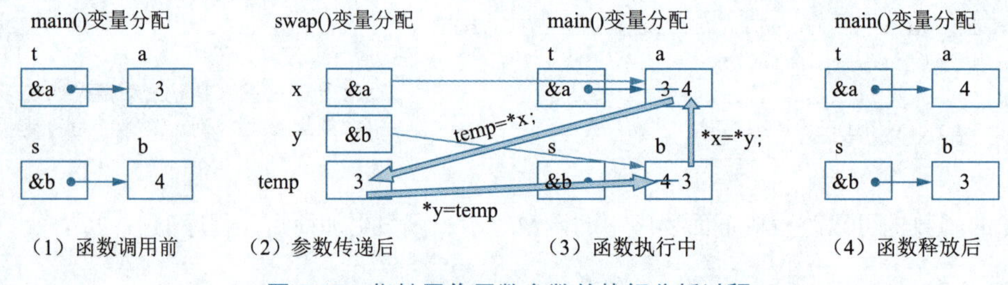

图7.16 指针用作函数参数的执行分析过程

例7.10 用函数实现输入a、b、c共三个整数，按由小到大顺序输出。（ex7_10.cpp）

程序代码：

```
#include <stdio.h>
void swap(int* pt1, int* pt2)
{
    int temp;
    temp = *pt1;*pt1 = *pt2;*pt2 = temp;    //交换
}
void exchange(int* q1, int* q2, int* q3)   //排序
{
    if (*q1 >*q2)swap(q1, q2);             //两两交换
    if (*q1 >*q3)swap(q1, q3);             //两两交换
    if (*q2 >*q3)swap(q2, q3);             //两两交换
}
void main()
{
    int a, b, c, * p1, * p2, * p3;
    scanf("%d %d %d", &a, &b, &c);
    p1 = &a; p2 = &b; p3 = &c;
    exchange(p1, p2, p3);
    printf("After sorted:%d  %d  %d \n", a, b, c);
}
```

程序运行结果如图7.17所示。

Microsoft Visual Studio 调试控制台

```
93 73 48
After sorted:48   73   93
```

图7.17　例7.10程序运行结果

2. 形参为二重指针、实参为指针的地址

例7.11　用形参为二重指针、实参为指针的地址的调用方法交换两个指针变量的值的程序。（ex7_11.cpp）

程序代码：

```
#include <stdio.h>
void swap(int** x, int** y)   //形参为二重指针变量
{    int* temp;
     temp = *x; *x = *y; *y = temp;
}
void main()
{    int a = 3, b = 4;
     int* t, * s;
     t = &a, s = &b;
     swap(&t, &s);              //实参为指针变量的地址
     printf("a=%d, b=%d\n", a, b);
     printf("*t=%d, *s=%d\n", *t, *s);
}
```

程序运行结果如图7.18所示。

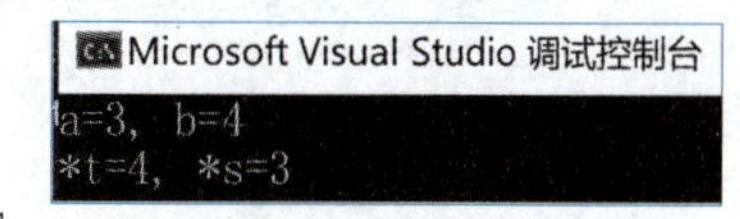

图7.18　例7.11程序运行结果

其执行分析过程如图7.19所示。

从图7.19中可以看到，函数实现了主函数中指针变量t和s的值的交换，而变量a与b的值并没有得到改变，所以输出结果a=3,b=4。由于t和s的值发生了改变，所以*t=4，*s=3。

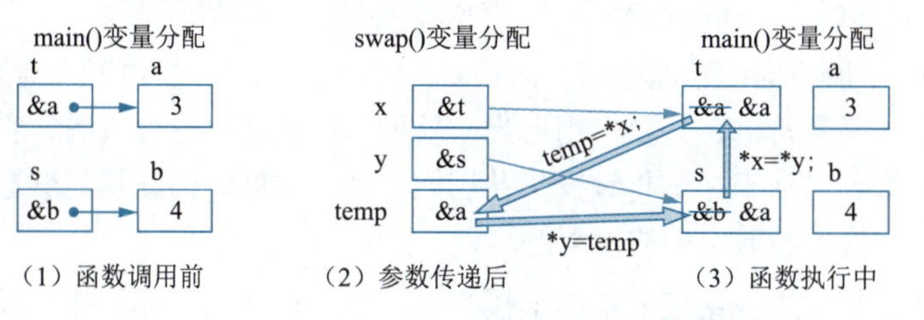

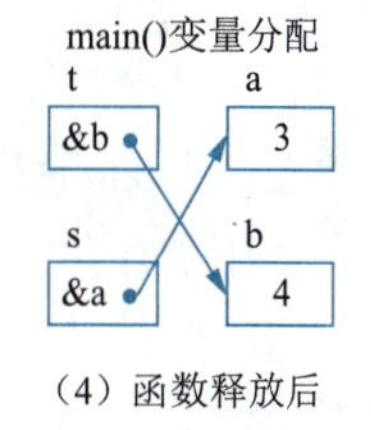

图7.19　二重指针用作函数参数的执行分析过程

7.5.3 数组或指针变量作为函数的参数

对于一维数组而言，完全可以使用指针来实现对数组元素的访问，因此将指针与数组均用于函数参数时，根据其形参与实参的情况，可以得到四种组合，分别是：形参和实参都是数组、形参为数组实参为指针、形参为指针实参为数组、形参和实参均为指针。

1. 形参和实参都是数组名

```
void main()                          f(int x[],int n)
{int a[10];                          {
    …                                     …
    f(a,10);                         }
    …
}
```

调用后，形参数组x指向实参a数组，共享a数组空间。

2. 实参用数组，形参用指针变量

```
void main()                          f(int *x,int n)
{   int a[10];                       {
    …                                    …
    f(a,10);                         }
    …
}
```

调用后，形参指针x指向实参a数组的首地址，共享a数组空间。

3. 实参为指针变量，形参为数组名

```
void main()                          f(int x[],int n)
{   int a[10],*p=a;                  {
    …                                    …
    f(p,10);                         }
    …
}
```

调用后，形参数组x指向变量p所指向的存储空间，而p=a;，所以数组x共享a数组空间。

4. 实参、形参都用指针变量

```
void main()                          f(int *x,int n)
{   int a[10],*p=a;                  {
    …                                    …
    f(p,10);                         }
    …
}
```

调用后指针变量x指向变量p所指向的存储空间，而p=a;，所以指针x指向a数组首地址。

实质上，上面四种应用方式是等价的，只要运用得当，就可以选用任意一种方法，它们均对数组部分采用引用传递方式，数组与所对应的指针变量共用同一地址空间，因此均能够通过函数对数组元素的赋值达到改变其对应实参数组中的元素值。

例7.12 编写函数在数组中查找给定元素的下标，如果查到返回其下标，如果没有查找返回-1，再编写一个程序通过反复调用，实现不同数据的查找（使用方案1）。（ex7_12.cpp）

问题分析：（1）函数头的定义。根据问题要求，函数头可定义为：

```
int search(int a[],int n,int x)     //参数a为待查数组，n数组长度，x待查数据，查
                                      到返回元素下标，没有查到返回-1
```

（2）主程序调用采用 pos=search(a,10,s);。

程序代码：

```
#include <stdio.h>
#define N 100
int  search(int pa[], int n,int x);
int  main()
{
    int arr[N], m;       //元素个数
    int i,se,p;          //se待查数据 p查找结果
    printf("Input arr element number:");
    do {
```

```
        scanf("%d", &m);
    } while (m<0 || m>N);
    printf("Input %d element data:",m);
    for (i = 0; i < m; i++) scanf("%d", arr+i);   //输入数组元素
    do
    {
        printf("Input search data:");
        scanf("%d", &se);
        p = search(arr, m, se);                    //函数调用
        if (p == -1)
            printf("%d  NO found \n",se);
        else
            printf("This subscript is=%d,value is=%d\n", p, arr[p]);
    } while (se != 0);                             //输入查找数据为0则结束程序
}
int  search(int pa[], int n, int x)
{
    int i,pos=-1;                                  //pos初始为-1表示没有查到
    for (i = 0; i < n; i++)
        if (pa[i] == x)
        {
            pos = i; break;                        //查到，保存位置，退出循环
        }
    return pos;                                    //返回位置下标
}
```

例7.13　编写函数将数组a中的n个整数按相反顺序存放，函数使用指针变量作为形参，主程序调用此函数实现数组元素的倒置存放（使用方案2）。（ex7_13.cpp）

问题分析：根据要求，函数采取void inv(int *x,int n)头的形式，所以在函数中需要定义两个指针p与q，分别指向数组的首与尾元素，交换p与q与指向的元素后执行p++、q--，指针向中间移动，直到再者相遇为止，如图7.20所示。

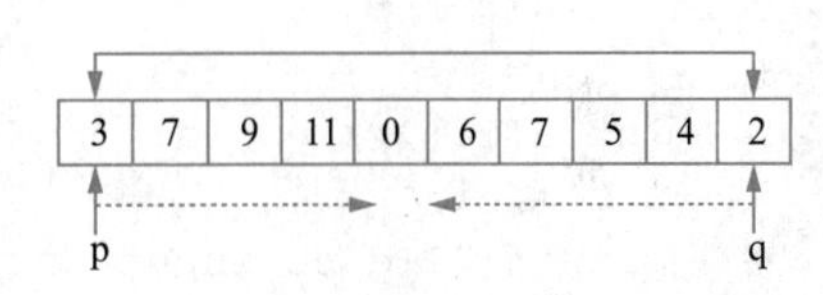

图7.20　用指针表示数组形参且交换两个元素

程序代码：

```
#include <stdio.h>
void inv(int* x, int n)        //形参x为指针变量
{
    int* p, * q, temp;
    p = x; q = x + n - 1;      //p指向数组第一个元素，q指向数组最后一个元素
    for (; p <= q; p++, q--)  //交换
    {
        temp = *p; *p = *q; *q = temp;
    }
    return;
}
void main()
{
    int i, a[10] = { 3,7,9,11,0,6,7,5,4,2 };
    printf("The original array:\n");
    for (i = 0; i < 10; i++)
```

```
        printf("%d,", a[i]);
    printf("\n");
    inv(a, 10);                       //实参为数组名
    printf("The array has benn inverted:\n");
    for (i = 0; i < 10; i++)
        printf("%d,", a[i]);
    printf("\n");
}
```

说明：主程序中的函数调用语句也可以改成指针，如在数组定义后增加说明语句 int *p=a;，函数调用改成 inv(p,10);。

例7.14 编写一个函数在已经排序的数组中插入一个新的数使数组元素继续保持有序，并调用此函数对输入数据进行排序。(ex7_14.cpp)

问题分析：本例中的函数包含数组和待插入的数据，据此定义的函数头为void insert(int a[], int n, int x)，其中a数组已经按由小到大排列，x为新插入的数据，为此采取从尾部开始边判断边后移数据的方式，直到找到插入点，再将x插入数组中。而主程序也采取边输入边排序的方法进行。

程序代码：

```
#include <stdio.h>
void insert(int a[], int n, int x)  //在由小到大排列的数组a中插入新元素x
{
    int i;
    for (i = n; i > 0 && a[i - 1] > x; i--)
        a[i] = a[i - 1];              //从尾部开始后移
    a[i] = x;                         //插入新的数x
}
void main()
{
    int a[10], * p = a;
    int m, i;
    printf("Please input data:");
    for (i = 0; i < 10; i++)
    {
        scanf("%d,", &m);
        insert(p, i, m);              //将每个新输入的数插入已排序的数组中
    }
    printf("The array after sorted:\n");
    for (p = a, i = 0; i < 10; i++)
    {
        printf("%d  ", *p); p++;
    }
    printf("\n");
}
```

程序运行结果如图7.21所示。

```
Microsoft Visual Studio 调试控制台
Please input data:536 283 4 58 29 2384 445 89 62 3456
The array after sorted:
4  29  58  62  89  283  445  536  2384  3456
```

图7.21 例7.14程序运行结果

7.5.4 字符串作为函数参数

根据前面的介绍，对于字符串的使用在大多数情况下均以指针方式进行，因此字符串函数也常用指针作为字符串函数的形参，如上一章中所介绍的字符串库函数的原型均是以指针形式出现的，下面介绍几个常见的字符串函数的自定义实现。

例 7.15　要求按 strcpy() 函数的功能自定义函数，实现把一个字符串的内容复制到另一个字符串中，并用此函数实现两个字符串的交换。(ex7_15.cpp)

问题分析：设自定义字符串复制函数为 void cpystr(char *pss,char *pds)，它的形参为两个字符指针变量，pss 指向源字符串，pds 指向目标字符串。字符串复制就是逐个将原字符串的字符复制到目标串中对应字符，复制结束后，一定要将字符串结束符 '\0' 写入目标串的结尾。

程序要实现两个字符串的交换，其思路与交换两个变量一样，需要利用第三个字符数组做辅助，通过反复复制字符串就可以实现。

程序代码：

```
#include <stdio.h>
void cpystr(char* pss, char* pds)    //pss为源串，pds为目标串
{
    while ( *pss != '\0')            //字符串是否结束
    {
        *pds = *pss;                 //逐个字符复制
        pds++;pss++;                 //移动下一位置
    }
    *pds = '\0';                     //填充结束符'\0'
}
void main()
{
    char a[80], b[80], c[80];
    char* pa, * pb, * pc;
    pa = a; pb = b; pc = c;
    printf("Input string  1:");
    gets_s(pa, 80);
    printf("Input string 2:");
    gets_s(pb, 80);
    cpystr(pa, pc);                  //把a字符串复制到c字符串中
    cpystr(pb, pa);                  //把b字符串复制到a字符串中
    cpystr(pc, pb);                  //把c字符串复制到b字符串中
    printf("string 1=%s\nstring 2=%s\n", pa, pb);
}
```

程序运行结果如图 7.22 所示。

```
Microsoft Visual Studio 调试控制台
Input string  1:Hello,i am well.
Input string 2:HI,how are you.
string 1=HI,how are you.
string 2=Hello,i am well.
```

图 7.22　例 7.15 程序运行结果

本例中，也可以把 cprstr 函数简化为以下形式：

```
void cprstr(char *pss,char *pds)
{
```

```
    while ((*pds++=*pss++)!='\0');  //赋值时将'\0'也一并赋予了
}
```

即把指针的移动和赋值合并在一个语句中。进一步分析还可发现 '\0' 的ASC Ⅱ码值为0，对于while语句只看表达式的值为非0就循环，为0则结束循环，因此也可省去“!='\0'”这一判断部分，而写为以下形式：

```
void cprstr (char *pss,char *pds)
{
    while (*pdss++=*pss++);
}
```

例7.16　编写一个求字符串的子串的函数，要求将原字符串中从第n个字符开始长度为m的子串写入新的字符串中，如果n大于原字符串长度则子串为空串，如果原从n开始后面的长度不足m则只取原串中从n开始到结尾字符为止。编写主程序验证上述函数的正确性。（ex7_16.cpp）

问题分析：首先构造求子串函数，即

```
void substr(char *source,char *subs,int n,int len)
                //source为原串，subs为子串，n为起始位置（从1开始），m为子串长度
```

求子串的过程实际上就是字符串的复制过程，在函数中注意n与m与原字符串长度的关系，并在求出子串后将 '\0' 写入子串的结尾处。

程序代码：

```
#include <stdio.h>
#include <string.h>
void substr(char* source, char* subs, int n, int m)
                //source为原串，subs为子串，n为起始位置（从1开始），m为子串长度
{
    int i, len;
    char* p;
    len = strlen(source);
    if (n <= 0 || n > len)    //n的值不在有效范围内，子串为空
        *subs = '\0';
    else
    {
        p = source + n - 1;   //原串的起点
        for (i = 0; i < m && *p != '\0'; i++)      //复制子串
            *subs++ = *p++;
        *subs = '\0';           //写入结束标记
    }
}
int  main()
{
    char a[80], b[80];
    char* pa, * pb;
    int n, m;
    pa = a; pb = b;
    printf("Input source string :");
    gets_s(pa, 80);
    printf("Input start position(n) and length(m) :");
```

```
    scanf("%d%d", &n, &m);
    substr(pa, pb, n, m);                   //函数调用
    printf("substring is=%s\n", pb);
    return 0;
}
```

程序运行结果如图7.23所示。

```
Microsoft Visual Studio 调试控制台
Input source string :This is an example.
Input start position(n) and length(m) :6 20
substring is=is an example.
```

图7.23　例7.16程序运行结果

7.5.5 指针数组作为函数的参数

指针数组作指针型函数的参数通常用于对一组字符串的运算。

例7.17　输入五个国家的英文名称并按字母顺序排列后输出。（ex7_17.cpp）

```
#include <stdio.h>
#include <string.h>
void sort( char* name[], int n)         //排序
{   char* pt;
    int i, j, k;
    for (i = 0; i < n - 1; i++)
    {  k = i;
       for (j = i + 1; j < n; j++)
           if (strcmp(name[k], name[j]) > 0) k = j;
       if (k != i)
       { pt = name[i];name[i] = name[k];name[k] = pt;
       }
    }
}
void print( char* name[], int n)        //输出字符串
{   int i;
    for (i = 0; i < n; i++)
        puts(name[i]);
}
int main()
{
    char str[5][80];                        //存储10个字符串
    char *name[5];                          //指针数组
    int i, m=5;
    printf("Input 5 string:\n");
    for (i = 0; i < m; i++)
    {   name[i] =str[i];                    //指针数组指向二维数组的每一行
        gets_s(name[i], 80);
    }
    printf("    After sorted:\n");
    sort(name, m);
    print(name, m);
}
```

7.6 指向函数的指针变量与指针型函数

指向函数的指针变量与指针型函数是两个不同的概念。指向函数的指针变量是指一个变量指向一个函数，而指针型函数就是指一个函数的返回值为指针（地址值）。

7.6.1 指向函数的指针变量

在C语言中，为了更充分地利用内存采取了内存动态分配策略，即函数只有在调用时才为其分配内存空间，一旦调用执行结束就立即释放所分配的存储空间。这时函数总是分配一片连续的内存空间，函数名就是该函数所占内存区域的首地址。

如果将函数的首地址（或称入口地址）赋给一个指针变量，使该指针变量指向这个函数，那么就可以通过该指针变量去调用这个函数，通常把这个指针变量称为指向函数的指针变量。

1. 定义格式

指向函数的指针变量定义的一般形式为：

```
类型说明符  (*指针变量名)(参数表);
```

其中，类型说明符表示所指向的函数的返回值的类型；指针变量名表示指向函数的指针变量；(*指针变量名)中的()不能省略，如果没有这个()将是定义一个返回值为指针的函数。参数表必须与其所指向的函数的参数表一致。

例如，int (*pf)(int);表示pf是一个指向函数的指针变量，该函数的返回值是整型，且带有一个int型形参。

2. 赋值方式

设有函数：

```
int sum(int n)
{
    函数体;
}
```

则：

```
int (*pf)(int); //定义指向函数的指针变量pf
pf=sum;         //函数名就是函数的首地址
```

上述赋值说明了pf指向sum()函数。

3. 调用格式

用指向函数的指针变量调用函数的一般形式为：

```
(*指针变量名) (实参表)
```

例7.18 用指针实现对函数调用的方法。(ex7_18.cpp)

程序代码：

```
#include <stdio.h>
int max(int a, int b)
{
    return a > b ? a : b;
```

```
}
int min(int a, int b)
{
    return a < b ? a : b;
}
int  main()
{   int(*p)(int, int); //定义函数指针变量p
    int x, y, z,select;
    printf("input two numbers:");
    scanf("%d%d", &x, &y);
    printf("Choose calculate mode(1--max,2--min):");
    scanf("%d", &select);
    if (select == 1)
        p = max;        //p指向函数max()
    else
        p = min;        //p指向函数min()
    z = (*p)(x, y);     //用指向函数的指针变量调用函数max()
    printf("result=%d\n", z);
    return 0;
}
```

程序运行结果如图7.24所示。

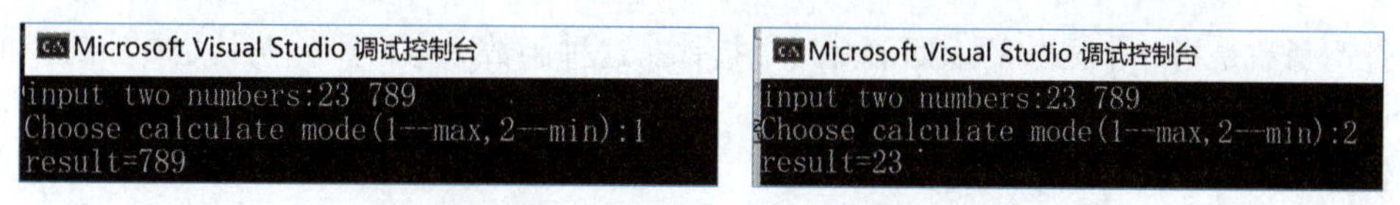

图7.24 例7.18程序运行结果

使用指向函数的指针变量应注意以下几点：

（1）指向函数的指针变量不能进行算术运算与关系运算。

（2）函数调用中(*指针变量名)两边的括号不可以省略，(*指针变量名)等同于赋值的函数名。

（3）指向函数的指针变量同样可以作为函数的形参。

（4）使用指向函数的指针变量可以通过对其赋值实现不同的函数调用。

例7.19 指向函数的指针变量作为函数的形参示例，求三个数中的最大数和最小数。（ex7_19.cpp）

程序代码：

```
#include <stdio.h>
int max(int a, int b)
{
    return a > b ? a : b;
}
int min(int a, int b)
{
    return a < b ? a : b;
}
int  value(int x, int y, int z, int (*p)(int, int))
{
    int temp;
    temp=(*p)(x, y);            //调用指定的函数p()
    return (*p)(temp, z);       //调用指定的函数p()
}
```

```
void main()
{
    int(*p)(int, int);                          //定义指向函数的指针变量p
    int x, y,z;
    printf("input three numbers:");
    scanf("%d%d%d", &x, &y,&z);
    p = min;
    printf("min=%d\n",value(x, y, z, p));  //指向函数的指针变量p作为实参
    p = max;
    printf("max=%d\n", value(x, y, z, p)); //指向函数的指针变量p作为实参
}
```

程序运行结果如图7.25所示。

图 7.25　例 7.19 程序运行结果

7.6.2 指针型函数

指针型函数是指一个函数的返回值是一个指针。这种函数非常常用，尤其是在字符串的应用中十分普遍。

指针型函数的定义一般形式为：

```
类型说明符 *函数名(形参表)
{
    …              //函数体
}
```

其中，函数名之前加了“*”号表明这是一个指针型函数，即返回值是一个指针；类型说明符表示了返回的指针值所指向的数据类型。

例如：

```
int *ap(int x,int y)
{
    …              //函数体
}
```

表示函数ap()返回指向整型变量的指针。

例 7.20　编写自定义函数strsubstr()实现strstr()函数的功能，并调用它实现子串的替换操作。（ex7_20.cpp）

问题分析：strstr()函数的原型为：char* strstr(const char* str1,const char* str2)，它是一个参数为两个字符指针类型，返回值是char*类型的函数。其功能是用于找到子串（str2）在一个字符串（str1）中第一次出现的位置（不包括str2的串结束符），并返回该位置的指针，如果找不到，返回空指针（NULL）。这里因为传进来的地址指向的内容不会再发生改变，所以在两个形参（char*）前加上const。

为自定义此函数，将函数名更改为strsubstr，其余不变。

找到子串后可以用strncpy()函数实现子串字符的替换操作。

程序代码：

```
#include <stdio.h>
#include <string.h>
char* strsubstr(const char* str1, const char* str2)      //求子串位置
{
    const char* s1 = str1;
    const char* s2 = str2;
    const char* p = str1;
    while (*p != '\0')
    {
        s1 = p;
        s2 = str2;
        while (*s1 != '\0' && *s2 != '\0' && *s1 == *s2)  //逐个字符比较
        {
            s1++;s2++;
        }
        if (*s2 == '\0')                                    //找到返回起始位置
        {
            return (char*)p;
        }
        p++;
    }
    return NULL;
}
int main()
{  char str[] = "This is a simple string. hello world!";
    char* pch;
    pch = strsubstr(str, "string.");                  //函数调用找子串位置
    if (pch != NULL)
    {       printf("%s\n", str);
        printf("%s\n", pch);
        strncpy(pch, "example", 7);                   //字符串替换，从找到位置开始进行替换
    }
    printf("%s\n", str);                              //输出替换后的字符串
    printf("%s\n", pch);                              //输出替换后的字符串
    return 0;
}
```

程序运行结果如图7.26所示。

```
Microsoft Visual Studio 调试控制台
This is a simple string. hello world!
string. hello world!
This is a simple example hello world!
example hello world!
```

图7.26 例7.20程序运行结果

例7.21 编写一个指针型函数，它输入一个1～7之间的整数，返回对应的星期名的指针，如输入在不1～7范围中的数，则返回指向"Illegal week-day"的指针。通过主程序调用此函数实现输入一个整数，输出对应的星期名称或"Illegal week-day"。(ex7_21.cpp)

问题分析：由于题目要输出的字符信息是确定的，不妨先定义一个指针数组保存"Illegal week-day"以及星期一到星期日的所有字符串，即

```
const char* name[] = { "Illegal week-day","Monday","Tuesday","Wednesday",
    "Thursday","Friday", "Saturday","Sunday" };
```

然后将它作为函数的参数，同时根据题目的要求，此函数还需要接受一个输入整数，因此此函数头可定义为：

```
const char* day_name(const char* arr[], int n,int k)
```

有了此函数头的设计，它的返回值就很容易了，通常情况下return arr[k];即可。

程序代码：

```
#include <stdio.h>
 const char* day_name(const char* arr[], int n,int k)//根据k的值返回arr[k]
{        //因为实参这是类型为const char *name[],所以形参必须与它一致
         //因为返回arr[k],它的类型为const char *,所以函数返回类型必须为const char*
    return((k < 0 || k>7) ? arr[0] : arr[k]);
 }
int main()
{
    const char* name[] = { "Illegal week-day","Monday","Tuesday","Wednesday",
        "Thursday","Friday", "Saturday","Sunday" };
            //VS中初始化字符串指针必须用const char *
    int m;
    const char* p;//因为函数返回类型必须为const char*,所以它必须定义为const char *
    do
    {
        printf("input Day No:");
        scanf("%d", &m);
        p = day_name(name, 8, m);    //函数调用
        printf("Day No:%2d-->%s\n", m,p );
    } while (m>=1 && m<=7);           //输入检测1-7为正确输入对应星期一到星期日
    return 0;
}
```

例7.22 编写一个以指针数组为形参的多字符串查找子串的函数，如果查到了返回查到的字符串指针，如果所有字符串均没有查到该子串，则返回NULL指针。在主函数中用二重字符指针作为函数实参调用上述函数，实现从键盘输入五个汉语句子，输入指定查找的子句，如果查到则输出该中文句子。(ex7_22.cpp)

问题分析：(1)定义函数char* subsearch(char* arr[], int n, char *str)，其中arr[i]指向所有待查找的句子，n为句子的个数，str为子句；逐句查找，如果查找了某句子包含了子句，则返回句子的起始指针，如果在所有句子中均未查到，则返回NULL。

(2)函数的实现过程比较简单，利用strstr()函数即可，即在循环中调用 p=strstr(arr[i], str)，如果p非空，则说明找到，返回arr[i]，否则继续。在循环外加一句return NULL，是因为如果循环中没有执行到return语句，说明所有句子中均不包含子句。

(3)主函数。

由于所有句子是从键盘随机输入的，因此先必须定义一个二维字符数组chinese[10][80]，用于存放输入的字符串，由于函数形参为char* arr[]字符指针数组，因此必须定义一个指针数组*chp[10]，并将此数组与二维数组的行地址进行关联，再定义一个二重字符指针char **p，让p指向chp，进行这样一套组合定义后就构成了图7.27所示的结构。

构造了上述结构后，主函数的实现就比较容易了。

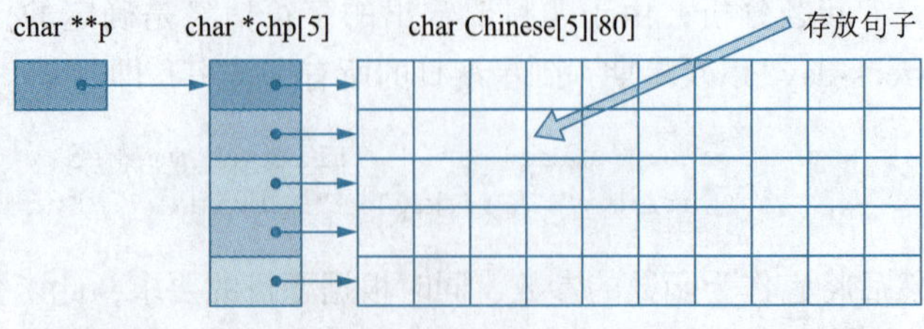

图7.27 二重指针与指针数组、二维数组之间的关系

程序代码：

```
#include <stdio.h>
#include <string.h>
char* subsearch( char* arr[], int n, char *str) //在arr中查找子串str
{
    int i;
    char* p;
    for (i = 0; i < n; i++)
    {
        p=strstr(arr[i], str);                  //在第i个句子中查找
        if (p != NULL)
            return arr[i];                      //查到的情况
    }
    return NULL;                                //所有句子中均没有查到的情况
}
int main()
{
    char chinese[10][80], ** p;                 //二维数组存放中文句子
    char *chp[10];                              //指针数组
    char sub[80],*q, * pos;                     //sub存放子句
    int i;
    p = chp;                                    //指向指针数组
    q = sub;                                    //指向子句
    for (i = 0; i < 5; i++)
    {
    chp[i] = chinese[i];                        //构成指针数组与二维数组之间的关系
        gets_s(*(p + i), 80);                   //输入中文句子，存储到chinese数组中
    }
    printf("输入子句：");
    gets_s(q, 80);
    pos = subsearch(p, 5, q);                   //函数调用
    if (pos != NULL)
    {
        printf("result:");
        puts(pos);                              //输出包含子句的句子
    }
    else
        printf("NO found!");
    return 0;
}
```

7.7 带参数的main()函数

7.7.1 main()函数的参数

前面介绍的main()函数都是不带参数的，因此main()括号中的内容都是空的。实际上，main()函数可以带参数，称为main()函数的形式参数。

1. main()函数参数的来源

在C语言中由于main()函数不能被其他函数调用，因此不可能在程序内部取得实际值。那么，

在何处把实参值赋予main()函数的形参呢？一般有DOS命令方式与VS系统参数设置方式两种方式。

1）DOS命令方式

在VS中，对一个项目进行编译通过后，实际上生成了一个扩展名为.exe的可执行文件。其文件名和存放的路径在VS调试控制台（程序运行结果窗口）中均能够显示出来，其见内容见图7.28中第一行到.exe止，前面为可执行文件project1.exe的存放路径。

```
C:\Users\admin\source\repos\Project1\Debug\Project1.exe (进程 16744)已退出，代码为 0。
要在调试停止时自动关闭控制台，请启用 "工具"->"选项"->"调试"->"调试停止时自动关闭控制台"。
按任意键关闭此窗口. . .
```

图7.28　VS中项目编译成可执行文件的存放路径

Windows操作系统中，运行cmd后得到DOS命令窗口。

在DOS提示符下输入文件名，再输入实际参数（以空格分隔）即可把这些实参传送到main()函数的形参中去。

例如，DOS提示符下命令行的一般形式为：

```
C:\>可执行文件名　参数1　参数2...
```

2）VS系统参数设置方式

在VS中，在项目（Project）菜单中打开当前程序属性（Properties）→配置属性（Configuration Properties）→调试（Debugging）→命令参数（Command Arguments），然后将需要的参数写在命令参数中，多个参数间用空格分隔。与DOS中所不同的是，第一个参数文件名本身不用输入，但argc仍会将它进行计数，且文件名存储在argv[0]中。

2. main()函数参数的结构

C语言规定main()函数的参数只能有两个：一个代表命令行中字符串的个数，通常用int argc表示；另一个表示以空格分隔的每一个具体的字符串的内容，通常用char *argv[]表示。因此，带参数main()函数的函数头可写为：

```
void main (int argc,char *argv[])
```

main的两个形参存储的数据内容与结构如图7.29所示。一维数组argv指向每个参数（字符串），argc自动给出argv存储的参数个数（含文件名）。

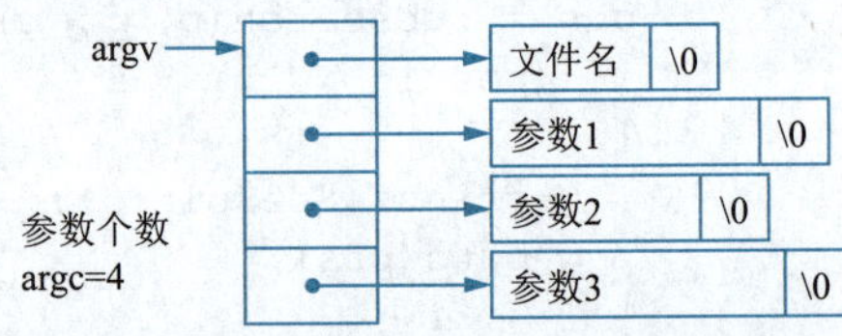

图7.29　main()形式参数存储结构

7.7.2 main()函数参数的应用

例7.23　使用带参数的main()，输出命令行各参数。（ex7_23.cpp）

程序代码：

```
#include <stdio.h>
int main(int argc, char* argv[])
{
    printf("参数个数=%d\n", argc);
    printf("参数内容如下: \n");
    while (argc-- > 0)
        printf("%s\n", *argv++);
    return 0;
}
```

分析两种参数传递的方式，来看程序的输出结果。

方式一： cmd命令。

在cmd状态下，输入下列命令以找到可执行文件project1.exe所在的文件目录：

C:

cd\

cd\users\admin\source\repos\project1\debug

project1 Fortran Basic C Algol60 Language

执行project1文件得到图7.30所示结果。

```
C:\Users\admin\source\repos\Project1\Debug>project1 Fortran Basic C Algol60 Language
参数个数=6
参数内容如下：
project1
Fortran
Basic
C
Algol60
Language
```

图7.30　DOS环境下程序运行结果

方式二： VS系统参数设置方式。

在VS集成开发环境中选择“Progect1属性”命令，打开属性对话框，选择“调试”后在“命令参数”处编辑输入Fortran Basic C Algol60 Language，再单击“确定”按钮即可。

运行程序后得到图7.31所示结果。

```
Microsoft Visual Studio 调试控制台
参数个数=6
参数内容如下：
C:\Users\admin\source\repos\Project1\Debug\Project1.exe
Fortran
Basic
C
Algol60
Language
```

图7.31　例7.23程序运行结果

例7.24　通过main()函数接收命令行参数进行两个整数的算术运算（+、-、*、/），输出运算后的结果。（ex7_24.cpp）

问题分析： 如果用main()函数接收命令行参数来解本问题，首先明确参数的表示方法，由于命令行参数的分隔符为空格，这就意味着如果要计算456+7589的值，如果“+”前后没有空格，计算机会把它当成一个参数（一个字符串），为简单起见，约定输入时“+”两边均至少有一个空格，即参数形式为456 + 7589，那么这三个参数将以字符串形式存放到argv[1]～argv[3]所指向的字符串中，这是编程的基础。

有了字符串，下面的问题是计算，而计算的前提是将数字字符串转换成对应的整数，可以用int changestrtoint(char *str)函数来实现，其功能是将str中的数字符号转换成一个整数返回。采取的方法是从第一位字符开始，转换成数值，保存到结果变量s中，然后依次转换下一位，并执行s=s*10+当前数值，直到字符串结束。

主程序的实现比较简单，可以使用switch语句对argv[2]中的首字符进行判别，以执行相应的计算功能。

程序代码：

```
#include <stdio.h>
#include <stdlib.h>
int changestrtoint(char* str)          //实现将一个数字字符串转换成整型数据
{   int s = 0;
    while (*str != 0)
    {   s = s * 10 + *str - '0';
        str++;
    }
    return s;
```

```
}
int  main(int argc, char* argv[])
{
    int opnd1, opnd2;  //opnd1和opnd2分别表示第一操作数和第二操作数
    int result;        //result存放结果。
    char op;           //op表示运算符
    if (argc != 4)
    {
        printf("运行格式为: filename operand1 operator operand2\n");
        exit(1);
    }
    opnd1 = changestrtoint(argv[1]);
    opnd2 = changestrtoint(argv[3]);
    op = *argv[2];
    switch (op)
    {   case '+':result =opnd1 + opnd2; break;
        case '-':result = opnd1- opnd2; break;
        case '*':result = opnd1 * opnd2; break;
        case '/':result = opnd1 / opnd2; break;
        default: result = 0;
    }
    printf("result=%d\n", result);
}
```

7.8 函数的嵌套调用与递归调用

7.8.1 函数的嵌套调用

C语言不允许一个函数定义在另一个函数之中，即不允许函数嵌套定义，所有函数在程序书写上处于平等关系。

C语言允许函数之间的嵌套调用，在7.3.5节中介绍了嵌套调用函数的执行过程，其执行过程简单地可以归纳为以下三点：

（1）遇到函数调用就转向执行调用函数；

（2）遇到函数执行结束就返回其调用点的下一语句继续执行；

（3）直到main()函数执行结束，整个程序就结束运行。

例7.25 验证哥德巴赫猜想，即任何一个大于6的偶数均可分解为两个素数之和。（ex7_25.cpp）

问题分析： 本问题的关键是判定一个整数是否为素数，因此用函数int prime(int x)表示，当x是素数时返回1，否则返回0；其次写一个函数judge(int x,int b[2])判断一个大于6的偶数能否分解为两素数之和，如能分解，则返回1，并将分解后的两个数存放在数组b[2]中，如不能分解返回0，它要调用prime()函数。

在本例中，主函数main()调用judge()函数，judge()函数调用prime()函数，从而形成函数的嵌套调用。

程序代码：

```
#include <stdio.h>
```

```
#include <math.h>
int prime(int x)                //判断x是否为素数，是返回1，不是返回0
{
    int i,flag = 1;
    if (x <= 1) return 0;
    for (i = 2; i <=sqrt(x); i++)
        if (x % i == 0)
        { flag = 0;  break;    }
    return flag;
}
int judge(int x, int b[2])    //判断x能否表示两个素数之和，是返回1，不是返回0
{
    int i;
    for (i = 3; i < x / 2; i += 2)
    {
        if (prime(i) && prime(x - i))
        {
            b[0] = i; b[1] = x - i; break; //猜想成立，保存两个素数
        }
    }
    if (i < x / 2)     return 1;
    else  return 0;
}
void main()
{
    int n,a[2];
    do
    {   printf("Please input a even number:");
        scanf("%d", &n);
    } while (n % 2 != 0 || n < 6);           //只接收大于6的偶数数据
    if (judge(n, a))
        printf("%d=%d+%d\n", n, a[0], a[1]); //分解成立，输出两个素数之和
    else
        printf("no solution\n");
}
```

7.8.2 函数的递归调用

1. 递归调用与递归函数

1）概念

一个函数在它的函数体内调用它自身的过程称为递归调用，这种函数称为递归函数。递归分为直接递归与间接递归。

（1）直接递归：就是函数自己调用自己，如A()调用A()为直接递归。

（2）间接递归：指函数在嵌套调用过程中出现了函数间接调用自己的情况，如“A()调用B()，B()调用A()”，或者“A()调用B()，B()调用C()，C()调用A()”等均为间接递归。

两种递归的实质是一样的，均出现了函数自己调用自己的现象。

例如，有如下函数f()：

```
int f(int x)
{
```

```
    int y;
    z=f(y);
    return z;
}
```

这是一个递归函数。但是运行该函数将无休止地调用其自身，最后造成系统崩溃。

2）终止条件

为了防止递归调用无终止地进行，递归必须设置一个明确的终止条件，当满足该条件时，递归停止；不满足该条件时，继续递归。一个使用了递归的函数，其处理的数据规模一定是在递减的，即将规模为n的问题化为n-1或n-2规模的问题来进行解决。

3）递归和循环的比较

理论上讲，可以用循环解决的问题都可以转化为用递归解决；但是用递归解决的问题有时候并不能用循环解决。

递归结构简洁，程序简短，但是递归所需存储空间大，运行速度慢。

循环结构复杂，程序相对较长，但是循环所需存储空间小，运行速度快。

例7.26 用递归法计算$f(n)=n!$。（ex7_26.cpp）

问题分析：用递归法计算$f(n)=n!$可表示为

$$f(0)=f(1)=1 \qquad (n=0,1)$$

$$f(n)=n\times f(n-1) \qquad (n>1)$$

以上公式称为递归公式，此类问题非常适合用递归来编程。

程序代码：

```
#include <stdio.h>
int factorial(int n)
{
    if (n > 1)
        return n * factorial(n - 1);   //递归调用
    else
        return 1;
}
int main()
{
    int n;
    do
    {   printf("Please input a number(1..10):");
        scanf("%d", &n);
    } while (n < 0 || n >10);           //只接收0～10数据
    printf("%d!=%d\n",n,factorial(n));
}
```

程序运行结果如图7.32所示。

```
Microsoft Visual Studio 调试控制台
Please input a number(1..10):10
10!=3628800
```

图7.32 例7.26程序运行结果

程序运行分析：为了分析更加清楚，下面以n=4为例，通过图7.33分析递归函数的执行过程：

从上面递归执行过程可以发现，递归就是自己调用自己的过程，每次根据入口参数的值判断下一步程序的执行情况，根据条件做出是否继续递归或结束递归。一旦最后一次不再调用自己，则意味递归结束，程序依次从后到前返回到其上一级调用，直到开始调用点。

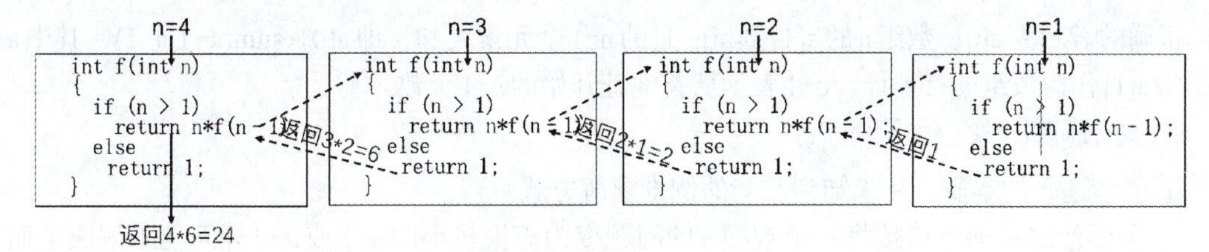

图 7.33　递归执行过程

例7.27　用递归方法求数组元素之和。

方法一：设*n*个数组元素之和可以表示为sum(a,n)则

```
sum(a,1)=a[0];
sum(a,n)=sum(a,n-1)+a[n-1]#(n>1)
```

即数组的前*n*个元素之和等于前*n*-1个元素之和再加上最后一个元素。

程序代码：(ex7_27_1.cpp)

```
#include <stdio.h>
int sum(int a[], int n)
{
    if (n <= 1)
        return a[0];
    else
        return sum(a, n - 1) + a[n - 1];
}
void main()
{
    int a[] = { 2,4,8,5,78,-34,328,47 };
    int s;
    s = sum(a, sizeof(a) / sizeof(int));
    printf("sum=%d\n", s);
}
```

方法二：设*n*个数组元素之和可以表示为sum(a,n)，数组的前*n*个元素之和等于第一个元素再加上后面所有元素之和。即：

```
sum(a,1)=a[0];
sum(a,n)=a[0]+sum(a+1,n-1)#(n>1)
```

其中sum(a+1,n−1)表示从下一个数开始的*n*-1个数的和。

按此方式，重新书写sum()函数：

```
int sum(int a[],int n)
{   if (n<=1)
        return a[0];
    else
    return a[0]+sum(a+1,n-1);    //为什么不能用a[0]+sum(a,n-1)?
}
```

注意：既然sum(int a[],int n)表示求数组的前n个元素之和，那么sum(a,n−1)就是求前*n*-1个元素之和，如果用a[0]+sum(a,n−1)来递归，它将每次用第一个元素a[0]再加上后面的*n*-1个元素之和，它得到的结果是a[0]的*n*倍，显然这与实际要求不符，结果错误。

正确的表示为a[0]+数组a的a[1]到a[n-1]的n-1个元素之和，即a[0]+sum(a+1,n-1)，其中a+1表示将a[1]作为数组的首地址，n-1表示从首地址开始的n-1个数。

2. 递归问题求解的思路

① 弄清递归的本质：从未知到已知的倒推求解方式。

② 分而治之：即严格按将一个规模n的问题变为规模较小的n-1或n-2等问题来解决，而大规模问题与较小规模问题具有同样的解决方案。

③ 按照分而治之的理论，设计一个好的函数模型是递归的关键。

④ 递归终止条件是必不可少的，缺少了递归终止条件意味着递归可能会无限执行而造成系统的崩溃。因为递归是用堆栈来实现的，而任何系统均不允许堆栈的无限增长。

7.8.3 递归应用示例

例7.28 用递归实现求两个数的最大公约数。(ex7_28.cpp)

问题分析：采用辗转相除法，就是两个数相除然后余数跟最小的数相除，一直循环直到余数等于零，最后一次循环的除数就是最大公约数。

设 int gcd(int m,int n)为求m、n的最大公约数，则：设a=m%n;，如果a==0，则n为最大公约数，否则最大公约数等于gcd(n,a)。

程序代码：

```
#include <stdio.h>
int gcd(int m, int n)          //求两个数m和n的最大公约数
{
    int a;
    a=m%n;
    if (a==0)
        return n;
    else
        return gcd(n,a);
}
void main()
{
    int x, y;
    printf("Input two integer:");
    scanf("%d%d", &x, &y);
    printf("gcd(%d,%d)=%d\n", x,y,gcd(x,y));
}
```

程序运行结果如图7.34所示。

```
Microsoft Visual Studio 调试控制台
Input two integer:345 7365
gcd(345,7365)=15
```

图7.34 例7.28程序运行结果

例7.29 二分查找：设在一个已经按由小到大顺序排列的数组中，从下标lower到upper范围内查找指定的数x，用递归函数实现上述查找过程，如果查到，返回元素的下标，没有查到返回-1。(ex7_29.cpp)

问题分析：根据上述要求，查找函数的函数头可定义为

```
int sortsearch(int a[],int lower,int upper,int x) //lower,upper为查找元素的
                                                    下标区间，x待查找的数据
```

算法分析：设 mid=(lower+upper)/2，如果lower>upper直接结束，返回-1，否则将x与a[mid]

比较，如果相等，返回mid，否则如果x<mid，则在lower到mid-1下标区间内查，再否则在mid+1到upper下标区间内查。

程序代码：

```
#include <stdio.h>
int sortsearch(int a[], int lower, int upper, int x)
{   int mid;
    if (lower > upper)
        return -1;
    else
    {
        mid = (lower + upper) / 2;
        if (x == a[mid])
            return mid;
        else
            if (x < a[mid])
                return sortsearch(a, lower, mid - 1, x);
            else
                return sortsearch(a, mid + 1, upper, x);
    }
}
void main()
{  int arr[10] = { 12,34,67,88,124,345,678,4432,5423,46782 };
    int t, x, i;
    for (i = 0; i < 10; i++)printf("%d  ", arr[i]);
    printf("\nInput search number:");
    scanf("%d", &x);
    t = sortsearch(arr, 0, 9, x);
    if (t == -1)
        printf("Not found % d\n", x);
    else
        printf("Found,subscript=%d,value=%d\n", t, arr[t]);
}
```

程序运行结果如图7.35所示。

Microsoft Visual Studio 调试控制台

```
12  34  67  88  124  345  678  4432  5423  46782
Input search number:4432
Found,subscript=7,value=4432
```

图7.35 例7.29程序运行结果

例7.30 用递归算法求解汉诺塔移动问题。（ex7_30.cpp）

问题分析：一块板上有三根柱子A、B、C。A柱上套有*n*个大小不等的圆盘，大的在下，小的在上。要把这*n*个圆盘从A柱移动C柱上，每次只能移动一个圆盘，移动可以借助B柱进行。但在任何时候，任何柱上的圆盘都必须保持大盘在下，小盘在上。求移动的步骤。

其移动过程图解如图7.36所示。

设A上有*n*个盘子，其问题描述为将A上的*n*个盘子移到C上，利用B。

算法如下：

（1）如果n=1，则将圆盘从A直接移动到C。

（2）当n大于等于2时，移动的过程可分解为三个步骤：

第一步 把A上的n-1个圆盘移到B上，利用C；

第二步 把A上的一个圆盘直接移到C上；

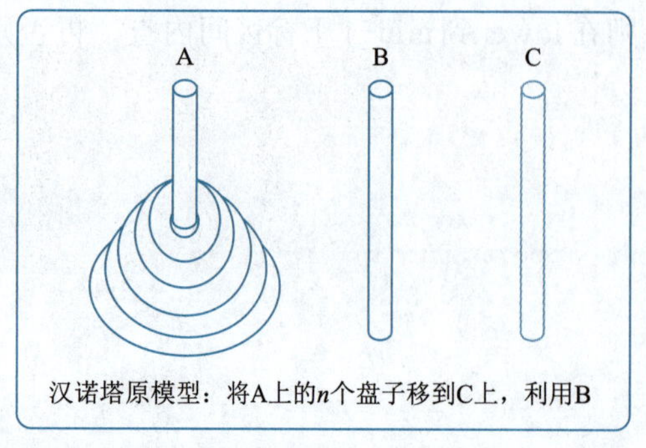

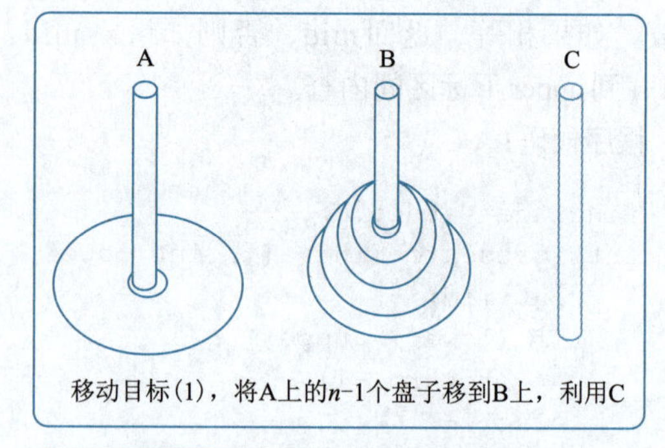

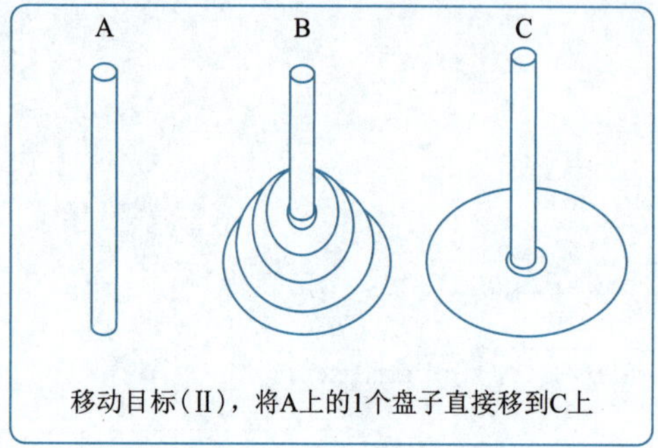

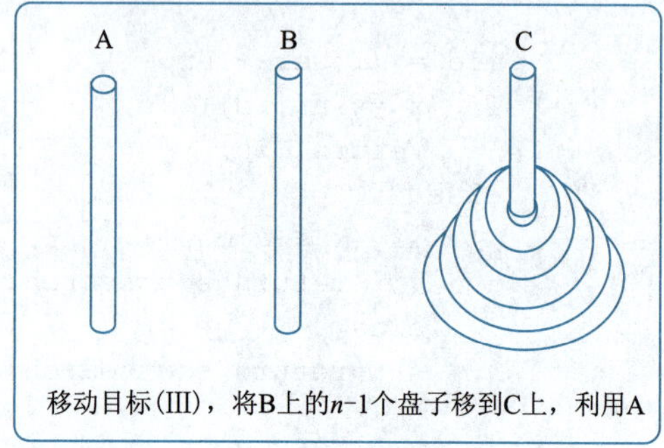

图 7.36　汉诺塔移动过程分解

第三步　把B上的n-1个圆盘移到C上，利用A；其中第一步和第三步是类似的。

显然这是一个递归过程。

程序代码：

```
#include <stdio.h>
void hanoi(int n,char a,char b,char c)             //n盘子数，a为起始柱，b为可
                                                     用柱，c为目标柱
{   int i;
    if(n==1)
    {   for (i=0;i<5-n;i++) printf("        ");    //输出空格，目的是可以看出是
                                                     递归的深度
       printf("%c-->%c\n",a,c);
    }
    else
    {
        hanoi(n-1,a,c,b);                          //递归调用，实现步骤I
        for (i=0;i<5-n;i++) printf("        ");
        printf("%c-->%c\n",a,c);
        hanoi(n-1,b,a,c);                          //递归调用，实现步骤III
    }
}
int  main()
{   int h;
    printf("Input disk number:");
    scanf("%d",&h);
    printf("The step to moving %2d disks:\n",h);
    hanoi(h,'A','B','C');                          //函数调用，确定目标
    return 0;
}
```

程序运行结果如图7.37所示。

n=3时程序的运行轨迹如图7.38所示。

从图7.38可以看出，其输出移动过程的位置关系与执行时递归调用的深度是一致的，这就是在函数中增加了一个for循环输出空格的目的。

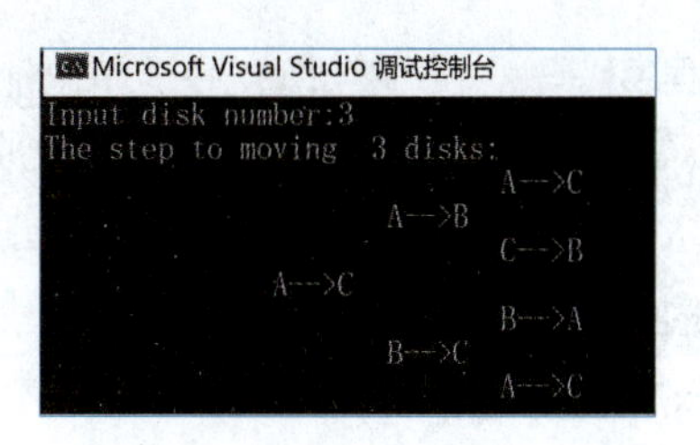

图7.37　例7.30程序运行结果

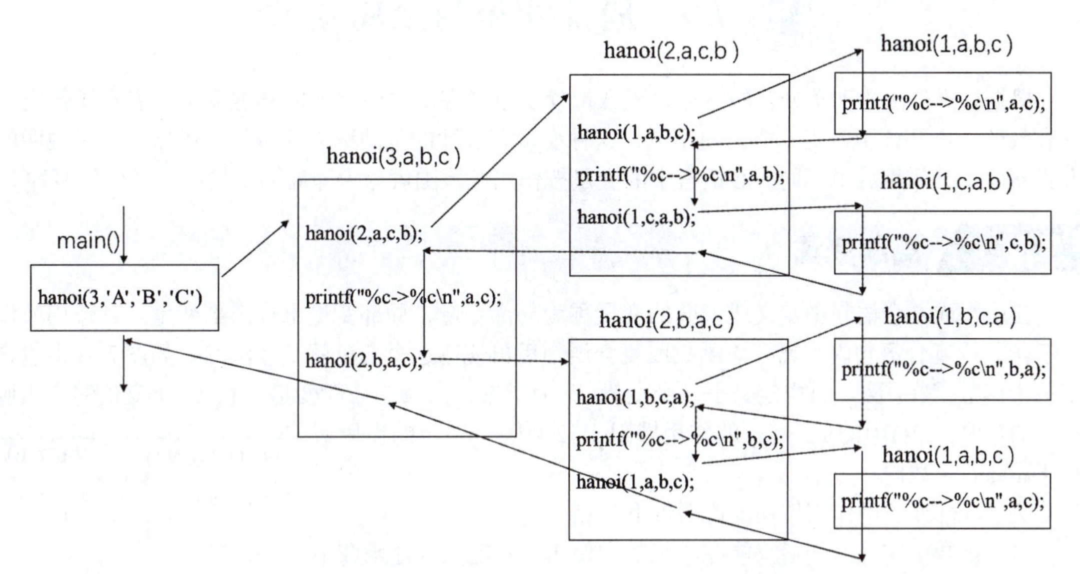

图7.38　三个盘子的汉诺塔程序递归执行过程图

例7.31　排列问题的递归算法，将具有n个元素的数组a进行排列，找到所有排列顺序，对它们的编号为1,2，…，n。（ex7_31.cpp）

程序代码

ex7_31

问题分析：设排列问题原型为：

```
void perm(int r[], int head, int rear)
```

//head是r中所要处理的第一个元素位置，rear是r的末尾元素位置，求数组r中从head到rear下标元素的全排列。

算法分析：

设$A=(a_1,a_2,a_3,...,a_n)$是要进行全排列的n个元素，令$A_i=A-\{a_i\}$，集合X的全排列记为perm(X)，(a_i)perm(X)表示在全排列perm(X)的每一个排列前加上前缀得到的排列。

例如，A={1,2,3}的全排列是{1,2,3},{1,3,2},{2,1,3},{2,3,1},{3,2,1},{3,1,2}。

根据以上定义，A={1,2,3}要进行全排列，则$A_1=\{2,3\},A_2=\{1,3\},A_3=\{1,2\}$，那么perm($A$)就由($a_1$)perm($A_1$)、($a_2$)perm($A_2$)、($a_3$)perm($A_3$)构成。此时再按相同的方法分别求得perm($A_1$)、perm($A_2$)、perm($A_3$)，依此类推求得以后的所有perm，直到每个所求集合中仅包含一个元素为止。

因此，含n个元素的A的全排列perm(A)可以归纳定义为：

$$\text{perm}(A)=\begin{cases}(a), & n=1\\(a_1)\,\text{perm}(A_1),...(a_n)\,\text{perm}(A_n), & n>1\end{cases}$$

在具体实现时，当n=1时输出数组元素（形成一个排列）；当n>1时利用循环语句，将a_i与a_1进行交换，在生成perm(A_i)后再将a_i与a_1交换回来，保持原数组不变。

程序代码

ex7_32

例7.32　用递归实现将一个字符串逆序输出。（ex7_32.cpp）

问题分析：设函数原型为

```
void backwards(char str[], int index);
```

则只要str[index]!='\0'，继续调用backwards(str, index+1);后输出str[index]。

7.9　局部变量与全局变量

根据C语言函数动态分配的特性，函数形参变量和在函数中定义的其他变量只有在函数内才是有效的，离开该函数就不能再使用了，这种变量有效性的范围称为变量的作用域。变量说明的方式不同，其作用域也不同。C语言中的变量按作用域范围可分为即局部变量和全局变量两种。

7.9.1 局部变量

在函数或复合语句中定义或说明的变量称为局部变量，局部变量也称内部变量。其作用域仅限于函数或复合语句内，离开该函数或复合语句后再使用这个变量就是非法的。如图7.39中包含了三个函数，在函数f1()内定义了三个变量，a为形参，b、c为一般变量，a、b、c变量的作用域限于f1()内；f2()中的a、y、z的作用域限于f2()内；m、n的作用域限于main()函数内。

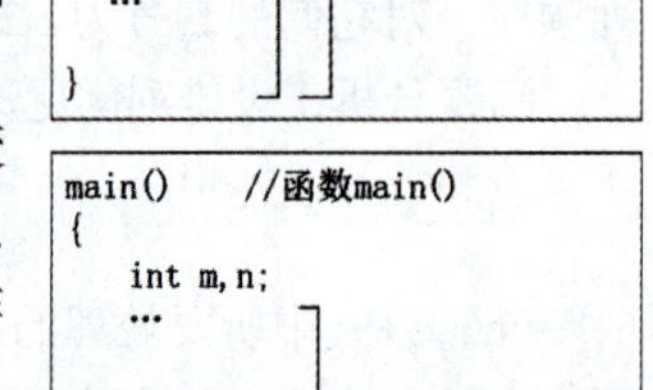

图7.39　变量的作用域标定

关于局部变量的作用域还要说明以下几点：

（1）函数中定义的变量只能在本函数中使用，不能在其他函数中使用，也不得使用其他函数中定义的变量。此规定同样适用于main()函数。

（2）形参变量是属于被调函数的局部变量，实参变量是属于主调函数的局部变量。

（3）允许在不同的函数中使用相同的变量名，它们代表不同的变量，分配不同的单元，互不干扰，也不会发生混淆。如图7.39中f1()、f2()中的变量a即为完全无关的两个变量。这种规定的优点是多人合作编写程序时，不必担心变量重名而引起程序执行时出现错误。

（4）在复合语句{}中定义的变量，其作用域只在复合语句范围内。

（5）当复合语句中定义的变量名与函数中定义的变量名重名时，按"就近定义"的原则赋予变量的作用域，较远处定义的变量在这个同名的作用域内被屏蔽。

例7.33　相同变量名，不同的作用域示例。（ex7_33.cpp）

程序代码：

```
#include <stdio.h>
void main()
{   int i = 3, j = 4, k;
    k = i * j;
    {
        int k = 78,j=128;                          //此定义屏蔽    //main()中的j、k,
        printf("i=%d j=%d k=%d\n", i,j,k);         外面的j、k      虚线部分不起作用
    }
    printf("i=%d j=%d k=%d\n", i, j, k);
}
```

程序运行结果如图7.40所示。

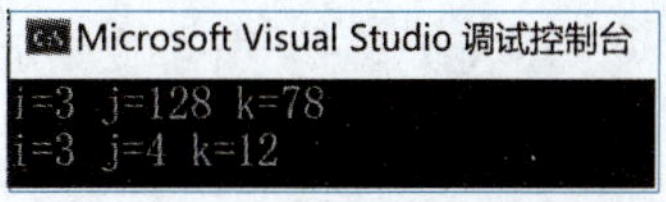

```
Microsoft Visual Studio 调试控制台
i=3  j=128  k=78
i=3  j=4  k=12
```

图7.40　例7.33程序运行结果

本程序在main()中定义了i、j、k三个变量，而在复合语句内又定义了变量j、k，并赋予初值。按照“就近定义”的原则，在复合语句内j、k只能是复合语句中定义的j、k起作用，所以输出值为j=128 k=78，而i是在整个程序中有效的，所以输出i=3，这是第一行的输出结果。程序最后一行的输出，用到了main()定义的i、j、k，所以输出结果为i=3 j=4 k=12。

7.9.2 全局变量

在函数外面定义的变量称为全局变量，全局变量也称外部变量。外部变量不属于哪一个函数，它属于一个源程序文件。其作用域是从定义点开始到整个源程序的结束。

在C语言程序结构的表示中，通常以方框代表一个函数，那么在方框之外（或两个方框之间）所定义的变量就是外部变量。

外部变量定义必须在所有的函数之外，同名外部变量不能重复定义。

1. 外部变量定义格式

```
类型说明符 变量名,变量名,… ;
```

如果外部变量定义在程序的后面，或程序的末尾部分，则可以通过外部变量说明来改变其作用域。

外部变量说明可以出现在要使用该外部变量的各个函数内或者在整个程序中，外部变量说明可能出现多次。

2. 外部变量说明的一般形式

```
extern  类型说明符 变量名,变量名,…;
```

外部变量在定义时可以进行初始赋值，而外部变量说明则不能再赋初始值，只是表明在函数内要使用某外部变量。

如果全局变量与局部变量同名，则在局部变量的作用范围内外部变量被“屏蔽”，表明外部变量在此区域内不起作用。

外部变量可加强函数模块之间的数据联系，但同时函数可能又要依赖这些变量，因而使得函数的独立性降低。从模块化程序设计的观点来看这是不利的，因此在不必要时尽量不要使用全局变量。

例如，有程序结构所有变量作用域范围如图7.41所示。

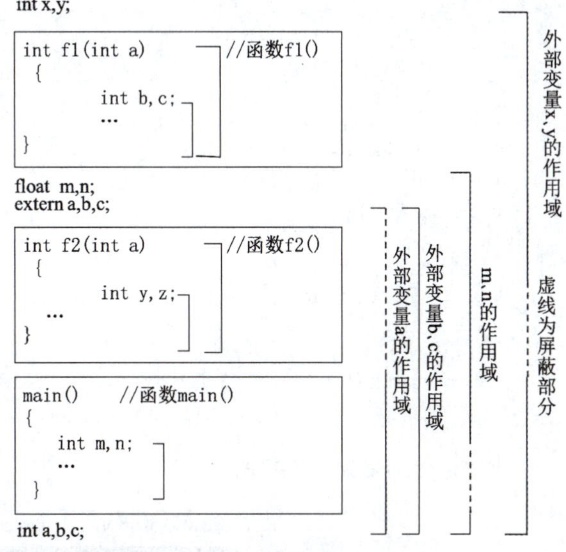

图7.41　外部变量的作用域

从图7.41可以看出x、y、m、n、a、b、c都是在函数外部定义的外部变量，都是全局变量。函数方框右侧为上述外部变量的作用域标记，标记线中虚线部分因为在函数内部定义同名的局部变量而使得外部变量被屏蔽起来了，起作用的是同名的局部变量。

例7.34 外部变量定义与说明示例。（ex7_34.cpp）

程序代码：

```
#include <stdio.h>
int vs(int len, int w)
{   extern int h;                         //说明外部变量h在函数vs()中可用
    int v;
    v = len * w * h;
    return v;
}
void main()
{
    extern int w, h;                      //说明外部变量w、h在函数main()中可用
    int len = 5;                          //此处定义了局部变量，以屏蔽外部变量l
    printf("v=%d", vs(len, w));           //l=5,w=4
}
int len = 3, w = 4, h = 5;                //定义外部变量并赋初值
```

程序运行结果为v=100。

本例程序中，外部变量在最后定义，且都作了初始赋值，因此在前面函数中如果要使用这些外部变量必须进行说明。执行程序时，在printf语句中调用vs()函数，实参l的值应为main()中定义的l值，等于5，外部变量l在main()内不起作用；实参w的值为外部变量w的值为4，进入vs()后这两个值传送给形参l和w，vs()函数中使用的h 为外部变量，其值为5，因此v的计算结果为5*4*5=100，返回主函数后输出。

例7.35 用全局变量实现函数之间的信息交换，输入长方体的长、宽、高（l、w、h），要求编写函数计算长方体的体积及三个面的面积。（ex7_35.cpp）

程序代码：

```
#include <stdio.h>
int s1, s2, s3;                           //全局变量，用于保存长方体的三个面的面积
int vs(int a, int b, int c)               //计算长方体的三个面的面积
{
        int v;
    v = a * b * c;
    s1 = a * b;
    s2 = b * c;
    s3 = a * c;
    return v;
}
void main()
{
    int v, l, w, h;
    printf("input length,width and height:");
    scanf("%d%d%d", &l, &w, &h);
    v = vs(l, w, h);
    printf("v=%d,s1=%d,s2=%d,s3=%d\n", v, s1, s2, s3);
}
```

程序运行结果如图7.42所示。

```
Microsoft Visual Studio 调试控制台
input length,width and height:3 5 8
v=120,s1=15,s2=40,s3=24
```

图7.42 例7.35程序运行结果

7.10　变量的存储类别

上一节介绍了局部变量和全局变量，其是从变量的作用域（即从空间）角度来分类的。而从变量在内存中存在的时间（即从时间，又称生存期）角度来分类，可以分为静态存储方式和动态存储方式。

7.10.1　变量存储方式

存储方式是指变量占用内存空间的时间长短。变量的存储方式可分为“静态存储”和“动态存储”两种。

（1）静态存储变量：通常是程序运行时在变量定义时就分配存储单元并一直占有该存储单元，直至整个程序结束。

（2）动态存储变量：通常是在程序执行过程中，因函数运行而为其变量分配存储单元，函数运行结束立即释放相应存储单元。

变量在程序运行过程中是否占用存储空间的情况称为变量的生存期。

生存期表示了变量存在的时间。生存期和作用域是从时间和空间这两个不同的角度来描述变量的特性，这两者既有联系，又有区别。一个变量究竟属于哪一种存储方式，并不能仅从其作用域来判断，还应有明确的存储类型说明。

7.10.2　变量的存储类型

1. auto 关键字

在早期的C/C++中auto的含义是：使用auto修饰的变量，具有自动存储器的局部变量。

但在C++ 11中（VS 2010及其后续版本），auto有了全新的含义：auto不再是一个存储类型的指示符，而是作为一个新的类型指示符来指示编译器，auto声明的变量必须由编译器在编译时期推导而得，因此在VS中使用auto定义变量时必须对其进行初始化，在编译阶段编译器需要根据初始化表达式来推导auto的实际类型，编译器在编译期会将auto替换为变量实际的类型。

例 7.36　auto关键字使用示例。（ex7_36.cpp）

程序代码：

```
#include <stdio.h>
int main()
{    auto s = 3, t = 5;              //正确，推导出s为int类型
     int x = 5;
     auto a = &x;                    //正确，推导出变量a为int *类型（指针类型）
     auto* b = &x;                   //正确，与auto a = &x;等价
     auto& c = x;                    //正确，推导出变量c为变量x的引用（实质上c就是x）
     x = x + 100;
     printf("x=%d,c=%d,*a=%d,*b=%d\n", x,c,*a,*b);        //输出结果为均为105
     auto closure = [](auto x, auto y) { return x * y; };  //用于Lambda表达式
     printf("closure(2, 3)=%d\n", closure(2,3));
}
```

程序运行结果如图 7.43 所示。

```
Microsoft Visual Studio 调试控制台
x=105, c=105, *a=105, *b=105
closure(2, 3)=6
```

图 7.43　例 7.36 程序运行结果

根据VS中auto全新定义的要求，以下用法是错误的：

```
auto m = 2, n = 2.3;     //出错，后面的变量初值必须是与第一个变量具有同类型
auto k;                  //出错，变量k没有赋初值，无法推导
auto int w;              //出错，auto不能与其他类型说明一起使用
auto b[]={3.4.5.6};      //出错，不能对数组进行推导
int max(auto a,auto b)   //出错，auto不能作为函数的形参
```

2. 变量的存储类型

在VS 2010及其后版本中，对变量的存储类型说明有以下三种：

register	寄存器变量	局部变量使用
static	静态变量	局部变量使用、全局变量使用
extern	外部变量	全局变量使用

寄存器变量属于动态存储方式，外部变量和静态变量属于静态存储方式。

局部变量可以使用register和static存储类型，全局变量可以使用static和extern存储类型。

以上三种存储类型名称用于变量说明的前面，以说明该变量的存储方式。

冠以存储类型的变量说明的一般形式：

```
存储类型 数据类型 变量名，变量名…;
```

例如：

```
static int a,b;                    //说明a、b为静态类型变量
static int a[5]={1,2,3,4,5};       //说明a为静态整型数组
extern int x,y;                    //说明x、y为外部整型变量
```

1）自动存储变量

在早期C/C++版本中，使用auto修饰的变量为自动变量，同时也规定了省略auto的变量就是自动变量。但在C++ 11中（VS 2010及其后续版本）中auto的概念已经发生了根本性的变化，所以仍然使用不带存储类型说明的局部变量为自动存储变量。在前面程序中使用的局部变量均是自动存储变量，它存放在栈区。

2）寄存器存储变量 register

通常情况下变量都存放在内存中，因此当对一个变量频繁读写时，必须反复访问内存，从而花费大量的存取时间。为此，C语言提供了寄存器存储变量，这种变量存放在CPU的寄存器中，使用时不需要访问内存，而直接从寄存器中读写，以提高执行速度。寄存器变量的说明符是register。对于循环次数较多的循环控制变量及循环体内反复使用的变量均可定义为寄存器存储变量。

例7.37 利用寄存器变量求1+2+3+…+1 000的值。（ex7_37.cpp）

程序代码：

```
#include <stdio.h>
int main()
{
    register int i, s = 0;
    for (i = 1; i <=1000; i++)
        s = s + i;
    printf("s=%d\n", s);
}
```

本程序循环1 000次，i和s都将频繁使用，因此可定义为寄存器变量。

对寄存器变量还要说明以下几点：

（1）只有局部变量和形式参数才可以使用register定义为寄存器存储变量。因为寄存器变量属于动态存储方式。

（2）由于CPU中寄存器的个数是有限的，因此使用寄存器变量的个数也是有限的，当没有申请到寄存器来存储此变量时，该变量则自动转为自动内存变量。

（3）声明为寄存器存储的变量，不能够进行取地址（&运算），因为寄存器没有地址。

3）静态存储变量static

静态变量的类型说明符是static。

例如：

```
static int a,b;
static float array[5]={1.09,2.34,3.67,4.59,5.12};
```

static存储类型的变量在内存中是以专门的区域存放的（全局与静态存储区），而不是在栈区进行存放的。

只要整个程序还在继续运行，静态存储变量就不会随着说明它的程序段的结束而消失，当下次再调用该函数时，该存储类型的变量不再重新说明，而且还保留上次调用结束的数值。

静态存储变量的特点：

（1）static用于局部变量的定义前：说明该变量的生存期为整个源程序，不因函数的结束而释放其根本的存储单元。但它不影响变量的作用域，即变量仍只能在函数中使用。

（2）对基本类型的静态局部变量若在说明时未赋以初值，则系统自动赋予0值。而对自动变量不赋初值，VS中直接使用会出现“使用了未赋初值的局部变量”的语法错误。

（3）静态存储的局部变量在编译时赋初值，即只赋初值一次；而对自动变量赋初值是在函数调用时进行，每调用一次函数重新给一次初值，相当于执行一次赋值语句。

（4）当static修饰一个全局变量时，它的作用则是限定了此全局变量不能被外部文件所引用，限定了该全局变量的作用域。注意全局变量原本就是分配在静态存储区，加上static修饰后起到了限定其只能在本文件中使用的作用。

（5）当static修饰一个局部函数时，同样的作用也是限定了本代码段的作用域仅限于本文件，不得被外部文件引用。

例7.38　使用静态存储的局部变量求1+(1+2)+(1+2+3)+...+(1+2+...+100)的值。（ex7_38.cpp）

程序代码：

```
#include <stdio.h>
int sum(int n)                    //函数定义
{   static int s;                 //静态变量的初始赋值只在第一次函数调用时执行，且初值为0
    s += n;
    return s;
}
void main()
{
    int i, total = 0;
    for (i = 1; i <= 100; i++)
        total += sum(i);      //函数调用
    printf("sum=%d\n", total);
}
```

程序运行结果：

```
total=171700
```

分析：由于在函数sum()中定义了静态变量s，尽管没有赋值，编译器自动将其初值赋0。且此初始赋值只在第一次函数调用时执行，以后多次调用均不再执行初始赋值语句，因为在每次调用后保留其值并在下一次调用时继续使用，所以输出值成为累加的结果。

4）外部变量类型说明符为extern

在7.9.2节中已经介绍了使用外部变量声明extern在同一个文件中提升全局变量的作用域的方法。还可以通过extern声明，将全局变量的作用域提升到另外一个文件中。

把全局变量在其他源文件中声明成extern变量，可以扩展该全局变量的作用域至声明的那个文件，其本质作用就是对全局变量作用域的扩展。

外部变量的几个特点：

（1）外部变量和全局变量是对同一类变量的两种不同角度的提法。全局变量是从它的作用域提出的，外部变量从它的存储方式提出的，表示了它的生存期。

（2）当一个源程序由若干个源文件组成时，在一个源文件中定义的外部变量在其他的源文件中也有效。

例7.39　全局变量使用示例。（ex7_39.cpp）

程序代码：

```
#include <stdio.h>
void head1(void);
void head2(void);
void head3(void);
int count;                          //全局变量可见范围为从定义之处到源程序结尾
void main()
{
    register int index;         //定义为主函数寄存器变量
    count = 50;
    for (index = 3; index > 0; index--, count++) //主函数for循环
    {
        head1();
        head2();
        head3();
        printf(" main:index is now %d\n", index);
    }
}
int counter = 100;                  //全局变量
void head1(void)
{   static int index = 23;      //此变量只用于 head1
    printf("The header1 :index=%d\n", ++index);
    count++;
}
void head2(void)
{   int count;                      //此变量是函数 head2() 的局部变量
    count = 53;
    printf("The header2:count= %d\n", ++count);
    ++counter;
}
void head3(void)
{
    printf("The header3 :counter=%d,count=%d\n", ++counter, count);
}
```

3. 存储类别与存储期、作用域对比。

不同类别变量的存储期、作用域对比见表7.1。

表7.1　不同类别变量的存储期、作用域对比

存储类别	存储期	作用域	声明方式
无	自动	块	块内
register	自动	块	块内，使用关键字 register
static(局部)	静态	块	块内，使用关键字 static
static(全局)	静态	文件内部	所有函数外，使用关键字 static
extern	静态	文件外部	所有函数外

7.11　内部函数和外部函数

C语言程序系统由若干个函数组成，这些函数既可在同一文件中，也可分散在多个不同的文件中，根据函数能否被其他源文件调用，可将它们分为内部函数和外部函数。

7.11.1　内部函数

只能在定义它的文件中被调用的函数，称为内部函数，或称为静态函数。

定义内部函数只需在函数定义的前面冠以 static 说明符，即语法格式为：

```
static 类型标识符 函数名(<形参表>)
```

例如：

```
static float func(int a, int b)
{
    …
}
```

此时，函数func()的作用范围仅局限于定义它的文件，而在其他文件中不能调用此函数。

7.11.2　外部函数

在函数定义的前面冠以 extern 说明符的函数，称为外部函数，即语法格式为：

```
extern 类型标识符 函数名(<形参表>)
```

因为函数与函数之间都是平行关系，所以函数在本质上都具有外部性质。如果定义为外部函数，不仅可被定义它的源文件调用，而且可以被其他文件中的函数调用，即其作用范围不只局限于本源文件，而是整个程序的所有文件。

需要说明如下两点：

（1）在定义函数时省去了 extern 说明符时，则隐含为外部函数。

（2）在需要调用外部函数的文件中，应该用 extern 说明所用的函数是外部函数。

例7.40　通过外部函数和文件包含实现字符串的输入与字符串的删除。主函数调用这些外部函数实现在字符串中删除所有给定的字符。（ex7_40.cpp）

程序代码：

```
# include "d:\\ex\\ex_1.c"    //包含d:\ex\ex_1.c 文件
# include "d:\\ex\\ex_2.c"    //包含d:\ex\ex_2.c 文件
# include <stdio.h>
void main()
{   extern void enters(char str[40]);
    extern void deletes(char str[40], char ch);
    char ch;
    char str[40];
    inputstr(str);
    puts(str);
    printf("输入要删除的字符:");
    ch=getchar();
    deletestr(str, ch);
    printf("输出删除所有-%c-字符后的字符串:\n",ch);
    puts(str);
}
// d:\ex\ex_1.c文件内容如下，其功能为从键盘输入一个字符串
#include <stdio.h>
 extern void inputstr(char str[40])
{
    printf("输入一个字符串: ");
    gets_s(str,40);              //输入一个不超过40个字符的字符串
}
// d:\ex\ex_2.c文件内容如下，其功能为删除字符串中所有指定的字符
#include <stdio.h>
extern void deletestr(char str[40], char ch)
{
    int i, j;
    for (i = j = 0; str[i] != '\0'; i++)
        if (str[i] != ch)
        {
            str[j] = str[i];
            j++;
        }
    str[j] = '\0';
}
```

7.12 应用举例

7.12.1 进制转换

进制转换是计算机中非常典型的计算问题，进制转换的目的是将一种进制表示的数用另外一种进制来等值表示。计算机中最常用的进制有二进制、八进制和十六进制，而人们日常生活中最常用的是二进制，因此如何实现二进制、八进制和十六进制到十进制的转换，以及十进制转换成二进制、八进制和十六进制的转换是计算机学习者必须要掌握的内容。

为使得进制转换更具有通用性，将进制转换分成三类：

（1）十进制数转换成非十进制数；

（2）非十进制数转换成十进制数；

（3）两个非十进制数之间的转换。

为解决上述问题表示为图7.44所示的程序结构。

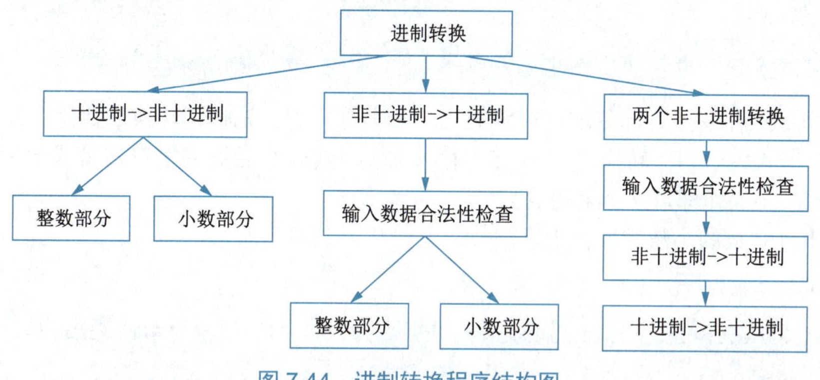

图7.44 进制转换程序结构图

例7.41 编写实现图7.44中表示的三类不同进制之间的转换。（ex7_41.cpp）

问题分析：解决本例需要解决以下问题。

（1）十进制整数转换为非十进制（*k*）。

函数原型：

```
int teninttobin(int n, int k, char* str)    //将十进制整数n转换成k进制，str保存
                                               结果，函数返回转换后的位数
```

其算法思想是：采取除以*k*取余法，直到余数为0，然后从后到前依次输出余数，在此使用两个数组，第一个字符数组从下标0开始依次保存每次除以*k*所得到的余数（此时必须注意数值转换成一位字符的方法），第二个数组将第一个字符数组存放的值逆序存放。

（2）十进制整数转换为非十进制。

函数原型：

```
int tendectobin(double n, int k, char* str)//将十进制整数n转换成k进制，str保存
                                               结果，函数返回转换后的位数
```

其算法思想是：采取乘*k*取整法，直到小数部分为0或者给定的位数（本例限定10位）。在每次乘*k*后，分离出整数部分与小数部分，对整数部分用一个字符数组从下标0开始依次保存每次乘*k*所得到的整数（此时必须注意数值转换成一位字符的方法）。

（3）非十进制（*k*）数输入数据的合法性判定。

函数原型：

```
int digitisvaild(char ch, int k)              //判断字符是否为进制允许的字符，合法
                                               返回1，否则返回-1
```

由于非十进制数可能出现字母（如十六进制行可能出现A ～F），因此对输入的非十进制数只能字符串存储，但输入的数据是否有效必须进行判断，只有输入的数据符合数的构成规则时才进行后期的转换。根据k进制数据构成的规律：第一位允许是符号位+或-，如果不是符号位则只能是0~k-1所对应的字符（如'0' ～'9'、'A' ～'F'），其他位也只能是0~*k*-1所对应的字符（如'0' ～'9'、'A' ～'F'）或小数点'.'，但是小数点'.'只能有一个，多于一个小数点也是错误的。合法性的判定也是比较麻烦的，详见程序中的说明。对合法的非十进制输入数据还必须做一个数据分离操作，将前面的符号位（如果有的话）去掉，分离出整数部分（小数点前面的部

分）与小数部分（小数点后面的部分），分别存储到两个字符数组中，供后面的函数使用。

（4）非十进制数的整数转换为十进制数。

函数原型：

```
int otherzstoten(char* str, int k)          //将整数部分转换成十进制
```

算法思想：从存放整数部分的字符串的第一个字符开始，先将其转换成数值（分'0'～'9'转换成0～9、'A'～'F'转换成10～15）存入x中，然后对后面的字符转换成数值x后，执行total = total * k + x操作即可（total初值为0）。

（5）非十进制数的小数转换为十进制数。

函数原型：

```
float otherxstoten(char* str, int k)          //将小数部分转换成十进制
```

算法思想：从存放小数部分的字符串的第一个字符开始，先将其转换成数值（分'0'～'9'转换成0～9、'A'～'F'转换成10～15）存入x中，并将其转换成双精度浮点数xs=(double)x，然后根据其是第几位（cf）依次执行cf次xs/k操作，并将其累加到total中。

（6）两个非二进之间的转换。

算法思想：利用十进制过渡即可。

（7）关于输出结果的显示。输出格式的表示要符合数据的要求，在显示结果时用()内表示其数据的进制值。

尽管程序有点长，但是把它拆分为一个个函数来写，就比较容易理解一个复杂程序是如何实现的，这正是函数的作用的体现。

7.12.2 大数据的加减法运算

由于受到数据类型的存储长度的影响，正常情况下能计算的数据均有一定的范围，如果计算结果超出了给定类型的数据范围，则可能出现运算错误。而在现实生活中，有可能需要用到超大规模的数据，如两个100位的数进行加减法，像这样大的数据是不能直接用某种数据类型来操作，所以对于超大数据的运算需要采用新的方法。这里以任意多位带小数的数的加减法为例，介绍大数据运算的方法。

程序代码 ex7_42

例7.42 编写程序，实现两个带小数的任意位数据的加法与减法运算。（ex7_42.cpp）

问题分析：第一，解决数据的存储问题。在第5章中用int a[1000]来存储一个大数据，每个数据元素存储1位数值（占4字节），这种方法运算起来比较方便，但对于数据存储来讲会浪费一些存储空间。本节将采用字符串来存储带小数的大数据，它的优点是存储比较直观，输入比较方便，而且每个数据位只占用1字节的存储空间。

第二，解决数据的小数点对齐处理。在有小数点的两个大数据的加减法运算时，必须先将小数点对齐后才能进行运算，同时为了后期计算上的方便，根据一个数在其前面加0与小数点后面加0均不改变原数大小的特点，需要对两个字符进行小数点对齐处理，并且保证两个数的长度一致，为此书写了以下几个函数：

（1）输入数据合法性判定，并计算出小数点前面与小数点后面的数的位数：

```
int sepratelen(char* str, int* len1, int* len2)//判断输入合法性，合法返回1，否
                                                则返回0；同时计算小数点前后数
                                                据的位数
```

（2）在一个用字符串表示的数中，在小数点前面补0，在小数点后面补0，以下一进行对齐操作做准备。

```
void appendzero(char* str, int head, int rear)    //对字符串前面补head个0，后
                                                    面补rear个0
```

（3）数据对齐操作：

```
int re_rank(char* a, char* b)//对字符串a和b进行小数点对齐处理，且小数点前位数等于
                               最长位+1，小数点后的位数等于最长位，对齐过程中实行
                               小数点前后补0，最后加上\0
```

在实际对齐过程中，要考虑一个数没有小数点，另一个数有小数点的对齐情况，以及两个数均有小数点的情况，共有七种可能的对齐情况，需要一一进行对齐处理。

（4）两个数相加。

由于进行了对齐操作，两个数相加其实并不难，用如下函数实现：

```
void add(char* a, char* b,char *c)          //a+b 存于c 中
```

其相加操作严格按手工运算的方式进行，从小数点最低位处开始逐位地相加进行运算（含低位的进位），如果结果大于10，则保存其个位数据，并保存进位。

（5）两个数相减。

在进行减法运算时需要判断两个数的大小，只能执行由大数减去小数的运算，因此可能需要交换原来的两个数，并保存结果的符号位。

```
void sub(char* a, char* b, char* c)         //a-b 存于c 中
```

减法的计算如果当位不够减，则采取借位法，所借的数要从下一位运算时减去。运算完成以后，还要进行前面0的清除（用空格表示）与符号位的存取。

小结

1. C语言可从不同的角度对函数分类

（1）从函数定义的角度看，函数可分为库函数和用户定义函数两种。

（2）C语言的函数兼有其他语言中的函数和过程两种功能，从这个角度看，又可把函数分为有返回值函数和无返回值函数两种。

（3）从主调函数和被调函数之间数据传送的角度看又可分为无参函数和有参函数两种。

2. C语言函数的调用的三种方式

（1）函数表达式。

（2）函数语句。

（3）函数实参。

3. 函数参数传递规则

（1）将实参单向值传递给形参。

（2）参数传递严格按照个数、类型相同或赋值兼容的原则进行。

值传递过程中，被调函数的形式参数作为被调函数的局部变量处理，即在堆栈中开辟了内存空间以存放由主调函数放进来的实参的值，从而成为了实参的一个副本。值传递的特点是被调函

数对形式参数的任何操作都是作为局部变量进行，不会影响主调函数的实参变量的值。

（3）指针名、数组名作为函数实参实现的是传地址。

4. 函数的嵌套与递归

（1）所有函数在定义上是平行的（或称函数在程序编写的顺序是平等的）。

（2）函数调用遵循“先定义、后调用”的原则。如果前面的函数调用后面的函数，则必须先进行函数说明。

（3）函数的嵌套执行具有“后被调用的函数先执行完成”的特点。

（4）递归是一种特殊的嵌套，用以解决以下问题：① 数据的定义是按递归定义的(Fibonacci函数)；② 问题解法按递归算法实现(如回溯)；③ 数据的结构形式是按递归定义的(如树的遍历，图的搜索)。

5. 变量的作用域与存储类别

变量的作用域是指空间上变量使用时的语法上的合法性，也就是说能不能使用该变量，或者在多个同名变量情况下使用的是哪一个变量。而变量的存储类别从时间上表明了程序在运行时变量是否分配存储空间的问题。

习　　题

1. 写一函数计算$n!$，并调用它计算$1!+2!+\cdots+k!$的值。

2. 编程验证哥德巴赫猜想：即任何一个大于6的偶数均可以表示为两个素数之和。

3. 定义函数：void prt_factors(int x,int a[100])，求x的所有因子的个数（存放在a[0]中），从a[1]开始存放x的所有因子。编程实现求10 000以内所有的完数（完数是指一个数等于其所有小于自身的因子和，如6=1+2+3）。

4. 辗转相除求最大公约数的递归定义是：

$$\gcd(m,n)=\begin{cases} m, & n=0 \\ \gcd(n,n\%m), & n\neq 0 \end{cases}$$

利用这个定义，用递归和循环方式各写出一个求最大公约数的函数。

5. 一个三位的十进制整数，如果它的三个数位数字的立方和等于这个数的数值，那么它就被称为一个“水仙花数”。定义函数判断一个整数是否为水仙花数，并利用这个函数输出所有的水仙花数。

6. 编写函数，求一维整型数组M[10]的最大值及次最大值（次最大值可能不存在）。主函数中输入10个整数，然后调用上述函数，若次最大值存在，则输出最大值及次最大值，否则输出最大值及"NO"。

7. 用递归方式写一个函数，求数组a[n]的最大元素值。

8. 用递归方式写一个函数，判断数组a[n]中的元素是否为不递减方式排列，如果是返回1，否则返回0。

9. 用递归方法实现将一个数组的所有元素颠倒存放。

10. 八皇后问题：在一个8×8的国际象棋棋盘上放入8个皇后，且这八个皇后互不相吃，即这8个皇后的任意两个都不在同一行、同一列及同一斜线上。编程序找出所有放法。

其中一个答案是：（*表示皇后）

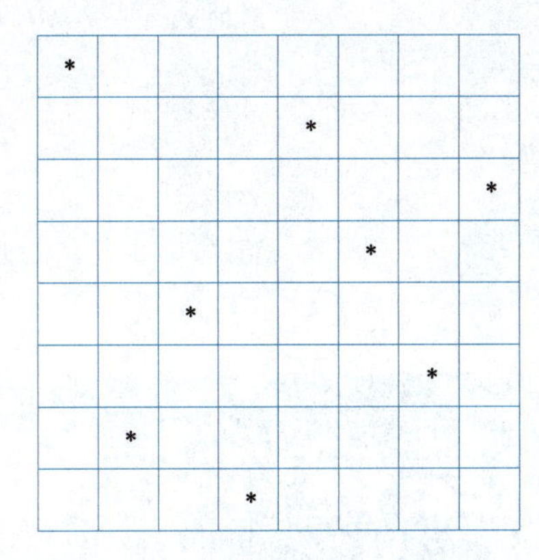

对于上面这种结果其输出答案为：

No:1 [1 5 8 6 3 7 2 4]

11. 能够组成直角三角形三个边的最小一组整数是3、4、5。写程序求出在一定范围内所有可以组成直角三角形三个边的整数组，输出三个一组的整数。设法避免重复的组。

12. 设search(int a[]int n,int i,int j,int *p)函数的功能是在数组a[n]中找相邻的两个数i和j，如果找到返回1，同时p存放数i的下标，如果没有找到返回0；利用此函数在一个数组里找出所有两个相邻数为m和n的数对的位置。

13. 十个数字组成完全平方数。把0、1、2、3、4、5、6、7、8、9十个数字（每个数字只允许用一次）分别组成一个一位数、一个二位数、一个三位数和一个四位数，使这四个数字都是完全平方数，编程输出共有几种组成方案？每种组成方案的结果是什么？如下面就是一种可能的组成方案：

1(1) 36(6) 784(28) 9025(95)

14. 假设数组a[M]中两个相邻元素满足：前一个是偶数，后一个是素数，称这两个数为伙伴数，输出所有这样的伙伴数对。

15. 父亲将2 520个橘子分给六个儿子。分完后父亲说："老大将分给你的橘子的1/8给老二；老二拿到后连同原先的橘子分1/7给老三；老三拿到后连同原先的橘子分1/6给老四；老四拿到后连同原先的橘子分1/5给老五；老五拿到后连同原先的橘子分1/4给老六；老六拿到后连同原先的橘子分1/3给老大"。结果大家手中的橘子正好一样多。编程计算六兄弟原来手中各有多少橘子。

16. 写一函数将字符串中的指定字符全部替换成另一字符。

17. 编写函数del(int a[],int n,int x)，它的作用是删除有序数组a中的指定元素x。

第8章 结构体与复杂数据处理

本章学习目标

- ◎ 掌握结构体类型变量的定义和使用。
- ◎ 掌握结构体类型数组的概念和使用。
- ◎ 掌握共用体类型变量的定义和使用。
- ◎ 掌握用typedef重新命名已有的数据类型及其使用。
- ◎ 掌握动态存储函数的使用方法以及用于构造动态数组的方法。
- ◎ 运用结构体数组解决复杂数据处理的问题。

8.1 结构体类型

前面已学习了整型、实型和字符型等基本数据类型，这些基本的数据类型往往只适合简单问题的处理。当遇到复杂数据关系时，如一般的表格数据很难用简单的数据类型来描述。为此，介绍一种新的构造数据类型——结构体。

8.1.1 结构体概述

在实际应用过程中，通常需要编程处理一组具有不同的数据类型的数据。例如，在学生登记表中，姓名为字符串，学号可为整型或字符串，年龄应为整型，成绩为整型或实型、家庭住址为字符串等。显然不能用一个简单的数组来存放这一组数据，因为数组中各元素的类型和长度都必须一致，以便于编译系统处理。C语言中的结构体相当于其他高级语言中的“记录”，它可以把多种类型的数据组合在一起构成一个整体，从而可定义一种新的数据类型——结构体，以适应复杂数据类型的要求。

8.1.2 结构体类型的定义

结构体是一种构造类型，它是由若干成员组成的。每一个成员可以是一个基本数据类型或者又是一个构造类型。结构体是由基本数据类型“构造”而成，可以看成对基本类型的一种扩充。

定义一个结构体的一般形式为：

```
struct 结构体名
```

```
{
    数据类型 成员名1;
    数据类型 成员名2;
    …
    数据类型 成员名n;
};
```

结构体的定义以关键字struct开头，struct后为结构体的名称，{}里面的内容则为结构体内的各成员变量的定义，成员名命名规则与标识符命名规则相同。

例如，一个包含学号、姓名、年龄、分数、住址的学生信息，当它看成一个整体时可用如下结构体类型进行定义：

```
struct student
{
    int num;
    char name[10];
    int age;
    float score;
    char addr[40];
};
```

8.1.3 结构体变量的定义

结构体类型的定义和结构体变量的定义有着本质的区别：结构体类型的定义的目的是定义一种新的复合型的数据类型，系统不会为数据类型分配实际的存储空间，但这种复合数据类型可用于定义其他的变量；结构体变量的定义是为了能在程序中存储结构体类型的数据，系统将会为结构体变量分配实际的存储空间，结构体变量的存储空间的大小为各个成员所占字节数之和。

结构体变量的定义有如下三种：

1）先声明结构体类型，再定义变量

如上面已经定义的结构体类型struct student，可以用它来定义变量。

例如：

```
struct student stu1,stu2;
```

其中，struct student为结构体类型名，stu1、stu2为变量名，表示它们具有struct student类型的结构。

变量stu1、stu2所分配的存储空间均为4+10+4+4+40=62（字节）。

2）在定义结构体类型的同时定义变量

例如，在定义结构体类型struct student的同时定义变量stu1和stu2，格式如下：

```
struct student
{
    int num;
    char name[10];
    int age;
    float score;
    char addr[40];
} stu1,stu2;
```

这种方法将类型定义和变量定义同时进行，以后仍然可以使用这种结构体类型来定义其他结构体变量。

3）直接定义变量

例如：

```
struct
{
    int num;
    char name[10];
    int age;
    float score;
    char addr[40];
} stu1,stu2;
```

这种方法的不足：因缺少类型名以后将无法使用这种结构体类型来定义其他变量，一般很少采用。

关于结构体变量的几点说明：

（1）类型与变量是不同的概念，不能混淆。类型是用来说明变量的，可以对变量进行存取、赋值等运算，却不能对类型进行任何运算。此外，在编译时只对变量分配空间，并不对类型分配空间。

（2）可以使用“变量名.成员”对结构体变量中的各个成员进行访问，其用法相当于成员类型的普通变量。

（3）结构体变量内部的成员名可以与结构体外的其他变量名相同，但二者代表不同对象，互不干扰。

（4）结构体的成员也可以是结构体变量，即构成了嵌套的结构。

例如，下面给出了另一个数据结构。

num	name	birthday			score	addr
		month	day	year		

对于上述数据结构可给出以下结构定义：

```
struct date
{
    int month;
    int day;
    int year;
};
struct stu
{
    int num;
    char name[10];
    struct date birthday;
    float score;
    char addr[40];
}stu3,stu4;
```

首先定义一个结构体struct date，它由month（月）、day（日）、year（年）三个成员组成，然后在struct stu再使用struct date定义birthday结构体变量，从而形成结构类型的嵌套定义。

8.1.4 结构体变量的引用

在程序中使用结构体变量时，往往不把它作为一个整体来使用。在ANSI C中除了允许具有相同类型的结构变量相互赋值以外，一般对结构变量的使用，包括赋值、输入、输出、运算等都是通过对结构变量的成员的访问来实现的。

对结构变量成员使用的一般形式是：

```
结构变量名.成员名
```

其中，“.”为成员运算符。

结构体变量引用的一般原则是：

（1）不能将一个结构体变量作为整体进行输入和输出，而只能对结构体变量的各个成员进行输入与输出。例如：

```
stu1.num=10010;stu2.num=20010;
```

（2）在有嵌套的情况下，要通过使用“.”运算逐级使用直到基本数据类型成员这一层才能对它进行赋值、存取以及运算。例如：

```
stu3.birthday.year=2023;stu3.birthday.month=10;stu3.birthday.day=1
```

（3）对结构体变量成员的使用可以像普通变量一样进行各种运算（只要类型匹配）。例如：

```
s = stu3.score + stu4.score;    其中s是一个float类型变量
```

（4）可以引用结构体变量成员的地址，也可以引用结构体变量的地址。例如：

```
struct student stu1, stu2;
scanf("%d",&stu1.age);          //输入age成员的值
input(&stu1);                   //将结构体变量stu1的地址作为函数入口参数
```

例 8.1　结构体变量的赋值与输入输出、结构体变量整体赋值示例。（ex8_1.cpp）

程序代码：

```
#include <stdio.h>
int main()
{
    struct stu_record
    {   int num;
        char name[20];
        int age;
        char addr[40];
        float score;
    } stu1, stu2;
    printf("Input Number;");
    scanf("%d", &stu1.num);     //输入学号
    getchar();                  //空读一个字符，以保证后面字符串的输入正确
    printf("Input name;");
    gets_s(stu1.name, 20);      //输入姓名
    printf("Input age:");
    scanf("%d", &stu1.age);     //输入年龄
    getchar();                  //空读一个字符，以保证后面字符串的输入正确
```

```
    printf("input address:");
    gets_s(stu1.addr, 40);            //输入住址
    printf("Input score:");
    scanf("%f", &stu1.score);         //输入分数
    printf("   Output...\n");
    stu2 = stu1;                      //结构体变量stu1的所有成员的值整体赋予stu2
    printf("Number=%d\nName=%s\n", stu2.num, stu2.name);
    printf("Age=%d\nAddress=%s\n", stu2.age, stu2.addr);
    printf("Score=%f\n", stu2.score);
}
```

程序运行结果如图8.1所示。

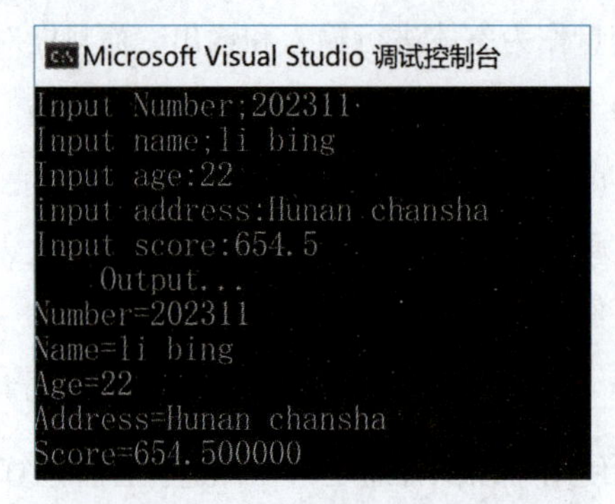

图8.1 例8.1程序运行结果

8.1.5 结构体变量的初始化

和其他类型变量一样，对结构变量可以在定义时进行初始化赋值。

例8.2 对结构变量在定义时进行初始化示例。（ex8_2.cpp）

程序代码：

```
#include <stdio.h>
int main()
{
    struct stu_record
    {
        int num;
        char name[10];
        int age;
        float score;
        char addr[40];
    } stu1, stu2 = { 1102, "Zhang san",19,98.5, "Chang sha"};//对stu2赋初值
    stu1 = stu2;  //结构体变量stu2的所有成员的值整体赋予stu1
    printf("Number=%d\nName=%s\n", stu1.num,stu1.name);
    printf("Age=%d\nScore=%f\nAddress=%s\n", stu1.age, stu1.score, stu1.addr);
}
```

也可以先定义结构体变量，再对结构体变量进行初始化。

例如：

```
#include <stdio.h>
```

```
int main()
{
    struct stu_record
    {
        int num;
        char name[10];
        int age;
        float score;
        char addr[40];
    } stu1, stu2;
    stu2 = { 1102, "Zhang san",19,98.5, "Chang sha" };//对stu2赋初值
    stu1 = stu2;  //结构体变量stu2的所有成员的值整体赋予stu1
    printf("Number=%d\nName=%s\n", stu1.num, stu1.name);
    printf("Age=%d\nScore=%f\nAddress=%s\n", stu1.age, stu1.score, stu1.addr);
}
```

8.2　结构体数组

一个结构体变量中可以存放一个学生的一组数据（如学号、姓名、年龄，成绩），但如果要表示多个学生的信息，则可以采用数组的形式，该数组的每一个元素都是一个结构体变量，则该数组就可以表示多个学生的信息，这样的数组称为结构体数组。

8.2.1 结构体数组的定义

和定义结构体变量的方法类似，结构体数组的定义也可以有三种形式：

1）先定义结构体，再定义数组

```
struct student          //定义一个结构体类型
{
    int num;
    char name[10];
    …
};
struct student stu[10];//定义一个结构体数组，含10个struct student类型的元素
```

2）定义结构体的同时定义数组

```
struct stu_record
{int num;
    char name[20];
    …
}stu[10];                //定义类型的同时定义一个数组
```

3）省略结构体名的同时定义数组

```
struct
{int num;
    char name[20];
    …
} stu[10];               //直接定义一个结构体类型的数组
```

8.2.2 结构体数组的初始化

结构体类型数组的初始化遵循基本数据类型数组的初始化规律，在定义数组的同时，对其中的每一个元素进行初始化。

例 8.3 结构体数组的初始化示例。（ex8_3.cpp）

程序代码：

```
#include <stdio.h>
int main()
{
    struct stu_record
    {
        int num;
        char name[10];
        int age;
        float score;
        char addr[40];
    } stu[2] = { {102, "Zhang san",19,98.5, "Chang sha"},
                 {103, "Li si",18,96.5, "Shang hai"} };  //初始化
    printf("student1...\n");
    printf("Number=%d\nName=%s\n", stu[0].num, stu[0].name);
    printf("Age=%d\nAddress=%s\n", stu[0].age, stu[0].addr);
    printf("Score=%f\n", stu[0].score);
    printf("\nstudent2...\n");
    printf("Number=%d\nName=%s\n", stu[1].num, stu[1].name);
    printf("Age=%d\nAddress=%s\n", stu[1].age, stu[1].addr);
    printf("Score=%f\n", stu[1].score);
}
```

也可以先定义数组，再对其数组元素进行初始化：

```
struct stu_record
{
    int num;
        char name[10];
        int age;
        float score;
        char addr[40];
    } stu[2];
    stu[0]={102, "Zhang san",19,98.5, "Chang sha"};       //初始化
    stu[1]={103, "Li si",18,96.5, "Shang hai"} ;          //初始化
```

在定义数组并同时进行初始化的情况下，可以省略数组的长度，系统根据初始化数据的多少来确定数组的长度。例如：

```
struct Key
{
    char word[20];
    int count;
}keytab[]={ {"break",0}, {"case",0},{"void",0}};
```

结构体数组keytab的长度，系统自动确认为3。

8.2.3 结构体数组的应用

例 8.4　已知学生的信息中包含了学号、姓名、成绩，用结构体数组计算学生的平均成绩和不及格的人数。(ex8_4.cpp)

程序代码：

```
#include <stdio.h>
struct stu_record
{
    int num;
    char name[20];
    float score;
}stu[5] = {
            {101,"Li jun",45},
            {102,"Zhang san",62.5},
            {103,"Wang fang",92.5},
            {104,"Jiang ling",87},
            {105,"Deng ming",58},
          };//定义全局结构体数组变量，并对其初始化
int main()
{   int i, count = 0;
    float ave, sum = 0;
    for (i = 0; i < 5; i++)
    {
        sum=sum + stu[i].score;
        if (stu[i].score < 60) count++;
    }
    printf("s=%f\n", sum);
    ave = sum / 5;
    printf("average=%f\ncount=%d\n", ave, count);
}
```

本例程序中定义了一个外部结构数组stu，共五个元素，并进行了初始化赋值。在main()函数中用for语句逐个累加各元素的score 成员值存于sum之中，如score的值小于60（不及格）即计数器count加1，循环完毕后计算平均成绩，并输出全班总分，平均分及不及格人数。

例 8.5　建立具有姓名、手机号码的同学通讯录，并输出通讯录。(ex8_5.cpp)

程序代码：

```
#include "stdio.h"
#define N 3
struct notebook
{
    char name[20];
    char telephone[12];       //11位手机号码需要12个字符存储单元
};
int main()
{
    struct notebook stu[N];
    int i;
```

```
    for (i = 0; i < N; i++)
    {
        printf("input name:");
        gets_s(stu[i].name,20);                 //输入姓名
        printf("input telephone:");
        gets_s(stu[i].telephone,12);            //输入电话号码
    }
    printf("name\t\t\ttelephone\n");
    for (i = 0; i < N; i++)
        printf("%s\t\t\t%s\n", stu[i].name, stu[i].telephone);
}
```

本程序中定义了一个结构notebook，它有name和telephone两个成员用来表示姓名和电话号码。在主函数中定义stu[N]为具有notebook类型的结构数组。在for语句中，用gets_s()函数分别输入各个元素中两个成员的值，然后在for语句中用printf语句输出各元素中两个成员值。

8.2.4 指向结构体变量与数组的指针

无论是结构体还是结构体数组，均是一种构造类型，当然可以设一个指针变量，用来指向一个结构体变量或者指向一个结构体数组中的数组元素。

一个结构体变量的地址就是该变量所占据的内存段的起始地址，一个指向结构体变量的指针的值就是所指向的结构体变量的起始地址。

1. 指向结构体变量的指针定义与赋值

一般定义形式：

```
struct 结构体名 *变量名;
```

赋值方法：

```
结构体指针变量名=&结构体变量名;
```

例如：

```
struct stu {                                  //结构体
    char name[20];                            //姓名
    int num;                                  //学号
    int age;                                  //年龄
    char group;                               //所在小组
    float score;                              //成绩
} stud1 = { "Tom",12,18,'A',136.5 };          //定义结构体变量
        struct stu* p1;                       //结构体指针变量的定义
        p1 = &stud1;                          //结构体指针变量的赋值
```

指针变量也可以用来指向结构体数组中的元素。

```
struct stu  stud2[10],* p2;
p2=stud2;                                     //结构体指针变量的赋值,指向数组的首地址
p2=&stud2[0];
```

其存储结构如图8.2所示。

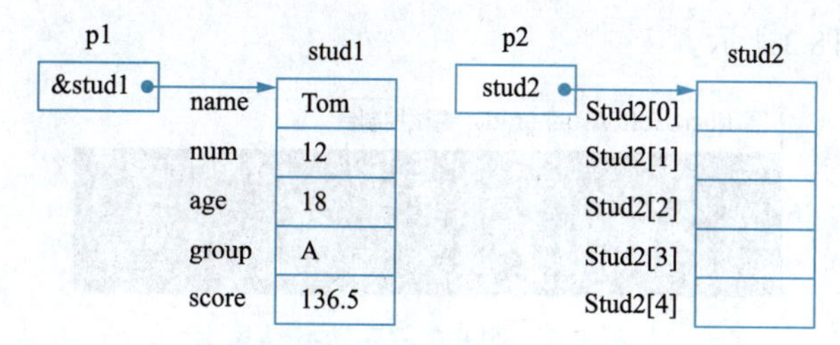

图 8.2 结构体指针变量与结构体类型（数组）的指向关系

2. 指向结构体变量的指针引用结构体变量中的成员

格式一：

(*结构体指针变量).成员名称

例如，(*p1).name、(*p1).num、(*p1).age 等，(*p2).name、(*p2).num、(*p2).age 等。

注意： 因为“.”运算符的优先级高于“*”，所以上面的 () 不能省略。

格式二：

```
结构体指针变量->成员名称
```

例如，p1->name、p1->num、p1->age 等，p2->name、p2->num、p2->age 等。

例 8.6 通过结构体指针变量访问结构体成员与结构体数组元素。（ex8_6.cpp）

程序代码：

```
#include <stdio.h>
int main()
{  struct stu
   {
      char name[20];                 //姓名
      int num;                       //学号
      int age;                       //年龄
      char group;                    //所在小组
      float score;                   //成绩
   } stud1 = { "Tom",12,18,'A',136.5 };
   struct stu* p1;
   p1 = &stud1;                      //指向结构体变量
    printf("%s的学号%d, 年龄%d, 在%c组, 成绩%.1f\n", (*p1).name, (*p1).num,
(*p1).age, (*p1).group, (*p1).score);  //读取结构体成员的值
    printf("%s的学号%d, 年龄%d, 在%c组, 成绩%.1f\n", p1->name, p1->num, p1-
>age, p1->group, p1->score);
     struct stu stud2[] = { {"libing" ,14,20,'B',128
},{"zhangxi",15,21,'A',110}};
   struct stu* p2;
   p2 = stud2;                       //指向数组首地址
   p2++;                             //下移一个元素位置，指向第2个学生
    printf("%s的学号%d, 年龄%d, 在%c组, 成绩%.1f\n", (*p2).name, (*p2).num,
(*p2).age, (*p2).group, (*p2).score);
    printf("%s的学号%d, 年龄%d, 在%c组, 成绩%.1f\n", p2->name, p2->num, p2-
>age, p2->group, p2->score);
   return 0;
}
```

程序运行结果如图8.3所示。

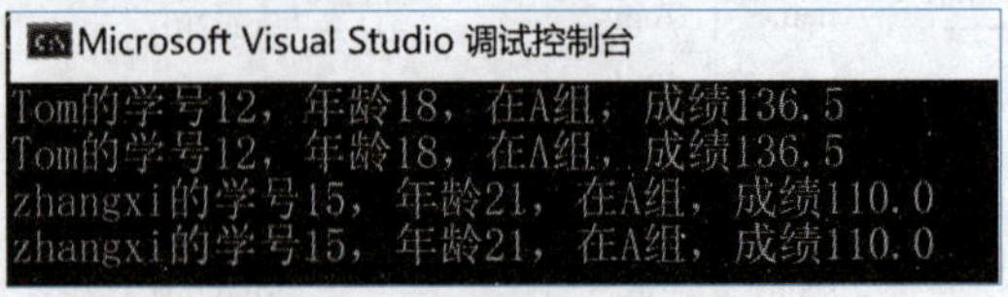

Microsoft Visual Studio 调试控制台
Tom的学号12，年龄18，在A组，成绩136.5
Tom的学号12，年龄18，在A组，成绩136.5
zhangxi的学号15，年龄21，在A组，成绩110.0
zhangxi的学号15，年龄21，在A组，成绩110.0

图8.3　例8.6程序运行结果

例8.7　通过结构体指针变量访问结构体数组元素。（ex8_7.cpp）

程序代码：

```
#include <stdio.h>
struct stu {
    char name[20];                                      //姓名
    int num;                                            //学号
    int age;                                            //年龄
    char group;                                         //所在小组
    float score;                                        //成绩
}stus[] = {
            {"Zhou ping",5,18,'C',145.0},{"Zhang ping",4,19,'A',130.5},
            {"Liu fang",1,18,'A',148.5},{"Cheng ling",2,17,'F',139.0},{"Wang
ming",3,17,'B',144.5}
        };
int main()
{   struct stu* ps;
    int len = sizeof(stus) / sizeof(struct stu); //求数组长度
    printf("Name\t\tNum\tAge\tGroup\tScore\t\n");
    for (ps = stus; ps < stus + len; ps++)
        printf("%s\t%d\t%d\t%c\t%.1f\n", ps->name, ps->num, ps->age, ps-
>group, ps->score);
    return 0;
}
```

程序运行结果如图8.4所示。

Microsoft Visual Studio 调试控制台
Name Num Age Group Score
Zhou ping 5 18 C 145.0
Zhang ping 4 19 A 130.5
Liu fang 1 18 A 148.5
Cheng ling 2 17 F 139.0
Wang ming 3 17 B 144.5

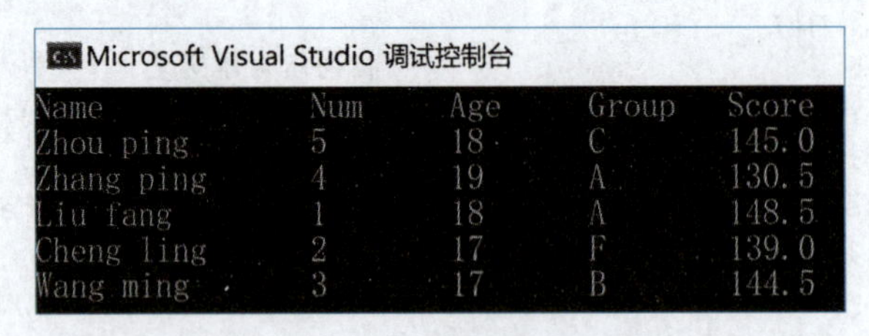

图8.4　例8.7程序运行结果

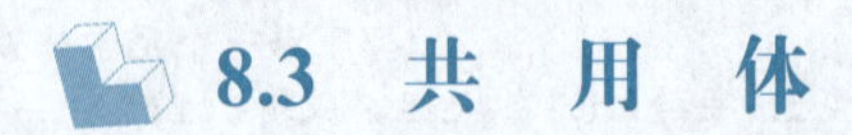

8.3　共　用　体

8.3.1　共用体的概念

共用体（也称“联合体”）是一种用户自定义的数据类型，它可以由若干种数据类型组合而成，组成共用体的每个数据也称成员。

假定定义了一个共用体变量x，x中含有四个不同类型的成员，分别为char ch;、short a1;、int s1;、float f1;，其共用体类型定义与四个成员间的存储单元之间的关系如图8.5所示。

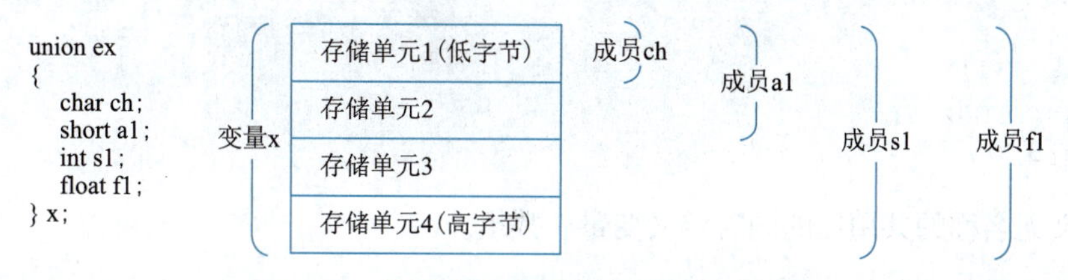

图8.5 共用体变量存储单元分配示意图

从图8.5可知，与结构体不同的是共用体变量中的所有成员共用同一段存储空间，且各个成员都是从同一地址开始存放。即使用覆盖与共用技术，对任何一个成员的赋值均会直接影响其他成员的值（共用），如有多次对不同成员的赋值，则只保留最后一次赋值的结果（覆盖）。

定义共用体类型的方法与定义结构体类型的方法类似：

```
union 共用体名
{
    数据类型1     成员名1;
    数据类型2     成员名2;
    …
    数据类型n     成员名n;
}共用体变量列表;
```

其中，共用体名是用户命名的标识符；数据类型通常是基本数据类型，也可以是数组、结构体类型、共用体类型等其他类型；成员名是用户取的标识符，用来标识所包含的成员名称。

例如：

```
union example
{
    char    a[50];          //该成员占用50个存储单元
    int     x;              //该成员占用4个存储单元
    float   c[30];          //该成员占用120个存储单元
}array;                     //共用体变量array占用120个存储单元
```

注意： 共用体变量中每个成员所占的存储单元是连续的，而且都是从分配的连续存储单元的第一个存储单元开始存放数据，所以对共用体变量来说所有成员的首地址是相同的。

8.3.2 共用体变量的定义与赋值

定义了某个共用体后，就可以使用它来定义相应共用体类型的变量、数组等，并且可以在定义时对结构体变量进行赋值。其方法如下：

（1）先定义共用体，然后定义变量、数组。

```
union exam
{
    int   i;
    char  ch;
};
union exam  a, m[3];
```

（2）同时定义共用体和变量、数组。

```
union exam
{
    int   i;
    char  ch;
} a, m[3];
```

（3）定义无名称的共用体的同时定义变量、数组。

```
union
{
    int   i;
    char  ch;
} a={65}, m[3]={67,68};
```

对共用体变量在定义时可以赋值。

8.3.3 共用体变量的引用

共用体变量的引用与结构体变量的引用方式一致，其格式如下：

```
共用体变量.成员
```

例8.8 共用体变量的存储与访问示例。（ex8_8.cpp）

程序代码：

```
#include <stdio.h>
union data {
    int n;
    char ch;
    short m;
};
void print(union data a)
{
    printf("n=%X, ch=%c, m=%hX\n", a.n, a.ch, a.m);
}

int main()
{
    union data a = { 66 };                                //对共用体变量赋初值
    printf("联合体变量占用存储单元数=%d, %d\n", sizeof(a), sizeof(union data));
    printf("联合体变量的地址=%p, %p,%p,%p\n", &a, &a.n,&a.ch,&a.m);
    printf("n=%d, ch=%c, m=%d\n", a.n, a.ch, a.m);        //输出各成员的值
    a.n = 0x41;
    print(a);
    a.ch = '9';
    print(a);
    a.m = 0x2061;
    print(a);
    a.n = 0x3E25AD43;
    print(a);
    return 0;
}
```

图 8.6　例 8.8 程序运行结果

程序运行结果如图8.6所示。

分析：这段代码不但验证了共用体的长度，还说明了共用体变量与其各成员之间的地址关系，共用体成员之间会相互影响，修改一个成员的值会影响其他成员。

要想理解上面的输出结果，弄清成员之间究竟是如何相互影响的，就需了解各个成员在内存中的存储分布。以上面的数据为例，各个成员在内存中的存储分布如图8.7所示。

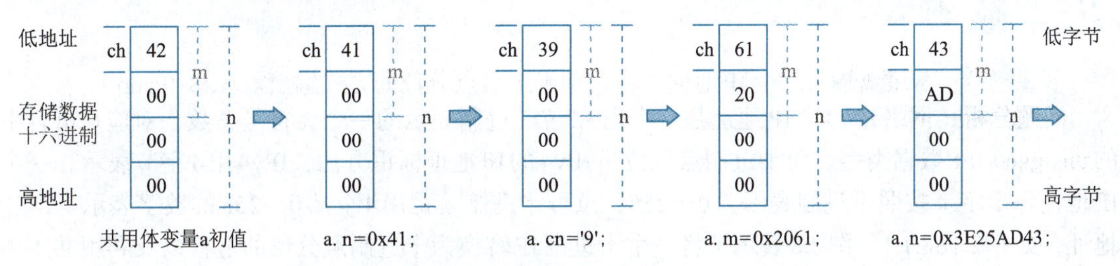

图 8.7　共用体变量的赋值与存储空间数据的变化关系

从图8.7可以得到，成员ch的值依次为十六进制42、41、39、61、43，分别对应的ASCII字符为'B'、'A'、'9'、'a'、'C'。其他成员的值按类似方法进行分析。

8.3.4　共用体类型数据的特点

使用共用体类型的数据时，要注意以下特点：

（1）共用体变量的地址和它的各个成员的地址都是同一个地址。如例8.8程序中的&a、&a.n、&a.ch、&a.m的值均相同。

（2）共用体变量的所有成员共享同一段内存区域，修改任意成员的值均会重新更改存储单元的内容，各成员变量按其所占空间可获得自身的值。

（3）由于共用特性，通常情况下程序员应该非常清楚地知道目前是对哪个分量进行了赋值，则对这个分量进行运算时就是其最近所赋值的数据；而对使用其他成员的时候是根据其所占存储空间的大小来取值的。

（4）可以对共用体变量名在定义时赋一个初值，其格式为：

```
union data a = { 66 }; //对共用体变量赋初值
```

只能赋一个值，而且必须加{}，不能像结构体变量一样赋多个值。各变量根据其成员所占空间取得其值。

（5）可以定义共用体数组（类似于结构体数组的定义）；共用体类型可以出现在结构体类型的定义中（作为结构体的成员），反之，结构体也可以出现在共用体类型的定义中。

例如，在一所学校有教师和学生，根据其人员类别性质需要对部分内容进行分类存储时可以采用在结构体中包含共用体的办法，以节省存储空间。

```
struct person
{
    int num;            //序号
    char name[10];      //姓名
    char sex;           //性别
```

```
    char job;              //工作性质：教师T或学生S
    union                  //根据工作特决定category（分类）存储信息，是班级编号或者职
                             称信息
    {                      //节省存储空间
        int classno;
        char position[10];
    } category;            //此共用体占10字节
} ts[10];                  //定义一个结构体数组，含10个元素，每个元素占26字节
```

8.3.5 共用体变量的应用

例 8.9 从键盘输入一个IP地址，将它用十进制点分位的方式输出。（ex8_9.cpp）

问题分析： 网络IPv4中IP地址是一个用32位二进制表示的一个无符号整数，对应C语言中的unsigned int 数据类型。而十进制点分位是IPv4的IP地址标识方法，IPv4用4字节表示，一个IP地址每个字节按照十进制表示为0～255，点分十进制就是用4个从0～255的数字表示一个IP地址，如192.168.1.1。图8.8表示了将一个十进制IP转换为十进制点分位的过程以及利用共用体解决其十进制点分位表示的方法。

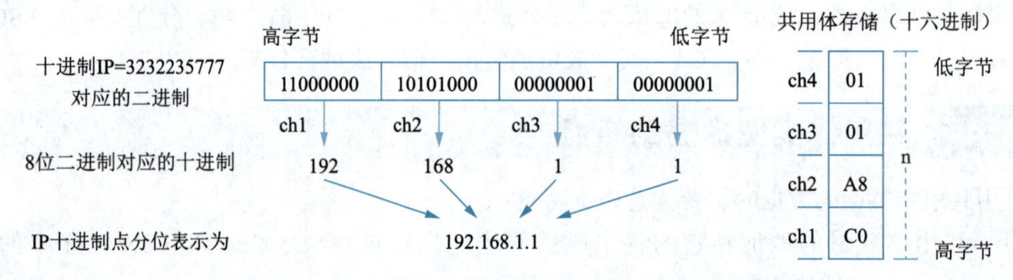

图 8.8 IP 存储与十进制点分位表示、共用体存储

程序代码：

```
#include <stdio.h>
union un_data {
    unsigned int n;
    struct
    {
        unsigned char ch4, ch3, ch2, ch1;
    };
};
void IP_to_str(union un_data a)
{
    printf("IP十进制点分位表示为：%d.%d.%d.%d\n", a.ch1, a.ch2, a.ch3, a.ch4);
}
int main() {
    union un_data a;
    printf("输入IP地址：");
    scanf("%d", &a.n);
    IP_to_str(a);
    return 0;
}
```

程序运行结果如图8.9所示。

Microsoft Visual Studio 调试控制台
输入IP地址：3232235777
IP十进制点分位表示为：192.168.1.1

图8.9　例8.9程序运行结果

例8.10　假设教师记录与学生记录的结构分别如下：

教师：编号，姓名，性别，类别t，职务

学生：编号，姓名，性别，类别s，班级编号

现要求编写程序用上面这种结构类型定义10个师生的基本信息，并输入/输出其信息。（ex8_10.cpp）

问题分析：由于学生与教师的结构除职务与班级编号不同外，其余均一致，这种结构类型可以使用结构体内嵌入一共用体的存储结构方式。定义结构体数组，通过循环依次输入师生信息，再根据输入类别't'或's'进行判别，决定输入的是职务或班级信息，输入结束之后，输出结果数据。

程序代码：

```
#include <stdio.h>
struct person
{
    int num;                //序号
    char name[10];          //姓名
    char sex;               //性别
    char job;               //工作性质：教师T或学生S
    union                   //根据工作特决定category（分类）存储信息，是班级编号或者职
                              称信息
    {                       //节省存储空间
        int classno;
        char position[10];
    } category;             //此共用体占10字节
};
int main()
{
    struct person st[10];
    int  n, i;
    printf("请输入编号、姓名、性别(m/f)、类别（s/t）、班级号或职称：\n");
    for (i = 0; i <4; i++)
    {   scanf("%d %s %c %c", &st[i].num,st[i].name, &st[i].sex, &st[i].job);
        if (st[i].job == 's'|| st[i].job == 'S')
            scanf("%d", &st[i].category.classno);
        else if (st[i].job == 't'|| st[i].job == 'T')
            scanf("%s", st[i].category.position);
    }
    printf("\n    编号      姓名     性别    类别    班级或职称\n");
    for (i = 0; i <4; i++)
    {    printf("%8d %10s    %c      %c    ",st[i].num, st[i].name, st[i].sex,
st[i].job);
        if (st[i].job == 's')
            printf("%10d\n", st[i].category.classno);
        else if (st[i].job == 't')
            printf("%10s\n", st[i].category.position);
    }
}
```

8.4 用 typedef 定义类型名称

C语言不仅提供了丰富的数据类型，如int、char、float、double等基本类型，而且可以定义数组、结构体、共用体、指针、枚举等构造类型，其类型的名称是系统规定的。为了方便程序员使用其他高级语言中的类型名称，或者自定义已有类型名称，C语言提供了typedef类型重新定义操作，以满足个性化需求。

8.4.1 typedef 的作用

使用typedef关键字，可以为已存在的类型取一个新的名字。注意：typedef 并没有创建任何新类型。

8.4.2 typedef 的用法

1. 为基本类型取别名

格式：

```
typedef 基本类型符 别名;
```

例如：

```
typedef int INTEGER;
```

以后就可以用INTEGER来代替int作整型变量的类型说明了。即：

```
INTEGER a,b;                    //它等效于：int a,b;
```

2. 为数组类型取别名

格式：

```
typedef 基本类型名 别名[长度];
```

例如：

```
typedef char STRING[80];        //表示STRING是字符数组类型名，数组长度为80
```

然后可用STR来定义变量：

```
STRING a1,a2;//等价于char a1[80],a2[80];
```

3. 为结构体类型取别名

格式一：先定义结构体，再用typedef取别名。例如：

```
struct stu
{
    char name[20];
    int age;
    char sex;
};
typedet struct stu STUDENT;
```

格式二：在定义结构体的同时给它取一个新的名称。例如：

```
typedef struct
{
    char name[20];
    int age;
    char sex;
} STUDENT;
```

以上两种方式均定义了一个类型名为STUDENT的结构类型，然后可用STUDENT来定义结构变量：

```
STUDENT body1,body2;
```

4. 为共用体类型取别名

其用法同结构体取别名。例如：

```
typedef union data
{
    int x;
    char ch[20];
}DATA;
DATA d1,d2;     //定义d1、d2为共用体变量。
```

5. 为指针类型取别名

其一般形式为：

```
typedef 已有类型名*  别名;
```

例如：

```
typedef int * POINTER;
POINTER a,b;    //等价于int *a,*b;
```

6. 注意事项

（1）定义别名的目的是方便，但在方便的同时仍要注意可理解性。建议新类型名一般使用大写字母，以便于区别。

（2）typedef有作用域。别名如果定义在代码块（如函数或复合语句中），那么它就具有块作用域。别名的作用域从别名声明开始，直到包含声明的代码块结束。如果定义在函数外，那么它具有文件作用域。别名的作用域从声明开始，直到该源文件结束。

（3）typedef与#define是有区别的。在简单情况下如：

```
typedef int COUNT;
#define COUNT int
```

两者都可以实现将int 替换为COUNT，但二者的实质不同：#define在预编译时处理，它只作简单的字符串替换；而typedef则在编译时处理。但

```
#define POINTER int *
POINTER a,b;
```

将会被替换为：

```
int *a,b;
```

这显然与所希望的a、b均为指针变量是不符合的，因此一般情况下均不用#define来用类别的替换。

8.5 动态存储分配与复杂数据处理应用示例

8.5.1 动态存储分配

在数组定义中，数组的长度必须是预先定义好的常量，且在整个程序中固定不变。但是在实际编程中，往往会发生所需的内存空间取决于实际输入的数据，而无法预先确定的情况。为了解决上述问题，C语言提供了一些内存管理函数，可以按需要动态分配内存空间。

动态存储分配主要用于字符串、数组、结构等数据类型中，它可以根据用户所需要存储空间单元数进行自动分配。它的实现方法是运用动态分配函数，VS系统环境在stdlib.h函数库中提供了malloc()、free()、calloc()、realloc()函数，用于内存的动态分配与管理。

1. malloc()函数

函数原型：

```
void * malloc(size_t size)
```

功能：

（1）malloc()函数会向堆中申请一片连续大小为size字节的可用内存空间。

（2）若申请成功，则返回指向这片内存空间的指针；若申请失败，则会返回NULL。所以在用malloc()函数开辟动态内存之后，一定要判断函数返回值是否为NULL。

（3）返回值的类型为void*型，因为malloc()函数并不知道连续开辟的size个字节是存储什么类型数据的，所以需要自行决定。

其方法是在malloc()前加强制类型转换(类型*)转化成所需类型。

例如：

```
int n,m,s,*p;
p=(int*)malloc(sizeof(int)*n);          //p指向了一个长度为n的整型数组的首地址
char *q;
q=(char*)malloc(sizeof(char)*m);        //q指向了一个长度为m的字符数组的首地址
STU *r,*t;                              //STU为例8.11中定义的结构体类型名
r=(STU *)malloc(sizeof(STU));           //r指向一个结构体的首地址
t=(STU *)malloc(sizeof(STU)*s);         //t指向一个长度为s的结构体数组的首地址
```

有了上述空间分配以后，其存储分配与指针指向图如图8.10所示，就可以对p、q、r、t变量所指向的存储单位进行各种读写访问操作。

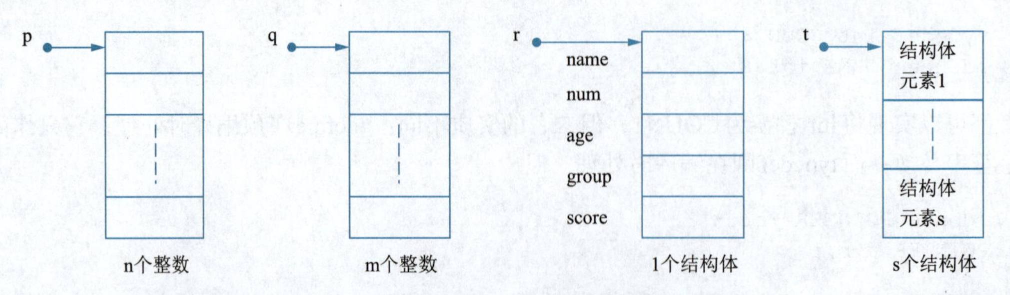

图8.10 指针变量与动态存储分配的指向关系图

例8.11 动态存储分配用于可变长度数组与字符串，以及可变长度结构体数组的数据元素的操作与访问示例。(ex8_11.cpp)

程序代码：

```
#include <stdio.h>
#include <stdlib.h>
#include <string.h>
typedef struct stu
{
    char name[20];//姓名
    int num;       //学号
    int age;       //年龄
    char group;    //所在小组
    float score;   //成绩
}STU;
int main()
{
    int m,n,s,i,* p;
    n = 10;
    p = (int*)malloc(sizeof(int) * n);//p指向了一个长度为n的整型数组的首地址
    char * q;
    m = 27;
    q = (char*)malloc(sizeof(char) * m); //q指向了一个长度为m的字符数组的首地址
    STU * r, * t,*t1;                    //STU为定义的结构体类型名
    s = 3;
    r = (STU*)malloc(sizeof(STU));       //r指向一个结构体的首地址
    t = (STU*)malloc(sizeof(STU)* s);   //t指向一个长度为s的结构体数组的首地址
    for (i = 0; i < n; i++)              //对p指向的数组赋值
        *(p + i) = 2 * i + 1;
    for (i = 0; i < m-1; i++)            //对q指向的字符数组赋值A-Z
        *(q + i) = 'A'+i;
    *(q + i) = '\0';
    strcpy(r->name, "Zhang wei");        //对结构体进行赋值
    r->num = 1203;
    r->age = 18;
    r->group = 'A';
    r->score = 145.5;
    t1 = t;
    for (i = 0; i < s; i++)              //对结构体数组进行赋值
    {
        printf("输入姓名、学号、年龄、组名、分数：");
        scanf("%s %d %d %c %f", t1->name, &t1->num, &t1->age, &t1->group, &t1->score);
        getchar();
        t1++;
    }
    for (i = 0; i < n; i++)              //输出数组元素值
        printf("%4d" ,*p++);
    printf("\n");
    printf("%s\n", q);                   //输出字符串
    printf("%s  %d  %d  %c  %f\n", r->name, r->num, r->age, r->group, r->score);
    for (i = 0; i < s; i++)              //输出结构体数组的各成员值
    {
        printf("%s  %d  %d  %c  %f\n", t->name, t->num, t->age, t->group, t->score);
        t++;
    }
}
```

说明： 以上程序可以拆分为多个程序进行练习，以更好掌握动态存储空间分配与指针变量的关系与应用。

2. free() 函数

在堆中申请的内存空间不会像在栈中存储的局部变量一样，函数调用完会自动释放内存，如果不手动释放，直到程序运行结束才会释放，这样就可能会造成内存泄漏，即堆中这片内存中的数据已经不再使用，但它一直占着这片空间。所以当申请的动态内存不再使用时，一定要及时释放。

函数原型：

```
void free(void* ptr)
```

功能：只能释放由malloc()分配到的存储空间，通过强制类型转换后赋予的ptr指针所指向的存储空间。

注意事项：

（1）如果ptr没有指向使用动态内存分配函数分配的内存空间，则会导致未定义的行为（出现语法错误）。

（2）ptr必须是指向原申请空间的首地址，如果进行了移动操作不再指向原申请区域的首地址会出现运行错误。例如：

```
int n,m,s,*p;
p=(int*)malloc(sizeof(int)*n);        //p指向了一个长度为n的整型数组的首地址
p++;
free(p);                              //运行时出现错误
```

（3）如果ptr是空指针，则该函数不执行任何操作。

（4）此函数不会更改ptr本身的值，因此它仍指向原来的位置（但空间已失效）。

（5）在free()函数之后需要将ptr再置空，即ptr = NULL;。如果不将ptr置空，后面程序如果再通过ptr会访问到已经释放过无效的或者已经被回收再利用的内存，为保证程序的健壮性，一般都要写ptr = NULL; 。

3. calloc() 函数

函数原型：

```
void * calloc(size_t num, size_t size)
```

功能：

（1）calloc()函数功能是动态分配num个大小（字节长度）为size的内存空间。

（2）若申请成功，则返回指向这片内存空间的指针；若失败，则会返回NULL。所以在用calloc()函数开辟动态内存之后，一定要判断函数返回值是否为NULL。

（3）返回值的类型为void*型，calloc()函数虽然分配num个size大小的内存空间，但还是不知道存储的什么类型数据，所以需要自行决定。

方法是在calloc()前加强制转换(类型*)转化成所需类型。例如：

```
(int*)calloc(num, sizeof(int))
```

与malloc()函数的区别：

calloc()与malloc()函数的区别只在于：calloc()函数会在返回地址之前将所申请的内存空间中的每个字节都初始化为0。

如果对申请的内存空间的内容要求初始化，那么可以很方便地使用calloc()函数来完成这个需求。

4. realloc() 函数

realloc()函数让动态内存管理更加灵活，在程序运行过程中动态分配内存大小，如果分配得太大，则浪费空间；如果分配得太小，则可能会出现不够用的情况。为了合理利用内存，一定会对内存的大小做灵活的调整。那realloc()函数就可以做到对动态开辟内存大小的调整（既可以往大调整，也可以往小调整）。

函数原型：

```
void * realloc(void * ptr, size_t size)
```

功能：

（1）ptr为需要调整的内存地址，size为调整后需要的大小（字节数）。

（2）若调整成功，则返回值为调整大小后内存的起始位置（也就是指向调整后内存的指针）；若失败（当没有内存可以分配时，一般不会出现），则返回NULL。所以，还是需要对返回值进行判别是否为NULL。

（3）调整空间成功后，如果是增加空间，则原来的数据仍然保留；如果是减少空间，则只保留实际需要的数据。

例 8.12　同时使用malloc()、realloc()、free()函数的完整示例。（ex8_12.cpp）

程序代码：

```
#include <stdio.h>
#include <stdlib.h>
int main()
{   int n, m,i;
    float* p;                                                    //定义变量
    printf("请输入学生的人数: ");
    scanf("%d", &n);
    p = (float*)malloc(n * sizeof(float));
    if (p  == NULL)                                              //报错提醒
    {
        printf("WOW!ERROR ONE! \n");
        exit(1);                                                 //退出程序
    }
    printf("请录入 %d 个成绩: ", n);
    for (i = 0; i < n; i++)
        scanf("%f", p + i);
    printf("现要求追加学生人数: ");
    scanf("%d", &m);
    p = (float*)realloc(p, (n + m) * sizeof(float));             //调整空间大小
    printf("请录入追加 %d 个成绩: ", m);
    for (i = n; i < n+m; i++)
        scanf("%f", p + i);
    if (p == NULL)                                               //报错提醒
    {
        printf("WOW!ERROR TWO! \n");
        exit(1);                                                 //退出程序
    }
    for (i = 0; i < n+m; i++)
        printf(" %f  ", *(p+i));
```

```
    free(p);                    //释放内存
    return 0;
}
```

程序运行结果如图 8.11 所示。

```
Microsoft Visual Studio 调试控制台
请输入学生的人数: 5
请录入 5 个成绩: 78 56 87.5 66 77
现要求追加学生人数: 3
请录入追加 3 个成绩: 62 67.5 89
 78.000000    56.000000    87.500000    66.000000    77.000000    62.000000    67.500000    89.000000
```

图 8.11　例 8.12 程序运行结果

5. memset() 函数

函数原型（memset 函数定义于<string.h>头文件中）

```
void *memset(void *ptr, int ch, size_t num);
```

其中，参数ptr表示要设置的内存块的指针；ch表示要设置的值（实际上只使用了它的低8位，即一个字节）；num表示要设置的字节数。

功能：memset()函数会将内存区域ptr中的前num个字节设置为值ch（一个字节大小）。注意：ch参数虽然是int类型，但只有低8位（二进制位中的第0～7位）被用于设置内存。

返回值：返回指向内存块的指针。

8.5.2 结构体指针作为函数参数

结构体变量名代表的是整个集合本身，作为函数参数时传递的整个集合，也就是所有成员，而不是像数组一样被编译器转换成一个指针。如果结构体成员较多，尤其是成员为数组时，传送的时间和空间开销会很大，影响程序的运行效率。所以，最好的办法就是使用结构体指针，这时由实参传向形参的只是一个地址，非常快速。

例 8.13　学生信息中包含有姓名、学号、年龄、所在小组、成绩，现要求编程计算全班学生的总成绩、平均成绩，以及140分以下的人数、最高分学生的姓名和分数。（ex8_13.cpp）

问题分析：首先定义一个结构体数组并将原始数据存放到该数组中，再用typedef 重新命名结构体名字，以便后续使用。使用函数average()来计算学生的总成绩、平均成绩，以及 140分以下的人数，使用函数max_score_stu()得到最高分学生所在数组中元素的下标，供main()函数调用。

程序代码：

```
#include <stdio.h>
struct stu
{
    char name[20];      //姓名
    int num;            //学号
    int age;            //年龄
    char group;         //所在小组
    float score;        //成绩
}stus[] = {
{"Li ping",5,18,'C',145.0},{"Zhang ping",4,19,'A',130.5},
{"He fang",1,18,'A',148.5},{"Cheng ling",2,17,'F',139.0},
```

```
    {"Wang ming",3,17,'B',144.5}
};
typedef stu STU;                                    //结构体重新命名
void average(STU* ps, int len);                     //函数说明
int max_score_stu(STU* ps, int len);                //函数说明

int main() {
    int len = sizeof(stus) / sizeof(STU);
    int  p;
    average(stus, len);
    p = max_score_stu(stus, len);
    printf("最高分学生姓名是:%s,分数是:%f\n", stus[p].name,stus[p].score);
    return 0;
}
int max_score_stu(STU* ps, int len)                 //返回最高分学生所在的元素下标
{
    int i,k=0;
    float max=0;
    for (i = 0; i < len; i++)
    {
        if ((ps+i)->score > max)
        {
            max = (ps + i)->score;
            k = i;
        }
    }
    return k;
}
void average(STU* ps, int len) {
    int i, num_140 = 0;
    float average, sum = 0;
    for (i = 0; i < len; i++) {
        sum += (ps + i)->score;
        if ((ps + i)->score < 140) num_140++;
    }
    average = sum / len;
    printf("总分=%.2f\n平均分=%.2f\n小于140分的人数=%d\n", sum, average, num_140);
}
```

8.5.3 复杂数据处理示例

例 8.14　结构体数组排序：设学生结构体包含学号、姓名、分数，现要求动态建立具有 n（n从键盘输入）个学生的数组，然后输入学生信息，再按分数由大到小对结构体数组进行排序，输出排序后的信息。（ex8_14.cpp）

程序代码

ex8_14

问题分析：本例的重点是掌握结构体数组的排序方法，排序还是采用选择排序法，为了方便，使用一个函数来实现排序。由于本例需要动态申请数组空间，因此全部使用指针来实现，下面的程序中有详细的注释，理解本题算法还是比较简单的。

例 8.15　选票现场统计模拟程序。某班级开展优秀学员评选，共有 *n* 个候选对象，要求全班 *m* 个同学进行投标，按得票高低评出 *k* 个优秀学员（$k<n<m$），投票规则为采用无记

程序代码

ex8_15

名投票方式，每张选票写*k*个同学的姓名，多投为无效票，少投或投候选人之外的名单均为有效票。要求编写程序模拟以上选票的投票并公布所有候选人的得票情况与最终评出的优秀学员名单。（ex8_15.cpp）

问题分析：本问题可以分为以下几个部分。

（1）建立起结构体数组struct XuanMin，数组元素包含姓名（name）与得票数（tickets），并用typedef struct XuanMin XUANPIAO;重新命名。

（2）初始化结构体数组，也就是要将候选人的姓名录入结构体数组中，并且将其得票数全部置0，这里可以用一个函数来实现。为了体现出问题的灵活性，采用动态分配数组空间的方法，实现结构体数组的存储。使用函数头XUANPIAO* initXms(XUANPIAO* p, int* pn)，其功能是动态分配结构体数组所需的存储空间，并从键盘输入所有候选人的人数与姓名，pn所指向的变量保存候选人的人数。

（3）设计一个候选人信息输出函数，用于输出其姓名与得票情况，使用函数头void printXms(XUANPIAO* p, int len)。

（4）设计一个模拟唱票与计票的函数，使用函数头int dovot(XUANPIAO* p, int len, int ps)，其中p为指向结构体数组的指针，len为候选人数，ps为收到的投票张数，返回结果为废票的数量。此函数首先要求将每张投票上的姓名输入计算机中，再由计算机自动分割出各个姓名，如果姓名数量多于规定的数量（此处设为两人）则为无效票，此时无效票数+1；对有效票将其姓名与结构体数组中已有姓名进行比较，相同姓名者得票数+1，如出现非候选名单中的名字则不做处理。

（5）对计票结果按得票由高到低进行排序，使用头函数void sort(XUANPIAO* p, int len)，排序方法采用选择排序法，即从未排序的序列中选取一个最高得票数与未人数也承认第一个元素交换，由于是结构体数量，在交换的时候要求其所有成员进行交换。

（6）输出候选人的得票信息与最后选出的两名得票最高的候选人。

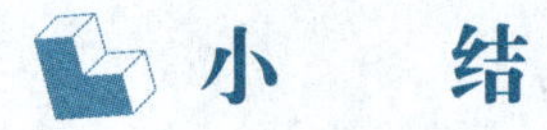

本章主要介绍了结构体、结构体数组、共用体等构造数据类型的特点与用法。结构体实现了多种不同数据类型的数据的集中存放与管理，结构体数组则是对批量具有复杂类型的数据的存储与运算的主要手段，同时它是将来人们在学习数据库知识的基础。

结构体和共用体有很多的相似之处，它们都由多个具有不同类型的数据成员组成；其定义格式、成员的表示方法、成员的引用与方法等均相同。结构体和共用体最大的差别是它们所占存储空间的大小不一样，一个结构变量的总存储单元数等于所有成员存储单元数之和；而共用体变量的总存储单元数等于所有成员存储单元数中最大的单元数，充分运用共用的特性对某些特定问题可以起到特定的作用。

指向结构体的指针变量改变了对结构体成员的访问方法，可以通过“->”运算符对结构体成员进行访问，也为结构体数组元素的访问提供了方便。指向结构体的指针变量作为函数的形式参数，为结构体数组的应用提供了新的方案。

动态存储分配策略是一种按需要分配内容空间的实现方法，它的使用突破了前期了数组只能定义常量个数据元素的限制，可实现可变数组空间的要求，以实现可变数组的功能需求。

复杂数据的处理首先要解决的是复杂数据的存储与表示问题，其复杂性一方面体现在数据元素类型的多样性，另一方面也包含算法的复杂性。本章通过一个选票现场统计模拟程序介绍了复杂数据处理的方法，充分展示了函数在一个大型程序中的地位与作用。

习 题

1. 定义一个结构体类型staff，其成员包括职工号、姓名、性别、身份证号、工资、地址。

2. 根据第1题的类型定义，编程输出一个结构体变量所占的存储字节数。

3. 根据第1题的类型定义，定义一个具有五个职工的数组，要求通过键盘输入每一位职工的数据，然后按一定的格式输出其数据元素的值，要求排列格式美观。

4. 在第3题的基础上编写程序实现按工资由大到小排序，并输出排序后的职工信息。

5. 在第3题的基础上编写程序实现按姓名拼音顺序由小到大排序，并输出排序后的职工信息。

6. 在第5题的基础上编写程序实现按姓名查找功能，如果查到了，则显示其全部信息，如果没有查到则显示“未查到”。

7. 在第6题的基础上，将没有查到的姓名信息插入数组中，使得插入后仍然是按姓名由小到大排列的，并补充插入后职工的其他信息。

8. 利用共用体的存储特性，定义一个与身份证号码共用的存储结构，能够通过其存储对应形式直接得到身份证所对应的年、月、日信息。

9. 设学生信息中包括学号、姓名、性别及三门课成绩、总成绩。试创建一个具有n（n从键盘输入）个学生的结构体数组，输入学生的相关信息，并计算总成绩后输出学生信息。

10. 定义一结构体数组存放学生的姓名、总分、名次，编程计算出名次，并按名次顺序输出学生信息。

第 9 章 链表与非连续存储数据处理

本章学习目标

- ◎ 理解链表的基本概念。
- ◎ 熟练使用结构体定义各种复杂链表的结点，如单向链表、双向链表等。
- ◎ 掌握链表的创建、增加结点、修改结点、删除结点、链表遍历等操作的基本要点。
- ◎ 学会使用图示法分析链表各种操作，以确定所需要的操作语句。
- ◎ 掌握非数据存储及数据处理的方法。

9.1 链表的概念与访问

前面学习了利用数组来存储批量数据，结合结构体已经能够解决大部分实际问题中的数据存储与处理问题，这些数据在内存中均采取连续分配存储的方式。连续存储有它的优势，如查找速度快、存储空间利用率高等；但连续存储也有它的不足，如数据的插入与删除需要移动大量的数据才能保持原来的连续存放特征，还有一个问题是如果计算机内存连续空间不足以支撑大量数据存储时，malloc() 函数可能造成内存分配失败的现象，因此在大规模数据处理时必须使用另一种存储方式，即数据的非连续存储。实现数据非连续存储的方法是使用链表。

9.1.1 链表的概念与表示

1. 数据的非连续存储

在计算机中数据的非连续存储是指逻辑上相邻的两个数据（可以是一条记录、一页文档等）在存储空间上可以不连续存储，但必须保证能够按数据的逻辑顺序将数据正确地组合起来，以保证数据的可用性。这一理念在计算机中具有十分重要的意义和广泛的应用范围。如磁盘文件的存储采取非连续存放策略以增加磁盘的利用率，操作系统中对内存的分配也是采用了不连续分配的策略以提高内存的使用率。

从上面的描述中可以得知，要使得非连续存放成为可能，必须要建立一种机制，使得在读取数据时能按原来的顺序进行访问。

在实际生活中，如果将一本书的每一页均撕下来放到一个房间的任意位置，你能否将书按原来的顺序再组合起来？回答肯定是能够！因为书有页码，只要按页码顺序将每一页摆放就可以得到原来的顺序。又如，有一盘电影胶片，现在将胶片按任意长度随意剪断，请问你能否再按原电影情节复原？一般情况下认为不能，因为下一张被剪下的胶片真的很难找到（电影中可能有相同的场景存在）；但是，如果在剪下胶片的时候增加一道手续——给胶片进行编号，这样就能按原场景进行复原了。

对于逻辑上连续的数据进行任意数据块分割后存放到不同的存储区域，如果要能够按原来的顺序组合起来这些分割的数据块，必须要在每个数据块后面增加一项内容（值），它记录着下一数据块存放的地址，这样就可以顺藤摸瓜找到所有的数据，即实现了非连续存储，又保证了数据可以按原来的顺序读出。

2. 链表的概念

链表（linked list）是一种物理存储上非连续，数据元素的逻辑顺序通过链表中的指针链接次序实现的一种线性存储结构。

链表由一系列结点（链表中每一个元素称为结点）组成，结点在运行时动态生成（malloc），每个结点至少包括两个部分：一是存储数据元素的数据域，二是存储下一个结点起始地址的指针域。

1）单链表

链表结点由两部分组成，其中一部分为数据域（可以根据需要定义其数据域的内容），另一部分为地址域（指向下一个结点的地址）。

单链表根据其是否带有头结点以及是否循环分为四种类型，如图9.1所示。

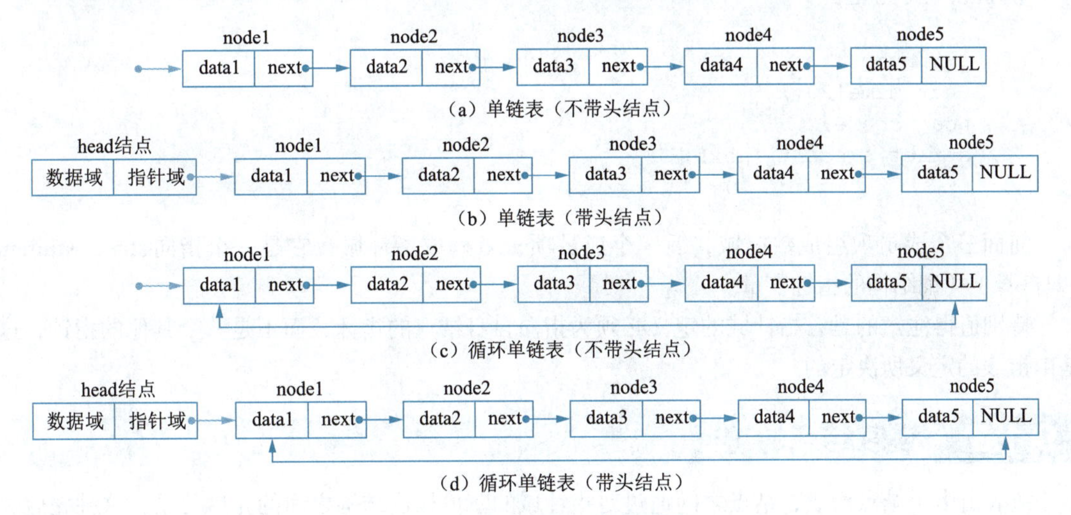

图9.1　单链表的几种类型图

2）双向链表

链表结点由两部分组成，其中一部分为数据域（可以根据需要定义其数据域的内容），另一部分为地址域（指针域分为两个，指向下一个结点的地址和指向上一结点的地址）。

双向链表也可以分为循环与非循环链表、再带结点与不带头结点四种情况，图9.2为双向带头结点的链表的结构图。

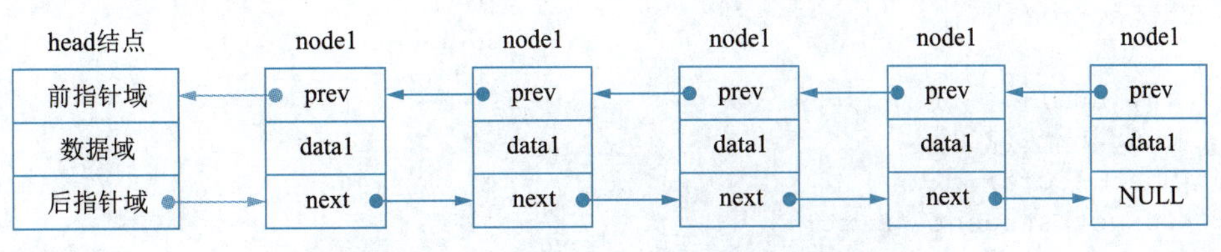

图9.2　双向带头结点的链表的结构图

从图9.1和图9.2中可以看出，要实现对所有结点的访问，指向域是必不可少的，如果中间某个指针域断掉了，则后续的数据无法被访问。当然作为一个链表，其指向第一个结点的指针也十分重要，没有了头指针，整个链则无法链上。

显然，双向链表在进行数据查找时更加方便，但它占用的额外存储空间比单向链表要多，是否要建立双向链表视问题的要求与具体实际应用而定。

9.1.2 链表结点的定义

通常使用结构体来定义一个链表的结点。每个结点包含数据域部分和指针部分两部分信息，其中数据域部分可以由多种数据类型构成，指针部分可以是一个或多个指向下一结点的地址。

根据这一要求，一个链表的结点的定义的一般形式如下：

```
struct 结点标识符
{
    数据域的类型与成员名定义;
    指针域的类型与成员名定义;
};
```

例如，一个存放学生学号、姓名和成绩的链表结点可定义为：

```
struct student
{
    int num;
    char name[20];
    float score;
    struct student *next;
};
```

前面三个成员项组成数据域，后一个成员项next构成指针域，它是一个指向struct student（即自身）类型结构的指针变量。

特别值得注意的是，指针域的定义必须为指向自身结点的指针，而不是一个其他的指针，这是由链表的定义所决定的。

9.1.3 链表结点的访问

链表由多个结点构成，结点之间通过对指针域的赋值构成结构之间的先后关系，这种先后关系就形成一长链，因而命名为链表。

结构的本身就是一个结构体，因此对结点的访问完全可以按结构体变量或指向结构体指针变量的访问要求进行。

1. 用typedef重新命名结构体

例如：

```
struct student
{
    int num;
    char name[20];
    float score;
    struct student *next;
};
```

可以用：

```
typedef struct student NODE;           //(1)
typedef struct student * LINK;         //(2)
NODE x,y;                              //定义结构体变量
LINK p,q;                              //定义指向体变量的指针变量
p=&x;                                  //p指向x
q=&y;                                  //q指向y
```

2. 对结点的访问

对结点 x 的访问可以通过 . 或 -> 运算符来对其成员进行访问：

```
x.num    x.name    x.score    x.next        //用结构体变量访问成员
```

或

```
p->num    p->name    p->score    p->next  //用指针访问成员
```

3. 指针的赋值与移动操作

由于链表的动态特性，决定了链表必须动态构造，其构造过程是一个一个结构动态生成，然后通过对指针域的赋值操作来构成一个链。

例如：

在使用了语句（1）和语句（2）重定义结构体类型名后：

```
LINK p;                                //定义指向体变量的指针变量
p=(LINK)malloc(sizeof(NODE));          //分配一个结点p
```

如未使用 typedef 重新定义 struct student，则使用下面语句：

```
struct student *p;
p=(struct student*)malloc(sizeof(struct student));    //分配一个结点p
```

以上两种方式其实质是等价的，用户可自行选择。本章采用前一种方案。

如果执行

```
p->next=q;q->next=NULL;
```

则 p、q 两个结点构成图 9.3 所示的关系。

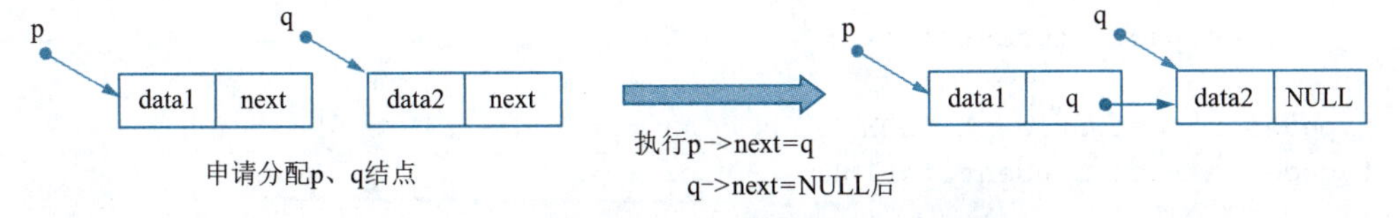

图 9.3　结点申请与指针域赋值后的关系图

在上面的基础上，如再执行 p=p->next;，则指针关系如图 9.4 所示。

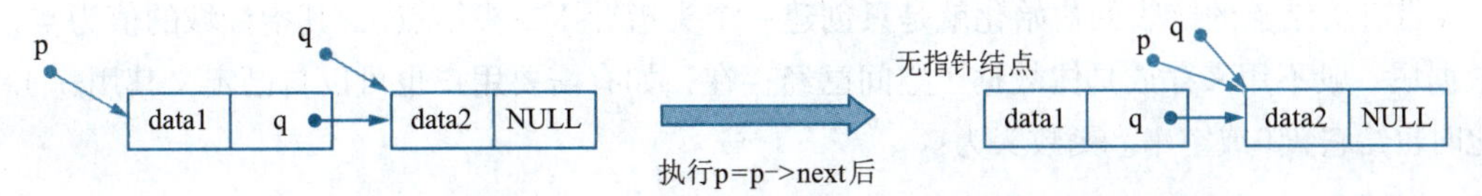

图 9.4　执行 p=p->next；后指针的移动

图9.4中虽然p指针移到了下一个结点的位置（与p同时指向一个结点），但是原结点就变成了一个无指针指向的结点了，这个结构将无法被访问，也无法被释放，这种情况是必须要避免的。其解决方法是另外定义一个指针变量，如LINK r;，再执行r=p;，然后执行p=p->next;，其指针关系如图9.5所示。

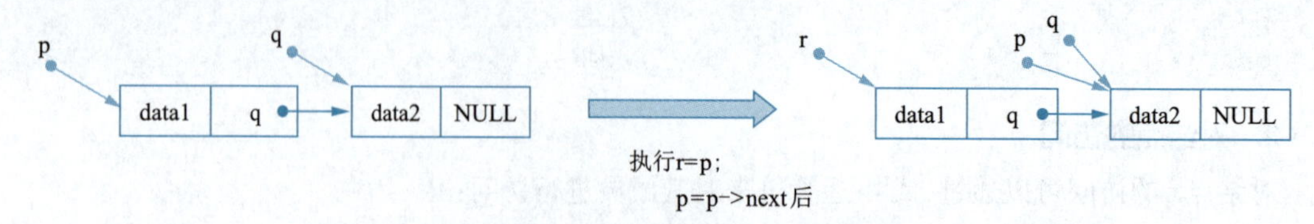

图9.5　r指向p,p向后移动一个结点

在图9.5的基础上再执行q->next=r;，则其指向关系如图9.6所示，它构成了一个循环链表。

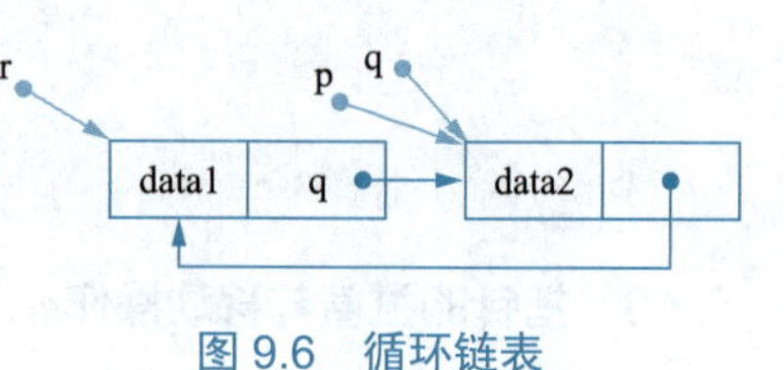

图9.6　循环链表

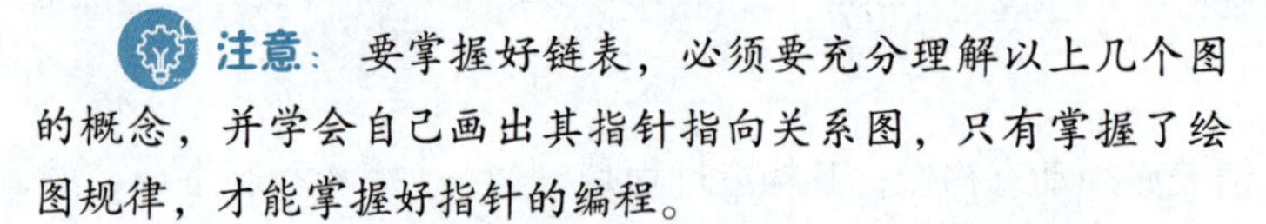

注意： 要掌握好链表，必须要充分理解以上几个图的概念，并学会自己画出其指针指向关系图，只有掌握了绘图规律，才能掌握好指针的编程。

9.2　链表的操作

对链表通常有以下操作：初始化链表、创建链表、遍历链表、插入一个结点、删除一个结点等，本节以带头结点的单向非循环链表结构为例分别介绍以上操作的实现，由于这些操作在很多情况下均可以使用，因此全部采用函数来实现。

9.2.1　链表的定义

下面的函数均基于以下结点与结构体及指针类型的定义进行编写：

```
struct student
{
    int num;
    char name[20];
        float score;
        struct student *next;
};
typedef struct student NODE;
typedef struct student * LINK;
```

9.2.2　初始化链表

在带有头结点的链表的初始化就是只创建一个头指针（或头结点），其指针域的值为空，它的数据域一般不用来存放具体数据（空间已经存在，如有需要用户也可以自己定义其用途），初始化时也给它置0或空串。函数头为：

```
LINK init_link();                //函数没有入口参数，返回头结点指针
```

函数如下：

```
LINK init_link()
{   LINK head;
    head = (LINK)malloc(sizeof(NODE));
    if (head == NULL)
    {   printf("内存申请失败! \n");
        return NULL;
    }
    else
    {   head->next = NULL;
        head->num = 0;
        strcpy(head->name, "");
        head->score = 0;
    }
    return head;
}
```

9.2.3 创建链表

链表的创建有两种方法：一种是链尾插入法，这样创建的链表结点的顺序与输入的顺序一致；另一种为链头插入法，这样创建的链表结点顺序与输入的顺序相反。

1. 链尾插入法

链尾插入法就是每次均在链表的尾部插入一个新的结点，在实现过程要求随时记录链表的最后一个结点（设为q），再创建一个结点（设为p），则执行q->next=p;p->next=NULL;q=p;即可实现。

函数如下：

```
LINK rear_insert(LINK head, int n)   //在以head为头结点的链表中采用链尾插入法插入
                                       n个结点
{   LINK p, q;
    int i;
    q = head;
    while (q->next != NULL)          //移动q指针,使q指向链尾结点
        q = q->next;
    for (i = 0; i < n; i++)
    {
        p = (LINK)malloc(sizeof(NODE));    //分配新的结点
        if (p == NULL)
        {printf("内存申请失败! \n");
            return NULL;
        }
        else
        {
            q->next = p;             //将p链接到q的后面
            p->next = NULL;          //链尾标记
            q = p;                   //q指向新的链尾
            printf("输入学号: ");
            scanf("%d", &p->num);
            printf("输入姓名: ");
            scanf("%s", p->name);
```

```
                printf("输入成绩: ");
                scanf("%f", &p->score);
            }
        }
        return head;
    }
```

2. 链头插入法

相对于链尾插入法，链头插入法更加简单，先把新结点“挂”到原链上的指定位置，再连新结点，具体操作如图9.7所示。

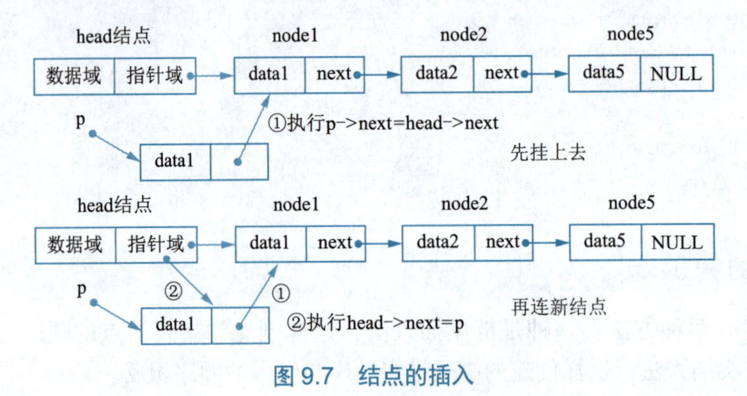

图 9.7 结点的插入

函数如下：

```
LINK head_insert(LINK head, int n)         //在以head为头结点的链表中采用链头插
                                             入法插入n个结点
{
    LINK p;
    int i;
    for (i = 0; i < n; i++)
    {
        p = (LINK)malloc(sizeof(NODE));     //分配新的结点
        if (p == NULL)
        {
            printf("内存申请失败! \n");
            return NULL;
        }
        else
        {
            p->next = head->next;            //将p的指针域链接到head后面结点
            head->next = p;                  //将p插入head后面
            printf("输入学号: ");
            scanf("%d", &p->num);
            printf("输入姓名: ");
            scanf("%s", p->name);
            printf("输入成绩: ");
            scanf("%f", &p->score);
        }
    }
    return head;
}
```

9.2.4 遍历链表

遍历并输出链表中的相关信息，其核心语句是p=p->next，它的功能是移动到下一个结点的位置，循环就可以对整个链表进行遍历。

函数如下：

```
void print_link(LINK head)     //遍历以head为头结点的链表
{
    LINK p;
    p = head->next;            //指向第一个数据结点
    printf("输出学生信息：\n");
    while (p != NULL)
    {
        printf("%8d %20s %8f\n", p->num, p->name, p->score);
        p = p->next;           //移动p，指向下一个结点
    }
}
```

9.2.5 插入结点

插入结点的第一步是找位置，注意假设要插入第n个结点的后面，则一定要保留第n个结点的指针，否则就找不到插入位置了，因此在本函数中，使用了两个相邻的指针的做法，即p=head;q=head->next；以后循环执行：p=q;q=q->next，p、q这两个指针总是一前一后前进，掌握这个方法后，插入就很容易了。函数如下：

```
LINK mid_insert(LINK head, int n,NODE s)//在以head为头结点的链表的第n个结点的后面插
                                          入新结点，其值为s的值，如果链表中结点数少
                                          于n，则插入到链尾
{
    LINK p, q, k;
    int count=1;
    k= (LINK)malloc(sizeof(NODE));  //分配新的结点
    if (k == NULL)
    {   printf("内存申请失败！\n");
        return NULL;
    }
    else
    {
        p = head;
        q = p->next;
        while (q != NULL && count < n)
        {
            p = q;
            q = q->next;
            count++;
        }
        if (q == NULL)                  //结点数小于n，插入到链尾（此时链尾结点指针为p）
        {
            p->next = k;
            k->next = NULL;
```

```
            k->num = s.num;
            k->score = s.score;
            strcpy(k->name, s.name);
        }
        else                                        //k插入到p与q之间
        {   k->next = q;
            p->next = k;
            k->num = s.num;
            k->score = s.score;
            strcpy(k->name, s.name);
        }
    }
    return head;
}
```

注：上面代码中if...else中的两部分内容可以合并，请思考为什么。

9.2.6 删除结点

与插入结点一样，同样使用两个相邻的指针一起移动的方法，最后得到的指针关系为：要删除的结点（设为q）以及其前面一个结点（设为p），则执行p->next=q->next;就将q从链表中删除了，并释放q，如图9.8所示。

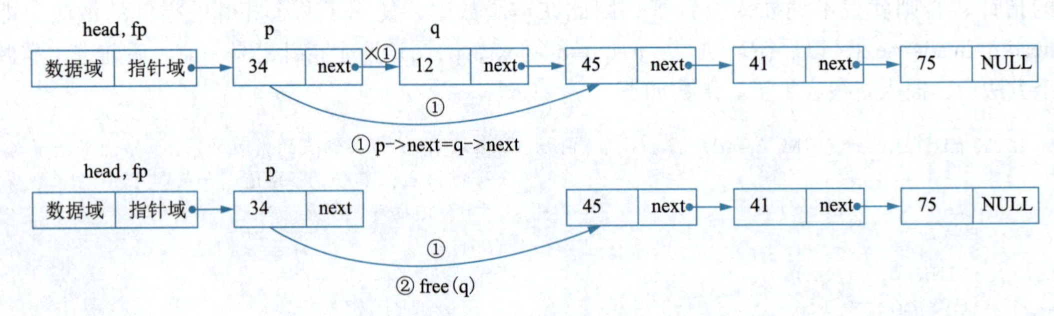

图9.8 删除q结点（必须保留其前一个结点指针）

函数如下：

```
LINK del_link(LINK head, int n)         //在以head为头结点的链表中删除第n个结点，如
                                          果链表中结点数少于n，则不删除
{
    LINK p, q, k;
    int count = 1;
    p = head;
    q = p->next;
    while (q != NULL && count < n)
    {
        p = q;
        q = q->next;
        count++;
    }
    if (q != NULL)                       //要删除的结点为q
    {
            p->next = q->next;
```

```
    }
    else
    {
        printf("结点数为%d,小于%d,不做删除! \n", count-1,n);
    }
    return head;
}
```

9.2.7　释放所有结点

该函数同样采取了两个指针一前一后移动的特性，先删除前面一个，再后移。

函数如下：

```
void free_link(LINK head)       //释放所有结点(含链头结点)
{
    LINK p, q;
    p = head;
    q = head->next;
    while (q != NULL)
    {
        free(p);
        p = q;
        q = q->next;
    }
}
```

为体现上面这些函数的应用，通过如下 main() 函数调用上述函数，就能够通过实际上机来了解上述函数的运行。

程序代码

ex9_1

例 9.1　链表的基本操作函数调用示例。（ex9_1.cpp）

主函数如下：

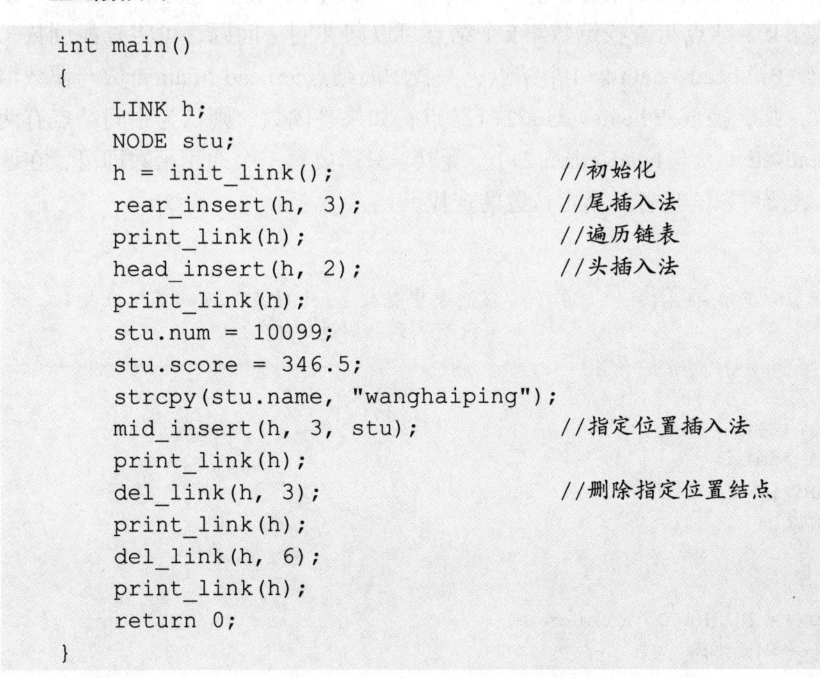

```
int main()
{
    LINK h;
    NODE stu;
    h = init_link();                    //初始化
    rear_insert(h, 3);                  //尾插入法
    print_link(h);                      //遍历链表
    head_insert(h, 2);                  //头插入法
    print_link(h);
    stu.num = 10099;
    stu.score = 346.5;
    strcpy(stu.name, "wanghaiping");
    mid_insert(h, 3, stu);              //指定位置插入法
    print_link(h);
    del_link(h, 3);                     //删除指定位置结点
    print_link(h);
    del_link(h, 6);
    print_link(h);
    return 0;
}
```

9.3 非连续数据处理

9.3.1 链表逆转存放

例9.2 建立一个链表，将链表逆转，并输出原链表与逆转后的链表。（ex9_2.cpp）

问题分析：为简化链表结构，不妨设链表只有一个数据结构和一个指针域。链表的结构如下：

```
struct node
{   int data;
    struct node *next;
};
typedef struct node *LINK;
```

程序代码

ex9_2

为方便操作，建立起一个带类结点的链表，同时为充分利用头结点空间，将头结点的data成员设置为链表的长度（实际结点的个数）。为此建立以下几个函数：

LINK creat_link(int n);，创建一个具有头结点的，包含n个数据元素的链表，返回链头指针。

LINK reserve_link(LINK head);，建立以head为头结点的链表的逆转链表，返回头指针。该函数实际上是每次将未转换的链表的头结点插入head结点的后面即可。

void print_link(LINK head);，输出以head为头结点的链表结点元素值。

9.3.2 查找指定位置的结点

由于在链表设立了带头结点指针，且头结点中保存了链表的结点个数（长度），查找指定位置的结点均变得非常简单。

程序代码

ex9_3

例9.3 用一个函数实现在带头结点的链表中查找指定位置的结点。（ex9_3.cpp）

问题分析：常用的查找问题有查找第k个结点、查找中间结点、查找倒数第k个结点。其中，查找第k个结点与查找倒数第k个结点可以归并同一问题，可将查找倒数第k个结点转化成查找第head->data-k+1个结点；查找中间结点分head->data奇数与偶数情况，如果是奇数，则转换成查head->data/2+1结点；如果是偶数，则认为中间结点有两个，分别是第head->data/2与head->data/2+1。所以，只需要写一个通用函数即可，在调用时用不同的参数便可以实现各种指定位置的查找。

函数如下：

```
LINK search_link(LINK head, int n)  //在链表中查找第n个结点，返回其结点指针，如
                                      果没有查到，则返回NULL
{
    LINK p;
    int value,count=0;
    value = head->data;
    if (n > value || n <= 0)
        return NULL;
    else
    {    p = head;
        while (p != NULL && count < n)
        {   p = p->next;
```

```
            count++;
        }
        return p;
    }
}
```

程序运行结果如图9.9所示。

```
链表共有8个结点:其值如下:      32      45      78      122     424     445     567     7868
请输入查找结点的数:6
结点的值=445:
```

图9.9 例9.3程序运行结果

例9.4 查找中位结点：在带头结点的链表中查找中位结点，函数返回中位结点的指针，如果结点个数为偶数，则返回第一个中位结点。(ex9_4.cpp)

程序代码 ex9_4

问题分析：设函数头为

```
LINK search_mid(LINK head);//返回指向中位结点的指针
```

采取策略：设两个指针：mid与fast,初值为mid=head->next,fast=mid->next;，以后如果fast!=NULL && fast->next!=NULL循环执行：fast=fast->next->next;mid=mid->next;即fast走两步，mid走一步，当fast 到达链尾时mid恰好位于链表的中位（如果有偶数个结点，mid位于第一个中位结点），指针移动过程如图9.10所示。

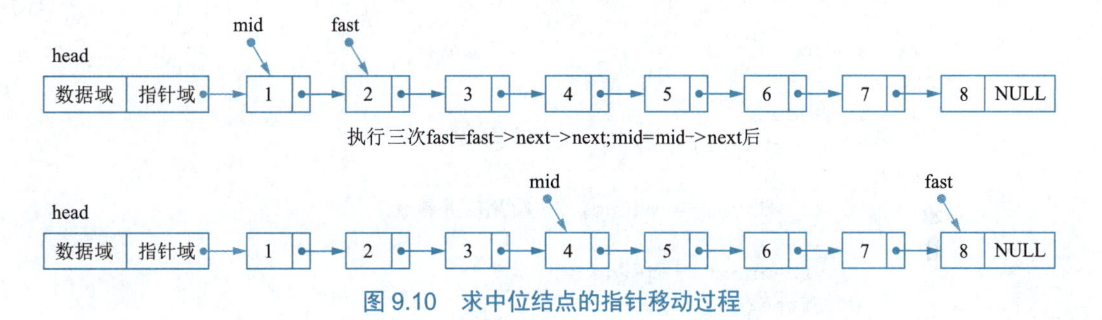

图9.10 求中位结点的指针移动过程

函数如下：

```
LINK search_mid(LINK head)                              //找中间结点
{
    LINK fast, mid;
    mid = head->next;
    fast = mid->next;
    while (fast != NULL && fast->next != NULL)     //找到中点，划分
    {   fast = fast->next->next;
        mid = mid->next;
    }//mid为中间结点
    return mid;
}
```

说明：利用此方法同样可以找链表中倒数第k个结点，其思路是先将mid=head; fast=head;，再将fast移动k-1个结点，以后fast与mid均向右移动一个结点，当fast->next==NULL时结束循环，此时mid指向倒数第k个结点。

9.3.3 删除重复结点

在实际应用过程中，有时可能希望数据中的元素值不重复出现，如有重复出现的情况，则删除重复元素（只保留一个），经过这样的操作后链表中的所有数据元素均不相同。

程序代码

ex9_5

例9.5 编程实现链表中重复元素的删除（即所有重复元素只保留一个），并输出删除后的链表元素。（ex9_5.cpp）

问题分析：链表的结构仍然采用例9.2中定义的结构。删除过程如下：

（1）从第一个结点（设为p)开始，在其后面找与第一个结点值相等的结点（设为q)，如果找到则删除q结点。其方法是设立两个相邻指针fq、q，它们总是保持着一前一后的关系（q为fq的下一个，fq=q;q=q->next;）再执行操作：fq->next=q->next;free(q);，就将q结点删除了，并释放删除结点q。

（2）如果链表中有多个重复的元素值，则重复上述过程，直到链表结束。

（3）将p结点移动下一结点，循环执行上述过程。

函数如下：

```
void del_link(LINK head)                  //删除重复值结点（重复值只保留一个）
{   LINK p, fq, q;
    int value;
    p = head->next;                       //指向第一个数据结点
    while (p != NULL)
    {
        value = p->data;                  //待查数据
        fq = p;
        q = fq->next;
        while (q != NULL)
        {
            if (q->data == value)         //删除并释放
            {
                fq->next = q->next;
                free(q);
                q = fq->next;             //移到下一结点（fp不需要移动）
                head->data--;             //链表 结点总数-1
            }
            else
            {   fq = q;                   //移到下一结点
                q = fq->next;
            }
        }
        p = p->next;                      //移到下一结点
    }
}
```

程序运行结果如图9.11所示。

```
链表共有8个结点:其值如下:        3       4       2       5       5       4       3       2
链表共有4个结点:其值如下:        3       4       2       5
```

图9.11 例9.5程序运行结果

9.3.4 链表选择排序

例 9.6 在例 9.2 的基础上，对链表结点按结点数据域由小到大进行排序，并输出排序后的结果。（ex9_6.cpp）

程序代码

ex9_6

问题分析：链表排序的方法采用选择排序法，即每次从未排序的链表中找出最小结点的指针 q（及其前面一个指针 fq）与未排序的第一个结点 p（同时必须保存其前面一个元素的指针 fp 与后面一个元素的指针 r）交换，其交换方式如图 9.12 所示（图中 × 表示断掉原链）。

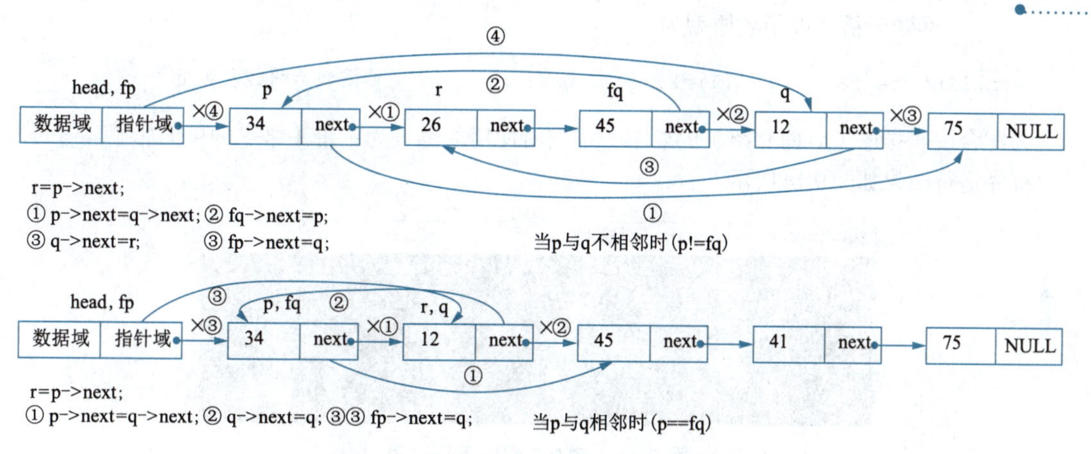

图 9.12　交换 p 与 q 两个指针指向的结点

只要将图 9.12 中指针运算弄清楚了，选择排序就比较容易实现了。

9.3.5 有序链表插入

例 9.7 在一个由小到大排序的有序链表表中插入一个元素值，使得插入后链表仍然是有序的。并通过函数调用实现输入数据的链表排序功能。（ex9_7.cpp）

程序代码

ex9_7

问题分析：假设链表不带头结点来分析此问题。设函数原型为：

```
Linklist insert_order(Linklist head,int x) //在有序链表中插入x结点，插入
                                           后链表仍然有序，返回链表的
                                           头指针
```

在插入的时候，首先要找到插入点的位置，由于原序列已经按由小到大排列，因此在判断插入点时一定要找到第一个大于 x 的结点 q，这里将新建立的 x 结点插入 q 的前面，而在单链表中无法定位到前面一个结点，因此在找定位时必须用到两个指针，让 p 和 q 一起移动，且 p 总在 q 前面。这样就很容易解决此问题。

在主函数中每输入一个数就调用一次插入函数，即可实现对输入数据的排序功能。

程序运行结果如图 9.13 所示。

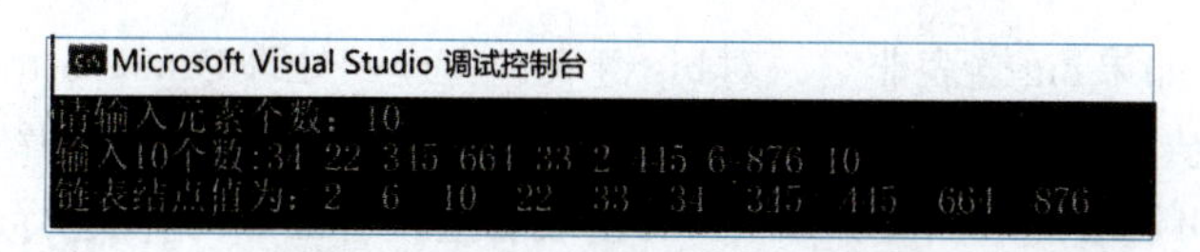

图 9.13　例 9.7 程序运行结果

9.3.6 链表重组

程序代码

ex9_8

链表重组的方式有很多种，这里为了配合排序需要，介绍一种将链表中的元素按第一个结点的值进行重组，并将第一个结点放入到链表的适当位置，使重组后链表前面的结点的值均小于第一个结点的值，后面的结点的值均大于或等于第一个结点的值。

例9.8 用函数实现将第一个结点放入到适当位置，使其前面的结点均小于原链表中第一个结点的值，后面的结点的值均大于原链表中第一个结点的值，并输出该链表。（ex9_8.cpp）

问题分析：设函数原型为

```
Linklist re_rank_list(Linklist  head);        //返回重组后的链表首指针
```

为配合快速排序（后面介绍）的要求，本例所使用的链表为不带头结点的单向非循环链表。程序运行结果如图9.14所示。

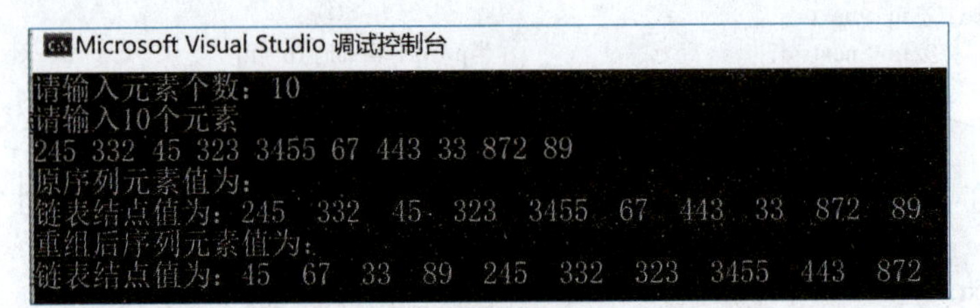

图9.14 例9.8程序运行结果

9.3.7 链表快速排序

程序代码

ex9_9

例9.9 对链表采用快速排序方法实现对链表结点值的由小到大排序。（ex9_9.cpp）

问题分析：快速排序通常采取分治策略算法，并采用递归方式来实现，因此在使用链表存储时，链表应使用不带头结点的单向链表。

算法思路：

（1）将单向链表的首结点作为枢轴结点，然后从单向链表首部的第二个结点开始，逐一遍历所有后续结点，并将这些已遍历结点的data与枢轴结点的data进行比较，根据比较结果，重新将这些结点组建为small和big两个单向链表，其中small中所包含结点的data均小于枢轴结点的data；big中所包含结点的data大于或等于枢轴结点的data。为实现此操作，需要设立smallHead、smallTail指向small链表的头结点与尾结点；bigHead、bigTail指向big链表的头结点与尾结点，其操作过程与步骤如图9.15所示。

重复上述过程，直到current为空，并将smallTail->next=NULL; bigTail->next=NULL;。

（2）对得到的两个单链表进行递归操作，将进行递归排序最后连接到枢轴上。在递归过程中，得到的单链表的长度会依次减小，直到长度减小到1的时候即终止递归（因为1个元素总是有序的）。

（3）递归处理：如果big链表非空，对big链表进行递归处理Quicksort(&bigHead, &bigTail)，将big链表接在枢纽结点后面；如果bigHead为空，表示只有small链表(即结点key全小于枢纽)，将枢纽结点接在small链表的后面。如果smalle链表非空，对small链表进行递归处理Quicksort(&smallHead,&smallTail)，再将枢纽结点接在small链表后面；如果 smalleHead为空，则枢纽结点即为链表首结点。

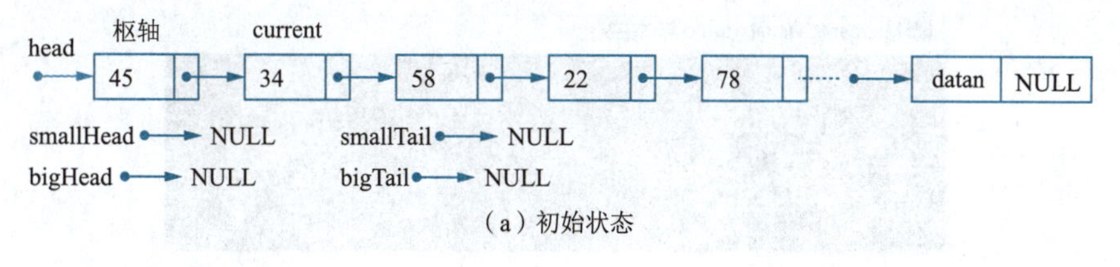

（a）初始状态

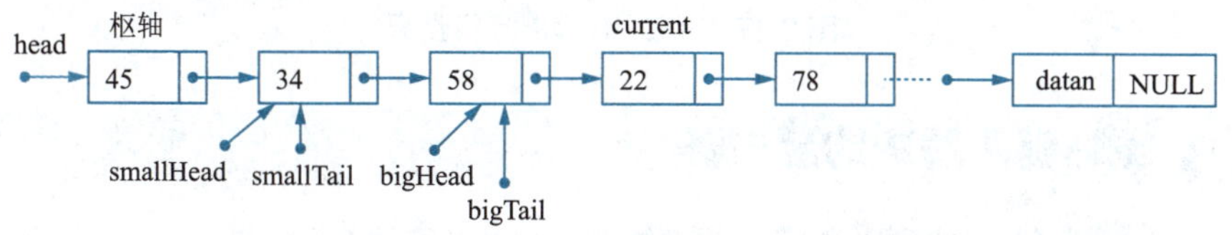

（b）current 遍历单向链表两个结点后，small 和 big 链表情况

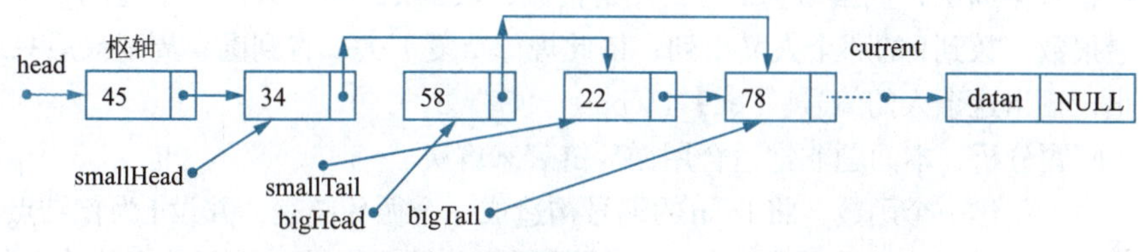

（c）current 遍历单向链表四个结点后，small 和 big 链表情况

图 9.15　将 current 开始的链表拆分为 small、big 两个链表的过程

程序运行结果如图 9.16 所示。

```
 链表共有6个结点:其值如下:        990    78    32    454    556    244
第1次交换:
 链表共有6个结点:其值如下:        32     78    990   454    556    244
第2次交换:
 链表共有6个结点:其值如下:        32     78    990   454    556    244
第3次交换:
 链表共有6个结点:其值如下:        32     78    244   454    556    990
第4次交换:
 链表共有6个结点:其值如下:        32     78    244   454    556    990
第5次交换:
 链表共有6个结点:其值如下:        32     78    244   454    556    990
```

图 9.16　例 9.9 程序运行结果

9.3.8　归并排序

例 9.10　用归并排序方法对一个链表中的所有元素按结点值由小到大排列。（ex9_10.cpp）

程序代码

ex9_10

问题分析： 归并排序（merge sort）是建立在归并操作上的一种有效的排序算法，该算法是采用分治法（divide and conquer）的一个非常典型的应用。

算法思路：

归并排序算法有两个基本的操作：一个是分，也就是把原数组划分成两个子数组的过程；另一个是治，它将两个有序数组合并成一个更大的有序数组。

分：每次将待排序的线性表从中位切分成两个子表，直到每个子表只包含一个元素，这时只包含一个元素的子表一定是有序表。

治：将子表两两合并，每合并一次，就会产生一个新的且更长的有序表，重复这一步骤，直到最后只剩下一个子表，这个子表就是排好序的线性表。

这类问题最适合用递归方式来解决，详见程序代码。

程序运行结果如图 9.17 所示。

```
Microsoft Visual Studio 调试控制台
请输入元素个数：10
请输入10个元素
324 435 45 75 675 34 3423 55 677 5
原序列元素值为：
链表结点值为：324  435  45  75  675  34  3423  55  677  5
排序后序列元素值为：
链表结点值为：5  34  45  55  75  324  435  675  677  3423
```

图 9.17　例 9.10 程序运行结果

9.3.9　循环链表解决约瑟夫环

程序代码

ex9_11

例 9.11　约瑟夫环问题。已知n个人（以编号1，2，3，…，n分别表示）围坐在一张圆桌周围，从编号为1的人开始报数，数到k的那个人出列；他的下一个人又从1开始报数，数到k的那个人又出列；依此规律重复下去，直到圆桌周围最后只剩下1个人为止，输出这个人的编号。（ex9_11cpp）

问题分析：本问题非常适合用循环链表来解决。

（1）创建一个函数，将1～n的编号构造成一个循环链表，并设1为首结点，n为尾结点且它指向首结点，形成循环链表，函数返回首结点指针。循环链表的建立与普通链表的建立基本一致，同样采用尾插入法，只需将尾结点链到首结点，以形成循环链表。

（2）为验证循环链表的建立是否成功，设立一个循环链表遍历函数，从首结点开始，其循环终止条件为p->next==head;。

（3）删除报数为k的结点：因为要删除一个结点必须保留其前面一个结点的指针t，因此t指针只需移动k-1即可，详细如图9.18所示。

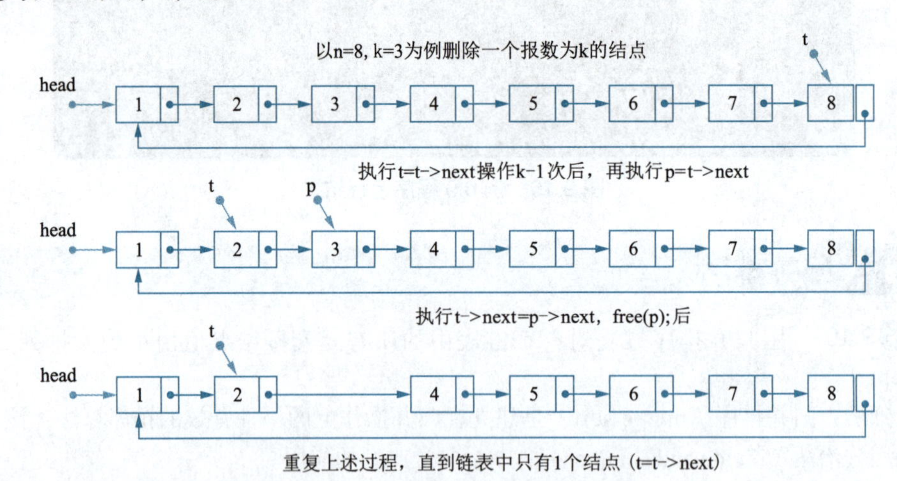

图 9.18　循环队伍报数出队过程

程序运行结果如图9.19所示。

```
Microsoft Visual Studio 调试控制台
输入总人数与报数出队数：10 4
链表中的结点为：        1    2    3    4    5    6    7    8    9    10
依次报数出列的结点编号：    4    8    2    7    3    10    9    1    6
最后留下来的编号为=5
```

图 9.19　例 9.11 程序运行结果

9.3.10　双向链表的插入与删除

从以下几个方面来介绍双向链表的操作。

1. 双向链表的定义

设双向链表结点的定义如下：

```
struct node
{
    int key;
    struct node* prev,*next;
};
typedef struct node* DLinklist;
```

2. 单链表变双向链表

利用前面已经单向链表创建的方法，采用尾插法建立起了以next域为指针的单向链表，现在在单向链表的基础上将单向链表变成双向链表，其方法是使用两个相邻的指针p、q(q=p->next)，执行q->prev=p，然后p、q往后移动。

3. 双向链表的正反输出

为验证双向链表的正确性，考虑从链表首结点到尾结点遍历（称正向遍历），和从链尾结点没prev链向链首结点进行遍历，显然两个遍历的结果刚好是反序的，以此验证双向链表的正确性。

4. 双向链表的插入

双向链表的插入与单向链表的插入方法一致，唯一区别的是在双向链表中可以只需要找到插入结点就可以实行插入，不一定非得像单向链表必须保留插入结点的前结点信息。

典型的插入算法如图9.20所示。

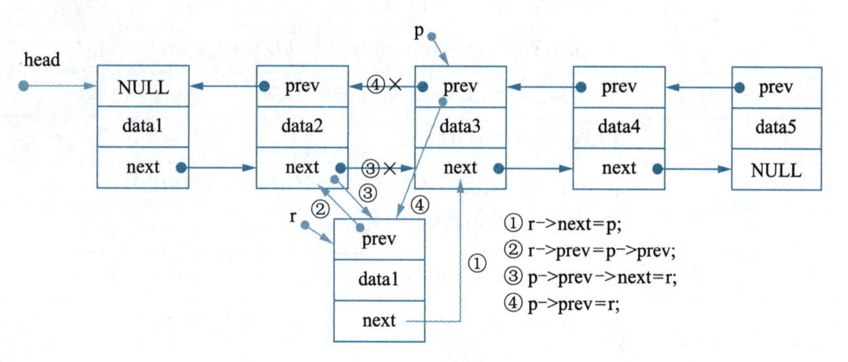

图 9.20　在 p 结点的前面插入 r 结点

5. 双向链表的删除

在双向链表的删除时，也只需找到要删除的结点即可实行删除，其删除算法如图9.21所示。

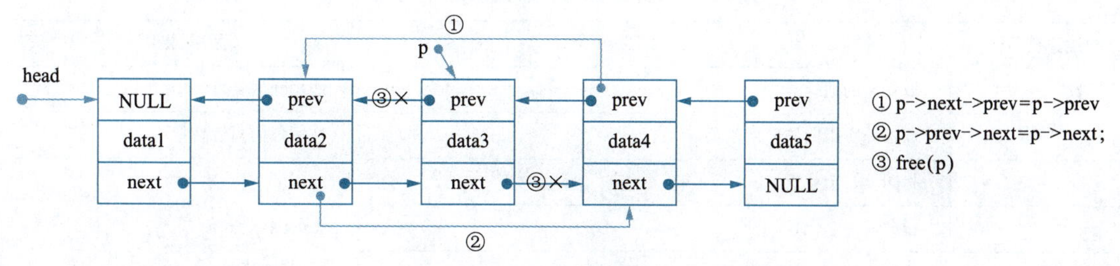

图 9.21　双向链表删除 p 结点

例9.12　编程实现双向链表的插入与删除功能。（ex9_12.cpp）

程序运行结果如图9.22所示。

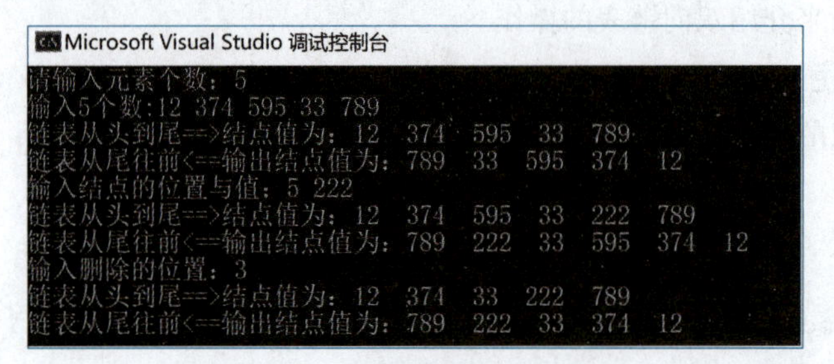

图9.22　例9.12程序运行结果

9.4　指针定义与运算总结

1. 指针类型的定义

指针类型的定义示例及含义见表9.1。

表9.1　指针类型的定义示例及含义

定义示例	含　义
int i;	定义整型变量i
int *p	p为指向整型变量的指针变量
int **p	p为指向整型变量的指针的指针变量
int a[n];	定义整型数组a，它有n个元素
int *p[n];	定义指针数组p，它的n个元素均为指向整型变量的指针
int (*p)[n];	p为指向含n个元素的一维数组的指针变量
int f();	f为返回整型数据值的函数
int *p();	p为一个函数名，该函数返回值是一个指针整型变量的指针
int (*p)();	p为指向函数的指针，该函数返回一个整型值
struct xxx *p;	p为指向结构体变量的指针变量
struct xxx *p[n];	定义指针数组p，它的n个元素均为指向结构体变量的指针

2. 指针运算符

指针运算符、意义及适用说明见表9.2。

表9.2　指针运算符、意义及适用说明

运算符名称	意　义	适用说明
&	取变量的地址	适用任何变量
*	取指针所指向的变量的值	适用任何指针变量
++	指向下一个元素	int *p[n]; struct xxx *p[n]; int (*p)[n];
--	指向前一个元素	
+n	指向后面n个元素	

续表

运算符名称	意　义	适用说明
-n	指向前面n个元素	仅适用于指向数组元素（含指向一维数组）的指针变量的运算
-	两个指向同一数组元素指针变量进行-运算，表示元素个数	
比较运算符	两个指向同一数组元素的指针变量可以进行比较。指向前面的元素的指针变量“小于”指向后面的元素的指针变量。	
=	同类指针变量可以赋值 将相应变量的地址可以赋给指针变量 将相应数组名可以赋给指针变量	

小　结

链表是C语言中的难点之一。链表是一种自我指示的构造型数据类型，指针作为维系结点的纽带，在运算过程中要弄清楚指针的指向位置。

设p、q为指向链表结点的指针，则熟练掌握下列操作的含义具有十分重要的意义：

（1）p=...；对指针变量进行赋值，通常是指移动p指针到某个结点，或称p指向某个结点。

（2）p->next=...；对结点的指针域进行赋值，通常是将p结点的后面链接到某个结点。

（3）p=q;q=q->next;在单链表中运用得非常多，其意义是p、q两个指针总是相邻的，且p在q的左边(p的后面是q)。

在链表中插入与删除一个结点是使用得十分频繁的操作，在弄清上面操作的前提下，还要学会自己动手画图，画出指针在运行过程中可能指向的位置，然后要具体执行何种操作就显得比较容易了，而且不容易出错。

本章对指针基本运算进行了讲解，并配备了详细的操作图示，对于指针运算的理解具有良好的帮助。通过对典型的非连续数据处理的例子的分析与编程，对于掌握非数据的处理方法具有很好的借鉴作用。

习　题

说明：下列1～15题均使用下列链表结构。

```
typedef struct Lnode
{
    int key;
    struct Lnode* next;
}Lnode, * Linklist;            //链表结构体类型定义
```

1. 编写函数建立一个不带头结点的单向链表。
2. 编写函数其功能是输出单向链表中的所有结点的值。
3. 编写函数其功能是统计链表中结点的个数，并将其作为函数的返回值。
4. 编写函数求出链表中所有链接点域的和值，并将其作为函数的返回值。
5. 编写函数求出链表中所有链接点域的最大值，并将其作为函数的返回值。
6. 编写函数在链表中交换第*k*个结点与第*j*个结点的位置。

7. 编写函数在链表中第*k*个结点的前面插入一个新结点，其结点值为x。

8. 编写函数在链表中删除第*k*个结点，返回删除结点的值。

9. 编写函数在链表中查找值为x的第一个结点，如果查到返回其指针，如果没有查到返回NULL。

10. 编写函数在链表中交换最大值与最小值的结点的位置。

11. 编写函数将B链表中的所有结点链接到A链表的后面，构成一个新链表，并返回新链表的头指针。

12. 编写函数将两个已经排序的链表归并为一个有序的链表。

13. 编写函数的功能是：计算单链表每三个相邻结点数据域中的值和（最后不足三个按实际结点数求和），并返回其中最小值。

14. 编写函数求链表中位结点的值（如果是偶数个结点，则中位结点有两个，求其平均数），该值作为函数的返回值。

15. 编写函数返回倒数第k个结点的指针，如没有倒数第k个结点，则返回NULL。

说明：第16～20题使用下面的双向链表结构定义。

```
struct node
{
    int key;
    struct node* prev,*next;
};
typedef struct node* DLinklist;
```

16. 编写函数在输入数据时建立起一个有序的双向链表。

17. 编写函数在有序的双向链表中插入一个数据x后使链表仍然有序。

18. 编写函数在有序的双向链表中删除一个数据x后使链表仍然有序。

19. 编写函数在双向链表中的任意位置开始输出，先输出其后面的部分，再输出其前面的部分。

20. 编写函数实现在双向链表中交换第k个与第j个元素结点。

第10章 文件与大批量数据处理

本章学习目标

◎理解文件的基本概念、文件表示、文件分类、文件存储方式、流与缓冲区、指向文件的文件指针与文件内部位置指针。

◎掌握文件打开与关闭操作及其意义。

◎理解文件的打开方式与文件打开类型，并掌握其操作方法。

◎理解文件的读写方式，并掌握不同读写方式的应用场景。

◎了解文件内部的位置指针的作用，掌握文件内部指针的移动方法与应用情况。

◎掌握使用文件进行大批量数据读写的方法。

10.1　C文件的概念

前面介绍了C语言强大的数据处理功能，编写出程序后，程序运行时每次都需要从键盘输入相应的数据，而程序处理后的结果也只是在控制台（屏幕）短暂地显示并不会被记录保存，这无疑不合适于利用计算机进行大数据的处理。例如学生管理系统，可以用C语言来编写，但是每次使用该程序时都要从头到尾将所有学生信息重新从键盘输入，这显然是不现实的。这时可以使用C语言中的文件操作将程序所需要的数据保存在磁盘上，做到数据持久化，以便于下次程序运行时不必再重复输入数据，可以直接从文件中读取数据，这样做不仅能保证数据的正确性，也能保证数据的永久性和重复利用等。

10.1.1 文件与文件名

1. 文件的定义

与日常文件载体不同，计算机中的文件是以硬盘为载体存储在计算机上的数据信息集合，这些数据可以是有规则的，也可以是无序的集合。文件的显著的特点是可以实现数据信息的永久保存，用户根据需要可以读取或存储文件数据。

2. 文件的组成

一个文件由文件名和文件内容两个部分组成。

文件名是访问文件的标识，文件内容是指文件中存放的数据信息的集合。

3. 文件名

一个文件要有一个唯一的文件标识，以便用户识别和引用。文件标识常被称为文件名。

文件名包含三部分：[文件路径\]文件名主干.文件扩展名。

例如，c:\code\test.txt，其三部分内容如图10.1所示。

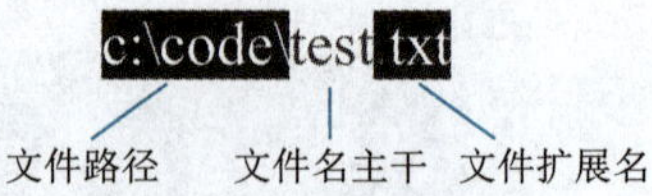

c:\code\test.txt

文件路径　文件名主干　文件扩展名

图10.1　文件名的组成

其中：

（1）文件路径又分为绝对路径和相对路径：

① 文件的绝对路径是指从根目录开始到文件的完整路径，包括所有的文件夹目录层级，在Windows系统用“\”分隔文件夹名称。例如，Windows系统中的绝对路径的构成方式为“硬盘符:\文件夹1\文件夹2\...\”，如“C:\Users\username\Documents\”。

② 相对路径是指相对于当前工作目录或者其他已知目录的路径。相对路径不包含根目录，而是使用特定的标识符来表示路径的位置关系。例如，“..”表示父级目录，“.”表示当前目录。

例如，如果当前工作目录是“C:\Users\username\Documents\”，那么相对路径“.\data\”表示C:\Users\username\Documents\data\路径。相对路径“..\data\”表示C:\Users\username\路径。

（2）文件名：可以是由字符、数字、汉字、下画线构成的标识符，代表文件内容的含义，如test、ex9_1、数据等均是合法的文件名。

（3）文件扩展名：由“.”开头，一般由特定的符号组成，如.txt、.jpg、.cpp、.exe等，代表文件的类型。

10.1.2 文件分类与存储

1. 文件的分类

（1）从文件功能的角度来分类：分为程序文件与数据文件。

程序文件：包括源程序文件（扩展名为.cpp）、目标文件（Windows环境扩展名为.obj），可执行程序（Windows环境扩展名为.exe）等。

数据文件：文件的内容不是程序，而是程序运行时读写的数据，如程序运行需要从中读取数据的文件，或者输出内容的文件。

（2）从文件存储信息的编码方式来分类，可分为文本文件和二进制文件。

2. 文件的存储

1）文本文件的存储

文本文件是以ASCII字符的形式存储的文件，这种文件在磁盘中存放时每个字符对应一个字节的ASCII码。C语言源程序文件.cpp就是以这种方式存放的，这种文件通过Windows的记事本可以直接打开，能看到文件存储的字符内容。

2）二进制文件的存储

二进制文件是按数的二进制的编码方式来存放的。数据在内存中以二进制的形式存储，如果不加转换输出到外存，就是二进制文件。如各种可执行程序均是二进制文件，此类文件用Windows的记事本打开时看到的可能全部是乱码。

例如，对于整数123456，如果以ASCII码的形式输出到磁盘，则磁盘中占用6字节（每个字符占1字节），而二进制形式输出，则在磁盘上只占4字节，如图10.2所示。

3. 存储方式的对比

使用ASCII码文件，一个字节代表一个字符，便于对字符的处理和输出显示，但占用较多的存储空间，保存在内存中的所有数据在存入文件的时候都要先转换为等价的ASCII字符形式进行存储可以直接阅读。使用二进制文件，在内存中的数据形式与输出到外部文件中的数据形式完全一致，将内存中的数据存入磁盘的时候不需要进行数据转换。二进制文件的优点在于存取速度快，占用空间小，以及可随机存取数据；其缺点是不直观，不能直接用字符方式输出。一般可执行文件、数据等用二进制文件保存，输入/输出等文本文件使用ASCII文件存储。

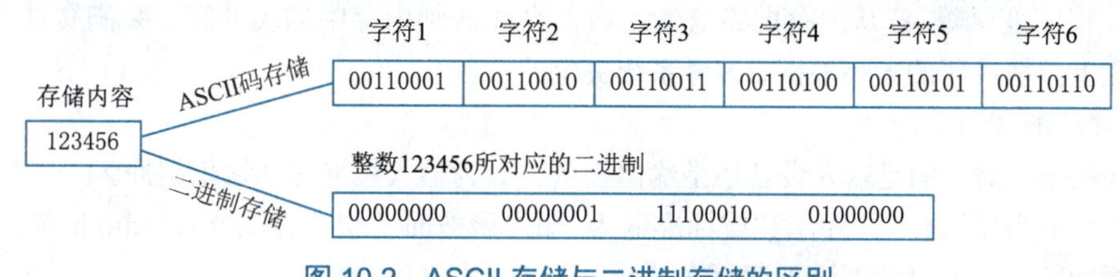

图 10.2 ASCII 存储与二进制存储的区别

10.1.3 文件流与缓冲区

1. 文件流

在C语言中，“流”（stream）是一种用于输入和输出数据的抽象概念。它是一种数据的传输方式，可以将数据从一个地方传送到另一个地方。

C语言流分标准流与文件流两种：

1）标准流

C语言程序，只要运行起来，就会默认打开三个标准流。

（1）标准输入流（stdin）：用于读取输入数据，默认情况下是键盘输入。

（2）标准输出流（stdout）：用于向终端或命令行窗口输出数据。

（3）标准错误流（stderr）：用于输出错误信息。

在C语言中，标准流是通过一组标准库函数来实现的，这些函数允许程序从键盘中读取数据，或者将数据写入屏幕中，前面用到的scanf()、printf()函数用到的就是标准流。

2）文件流

C语言中的文件流是一种用于在程序中读取和写入文件的流。通过文件流，可以在C程序中打开文件，从文件中读取数据或将数据写入文件中。这样可以有效地处理大量数据、持久性存储以及与文件系统的交互。

2. 缓冲区

1）缓冲区的定义

缓冲区（buffer）又称为缓存，在操作系统或C语言文件系统在内存空间中预留一定的存储空间，这些存储空间用来缓冲输入或输出的数据，即为缓冲区。

2）缓冲区的作用

例如，从磁盘里取信息时，先把读出的数据放在输入缓冲区，计算机再直接从输入缓冲区中取数据，等缓冲区的数据取完后再去磁盘中读取，这样就可以减少磁盘的读写次数，同时计算机对缓冲区的操作远远快于对磁盘的操作，所以使用缓冲区可提高计算机的处理速度。

又如，使用打印机打印文档时，由于打印机的打印速度相对较慢，先把文档输出到打印机相应的缓冲区，打印机再自行逐步打印，这时的CPU可以处理别的事情。

缓冲区就是一块内存区，它的作用是用在输入/输出设备和CPU之间，用来缓存数据。它使得低速的输入/输出设备和高速的CPU能够协调工作，避免低速的输入/输出设备长期占用CPU，解放出CPU使其能够并行、高效率地开展工作。

3）缓冲文件系统

ANSI C标准采用“缓冲文件系统”来处理数据文件。缓冲文件系统是指系统自动地在内存中为程序中每一个正在使用的文件开辟一块“文件缓冲区”。如果从磁盘向计算机读入数据，则从磁盘文件中读取数据输入到内存缓冲区（充满缓冲区），然后再从缓冲区逐个地将数据送到程序数据区（程序变量等）；从内存向磁盘输出数据会先送到内存中的缓冲区，装满缓冲区后才一起送到磁盘上。缓冲区的大小根据C编译系统决定的。

4）缓冲区的读写操作

缓冲区根据其对应的是输入设备还是输出设备，分为输入缓冲区和输出缓冲区。

在C语言中当使用I/O文件函数或标准输入/输出函数时（包含在头文件stdio.h中），系统会自动设置缓冲区，并通过数据流来读写文件。

当进行文件读取时，不会直接对磁盘进行读取，而是首先要建立一个“输入文件缓冲区”，先打开数据流，将磁盘上的文件信息装入缓冲区内，然后程序再从缓冲区中读取所需数据，这一过程称为“读文件”或“文件输入”，数据读取过程如图10.3所示。

当进入写入操作时，并不会马上写入磁盘中，而是首先要建立一个“输出文件缓冲区”，先写入缓冲区，只有在缓冲区已满或“关闭文件”时，才会通过该缓冲区将内存中的数据存入磁盘，以文件的形式保存，这一过程称为“写文件”或“文件输出”，数据写入过程如图10.4所示。

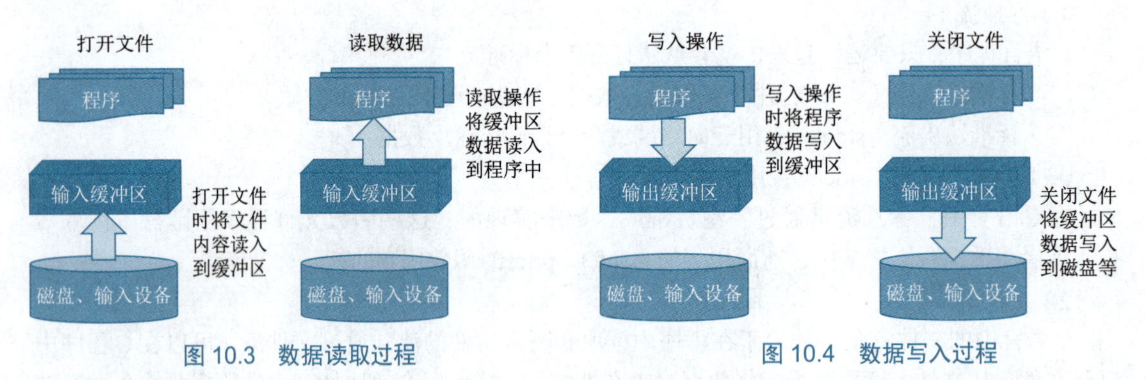

图10.3 数据读取过程　　图10.4 数据写入过程

5）文件存取方式

文件通常有两种存取方式，分别是顺序存取方式和随机存取方式。

顺序存取常用于文本文件，读取过程是从头到尾逐个字节读取文件的内容。写入数据时，将数据附加在文件的末尾。

随机存取方式通常以二进制文件为主。它通常以一个完整的单位（如一个结构体）来进行数据的读取和写入。

10.1.4 文件指针

1. 文件结构

在缓冲文件系统中，涉及的关键概念是“文件指针”，而指针必须指向一个被定义为FILE类型的结构体。

每一个使用的文件都在内存中开辟一个“文件信息区”，用来存放文件的相关信息（文件的名字、文件当前的读写位置、文件操作方式、缓冲区等），这些信息保存在一个结构体变量中，该结构体是由系统定义的，取名为FILE。如VS中的stdio.h文件就定义有如下FILE结构体类型：

```
struct _iobuf {
    char *_ptr;         //指向buffer中第一个未读的字节
    int _cnt;           //记录剩余的未读字节的个数
    char *_base;        //文件的缓冲区
    int _flag;          //打开文件的属性
    int _file;          //获取文件描述
    int _charbuf;       //单字节的缓冲，即缓冲大小仅为1字节
    int _bufsiz;        //记录这个缓冲大小
    char *_tmpfname;    //临时文件名
};
typedef struct _iobuf FILE;
```

说明：

（1）不同的编译器，结构体中的成员类型可能不同，但都大同小异。

（2）该结构体就是自定义的文件类型，通过关键字typedef重命名为FILE。

（3）每当打开一个文件的时候，系统会根据文件的情况在文件信息区自动创建一个这样的结构体变量，并且自动填充其中的成员信息，使用者不用关心其具体细节。

（4）一般都是通过一个指向FILE的指针来维护这个FILE结构的变量，这样使用起来更加方便。

2. 文件指针

在C程序中，对文件的所有操作都是通过一个指向文件结构体的指针变量来实现的，这个指针变量通常简称为“文件指针”。每一个文件对应一个指针变量，以后对文件的访问都是通过该文件指针和函数调用来实现的。

定义文件指针的一般形式为：

```
FILE  *指针变量标识符;
```

例如：

```
FILE *fp;
```

表示fp是指向FILE结构的指针变量，通过打开文件函数fopen()可以将fp与某个特定的磁盘文件联系起来，这时fp称为指向一个文件的指针。如果在程序中需要同时处理多个文件，则需要说明多个指向FILE型结构的指针变量，使它们分别指向多个不同的文件。

在缓冲文件系统下，文件指针与文件信息区、程序数据区及缓冲区、硬盘之间的数据将来的关系可用图10.5表示。

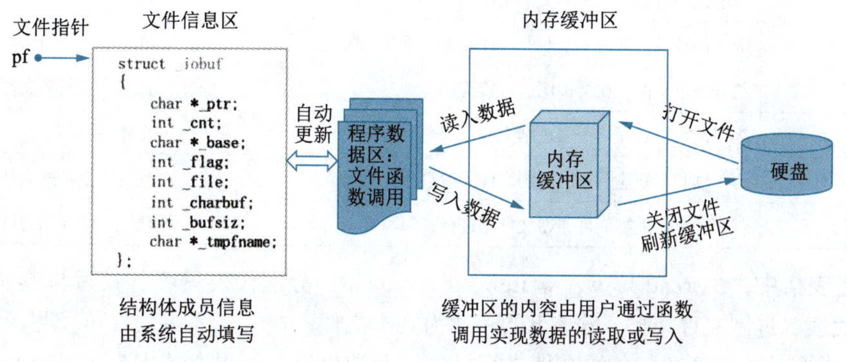

图10.5 程序数据区、缓冲区、磁盘数据交换示意图

从图10.5可以看到对磁盘等非标准设备文件的数据存取过程：首先打开一个文件并其返回值赋给文件指针fp并建立文件信息区自动填写相关信息内容，这时系统自动读入部分文件数据装入内存缓冲区，通过文件读写函数从文件中读出数据，经程序运算处理后再将数据写入内存缓冲区，当缓冲区满或强制刷新缓冲区或关闭文件时将缓冲区数据写入文件。

 10.2 打开与关闭文件

在C语言中，使用文件必须遵循一定的规则：在使用文件之前首先打开文件，再对文件进行读写，使用结束后关闭文件。

打开文件是建立文件指针与文件的关联，同时系统将文件内容读入到缓冲区；读写操作是指对文件的读、写、追加和定位等操作。关闭文件是切断文件与程序的联系，将文件缓冲区的内容写入磁盘，并释放文件缓冲区，关闭后禁止再对该文件进行操作。

文件操作都是由库函数来完成的（头文件为stdio.h），下面对主要的文件操作函数进行介绍。

10.2.1 fopen()函数

1. 函数原型

```
FILE * fopen ( const char * filename, const char * mode );//打开文件，返回文件指针
```

其中，filename为指定要打开的文件名（可以包含路径）；mode为打开文件的方式，其具体内容见表10.1。

表10.1 文件的打开方式

文件使用方式	含　义	如果指定文件不存在
"r"（只读）	为了输入数据，打开一个已经存在的文本文件	出错
"w"（只写）	为了输出数据，打开一个文本文件（清空原有数据）	建立一个新的文件
"a"（追加）	向文本文件尾添加数据	建立一个新的文件
"rb"（只读）	为了输入数据，打开一个二进制文件	出错
"wb"（只写）	为了输出数据，打开一个二进制文件（清空原有数据）	建立一个新的文件
"ab"（追加）	向一个二进制文件尾添加数据	建立一个新的文件
"r+"（读写）	为了读和写，打开一个文本文件	出错
"w+"（读写）	为了读和写，创建一个新的文件（清空原有数据）	建立一个新的文件
"a+"（读写）	打开一个文件，在文件尾进行读写	建立一个新的文件
"rb+"（读写）	为了读和写打开一个二进制文件	出错
"wb+"（读写）	为了读和写新建一个二进制文件（清空原有数据）	建立一个新的文件
"ab+"（读写）	打开一个二进制文件，在文件尾进行读和写	建立一个新的文件

在上述表格中，r（read）、w（write）、a（append）分别代表只读、只写与追加的意思，b（binary）代表二进制文件类型，没有b的一律为文本文件，“+”代表可文件可读写。如果方式中有r，则必须是对一个已经存在的文件进行操作，否则出错；如果方式中有w，则如果原有文件

存在，则会清空原有文件的内容，使用时要特别引起注意；如果方式中有“+”，则对文件既可以读取数据又可以写入数据。

2. 函数调用

fopen() 函数用来打开一个文件，其调用的一般形式为：

```
文件指针名=fopen(文件名,使用文件方式);
```

例如：

```
FILE *fp;
fp=fopen("test.txt","r");
```

功能：如果文件存在，则 fp 指针指向文件（具体为指向文件信息区——结构体）；如果文件不存在，则根据文件使用方式来确定，可能是创建一个新文件，也可能返回空。上例中文件使用方式为 "r"，则如果文件不存在返回空。

3. 注意事项

（1）必须用 FILE *fp; 来定义一个文件指针变量。

（2）当文件打开失败出错时，会返回一个空指针，因此一定要在打开文件之后，对文件指针进行有效性检查。

（3）如果文件名没有带路径，则在当前目录打开或创建一个文件，VS 中当前目录是与解决方案中的源文件所在的目录；如果文件名中带有路径，则 windows 路径表示中的“\”必须用“\\”代替，其原因是“字符串”中的“\”为转义符号，要表示字符串的“\”符号必须用“\\”，如“d:\\file_example\\test.txt”表示 d:\file_example\test.txt 文件。

10.2.2 fclose() 函数

文件一旦使用完毕，应使用关闭文件函数把文件关闭，将缓冲区数据写入文件，以避免文件的数据丢失等错误。

1. 函数原型

```
int fclose ( FILE * stream );
```

其中，函数参数 stream 为前面已经用 fopen() 打开的文件指针。

2. 功能

关闭一个文件，将缓冲区中的赊写入文件（如果文件以写或读写方式打开时），并释放缓冲区。函数返回一个整数，如果正常完成关闭文件操作时，fclose() 函数返回值为 0，关闭出错返回非 0。

3. 注意事项

用户在编写程序时应该养成及时关闭文件的习惯，如果不及时关闭文件，文件数据有可能会丢失。

10.2.3 应用示例

例 10.1　以读方式创建文件 data.txt，根据 fopen() 函数的返回值判断文件是否打开、关闭成功。（ex10_1.cpp）

程序代码：

```
#include <stdio.h>
int main()
{    FILE* fp = fopen("data.txt", "r");//此时该路径下没有名为data.txt的文件，因
                                         此会打开失败
     if (NULL == fp)
     {    perror("fopen");
          return 1;
     }
     fclose(fp);
     fp = NULL;
     return 0;
}
```

程序运行结果如图10.6所示。

图10.6 例10.1程序运行结果

说明：

（1）程序中用到了函数perror()，它包含在头文件<stdio.h>中，其函数原型为void perror(char *string);，功能是：将错误信息输出到标准出错输出（stderr）上 。该函数的参数是字符串指针，指向错误信息字符串，通常就是一个字符串，直接在参数中输入要显示的错误信息，函数会在其后面补充一个冒号、系统报错信息和一个换行符，此语句相对于printf()输出，能够给出更加准确的错误信息。

（2）文件在当前目录下是没有data.txt时的运行结果，表示排开的文件不存在；如果当前目录下有data.txt文件，则不会输出上述结果。

例10.2 以写方式在d:\file_example文件夹（在运行本题之前先建立此文件夹）下创建名为a.txt的文件，然后关闭文件，同时根据fclose的返回值输出文件关闭状态。（ex10_2.cpp）

程序代码：

```
#include "stdio.h"
int main()
{
    FILE* fpFile;
    int nStatus = 0;
    fpFile = fopen("d:\\file_example\\a.txt", "w");
    if (fpFile == NULL)
    {
        printf("Create file failed!\n");
        return 1;
    }
    else
        printf("File create is right!\n");
    nStatus = fclose(fpFile);
    if(nStatus==0)
        printf("文件正常关闭!\n");
    else
        printf("文件关闭出错!\n");
    return 0;
}
```

程序运行结果如图 10.7 所示。

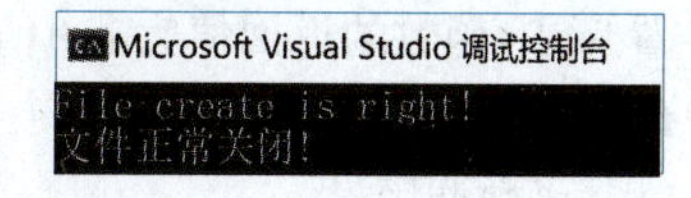

图 10.7　例 10.2 程序运行结果

说明：

（1）如果 d:\file_example 文件夹不存在，则会出现“Create file failed!”结果。

（2）如果文件的打开方式为 "a"，则输出的结果不变，表示用 "a" 或 "w" 在文件不存在时均可创建一个新文件。

（3）如果 d:\file_example\a.txt 文件已经存在，此程序运行结果不变，但是用 "a" 或 "w" 打开一个文件存在着根本的差别：用 "a" 打开一个已存在的文件，原文件中的内容会保留，如需要添加文件内容，则可在原文件的后面添加；用 "w" 打开一个已存在的文件，原文件中的内容会全部清除，使用时一定要特别注意。

10.3　顺序读写文件数据

对文件的读和写是最常用的文件操作，文件读写又称文件的输入与输出。

文件输入（读）：是指将外部文件中的数据读取到程序中进行处理的过程。

文件输出（写）：是指将程序中的数据写入到外部文件中的过程。

在 C 语言文件输入/输出均由一系列函数来实现，它们包含在 stdio.h 头文件中，常用函数见表 10.2。

表 10.2　C 语言常用文件读写的函数

函数名原型	功　能	适　用　性
int fgetc (FILE * stream);	字符输入函数	所有输入流
int fputc (int character, FILE * stream);	字符输出函数	所有输出流
char * fgets (char * str, int num, FILE * stream);	文本行输入函数	所有输入流
int fputs (const char * str, FILE * stream);	文本行输出函数	所有输出流
int fscanf (FILE * stream, const char * format, ...);	格式化输入函数	所有输入流
int fprintf (FILE * stream, const char * format, ...);	格式化输出函数	所有输出流
size_t fread (void * ptr, size_t size, size_t count, FILE * stream);	二进制输入	文件
size_t fwrite (const void * ptr, size_t size, size_t count, FILE * stream);	二进制输出	文件

10.3.1　读写字符函数 fgetc() 和 fputc()

字符读写函数是以字符为单位的读写函数，每次可从文件读出或向文件写入一个字符。

1. 读字符函数 fgetc()

函数原型：

```
int fgetc ( FILE * stream );
```

函数参数：该函数有一个 FILE* 类型的参数 stream，接收指向所要读取文件的指针。

功能：该函数成功读入数据时会返回当前文件内部指针所指向的字符的 ASCII 值，并将文件内部指针自动移动到下一个字符位置，如果当前文件内部指针指向文件末尾，返回 EOF，并设置 feof() 函数的返回值为非 0 值（真）；如果读取发现错误，函数同样返回 EOF（-1）值，并设置 ferror() 函数。

函数调用：

```
字符变量=fgetc(文件指针);
```

例如：

```
ch=fgetc(fp);                //从打开的文件fp中读取一个字符并送入ch中，同时移动文件内部指
                               针到下一个字符
```

例 10.3　读入文件 d:\file_example\a.txt 的所有内容，并在屏幕上输出。（ex10_3.cpp）

程序代码：

```
#include <stdio.h>
int main()
{
    FILE* pf = fopen("d:\\file_example\\a.txt", "r");    //读取文件要用"r"的
                                                           方式打开
    if (pf == NULL)                                       //判断是否打开成功
    {
        perror("fopen");
        return 1;
    }
    int ch;
    while ((ch = fgetc(pf)) != EOF)                       //读入数据
        printf("%c", ch);
    if (fclose(pf) == EOF)                                //关闭
    {
        perror("fclose");                                 //关闭失败
        return 1;
    }
    return 0;
}
```

程序运行结果如图 10.8 所示。

```
Microsoft Visual Studio 调试控制台
This is a file!
This file stored some char.
```

图 10.8　例 10.3 程序运行结果

说明：运行本程序，先要在 d:\file_example 下建立一个 a.txt 文件（可以用记事本进行创建，也可以用例 10.4 中的程序进行创建），其内容为输出中显示的两行字符。

2. 写字符函数 fputc()

函数原型：

```
int fputc ( int character, FILE * stream );
```

函数参数：该函数有 int 类型的 character 和 FILE* 类型的 stream 两个参数，其中 character 接收所要存入的字符的 ASCII 值，stream 接收指向所要存入文件的指针。

功能：将 character 写入到文件内部指针所指向的位置，当写入成功返回所存入字符的 ASCII 码值，并自动移动文件内部指针到下一个写入位置；否则返回 EOF（-1）值，并设置 ferror() 函数。

函数调用：

```
fputc(字符量, 文件指针);
```

例如：

```
fputc('a',fp);            //把字符a写入fp所指向的文件中，并移动文件内容指针
```

对于fputc()函数的使用说明：

（1）被写入的文件可以用"w"、"w"、"a"等方式打开，用"w"、"w"方式打开一个已存在的文件时将清除原有的文件内容，写入字符从文件首开始。如需保留原有文件内容，希望写入的字符从文件末开始存放，必须以"a"方式打开文件。被写入的文件若不存在，则创建该文件。

（2）每写入一个字符，文件内部位置指针向后移动一个字节。

例10.4　将26个英文字母写入d:\file_example\b.txt文件中。（ex10_4.cpp）

程序代码：

```
#include <stdio.h>
int main()
{
    FILE* pf = fopen("d:\\file_example\\b.txt", "w");     //打开
    if (pf == NULL)                                        //判断是否打开成功
    {   perror("fopen");
        return 1;
    }
    int i ;
    for (i = 0; i < 26; i++)
        fputc('a' + i, pf);                                //写入数据
    if (fclose(pf) == EOF)                                 //关闭文件结果判断
    {
        perror("fclose");                                  //关闭失败
        return 1;
    }
    return 0;
}
```

程序运行后，用记事本打开b.txt文件后的信息内容如图10.9所示。

b - 记事本
文件(F) 编辑(E) 格式(O) 查看(V) 帮助(H)
abcdefghijklmnopqrstuvwxyz

图10.9　例10.4程序运行结果

例10.5　从键盘输入一行字符，写入d:\file_example\string.txt文件中，再把该文件内容读出显示在屏幕上。（ex10_5.cpp）

问题分析：由于本例要求从键盘输入一行文字，存入一个新文件，同时还必须读出文件内容显示到屏幕上，因此只能使用"w+"方式打开d:\file_example\string.txt文件，然后用fputs()向文件写信息，用fgetc()从文件读出字符再输出到屏幕上。

程序代码：

```
#include <stdio.h>
int main()
{   FILE* fp;
    char ch;
    if ((fp = fopen("d:\\file_example\\string.txt", "w+")) == NULL)
    {   printf("Cannot open file !");
        return 1;
```

```
    }
    printf("input a string:\n");
    ch = getchar();
    while (ch != '\n')          //回车键结束输出
    {   fputc(ch, fp);
        ch = getchar();
    }
    rewind(fp);                 //将文件内部指针移动到文件开头，为读文件做准备
    printf("OUTPUT  file  context: \n");
    ch = fgetc(fp);
    while (ch != EOF)
    {   putchar(ch);
        ch = fgetc(fp);
    }
    printf("\n");
    fclose(fp);
    return 0;
}
```

程序运行结果如图10.10所示。

```
Microsoft Visual Studio 调试控制台
input a string:
this is a test file.
OUTPUT  file  context:
this is a test file.
```

图 10.10　例 10.5 程序运行结果

说明：

（1）此程序由于涉及对文件进行读写操作，所以必须要用"w+"方式打开文件，如用"w"方式打开，则无法读出文件中的内容，因此不能显示文件中的信息。

（2）如果要求输入多行文字，可以将语句 while (ch != '\n') 换成 while (ch != 4)，此时当想终止输入时按下【Ctrl+D】组合键即可，其ASCII码为4。

例 10.6　以"a+"方式打开d:\file_example\string.txt文件，在文件末尾添加多行文字输入（以【Ctrl+D】组合键结束输入），并输出文件中的全部信息。（ex10_6.cpp）

程序代码：

```
#include <stdio.h>
int main()
{
    FILE* fp;
    char ch;
    if ((fp = fopen("d:\\file_example\\string.txt", "a+")) == NULL)
    {
        printf("Cannot open file !");
        return 1;
    }
    printf("input a string:\n");
    ch = getchar();
    while (ch !=4)              //Ctrl+D终止输入
    {
        fputc(ch, fp);
        ch = getchar();
    }
    rewind(fp);                 //将文件内部指针移动到文件开头，为读文件做准备
    printf("OUTPUT  file  context: \n");
```

```
    ch = fgetc(fp);
    while (ch != EOF)
    {   putchar(ch);
        ch = fgetc(fp);
    }
    printf("\n");
    fclose(fp);
    return 0;
}
```

程序运行结果如图 10.11 所示。

```
Microsoft Visual Studio 调试控制台
input a string:
apped data in thr rear of file.
test is right.
^D
OUTPUT  file  context:
this is an example for fputs.
apped data in thr rear of file.
test is right.
```

图 10.11　例 10.6 程序运行结果

此程序运行结果表明在原文件string.txt的尾部增加了两行输入内容（以【Ctrl+D】组合键结束）。在以"a+"方式打开一个文件时，如果原文件不存在，则会自动创建一个新文件，此时的功能等同于"w+"方式。

例 10.7　文件复制：从键盘输入源文件与目标文件，将源文件的内容复制到目标文件中，并显示目标文件中的内容。(ex10_7.cpp)

问题分析：定义两个字符数组，分别用于保存源文件与目标文件；同时定义两个文件指针，分别指向源文件与目标文件，其中源文件以"r"方式打开，目标文件因为要显示输出，所以以"w+"方式打开。然后循环逐个读入源文件中的内容并写入目标文件，再将目标文件指针移动到文件开始位置，循环读目标文件并输出。

程序代码：

```
#include <stdio.h>
int main()
{
    FILE * fp1, * fp2;
    char ch;
    char source[80], object[80];
    printf("输入源文件名：");
    scanf("%s", source);
    printf("输入目标文件名：");
    scanf("%s", object);
    fp1 = fopen(source, "r");
    if (fp1==NULL)
    {
        printf("源文件不存在，程序结束！");
        return 1;
    }
    fp2 = fopen(object, "w+");
    if (fp2 == NULL)
    {
        printf("不能创建目标文件，程序结束。");
        return 1;
    }
    while ((ch = fgetc(fp1)) != EOF)          //复制文件
        fputc(ch, fp2);
```

```
    rewind(fp2);                          //将文件内部指针移动到文件开头，为读文件做准备
    while ((ch = fgetc(fp2)) != EOF) //复制文件
        printf("%c",ch);
    fclose(fp1);
    fclose(fp2);
}
```

程序运行结果如图 10.12 所示。

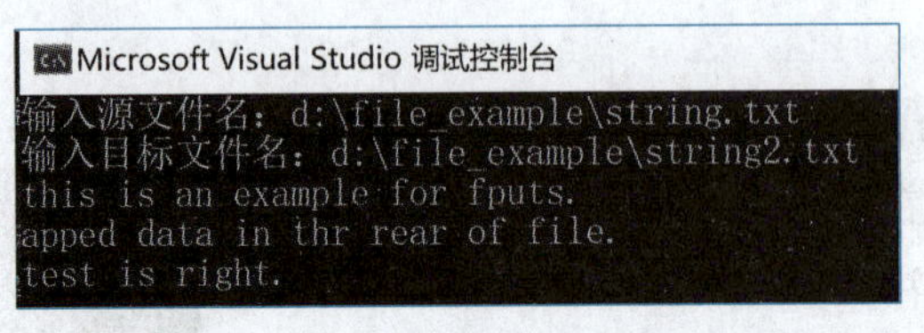

图 10.12　例 10.7 程序运行结果

10.3.2　读写字符串函数 fgets() 和 fputs()

1. 读字符串函数 fgets()

函数原型：

```
char * fgets ( char * str, int num, FILE * stream );
```

函数参数：该函数有 char* 类型 str、int 类型 num、FILE* 类型 stream 三个不同类型的参数，其中 str 接收指向储存读出数据的字符串指针，num 接收要复制到 str 中的最大字符数（包括终止空字符），stream 接收指向所要读取文件的指针。

函数功能：从指定的文件中读取长度不超过 num-1 字符到字符数组中，或者在读出 num-1 个字符之前，如遇到了换行符或 EOF，则读出结束，并在读入的最后一个字符后加上串结束标志 '\0'。读取成功后该函数返回 str 的头指针，如果在尝试读取字符时遇到文件结尾，则会设置 eof 指示符。如果在读取任何字符之前发生这种情况，则返回的指针为空指针（并且 str 的内容保持不变）。如果发生读取错误，则设置错误指示器（ferror）并返回空指针（但 str 所指向的内容可能已更改）。

函数调用方式：

```
s=fgets(str,n,fp);
```

例 10.8　从 d:\file_example\string.txt 文件中读入一个含 14 个字符的字符串到字符数组 str 中。(ex10_8.cpp)

程序代码：

```
#include <stdio.h>
int main()
{
    FILE* fp;
    char str[15];
    if ((fp = fopen("d:\\file_example\\string.txt", "r+")) == NULL)
    {
        printf("\nCannot open file strike any key exit!");
        return 1;
```

```
    }
    fgets(str, 15, fp);
    printf("读入的字符串为: %s\n", str);
    fclose(fp);
}
```

程序运行结果如图 10.13 所示。

Microsoft Visual Studio 调试控制台
读入的字符串为：this is an exa

图 10.13　例 10.8 程序运行结果

2. 写字符串函数 fputs()

函数原型：

```
int fputs ( const char * str, FILE * stream );
```

函数参数：该函数有 const char* 类型的 str 和 FILE* 类型的 stream 两个参数，其中 str 接收指向将要存入字符串的指针，stream 接收指向所要存入文件的指针。

函数功能：是向指定的文件写入一个字符串（字符串结束符 '\0' 并不写入文件中），该函数成功运行返回一个非负值，否则返回 EOF（-1）值。

函数调用形式为：

```
fputs(字符串,文件指针);
```

例 10.9　在文件 d:\file_example\string.txt 中追加一个字符串，并显示文件中的全部内容。（ex10_9.cpp）

程序代码：

```
#include <stdio.h>
int main()
{
    FILE* fp;
    char ch, st[81];
    if ((fp = fopen("d:\\file_example\\string.txt", "a+")) == NULL)
    {   printf("Cannot open file strike any key exit!");
        return 1;
    }
    printf("input a string:\n");
    scanf("%s", st);
    fputs(st, fp);                    //写入字符串（不包含\0）
    printf("input a string again:\n");
    scanf("%s", st);
    fputs(st, fp);                    //写入字符串（不包含\0）
    rewind(fp);
    printf("OUTPUT File: \n");
    while (!feof(fp))                 //判断文件是否结束
    {
        fgets(st, 80, fp);            //读入一行
        printf("%s",st);
    }
    fclose(fp);
}
```

运行前文件 string.txt 的内容如图 10.14 所示。

程序运行结果如图 10.15 所示。

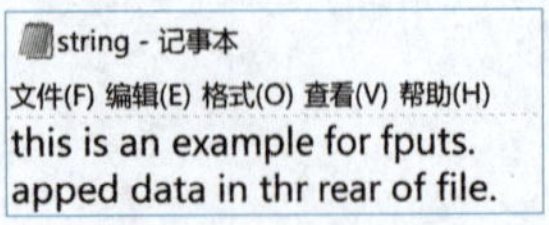

string - 记事本

文件(F) 编辑(E) 格式(O) 查看(V) 帮助(H)

this is an example for fputs.
apped data in thr rear of file.

图 10.14　例 10.9 程序运行后文件内容

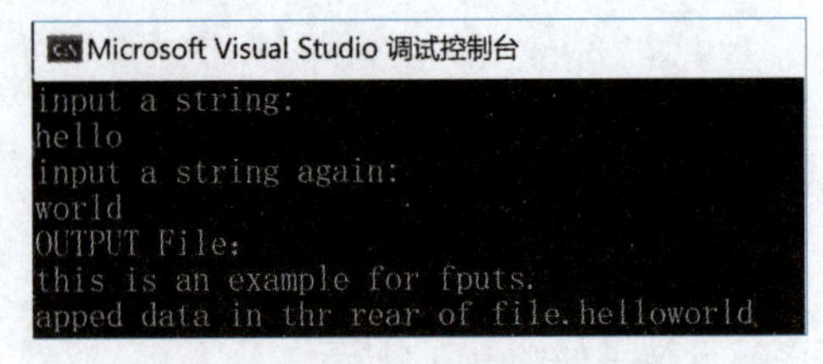

图 10.15　例 10.9 程序运行结果

说明：

（1）两次输入的内容均写入到了文件的末尾处，运行结果表明，字符串结束符 '\0' 并未写入文件中。如果希望分行写入，则可单独执行 fputs("\n",fp); 将换行符写回到文件中。

（2）fgets() 函数每次可读入一行字符，行末的换行符也一并读入到了字符串中，并自动加上了 '\0' 结束标记。

10.3.3 格式化读写函数 fscanf() 和 fprintf()

fscanf()、fprintf() 函数与前面使用的 scanf() 和 printf () 函数的功能十分相似，都是格式化读写函数。两者的区别在于 fscanf() 和 fprintf() 函数的读写对象是文件，而不是键盘和显示器；而 scanf() 和 printf() 函数分别是从键盘读入数据和向显示器输出数据。

函数原型：

```
int fscanf ( FILE * stream, const char * format, ... );
int fprintf ( FILE * stream, const char * format, ... );
```

函数的调用格式为：

```
fscanf(文件指针,格式字符串,输入列表);
fprintf(文件指针,格式字符串,输出列表);
```

例如：

```
fscanf(fp,"%d%s",&i,s);
fprintf(fp,"%d%c",j,ch);
```

例 10.10　从键盘输入两个学生数据，写入一个文件中，再读出这两个学生的数据显示在屏幕上。（ex10_10.cpp）

程序代码：

```
#include <stdio.h>
struct stu
{   char name[15];
    int num;
    int age;
    char addr[15];
}boya[2], boyb[2], * pp, * qq;
int main()
{
    FILE* fp;
    char ch;
    int i;
```

```
    pp = boya;
    qq = boyb;
    if ((fp = fopen("d:\\file_example\\stu_list.txt", "w+")) == NULL)
    {
        printf("Cannot open file strike any key exit!");
        return 1;
    }
    printf("输入2个学生数据（格式）:姓名 学号 年龄 住址（回车）: \n");
    for (i = 0; i < 2; i++, pp++)
        scanf("%s%d%d%s", pp->name, &pp->num, &pp->age, pp->addr);
    pp = boya;
    for (i = 0; i < 2; i++, pp++)
        fprintf(fp, "%s %d %d %s\n", pp->name, pp->num, pp->age, pp->addr);
    rewind(fp);//文件指针移动到开头
    for (i = 0; i < 2; i++, qq++)    //从文件中读取的数据存放到boyb数组中
        fscanf(fp, "%s %d %d %s\n", qq->name, &qq->num, &qq->age, qq->addr);
    printf("\n 姓名\t学号      年龄          住址\n");
    qq = boyb;
    for (i = 0; i < 2; i++, qq++)    //输出boyb数组中的值
        printf("%s\t%5d    %7d    %s\n", qq->name, qq->num, qq->age, qq->addr);
    fclose(fp);
        return 0;
}
```

程序运行结果如图 10.16 所示。

同时用记事本查看文件 d:\file_example\stu_list.txt 的内容如图 10.17 所示。

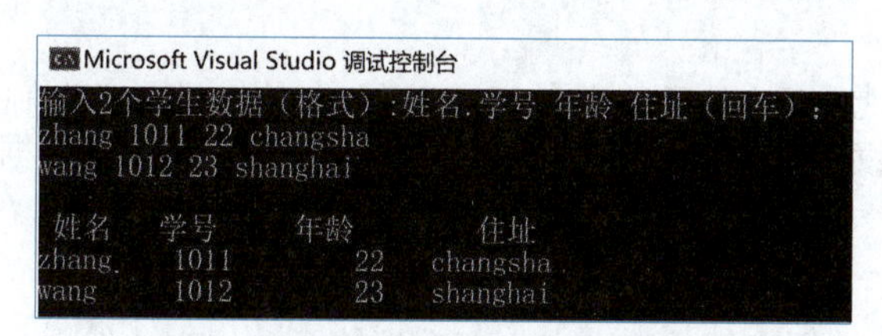

图 10.16　例 10.10 程序运行结果

stu_list - 记事本
文件(F) 编辑(E) 格式(O) 查看(V) 帮助(H)
zhang 1011 22 changsha
wang 1012 23 shanghai

图 10.17　例 10.10 程序运行后文件内容

使用注意事项：在用格式化输入函数 fscanf() 读入数据时一定要弄清楚文件中存放的数据格式，只有与文件中存放的数据格式相一致的格式化读出的数据才是正确的。

如上面 stu_list.txt 文件中的数据，如果用 fprintf("%d %s %d %s"，...) 来读入就是错误的。

10.3.4 读写块数据函数 fread() 和 fwrite()

前面在向文件输出数据时都是以文本格式输出的，即文件的存储内容是对应字符的 ASCII 码；但是 fwrite() 函数可以直接将计算机内存中所存储的二进制数据输出到文件中（此时此文件就是一个二进制文件），对于二进制的文件数据就要使用二进制的方式读取，fread() 函数就很好地做到了这一点。同时，fwrite() 函数可用于整块数据的写入文件，如一个数组或一个结构变量的值等；fwrite() 函数可用于整块数据的读出。

1. fwrite() 函数

函数原型：

```
size_t fwrite( const void *prt, size_t size, size_t count, FILE *stream );
```

函数参数：该函数包含了void* 类型的ptr、size_t类型的size、size_t类型的count、FILE* 类型的stream四个参数，其中ptr接收指向所要输入数据的指针或地址；size接收输出的每个数据的大小（以字节为单位）；count所要输出数据的块数；stream接收指向所要输出文件的指针。

函数功能：将ptr所指向的数据写入文件中，从文件内部指针处写入count个数据，每个数据的大小为size字节；该函数运行成功后文件内部指针移动size*count字节，并返回输出的数据总个数，如果此数字与 count 参数不同，则写入错误会阻止函数完成。在这种情况下，将为流设置误差指示器（ferror），如果大小或计数为零，则该函数返回零，并且错误指示器保持不变。

函数调用格式：

```
fwrite(buffer,size,count,fp);
```

2. fread() 函数

函数原型：

```
size_t fread( void *prt, size_t size, size_t count, FILE *stream );
```

函数参数：该函数包含了void* 类型的ptr、size_t类型的size、size_t类型的count、FILE* 类型的stream四个参数，其中ptr传入指向将要存储数据的变量的指针或地址；size传入每次从文件读取数据的大小（以字节为单位）；count传入将要读取的次数；stream接收指向所要输入文件的指针。

函数功能：从文件流stream中读入count个数据，每个数据的大小为size个字节，并将其存入内存中ptr指针所指向的存储区域。该函数运行成功后返回读取数据的次数，否则返回0值。

函数调用格式：

```
fread(buffer,size,count,fp);
```

例 10.11 编写程序实现下列功能：① 从键盘读取10个整型数据存储到二进制文件d:\file_example\data.dat中；② 再从文件中读取数据，并输出到屏幕上验证文件中写入的数据的正确性。（ex10_11.cpp）

问题分析：本问题要求以二进制方式存储文件，而且要读取文件中的数据，因此打开文件的方式必须使用"wb+"方式，为了体现出块数据存储的特点，先将数据输入数组中，然后一次性将数据中的元素的值存放到文件中；再将文件指针移动到文件开始位置，一次性从文件中读取数据，存入到另外一个数组中，再输出数据中的元素值。

程序代码：

```
#include <stdio.h>
int main()
{
    FILE* fpFile;
    int arr1[10],arr2[10],i;
    if ((fpFile = fopen("d:\\file_example\\data.dat", "wb+")) == NULL)
    {   printf("Open file failed!\n");
        return 1;
    }
    printf("输入10个整数: ");
    for(i = 0;i<10;i++)                         //输入10个整数
        scanf("%d", &arr1[i]);
    fwrite(arr1, sizeof(int), 10, fpFile); //将数组arr1一次性写入文件
    rewind(fpFile);                            //将文件移到开始位置
```

```
    fread(arr2, sizeof(int), 10, fpFile);  //从文件中一次性读入10个整数，存入数
                                              组arr2
    printf("输出10个整数：");
    for (i = 0; i < 10; i++)               //输入10个整数
        printf("%d ", arr2[i]);
    fclose(fpFile);
    return 0;
}
```

程序运行结果如图 10.18 所示。

分析：在写入文件后，文件中的指针已经移到了文件末尾，所以当需要读入文件时，必须将文件指针移到文件开始位置，此处使用 rewind(fpFile) 函数。

如果使用记事本打开 d:\file_example\data.dat 文件，其数据如图 10.19 所示。

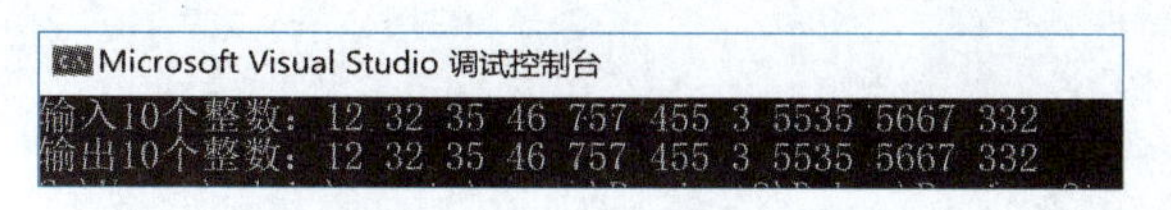

图 10.18 例 10.11 程序运行结果

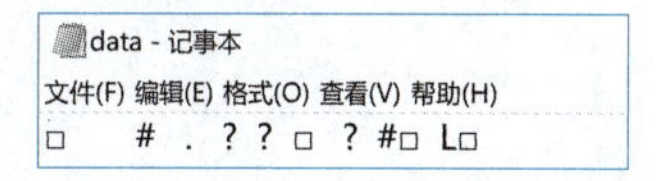

图 10.19 用记事本打开二进制文件结果

打开该文件后发现该文件内容显示的全部是乱码，原因是记事本只能打开文本文件。使用免费的十六进制编辑器可以查看二进制文件 data.dat 的内容，如图 10.20 所示。

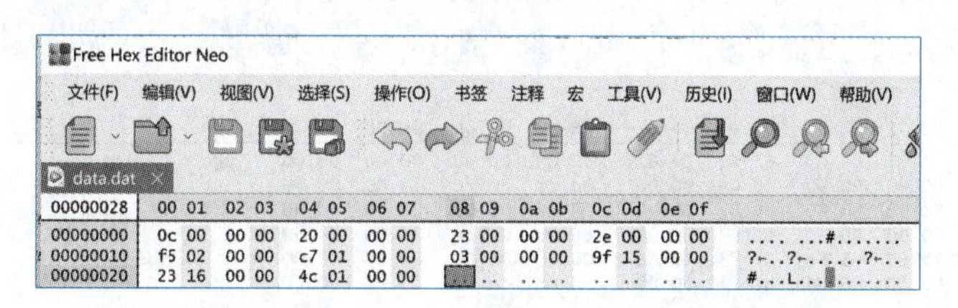

图 10.20 二进制文件 data.dat 文件的存储信息

图 10.20 中的值即为上例输入的 10 整数的二进制存储，每个整数用 4 字节存储，采取“低字节在前，高字节在后”的存储方法。

例如，第 5 个数为 757，其 4 字节二进制为 00 00 02 f5，存储时为 f5 02 00 00。

同样，用此文件也可以打开文本文件，其存储内容是文件中字符 ASCII 码值。

例 10.12 用一个结构体存储学生信息，编写程序实现三个学生信息的二进制存储。（ex10_12.cpp）

程序代码：

```
#include <stdio.h>
#include <errno.h>
typedef struct S
{
    char name[20];
    int no;
    char sex;
    int age;
}Peo;
int main()
{
    FILE* pf = fopen("d:\\file_example\\test.txt", "wb+");
    if (pf != NULL)
```

```
    {
        Peo p = { "wangbing", 1200,'m',19 };
        fwrite(&p, sizeof(Peo), 1, pf);
        Peo q = { "liming", 1201,'f',20 };
        fwrite(&q, sizeof(Peo), 1,pf);
        Peo r = { "zhangsan", 1202, 'm',21 };
        fwrite(&r, sizeof(Peo), 1, pf);
        fclose(pf);
        pf = NULL;
    }
    else
    {
        perror("fopen");
        return 1;
    }
    return 0;
}
```

程序运行后，文件 d:\file_example\test.txt 的存储内容如图 10.21 所示。

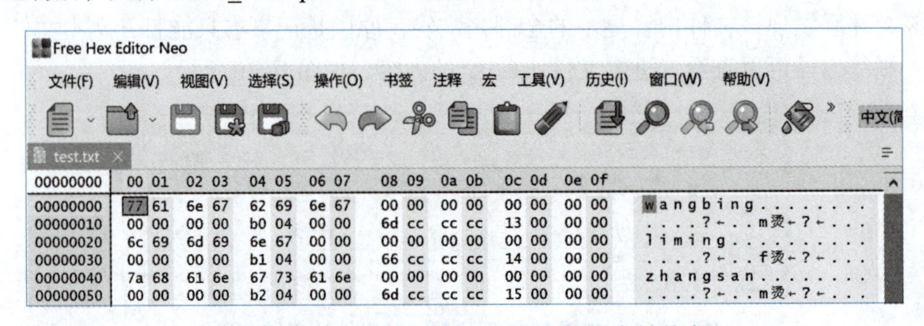

图 10.21　二进制文件 test.txt 文件的存储信息

补充阅读

结构体的长度与结构体占用空间

从图 10.21 中可以看出，每个学生的信息占用了 32 字节（扫二维码，补充阅读**结构体的长度与结构体占用空间**），以第一个学生信息为例分析其数据存储情况：前 20 字节用于存储字符串，它是以 ASCII 存储的，第 21～24 共 4 字节存储 1200（对应的十六进制为 00 00 04 b0），第 25～28 共 4 字节存储字符 'm'（对应的十六进制为 00 00 00 6d，实际有意义的只有第 25 个字节，后三个字节的值没有意义），第 29～32 共 4 字节存储 19（对应的十六进制为 00 00 00 13）。

10.4　随机读写文件数据

前面介绍的对文件的读写方式都是顺序读写，即读写文件只能从头开始，顺序读写各个数据。但在实际问题中常要求只读写文件中某一指定的部分的数据，为了解决这个问题，可以通过移动文件内部的位置指针到需要读写的位置，再进行读写，这种读写称为随机读写。实现随机读写的关键是要按要求移动文件内部的位置指针，这种操作称为文件的定位。

10.4.1　文件读写位置定位

移动文件内部位置指针的函数主要有 rewind() 函数、ftell() 函数和 fseek() 函数，它们用于对文件读写位置定位。

1. rewind() 函数

函数原型：

```
void rewind(FILE *stream)
```

函数参数：该函数只有一个FILE*类型的参数stream，用于传入将要改变的文件指针。

功能：把文件内部的位置指针移到文件首，无返回值。

函数调用形式为：

```
rewind(文件指针);
```

2. ftell() 函数

函数原型：

```
long int ftell(FILE *stream)
```

函数参数：该函数只有一个FILE*类型的参数stream，用于传入所需计算偏移量的文件指针。

函数功能：返回文件指针相对于起始位置的偏移量（从文件头开始算起的字节数），成功后返回位置指示器的当前值。失败时返回 -1L，并将 errno 设置为系统特定的正值。

函数调用格式：

```
x=ftell(fp);
```

3. fseek() 函数

函数原型：

```
int fseek ( FILE * stream, long int offset, int origin );
```

函数参数：该函数有FILE*类型stream、long int类型offset、int类型origin三个参数，其中stream传入将要改变的文件指针（文件流），offset传入指针所要偏移的偏移量，origin设置传入的stream指针的起始位置（具体参数及功能见表10.3）。

表 10.3 位置参数及其意义

起始位置	表示符号	数字表示
文件首	SEEK_SET	0
当前位置	SEEK_CUR	1
文件末尾	SEEK_END	2

功能：移动文件内部指针到origin+offset处。

例如：

```
fseek(fp,100L,0);
```

其意义是把位置指针移到离文件首100字节处。

例10.13 求文件长度。（ex10_13.cpp）

问题分析：此例可以先用fseek定位到文件末尾，然后用ftell检测其偏移值，它就是文件的长度。

程序运行结果为：文件长度=26（说明原文件中恰好存放的是26个英文单词）。

10.4.2 随机读写文件数据

程序代码

ex10_14

在移动位置指针之后，即可用前面介绍的任一种读写函数进行读写。

例 10.14 在例 10.12 的基础上，读取 d:\file_example\stu_list.txt 中第二个学生的数据。（ex10_14.cpp）

程序运行结果如图 10.22 所示。

```
Microsoft Visual Studio 调试控制台
姓名    学号    性别    年龄
liming  1201    f       20
```

图 10.22 例 10.14 程序运行结果

程序代码

ex10_15

例 10.15 随机读写二进制文件中的数据，分析程序运行结果。（ex10_15.cpp）

程序运行结果如图 10.23 所示。

```
Microsoft Visual Studio 调试控制台
2 , 3
input a integer:100
6 , 7
```

图 10.23 例 10.15 程序运行结果

用 Hex 编辑器排开文件 number.dat 中的数据，如图 10.24 所示。

结果分析：程序以 "wb+" 方式打开 D:\file_example\number.dat 文件，然后以二进制整数写入整数 1～10，再进行操作：① 将文件指针移到文件开始；② 向此位置写入 array[9]（其值为 10，对应十六进制为 00 00 00 0a），文件指针自动移动到第二个整数的位置；③ 读取两个整数存入 array1[2] 中，输出 2 和 3，读取后文件指针移动到第四个数据；④ 将从键盘输入的数据 100（十六进制为 00 00 00 64）写入到第四个数据位置，写入后文件指针移动到第五个数据；⑤ 从当前位置向后移动四个字节，则当前位置位于第六个数据；⑥ 读取两个整数存入 array1[2] 中，输出 6 和 7。操作后文件数据与输出结果与图 10.23 完全一致。

```
Free Hex Editor Neo
文件(F) 编辑(V) 视图(V) 选择(S) 操作(O) 书签 注释 宏 工具(V) 历史(I) 窗口(W) 帮助(V)
number.dat
00000000  00 01  02 03  04 05  06 07  08 09  0a 0b  0c 0d  0e 0f
00000000  0a 00  00 00  02 00  00 00  03 00  00 00  64 00  00 00  ............d...
00000010  05 00  00 00  06 00  00 00  07 00  00 00  08 00  00 00  ................
00000020  09 00  00 00  0a 00  00 00                              ........
```

图 10.24 文件 D:\file_example\number.dat 的存储数据

程序代码

ex10_16

例 10.16 fseek() 函数用于文本文件的定位输出情况示例。（ex10_16.cpp）

程序运行结果如图 10.25 所示。

例 10.17 文本文件用二进制文件打开并读入其数据输出的程序示例。（ex10_17.cpp）

程序运行结果如图 10.26 所示。

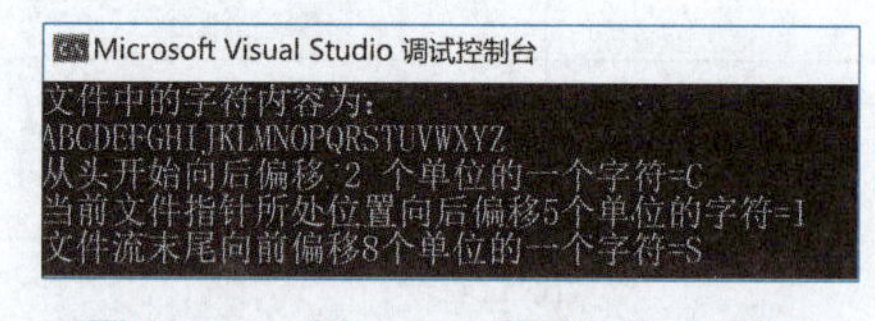

图 10.25 例 10.16 程序运行结果图

```
Microsoft Visual Studio 调试控制台
输出整数:
1936287828  544434464  2019893345  1819307361  1868963941  1629495410  1954051104  1818846815  1769414757  1914727532
 543449445  1752459639  1852400160  544830049  1702129257  1919248242  46  0  0  0
```

图 10.26 例 10.17 程序运行结果

程序代码

ex10_17

分析：上述结果看起来毫无根据，但是只要掌握了数据的存储原理，就能够明白上述结果的由来。

延伸阅读：

以十六进制方式打开 D:\file_example\txtandbin.txt 文件，如图 10.27 所示。

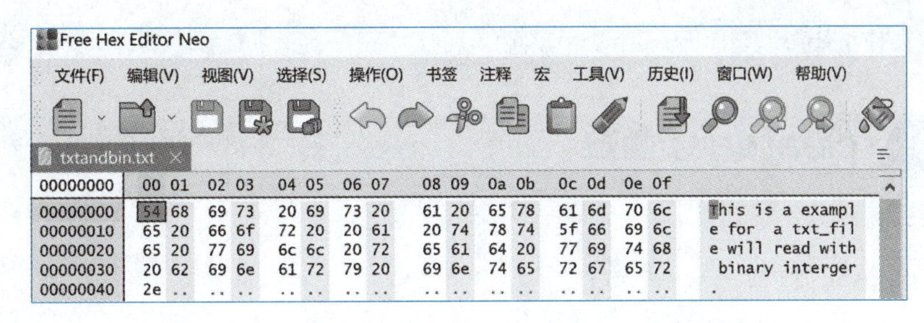

图 10.27　D:\file_example\txtandbin.txt 的存储数据

实际上计算机并不知道某个文件的存储格式，这需要用户自行去确定，当用户以 "rb" 方式打开 D:\file_example\txtandbin.txt 文件时，它就被认为是一个二进制文件，用 fread() 函数把文件数据全部读入一个 int 型数组后，输出数组元素的值，就是上面存储的数据所对应的十进制值。如输出的第一个数是 1936287828，其对应的十六进制为 73696854，它恰好是文件中最前面 4 字节的值（存储时低字节在前高字节在后）。输出的第 17 个数为 46，对应的十六进制为 00 00 00 00 2e，即上面最后一行的前 4 个字节的内容。

本例对于进一步掌握计算机中数据的存储与文件类型之间的关系有很大的帮助。原则上讲，以文本文件存储的文件只能用文本流方式进行读取，同样以二进制方式存储的文件只能用二进制方式进行读取。

10.5　文件检测函数

C 语言中常用的文件检测函数主要有 feof() 函数、ferror() 函数、clearerr() 函数。

10.5.1 feof() 函数

函数原型：

```
int feof(FILE *stream)
```

函数参数：带一个参数为文件指针。

功能：判断文件是否处于文件结束位置，如文件结束，则返回值为非 0 值，否则返回 0。

调用格式：

```
feof(文件指针);
```

10.5.2 ferror() 函数

函数原型：

```
int ferror(FILE *stream)
```

函数参数：带一个参数为文件指针。

功能：检查文件在用各种输入输出函数进行读写时是否出错。如 ferror 返回值为 0 表示未出错，否则表示有错。fferror() 函数仅反映上一次文件操作的状态，因此必须在执行一次文件操作后，执行下一文件操作前调用 ferror()，才可以正确反映此次操作的错误状态。

函数调用格式：

```
ferror(文件指针);
```

10.5.3 clearerr()函数

函数原型：

```
void clearerr(FILE *stream);
```

函数参数：带一个参数为文件指针。

功能：本函数用于清除出错标志和文件结束标志，使它们的值置为0。因为当文件操作出错后，文件状态标志为非0，此后所有的文件操作均无效。如果希望继续对文件进行操作，必须使用clearerr()函数清除此错误标志后才可以继续操作。

调用格式：

```
clearerr(文件指针);
```

例10.18　检测函数示例。(ex10_18.cpp)

程序运行结果如图10.28所示。

程序代码

ex10_18

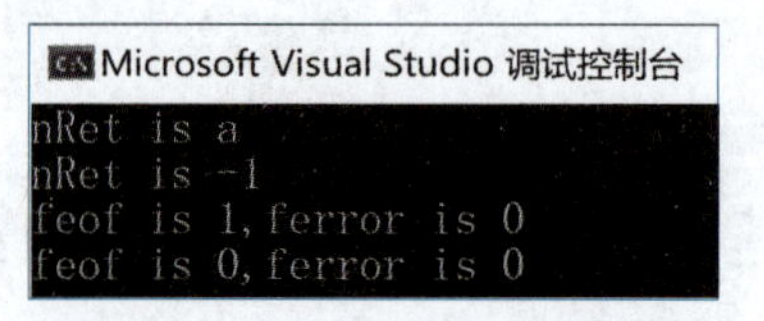

图10.28　例10.18程序运行结果

 10.6　应用举例

10.6.1 两个文件连接

程序代码

ex10_19

例10.19　编程实现将两个文件连接起来，并存放在第一个文件中。(ex10_19.cpp)

问题分析：两个文件连接即在文件a.txt后面追加上文件b.txt的内容，完成后文件a.txt的内容就是在原来a.txt的末尾添加b.txt的内容。因此要求文件a.txt与b.txt均必须存在，且a.txt必须以"a+"方式打开，b.txt可以以"r"方式打开。通过循环读出a.txt中的字符再写入到b.txt中就可以实现。

10.6.2 简易学生管理系统

程序代码

ex10_20

例10.20　编写简易学生管理系统的源代码。(ex10_20.cpp)

需求分析：

（1）本例希望通过文件存储学生信息，以便以后运用本程序时可以继续使用原有的信息，这样可以避免每次使用本程序时都必须要重新输入数据的情况，这种方法适用于常用的各种管理系统的要求。

（2）设学生信息主要包含记录号、学号、姓名、总分、平均分、课程门数、课程成绩，其中记录号由系统自动生成，从1开始，依次按存储顺序进行编号；课程成绩最多20门，可根据实现情况每个学生允许有不同的课程门数，具体的课程门数依据输入情况自动计算。

```
typedef struct Stu
{                                  //学生信息的结构
    int recno;                     //记录号，系统自动生成
    long id;                       //学号
    char name[20];                 //姓名
    double sum;                    //总分
    double ave;                    //平均分
    int cnt;                       //课程门数
    double s[20];                  //课程成绩
}STUDENT;
```

（3）系统的功能主要有六部分：

① 显示所有学生信息：即显示文件中已有的学生的基本信息与成绩信息。

② 查询学生信息：根据学号进行查询，如果查到了，则显示该学生的信息与成绩；如果没有查到，给出提示信息“学号不在文件中”。

③ 新增学生信息：在文件的末尾插入一个新的学生的信息与成绩。

④ 学生信息排序：提供两种排序方式，即总分以降序排序，学号以升序排列，排序后的结果存入新的文件中，以便将来使用。

⑤ 删除学生信息：根据学号进行查询，如果查到了，则显示该学生的信息与成绩并删除该学生信息；如果没有查到，给出提示信息“学号不在文件中”。

⑥ 修改学生信息：根据学号进行查询，如果查到了，则显示该学生的信息与成绩并要求重新输入该学生的所有信息；如果没有查到，给出提示信息“学号不在文件中”。

（4）为方便程序的编写，该程序采取“模块化”程序设计思想，将所有功能与需要重复使用的内容均以函数的形式给出，本程序中的函数原型有：

```
int inputchoice() //选择操作参数
int  cmp1(STUDENT stu1, STUDENT stu2)         //比较部分大小函数
int  cmp2(STUDENT stu1, STUDENT stu2)         //比较学号大小函数
void pause()                                  //暂停函数
long getstucount(FILE* cfp)                   //获取文件记录总数
void disp_stu_info(STUDENT stu)               //显示一个学生的信息
void ListAllstu(FILE* cfp)                    //列出所有收支流水账
void AddNewstu(FILE* cfp)                     //添加新记录
void Querystu(FILE* cfp)                      //查找学号是否存在，若存在则显示学生信息
void stu_sort(STUDENT* pstu, long count, int (*fun)(STUDENT, STUDENT))
//对pstu数组进行排序，使用了函数作为形式参数，目的是能够实施按不同类别进行升序或降序排列
void Sortstu(FILE* cfp)                       //文件内容排序
void Updatestu(FILE* cfp)                     //函数功能：查询学号ID 查到并更新账
                                                户记录
void Deletestu(FILE* cfp)                     //函数功能：查询记录ID 并删除该学号
                                                记录
```

小　结

C系统把文件当作一个“流”，按字节进行处理。C文件按编码方式分为二进制文件和ASCII

文件。ASCII文件也称文本文件，这种文件在磁盘中存放时每个字符对应一个字节，用于存放对应的ASCII码，ASCII码文件可直接在屏幕上以字符方式显示，因此能读懂文件内容。二进制文件是按二进制的编码方式来存放文件的，二进制文件虽然也可在屏幕上显示，但其内容无法读懂。C系统在处理这些文件时，并不区分类型，都看成字符流，按字节进行处理。

C语言中，文件在读写之前必须打开，读写结束必须关闭。对文本文件和二进制文件各有六种打开方式：只读、只写、追加、读写（"r+"、"w+"、"a+"）四种操作方式打开，同时还必须指定文件的类型是二进制文件还是文本文件。凡是使用"w"方式打开一个文件时，C语言不会做文件是否存在的判断，直接清除原文件中的内容，使用时要特别注意。

文件打开以后可按字节、按字符串、按数据块为单位进行读写，文件也可按指定的格式进行读写。文件内部的位置指针可指示当前的读写位置，移动该指针可以对文件实现随机读写。使用时应注意文件内部位置指针的默认自动移动的规则，以确保正确读写相应的数据。文件缓冲区是内存中的一块区域，其作用是将磁盘中读出的内容或计划写入硬盘的内容先保存在缓冲中以减少对磁盘文件的读写操作，从而达到提高CPU运行效率的目标。

习　题

1. 从文件编码的方式来看，文件可分为____________文件和____________文件两种。前者在磁盘中存放时每个____________对应一个字节。

2. 对文件进行的所有操作是通过C编译系统提供的标准函数完成，这些函数的信息包含在头文件____________中。

3. 从C语言对文件的处理方式来看，可以将文件分为两类________和________。

4. C语言中可将普通文件和设备文件统一作为逻辑文件来看待采用____________操作方法，从而大大地方便了程序设计。

5. 一个文件有一个指针变量，对文件的访问，会转化为针对____________操作。

6. C语言中提供了三个标准设备文件的指针，它们是____________标准输入文件（键盘）、____________标准输出文件（显示器）、____________标准错误输出文件（显示器）。

7. 使用文件要遵循一定的规则，在使用文件之前应该首先____________文件，再操作文件，且文件操作都是由____________来完成的，使用结束后应该____________文件。

8. 在打开一个文件时，如果出错，fopen()函数将返回一个____________。在程序中可以用这一信息来判别是否完成打开文件的工作，并作相应的处理。正常完成关闭文件操作时，fclose()函数返回值为____________。

9. fputc()函数有一个返回值，如写入成功则返回写入的字符，否则返回一个____________。可用此来判断写入是否成功。

10. fgets(str,n,fp)的意义是从fp所指的文件中读出____________个字符送入字符数组str中。

11. fread(fa,4,5,fp)意义是从fp所指的文件中，每次读____________个字节（一个实数）送入实数组fa中，连续读____________个实数到fa中。

12. 移动文件内部位置指针的函数主要有rewind()函数、ftell()函数和____________函数，它们是对文件读写位置定位。

13. feof()函数（文件指针）判断文件是否处于文件结束位置，如文件结束，则返回值为____________，否则为____________。

14. 编写程序：从键盘输入两个整数，将这两个数写入文件file.txt中，然后从该文件中读出这两个整数，并计算它们的和。

15. 编程完成读出文件C:\\sfile.txt中的内容，并将其内容反序写入到文件C:\\dfile.txt中去。

16. 从键盘输入字符"I love China!"，存到磁盘文件test.txt中。

17. 将存放于磁盘的指定文本文件按读写字符方式逐个地从文件读出，然后再将其显示到屏幕上。采用带参数的main( )，指定的磁盘文件名由命令行方式通过键盘给定。

18. 写入五个学生记录到文件test.txt中，记录字段为学生姓名、学号、两科成绩，内容自定。写入成功后，随机读取第三条记录，并修改第三条记录的内容后重新写入该文件。

附 录

附录A

ASCII码表

附录B

C语言的保留字

附录C

C语言运算符和结合性

附录D

C语言常用库函数

参 考 文 献

[1] 羊四清，易叶青. C语言程序设计[M].北京：中国水利水电出版社，2012.

[2] 羊四清，袁辉勇.C语言程序设计实验与实训教程[M].北京：中国水利水电出版社，2012.

[3] 谭浩强.C程序设计 [M].北京：清华大学出版社，2005.

[4] 谭浩强,谭亦峰,金莹.C语言程序设计教程 [M].北京：清华大学出版社，2020.

[5] 普拉达. C Primer Plus（第6版）中文版[M].姜佑,译.北京：人民邮电出版社，2019.

[6] 林生佑,谢昊,潘瑞芳.C语言程序设计[M].北京：电子工业出版社，2023.

[7] 严蔚敏,吴伟民.数据结构[M].北京：清华大学出版社，2004.

[8] 陈火旺,钱家骅,孙永强.程序设计语言编译原理[M].北京：国防工业出版社，1984.